Teubner Studienbücher Angewandte Physik

H. Alexander

Physikalische Grundlagen der Elektronenmikroskopie

Teubner Studienbücher Angewandte Physik

Herausgegeben von

Prof. Dr. rer. nat. Andreas Schlachetzki, Braunschweig
Prof. Dr. rer. nat. Max Schulz, Erlangen

Die Reihe „Angewandte Physik" befaßt sich mit Themen aus dem Grenzgebiet zwischen der Physik und den Ingenieurwissenschaften. Inhalt sind die allgemeinen Grundprinzipien der Anwendung von Naturgesetzen zur Lösung von Problemen, die sich dem Physiker und Ingenieur in der praktischen Arbeit stellen. Es wird ein breites Spektrum von Gebieten dargestellt, die durch die Nutzung physikalischer Vorstellungen und Methoden charakterisiert sind. Die Buchreihe richtet sich an Physiker und Ingenieure, wobei die einzelnen Bände der Reihe ebenso neben und zu Vorlesungen als auch zur Weiterbildung verwendet werden können.

Physikalische Grundlagen der Elektronenmikroskopie

Von Prof. Dr. rer. nat. Helmut Alexander
Universität zu Köln

Mit zahlreichen Abbildungen

Prof. Dr. rer. nat. Helmut Alexander

Geboren 1928 in Mannheim. Studium der Physik in Mainz, Darmstadt und Stuttgart. 1960 Promotion in Stuttgart, 1968 Habilitation in Göttingen mit dem Thema „Electron Microscopy of Dislocations in Semiconductors". 1968 Professor und Leiter der Abteilung für Metallphysik an der Universität zu Köln; 1985 Forschungsaufenthalt an der Facility for High-Resolution Electron Microscopy der Arizona State University in Tempe, seit 1993 emeritiert. Hauptarbeitsgebiete: Physik der Baufehler in Halbleitern.

ISBN 978-3-519-03221-2 ISBN 978-3-663-12296-8 (eBook)
DOI 10.1007/978-3-663-12296-8

Die Deutsche Bibliothek – CIP-Einheitsaufnahme

Alexander, Helmut:
Physikalische Grundlagen der Elektronenmikroskopie / von Helmut Alexander. – Stuttgart : Teubner, 1997
(Teubner-Studienbücher : Angewandte Physik)
ISBN 978-3-519-03221-2

Ursprünglich erschienen bei B.G. Teubner, Stuttgart 1997

" Vielleicht, daß es in der Zukunft dem menschlichen Geist gelingt, sich noch Prozesse und Kräfte dienstbar zu machen, welche auf ganz anderen Wegen die Schranken überschreiten lassen, welche uns jetzt als unübersteiglich erscheinen müssen. Das ist auch mein Gedanke. Nur glaube ich, daß diejenigen Werkzeuge, welche dereinst vielleicht unsere Sinne in der Erforschung der letzten Elemente der Körperwelt wirksamer als die heutigen Mikroskope unterstützen, mit diesen kaum etwas anderes als den Namen gemeinsam haben werden. "
E. Abbe 1878 in "Die optischen Hilfsmittel der Mikroskopie".

Vorwort

Es hat sich eingebürgert, unsere Zeit als Atomzeitalter zu bezeichnen. Ohne die Bedeutung der Sprengung des Atomkerns verkleinern zu wollen, möchte ich die These aufstellen, daß man unsere gegenwärtige Welt adäquater durch das Elektron kennzeichnen würde. Elektronische Geräte begegnen uns auf Schritt und Tritt, sie haben die (Tele-)Kommunikations-Gesellschaft ermöglicht. Mit Hilfe der Elektronen erledigen Computer steuernd und rechnend Aufgaben, die vordem als utopisch gelten mußten.
Die Elektronenmikroskopie ist Teil dieser Elektronischen Revolution. Auch bei der Erforschung feinster Strukturen der Materie waren es die Elektronen, welche eine Vision Wirklichkeit werden ließen. Ernst Abbe hatte diese Vision formuliert, als er die unüberwindbaren Grenzen des Lichtmikroskops erkannte. Etwas mehr als ein halbes Jahrhundert nach Abbes prophetischen Sätzen erkannten M. Knoll, E. Ruska und B. v. Borries das Potential der Elektronen als Substituenten für das Licht. Wieviel das Elektronen-Mikroskop mit seinem Namensvetter aus der Lichtoptik gemeinsam hat, darüber kann man verschieden urteilen. Es wurde von Elektrotechnikern ersonnen und stellt einen schweren elektrischen Apparat dar. Andererseits zeigt die Analyse seiner Wirkungsweise enge Beziehungen auf: ein intensiv beleuchtetes Objekt wird mehrstufig vergrößert abgebildet, Beugung begrenzt das Auflösungsvermögen. Daß eine Strahlung benutzt wird, die das menschliche Auge nicht wahrnehmen kann, war vorauszusehen, nachdem Abbe nachgewiesen hatte, daß das Licht zu grob ist, um auf feinste Strukturen reagieren zu können. (Erwin Chargaff hat dem Unbehagen Ausdruck gegeben, das der moderne Naturwissenschaftler angesichts der zunehmend indirekter werdenden Beziehung zwischen Subjekt und Objekt des Experiments empfinden kann: "Er (der Naturwissenschaftler) entschleiert Schatten von Schatten, über deren Dimensionen genaueste Instrumente ihn indirekt versichern. Sehen kann man eigentlich nichts").
Der Zuwachs an Erkenntnis, der durch die Erweiterung der Untersuchungsgrenzen bis hin zu atomaren Dimensionen ermöglicht wurde, ist von einem einzelnen gar nicht zu erfassen. Zugegeben: an der Wirklichkeit der Atome könnte auch ohne Elektronenmikroskop heute kein vernünftiger Wissenschaftler mehr zweifeln, wie es Ernst Mach noch 1912 tat, aber es bleibt

ein intellektuelles Erlebnis von hohen Graden, wenn man Atome und ihr Zusammenspiel in der Materie sichtbar machen und den Abbildungsvorgang eindeutig analysieren kann. 1984 wurde im Elektronenmikroskop ein bislang unbekannter Ordnungzustand der Materie entdeckt, der quasikristalline. Für die angewandten Wissenschaften, vor allem Materialentwicklung und Medizin/Biologie, ist das Elektronenmikroskop eines der wichtigsten Werkzeuge geworden.
60 Jahre nach ihren Anfängen befindet sich die Elektronenmikroskopie immer noch in lebhafter Entwicklung. Zu den etablierten Anwendungen trat in den vergangenen zehn Jahren die Differenzierung verschiedener chemischer Elemente in den mikroskopischen Aufnahmen. Wir stehen kurz vor der Einführung wesentlich verbesserter Elektronen-Linsen und weitere Verbreitung holographischer Techniken ist zu erwarten.
Welche Rolle ist in der skizzierten Situation dem vorliegenden Text zugedacht? In der Einleitung zu der ausgezeichneten Monographie "Electron Microdiffraction" von J. C. H. Spence und J. M. Zuo findet sich folgender Satz: " It has been said that it is now impossible to write a book on electron microscopy - the subject is simply too large". Es liegt mir fern, diese Feststellung widerlegen zu wollen. Vielmehr soll dem Anfänger bzw. dem allgemein Interessierten ein Überblick über die typischen Konzepte der Elektronenmikroskopie und ihre für spezielle Probleme entwickelten Sonderformen gegeben werden. Der Akzent liegt dabei auf der Rückführung dieser Konzepte auf physikalische Grundphänomene, wie sie etwa eine einführende Physik-Vorlesung an einer Universität oder Fachhochschule vermittelt.
Vielleicht fällt beim ersten Durchblättern der stellenweise hohe Anteil an mathematischen Ableitungen auf. Er hängt mit der zentralen Rolle der Bildberechnung (image simulation) in der Elektronenmikroskopie zusammen. Im Unterschied zur Lichtmikroskopie besteht in der Elektronenmikroskopie kein einfacher, intuitiv erfaßbarer Zusammenhang zwischen der mikroksopischen Aufnahme und der Feinstruktur des Objekts. Gleiche Objekte können vielmehr, je nach den gewählten Aufnahmebedingungen (z. B. Beschleunigungsspannung, Objektiv-Brennweite, Präparat-Dicke etc.) sehr verschiedene Bilder ergeben. Eine gesicherte Interpretation hängt dann von dem Vergleich des experimentellen Bildes mit Ergebnissen von Berechnungen des Bildes ab, in die die aktuellen Abbildungsbedingungen eingehen. Verständiger und innovativer Umgang mit den zur Verfügung stehenden Computer-Programmen ist nur bei Verständnis des für die Rechnung gewählten Modells und seiner Grenzen zu erwarten. Hier besteht m. E. Bedürfnis nach einer übersichtlichen Zusammenstellung und Diskussion der verschiedenen Näherungen und ihrer Bedeutung, zumindest in deutscher Sprache.
Es handelt sich also um eine Einführung mit Lehrbuch-Charakter. Dementsprechend wird nur ganz vereinzelt (vor allem bei nicht endgültig geklärten Fragen) auf Original-Literatur Bezug genommen. Diese findet man in den am Ende aufgelisteten Monographien zu den Teilgebieten.

Auch bei Verzicht auf technische Details war das angestrebte Ziel nur bei Beschränkung des behandelten Stoffs zu erreichen. Der Begriff Elektronenmikroskopie subsumiert drei sehr verschiedene Techniken: Die hier dargestellte Durchstrahlungs-(Transmissions-) E.M., die Raster-E.M. und neuerdings die Raster-Tunnel-E.M.. Den beiden letztgenannten Techniken werden mit gutem Grund in der Literatur eigene Darstellungen gewidmet. Die im Raster-*Modus* betriebene Durchstrahlungs-Elektronenmikrokopie findet im vorliegenden Text natürlich Berücksichtigung. Eine zweite Beschränkung erscheint jedem praktizierenden Elektronenmikroskopiker ebenfalls wohlbekannt: sie betrifft die Zweiteilung der Elektronenmikroskopie nach den bearbeiteten Objektklassen; hier stehen die anorganischen (also meist kristallinen) Objekte den biologisch-medizinischen (i. w. aus leichten Elementen bestehenden) Präparaten gegenüber. Viele der hier erörterten Grundprinzipien gelten für beide Objektklassen; meine eigene Erfahrung als Festkörperphysiker legte es aber nahe, vor allem die speziellen durch die kristalline Ordnung verursachten Aspekte zu betonen, während mir die Kunst der Präparation biologischer Objekte fremd ist.

Einen Grundstock für das vorliegende Buch bildeten Vorlesungen, die ich mit wechselndem Schwerpunkt an den Universitäten Göttingen und Köln gehalten habe. Ich habe versucht, den Stil der persönlichen Ansprache nicht gänzlich auszumerzen. Die Darstellung ist, wo möglich, induktiv und stellt im Zweifelsfall Durchsichtigkeit der Ableitung über Eleganz. Die notwendigen Vorkenntnisse entspechen, wie oben erwähnt, etwa einem dreisemestrigen Grundkurs in Physik/Mathematik. Einige mathematische Konzepte der Fourier-Optik sind in einem Anhang zusammengestellt.

Die Gliederung des Buchs ergibt sich aus der Aufgabenstellung: der erste Hauptteil, etwa die Hälfte des Gesamtumfangs, stellt zunächst die für ein Verständnis der Elektronemikroskopie wesentlichen Begriffe aus der allgemeinen Wellenoptik und der Wellenoptik der Elektronen zusammen; sodann folgt eine ausführliche Diskussion der Streuung von schnellen Elektronen an Atomen bzw. Kristallen. Dieser Abschnitt legt das Fundament für die Interpretation sämtlicher in der Elektronenmikroskopie wirksamen Kontrastmechanismen. Der zweite und dritte Hauptteil sind den beiden Hauptanwendungsgebieten der Transmissions-Elektronenmikroskopie anorganischer Objekte gewidmet: der Abbildung von Verzerrungsfeldern mit Hilfe des Beugungskontrastes bzw. der hochauflösenden Abbildung ihres atomaren Aufbaus. Schließlich gibt der vierte Hauptteil einen Eindruck von den Prinzipien der sog. Analytischen Elektronenmikroskopie, die lokale Unterschiede der chemischen Zusammensetzung im Objekt nachweist.

Zum Abschluß erscheint es mir sinnvoll, eine Bemerkung zu der Tatsache zu machen, daß dieses Buch in deutscher Sprache erscheint. Ich halte es für ein großes Verdienst des Verlags B. G. Teubner, daß er es unternimmt, deutschen Studenten, Technikern und Wissenschaftlern *einführende* Texte in der eigenen Sprache zur Verfügung zu stellen. Man muß dies vor dem Hintergrund der Situation sehen, daß *sämtliche* Originalbeiträge zur Entwicklung der Elektronenmikroskopie und praktisch alle Monographien in englischer Sprache erscheinen. Das bedeutet, daß derjenige, der an der aktuellen Arbeit aktiv oder passiv teilnehmen will, dies nur tun kann, wenn er sich eine gewisse Fertigkeit in der englischen Sprache aneignet. Aus dieser Erwägung heraus habe ich für viele Termini technici die (im Labor sowieso ausschließlich gebrauchten) englischen Formen beigefügt. Gelegentlich war es nicht opportun, deutsche Ausdrücke künstlich zu bilden.

Im folgenden seien einige wenige Bücher genannt, die mir für ein vertieftes Studium besonders geeignet erscheinen. Hier findet man auch alle wichtigen Originalzitate.

Zur Optik:
E. Hecht: Optics (2nd Ed.) Addison-Wesley 1987

Zur Beugungs-Optik:
J. M. Cowley: Diffraction Physics (2nd Ed.), North-Holland 1984

Zur Elektronenmikroskopie:
L. Reimer: Transmission Electron Microscopy (3rd Ed.), Springer 1993

Zum 2. Hauptteil:
P. B. Hirsch, A. Howie, R. B. Nicholson, D. W. Pashley, and M. J. Whelan: Electron Microscopy of Thin Crystals, Butterworth 1965, Krieger 1977

Zum 3. Hauptteil:
J. C. H. Spence: Experimental High-Resolution Electron Microscopy (2nd Ed.) Oxford Univ. Press 1988

Zum 4. Hauptteil:
J. C. H. Spence and J. M. Zuo: Electron Microdiffraction, Plenum Press 1992
L. Reimer (Ed.): Energy-Filtering Transmission Electron Microscopy Springer Series in Optical Sciences, 1995

Mit Akzent auf Anwendungen:
H. Bethge and J. Heydenreich: Electron Microscopy in Solid State Physics, Elsevier 1987
P. Buseck, J. Cowley and L. Eyring: High-Resolution Transmission Electron Microscopy, Oxford Univ. Press 1988

Es ist mir ein Bedürfnis, meiner Frau zu danken für das Verständnis, mit dem sie die spezielle Art von Ruhestand akzeptiert hat, die durch das Schreiben dieses Buches entstand.
Mein langjähriger Mitarbeiter Dr. Helmut Gottschalk hat durch zahllose Diskussionen viel zu meinem Verständnis der Elektronenmikroskopie beigetragen. Er hat die erste Fassung dieses Textes gelesen und viele Hinweise gegeben. Dafür sei ihm gedankt, vor allem aber für die Atmosphäre gemeinsamer Begeisterung während vieler Jahre der Forschung.

Besonderer Dank gebührt Prof. John H. C. Spence, der mich bei einem Gastaufenthalt in Tempe mit der Hochauflösenden Elektronenmikroskopie vertraut machte.
Durch Diskussion spezieller Aspekte haben mir viele Kollegen geholfen. Einige seien genannt: B. Bollig, F. Ernst, B. H. Freitag, H. Gottschalk, M. Haider, W. Jäger, C. Kisielowski, K. van der Mast, H. Rose, M. Rühle, M. Seibt.
Gedankt sei schließlich allen Freunden, Kollegen und Mitarbeitern, die mir Bilder aus ihrer Arbeit zur Verfügung stellten.
Der Verlag Teubner hat durch technische Unterstützung und Geduld einen wesentlichen Beitrag zum Zustandekommen des Buchs geleistet.

Köln, 1. Januar 1996 H. Alexander

Inhalt

1 Grundlagen

2 Dynamische Theorie der Beugungskontraste

3 Hochauflösende Elektronenmikroskopie

A Anhang

Die elektronenmikroskopischen Aufnahmen sind als *Abbildungen* auf den Seiten 296 bis 313 am Ende des Buchs zusammengefaßt.

Verzeichnis der wichtigsten Symbole

Symbol	Bedeutung
α	Aperturwinkel einer Linse
d	1. Distanz in der Objektebene 2. Abstand zweier paralleler Netzebenen
f	Brennweite einer Linse
φ	Neigungswinkel eines Strahls zur Linsenachse
u	$= \sin\varphi/\lambda$
λ	Wellenlänge
$\underline{k}$	Wellenvektor, $k = 2\pi/\lambda$
$\underline{k} - \underline{k}_o = \underline{q}$	Streuvektor, Beugungsvektor
$\underline{\mathit{k}}$	Wellenvektor, $\mathit{k} = 1/\lambda$ von Abschnuitt 1.4.3 an
$\underline{\mathit{k}} - \underline{\mathit{k}}_o = \underline{u}$	Streuvektor, Beugungsvektor
Θ	Ablenkwinkel
ϑ_B	Braggwinkel
$f(q)$, $f(u)$	Streuamplitude eines Atoms, Atomformfaktor (für Elektronen)
$f_x(q)$, $f_x(u)$	Streuamplitude eines Atoms (Atomformf.) für Röntgenwellen
$n(\underline{r})$	Elektronendichte
$\psi(\underline{r})$	Wellenfunktion der Elektronen
m_o	Ruhmasse des Elektrons
m	relativistische Elektronenmasse, $m = m_o/\sqrt{(1 - \beta^2)}$ mit $\beta = v/c$
$\underline{p}$	$= m\underline{v}$ Impuls
$\underline{p}_c$	$= m\underline{v} + q\underline{A}$ kanonischer Impuls
$\underline{A}$	Vektorpotential, $\underline{B} = \mathrm{rot}\, \underline{A}$
q	elektrische Ladung (Elektron: $q = -e$)
Φ	elektrostatisches Potential
$\Phi_P(x,y)$	projiziertes Potential
Φ_g	Fourierkomponente des Kristallpotentials
Φ_m	magnetischer Kraftfluß durch eine Fläche
F_g, F_{hkl}	Strukturfaktor (Strukturamplitude) des Beugungsreflexes g
$\underline{g}$	Vektor des Reziproken Gitters
ξ_g	Extinktionsdistanz zum Reflex g
E	Gesamtenergie
E_o	$= m_o c^2$ Ruhenergie des Elektrons
$V(\underline{r})$	potentielle Energie, Elektronen: $V = -e\,\Phi$
$U(\underline{r})$	normiertes Potential
U	Beschleunigungsspannung
σ	1. Streuquerschnitt eines Atoms 2. Wechselwirkunskonstante des Elektrons mit dem Potential
$F\, f(x,y,z)$	Fouriertransformierte der Funktion $f(x,y,z)$
$P_a(x,y)$	Fresnelpropagator zu der Distanz a
$\mathit{P}_a(u,v)$	Fouriertransformierte des Fresnelpropagators
β	Helligkeit (Richtstrahlwert)

1. Grundlagen

1.1 Mikroskopie mit Licht

1.1.1 Das Auflösungsvermögen

Die Wirkungsweise des Lichtmikroskops wird Lesern dieses Textes vertraut sein: eine Objektiv genannte Linse (bzw. ein Linsensystem) entwirft ein reelles, vergrößertes Bild (Bild I) des Objekts, welches mittels einer zweiten Linse, des Okulars, weitervergrößert betrachtet wird. Das Okular wirkt hier als Lupe. Bekanntlich kann statt des Okulars ein Projektiv ein reelles Bild (Bild II) des Bildes I auf einer Projektionsfläche oder einem photographischen Film entwerfen. Die Gesamtvergrößerung ergibt sich dann als Produkt der Vergrößerungen des Objektivs und des Projektivs.
Man könnte auf die Idee kommen, statt zweier Abbildungsstufen deren drei oder mehr hintereinanderzuschalten, um so zu einer stärkeren Vergrößerung zu gelangen. Technisch ist dies möglich, es bringt aber ab einer gewissen maximalen ("förderlichen") Vergrößerung keinen Zuwachs an Information über das Objekt. Man nennt deshalb die über die förderliche hinausgehende Vergrößerung "leer".
Diese wichtige Tatsache ist im Rahmen der geometrischen (mit Lichtstrahlen und deren Brechung in Linsen argumentierenden) Optik nicht verständlich sondern ist nur bei Berücksichtigung des Wellencharakters von Licht zu begründen (H. v. Helmholtz, E. Abbe). Bei jeder Abbildung werden Details des Objekts, die feiner sind als eine bestimmte Grenze, im Bild nicht erscheinen. D.h. es gibt eine kleinste Distanz, die das *Auflösungsvermögen* der Abbildung charakterisiert. (Daß bei der Festlegung dieser Grenze eine gewisse Willkür der Definition bleibt, ist selbstverständlich). Betrachtet man eine mehrstufige Abbildung, wird das Auflösungsvermögen der ersten Stufe (hier also des Objektivs) das Auflösungsvermögen der gesamten Abbildung (des Mikroskops) bestimmen.
Wegen der Bedeutung der Begrenzung der Auflösung feiner Details für jede Mikroskopie soll dem Leser eine Ableitung der sog. *Abbeschen Beziehung* ins Gedächtnis zurückgerufen werden. Sie wird Gelegenheit geben, das Prinzip der Abbildung durch eine Linse im Rahmen der Wellenoptik einzuführen. Als einfachstes denkbares Objekt benutzen wir ein eindimensionales Gitter aus sehr schmalen Spalten in einem undurchsichtigen Schirm mit einer Periodizität (Gitterkonstante) g (Fig. 1). Dieses Objekt bringen wir etwas außerhalb der (vorderen) Brennebene einer Sammellinse der Brennweite f an und beleuchten es von vorn mit parallelem, monochromatischem Licht der Wellenlänge λ. Das Licht wird an den Spalten des Gitters *gebeugt*, d.h. es breitet sich seitlich über den Raum hinter den Spalten hinaus in den Schattenbereich hinter den undurchsichtigen Zwischenräumen hinein aus.

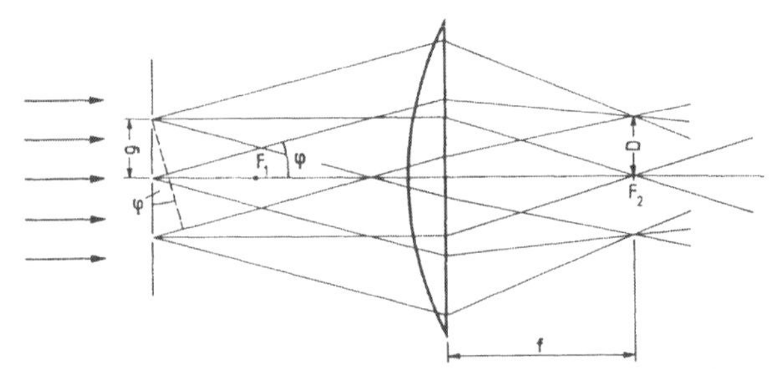

Fig. 1 Abbildung eines Gitters aus schmalen Spalten (Spaltbreite < λ) durch eine Linse

Fig. 1a Paralleles,, monochromatisches Licht wird am Gitter gebeugt. nur die nullte und erste Beugungsordnung sind gezeichnet ($g \sin\varphi = \lambda$) . F_1 und F_2: vorderer bzw. hinterer Brennpunkt, f: Brennweite der Linse. In der hinteren Brennebene wird jede Beugungsordnung zu einem Beugungsmaximum vereinigt. $D = f \tan\varphi \approx f \sin\varphi = f \lambda/g$.

Der einfachste Fall liegt vor, wenn die Breite der Spalte klein ist im Vergleich zur Wellenlänge: dann kann man jeden Spalt als Ursprung einer Zylinderwelle behandeln. Diese Sekundärwellen werden sich hinter dem Gitter überlagern: es tritt *Interferenz* ein. Die Periodizität der Anordnung der Spalte, also der Quellen der Sekundärwellen, führt zu einer charakteristischen Verteilung der Lichtintensität zwischen Objekt und Linse: es gibt bestimmte Richtungen, in die Intensitätsmaxima fallen, zwischen denen Minima liegen. Es ist leicht, die Winkel φ_n zwischen den Intensitätsmaxima (den sog. *Beugungsmaxima)* und der optischen Achse zu berechnen (Fig. 1a):

$$\sin \varphi_n = n \lambda/g \; ; \qquad (n = 0,1,2....)$$

Die Linse vereinigt alle unter einem bestimmten Winkel auftreffenden Strahlen in einem Punkt ihrer (hinteren) Brennebene. In dieser Ebene entsteht also in unserem Fall ein System von hellen Punkten, das sog. *Beugungsmuster* oder *Beugungsbild* des Objekts. Wie man Fig. 1 entnimmt, ist der Abstand zwischen zwei benachbarten Punkten (also die Periodizität des Beugungsmusters) (f ist die Brennweite der Linse).

$$D = f \lambda/g \; ;$$

Die Reziprozität zwischen den Perioden des Objektes (g) bzw. des Beugungsmusters (D) ist eine ganz entscheidende Eigenschaft. Man gibt ihr Ausdruck durch die Formulierung: das Beugungsmuster befindet sich im *reziproken Raum* (bezogen auf den Ortsraum, in dem sich das Objekt befindet).

Die Lichtwellen laufen selbstverständlich nach Passieren der hinteren Brennebene der Linse weiter und bilden nach Ausweis der geometrisch-optischen Konstruktion in der Entfernung b von der Linse in der Bildebene das (vergrößerte) Bild des Objektes (Fig. 1b).

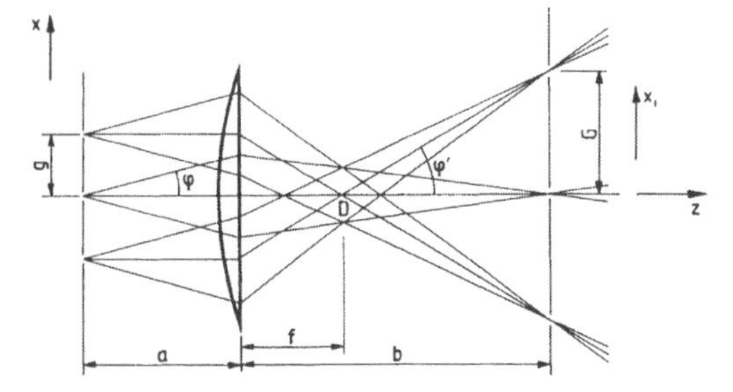

Fig. 1b. Wie Fig. 1a, aber der Abstand a zwischen Gitter und Linse und die Brennweite f sind im Vergleich zu Fig. 1a halbiert. Die von den Beugungsmaxima ausgehenden Kugelwellen interferieren und erzeugen in der Bildebene (Abstand zur Linse = b) die Intensitätsverteilung des Bildes des Gitters. Es gilt: $\sin\varphi' = \lambda/D$. Mit $\tan\varphi' = G/(b-f) \approx \sin\varphi' = g/f$ erhält man die Vergrößerung der Abbildung $M = G/g = b/a$.

Wellenoptisch gesehen wirken die Beugungsmaxima in der hinteren Brennebene als Quellen von Kugelwellen, die wieder, ganz ähnlich wie vor der Linse, interferieren; das Bild ist dann nichts anderes als die Interferenzfigur in der Bildebene. Abbe erkannte, daß für die Qualität der Abbildung, d.h. den Grad der Ähnlichkeit zwischen Gegenstand und Bild, von entscheidender Bedeutung ist, welcher Winkelbereich der Beugungsfigur hinter dem Gegenstand von der Linse erfaßt wird und ungestört zum Aufbau des Bildes beiträgt. Wir können das nachvollziehen, indem wir verschieden viele Beugungsordnungen zur Berechnung des Bildes heranziehen (Anhang A1). Das Ergebnis besagt: werden alle Beugungsordnungen außer der nullten (also außer dem "zentralen Strahl") abgeblendet, dann wird die Bildebene gleichmäßig beleuchtet; das Objekt beeinflußt das Bild gar nicht. Nimmt man außer der nullten noch beiderseits des zentralen Maximums die erste Beugungsordnung zum Bildaufbau hinzu, dann erscheint eine Modulation der Helligkeit in der Bildebene, die die Grundperiode g des Gegenstands enthält, wenn auch mit im Vergleich zur Kastenfunktion in der Objektebene stark abgeflachtem Helligkeitsverlauf. Mit zunehmender Zahl von mitwirkenden Beugungsordnungen wird das Bild dem Gegenstand immer ähnlicher.

Abbe hat nun eine Distanz d dann als gerade noch abgebildet definiert, wenn diese Distanz im Bild noch erscheint, d. h. wenn die erste Beugungsordnung für ein (gedachtes) Gitter mit der Gitterkonstante d noch von der Linse erfaßt wird. Das bedeutet: der halbe Aperturwinkel α der Linse (Fig. 1c) muß der sog. *Abbeschen Beziehung* (1.1) gehorchen

(1.1) $$\sin\alpha = \lambda/d \qquad \text{bzw.} \qquad d_{min} = \lambda/\sin\alpha.$$

d_{min} ist dann die für eine gegebene Apertur α gerade noch auflösbare Distanz.

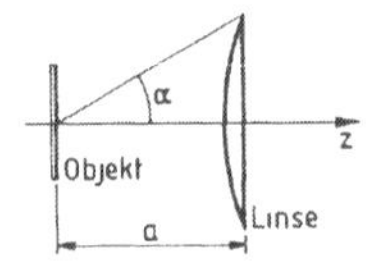

Fig. 1c. Definition des Aperturwinkels α der Abbildung

Solange sich zwischen Objekt und Objektivlinse Luft befindet, bildet also unter optimalen Verhältnissen ($\alpha \to 90^\circ$) die Wellenlänge des verwendeten Lichtes die untere Grenze der auflösbaren Objektstrukturen. Mit Immersion[1] kann die numerische Apertur auf 1,4 gesteigert und damit die Auflösungsgrenze auf $0{,}7\lambda$ vorgeschoben werden. Gehen wir von einer Wellenlänge von 0,5 μm aus, gelangen wir zu d_{min}= 0,35 μm. Je nach Sehschärfe des Benutzers ist damit eine über das 500- bis 1000-fache hinausgehende Gesamtvergrößerung des Lichtmikroskops als leer zu charakterisieren. Dabei darf nicht vergessen werden, daß die feinsten, hier noch als auflösbar definierten Details zwar nachgewiesen, aber nicht "naturgetreu" abgebildet werden. Unser Verständnis der Abbildung durch eine Linse hat nun folgenden Stand erreicht[2]:

1) Die Abbildung geschieht durch zwei hintereinandergeschaltete (Fraunhofersche[3]) Beugungsprozesse, die aus dem Objektraum in den reziproken Raum der hinteren Brennebene der Linse und von da in den Ortsraum des Bildes führen. Die Linse bringt dabei das erste Beugungsmuster aus dem Unendlichen in ihre Brennebene.

2) Beschränkung der mitwirkenden Beugungsordnungen (z.B. durch die Berandung der Linse oder eine Blende in der Brennebene) verschlechtert die Güte der Abbildung (d.h. die Ähnlichkeit zwischen Objekt und Bild).

Im folgenden werden einige der bisher eingeführten Spezialisierungen aufgehoben und der mathematische Formalismus eingeführt, der es ermöglicht, Beugungserscheinungen an komplizierteren Objekten als es ein Gitter ist zu berechnen.

Der Übergang von dem eindimensionalen Gitter zu einem flächenhaften bietet keine Probleme: die Beugungsfigur eines in zwei Richtungen periodisch modulierten Objektes ist ein ebenfalls zweidimensionales Punktgitter aus Beugungsmaxima, dessen Gitterkonstanten umgekehrt proportional zu

---

[1] Bei Immersionsobjektiven macht man die Wellenlänge in dem entscheidenden Raum zwischen Gegenstand und Linse durch ein Medium der Brechzahl n kleiner (nämlich zu λ/n). Dadurch erscheint in der Abbeschen Beziehung $d_{min} = \lambda/(n \sin\alpha)$ die sog. numerische Apertur $n \sin\alpha$.

[2] Zur Mathemetik dieses Abschnitts finden sich in Anhang A1 einige Ergänzungen.

[3] Nach Fraunhofer werden Beugungsfälle bezeichnet, bei denen Lichtquelle und Beugungsfigur sehr weit (verglichen mit der Wellenlänge des Lichtes) vom beugenden Objekt entfernt sind.

den Periodenlängen des Objektes sind. Wir werden später auf dieses *reziproke Gitter* in größerer Allgemeinheit zurückkommen.
Selbstverständlich sind Gitter aus schmalen Spalten oder punktförmigen Löchern sehr spezielle Objekte; in der Realität beeinflußt ein Objekt der Lichtmikroskopie das vom Kondensor kommende Licht durch von Punkt zu Punkt seiner Fläche verschieden starke Absorption und/oder ortsabhängige Änderung der Wellenlänge im Inneren des Objektes, die eine ortsabhängige Phasenlage der Lichtwelle beim Austritt aus dem Objekt zur Folge hat (*Phasenkontrast*) . Wir müssen also vor allem von der Annahme der Periodizität der Amplitude der austretenden Wellen loskommen, wenn wir eine allgemeingültige Theorie der Bildentstehung anstreben. Dies leistet die Fourier-Optik; der nächste Abschnitt unternimmt es, eine Einführung in diese gerade für die Elektronenmikroskopie unentbehrliche Betrachtungsweise zu geben. Ein formalere Darstellung wird in Anhang A1 gegeben.

1.1.2 Fourier-Optik

Wir behandeln folgende Frage: wie gestaltet sich die Fraunhofer-Beugung, wenn die Beugung nicht an einem Gitter von periodisch angeordneten beleuchteten Spalten erfolgt sondern an einem flächenhaften Objekt, welches das Licht in den einzelnen Flächenelementen verschieden stark absorbiert? Da der Übergang von einer auf zwei Dimensionen problemlos ist, vereinfachen wir die auftretenden Ausdrücke dadurch, daß wir das Objekt durch eine in einer Richtung (x) beliebig zwischen den Werten 0 und 1 variierende Durchlässigkeitsfunktion $t(x)$ repräsentieren. Sie stellt die Amplitude der aus dem Objekt austretenden Lichtwelle als Funktion des Ortes x dar, wenn wir das Objekt mit einer ebenen, monochromatischen Lichtwelle der Amplitude 1 beleuchten (Fig. 2).
Zur Vorbereitung untersuchen wir die (Fraunhofer-)Beugung an einem Gitter der Gitterkonstanten g, das aber nun aus breiteren Spalten (Spaltbreite s) bestehen soll, sodaß zu der oben benutzten Interferenz von aus den einzelnen Spalten austretenden Wellen eine kompliziertere Verteilung der Lichtintensität durch die Beugung am Einzelspalt hinzutritt.
Eine leichte Rechnung (Anhang A 1) ergibt für die Wellenamplitude A in ihrer Abhängigkeit von dem Beugungswinkel φ für einen Spalt der Breite s:

$$(1.2) \qquad A(\varphi) = a\,s\,\frac{\sin\beta}{\beta} \quad \text{mit} \quad \beta = \pi\,(s/\lambda)\,\sin\varphi\ .$$

(a ist die Amplitude der Welle, die ein Spalt von der Breite gleich der Einheitslänge - z. B. 1 cm - durchläßt; λ ist die Wellenlänge des verwendeten Lichtes). Die Funktion $(\sin x)/x$ heißt *Spaltfunktion* (vgl. Fig. 2a).
Besteht das Gitter aus N gleichen Spalten im Abstand g, so ergibt sich die Beugungsfigur als Produkt aus der Spaltfunktion und der sog. Gitterfunktion $\{\sin(N\gamma)/\sin\gamma\}$, die in Anhang A1 hergeleitet und für den Fall $N = 5$ in Fig.2b gezeigt wird.

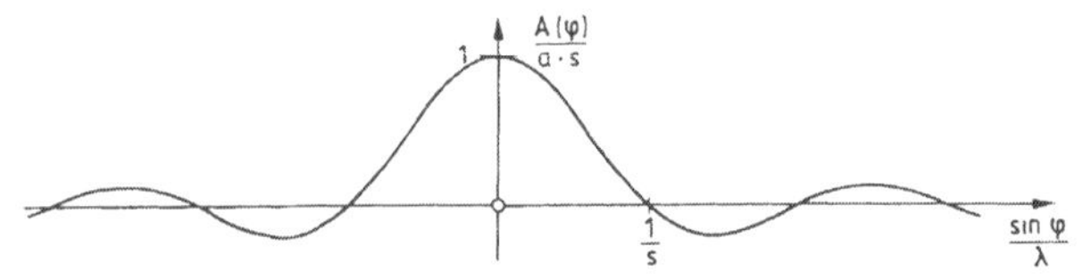

Fig. 2a Amplitude der an einem Einzelspalt (Breite s) gebeugten Welle (φ: Beugungswinkel)

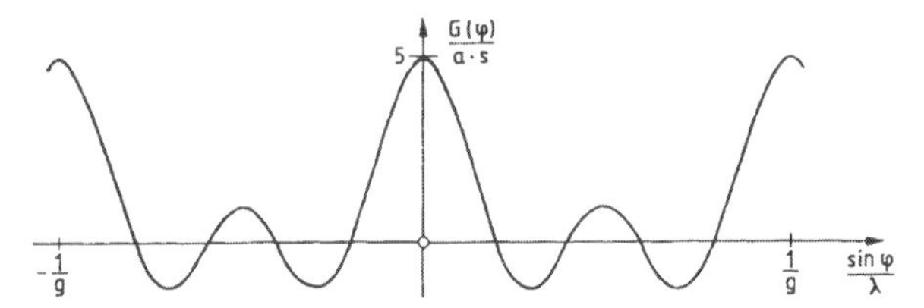

Fig. 2b. Amplitude der an einem Gitter von 5 *schmalen* ($s \ll \lambda$) Spalten gebeugten Welle (g: Gitterkonstante)

Das Ergebnis lautet:

(1.3) $$G(\varphi) = A(\varphi)\ \frac{\sin (N\gamma)}{\sin \gamma} \qquad \text{mit } \gamma = \pi\ (g/\lambda)\ \sin \varphi$$

Je nach dem Verhältnis von Gitterkonstante g und Spaltbreite s kann die Welle an der Austrittsfläche aus dem Objekt sehr verschieden auf den Winkelraum $0 < \varphi < 90^{o}$ verteilt sein. In Fig. 2c ist der Fall $g/s = 4$ für $N = 5$ Spalte gezeichnet.

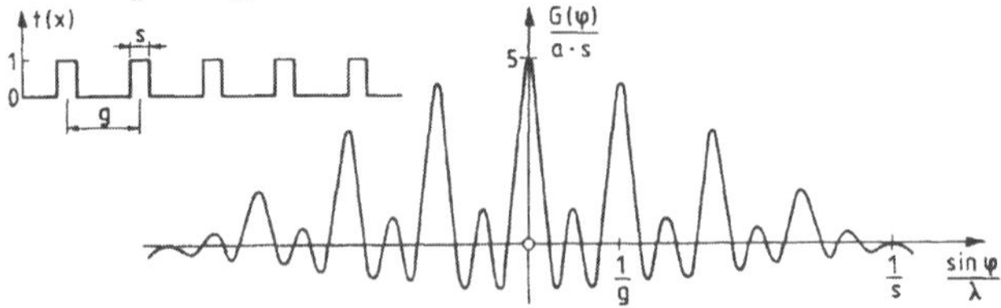

Fig. 2c. Überlagerung der beiden Beugungserscheinungen aus Fig. 2a bzw. 2b, wobei $g = 4s$ angenommen ist. t(x) ist die Durchlässigkeitsfunktion des Gitters.

Nun kommt das Wesentliche: unterwirft man die Durchlässigkeitsfunktion t(x) einer *Fourier-Analyse* , d.h. einer Zerlegung in eine Summe aus harmonischen (d.h. sin- bzw. cos) Funktionen von x (eine *Fourier-Reihe)*, so erscheinen als Gewichtsfaktoren der einzelnen Glieder dieser Summe die Amplituden der gebeugten Welle $G(\varphi)$ für die einzelnen Beugungsmaxima. Dies ist nun zu zeigen.

Die Fourierreihe einer periodischen Funktion f(x) mit der Grundperiode (Wellenlänge) g lautet:

(1.4) $f(x) = (A_o/2 + \Sigma A_m \cos(mKx) + \Sigma B_m \sin(mKx)$

wo $K = 2\pi/g$ und m von eins bis unendlich läuft. (Diese Art der Entwicklung einer periodischen Funktion nach Harmonischen ist geläufiger bei Funktionen der Zeit t. In der Akustik zerlegt man einen Klang f(t) mit der Periode τ in die Summe aus Grundton (Frequenz $\omega = 2\pi/\tau$) und Obertönen (Frequenzen $m\omega$). In Analogie hierzu nennt man bei periodischen Funktionen des Ortes f(x) die (mit 2π multiplizierte) reziproke Wellenlänge $K = 2\pi/g$ und ihre ganzzahligen Vielfachen mK die Orts-(oder Raum-)Frequenzen der Funktion).
Die Koeffizienten A_m bzw. B_m ergeben sich aus einem Vergleich der Funktion f(x) mit den diskreten Ortsfrequenzen mK; dieser Vergleich wird durch Integration des Produktes aus f(x) mit cos(mKx) bzw. sin (mKx) durchgeführt:

(1.5) $A_o = 2/g \int_o^g f(x)\,dx; \quad A_m = 2/g \int_o^g f(x) \cos(mKx)\,dx :$

$$B_m = 2/g \int_o^g f(x) \sin(mKx)\,dx;$$

Identifizieren wir die Durchlässigkeitsfunktion t(x) unseres speziellen Gitters aus Anhang A1 mit f(x), so handelt es sich um eine gerade Funktion und alle Koeffizienten B_m sind von vornherein gleich null. Für die A_m erhalten wir:

$$A_o = 2s/g; \quad A_m = 2/(m\pi) \sin(m\pi s/g)$$

also für $s/g = 1/4$: $A_o = 0{,}5$; $A_1 = 2/\pi \sin(\pi/4) = 0{,}45$; $A_2 = (1/\pi) \sin(\pi/2) = 0{,}32$; $A_3 = 0{,}15$; $A_4 = 0$; $A_5 = 2/5\pi \sin(5\pi/4) = -0{,}09$ usw..
Diese Werte sind zu vergleichen mit den Maxima der Gitterfunktion $G(\varphi)$: diese liegen da, wo der Nenner $\sin[\pi g (\sin\varphi)/\lambda]$ null wird, also bei $\sin\varphi_m = m\,\lambda/g$. Dann wird

$$G(\varphi_m)/Nag = \frac{\sin(m\pi s/g)}{m\pi}$$

Bis auf den Faktor 2 ist dieses Ergebnis mit den Fourier-Koeffizienten A_m identisch; der Faktor 2 verschwindet bei einer Aufteilung der Fourierreihe in zwei Zweige mit positiven bzw. negativen Raumfrequenzen (vgl. Anhang A1.1).
Interessant ist das Minuszeichen bei A_5: es ist über $(-1) = \exp(i\pi)$ als Phasenverschiebung um π dieser Komponente relativ zu den positiven zu deuten. Die Fourieranalyse bestimmt also nicht nur den Betrag sondern auch die Phasenlage der einzelnen Beugungsordnungen.

Vergrößern wir bei f(x) das Verhältnis von Gitterkonstante g zu Spaltbreite s mehr und mehr, so finden wir, daß die (Orts)frequenzen mK immer näher zusammenrücken (der Unterschied zweier benachbarter Frequenzen ist gleich $K = 2\pi/g$). Der Übergang zu einer nicht-periodischen Funktion f(x) entspricht dem Übergang zu einer gegen unendlich gehenden Gitterkonstanten g. Dann werden die Ortsfrequenzen in der Fourierentwicklung von f(x) dicht liegen (ein Kontiunuum bilden). An die Stelle der Fourierreihe wird also ein *Fourier-Integral* treten:

(1.6) $$f(x) = 1/\pi \int [A(K) \cos Kx + B(K) \sin Kx]\, dK$$

$$\text{mit } A(K) = \int f(x) \cos Kx\, dx; \quad B(K) = \int f(x) \sin Kx\, dx$$

Man nennt die beiden Funktionen A(K) bzw. B(K) die Fourier-cos- bzw. Fourier-sin-*Transformierten.*
In der Regel benutzt man eine Zusammenfassung der Fourier-cos- und der Fourier-sin-Transformierten zu einer komplexen *Fouriertransformierten* F(K) (vgl. Hecht, Optics, Kap. 11).

(1.7) $$F(K) = \int_{-\infty}^{\infty} f(x) \exp(iKx)\, dx$$

Die Operation, welche der Funktion f(x) die Funktion F(K) zuordnet, heißt *Fourier-Transformation:* man schreibt auch $F(K) = \mathrm{F}\, f(x)$.
Von der Fouriertransformierten F(K) führt die inverse Fouriertransformation (auch "Rücktransformation") zurück zur Originalfunktion:

(1.8) $$f(x) = (2\pi)^{-1} \int_{-\infty}^{\infty} F(K) \exp(-iKx)\, dK$$

Der Übergang zu zwei Dimensionen geschieht in folgender Weise:

$$f(x,y) = (2\pi)^{-2} \int\int F(K_x, K_y) \exp -i(K_x x + K_y y)\, dK_x dK_y$$

bzw. $$F(K_x,K_y) = \int\int f(x,y) \exp i(K_x x + K_y y)\, dx\, dy.$$

In Anhang A1.4 wird gezeigt, daß die durch 2π dividierte Variable K_x gleich $(\sin\varphi/\lambda)$ ist, wo φ der Beugungswinkel (in der Ebene (x,z)) und λ die Wellenlänge der gebeugten Welle ist. Man nennt diese sehr handliche Koordinate u und führt analog in der Ebene (y.z) die Koordinate $v = \sin\chi/\lambda$ ein. An die Stelle von Gl. (1.7) und (1.8) tritt dann:

(1.7´) $$F(u) = \int_{-\infty}^{\infty} f(x) \exp(i2\pi ux)\, dx$$

(1.8´) $$f(x) = \int_{-\infty}^{\infty} F(u) \exp(-i2\pi ux)\, du$$

Wir fassen das Ergebnis der hier nur als Plausibiltätsbetrachtung durchgeführten Überlegung zusammen:

Die Fraunhofer-Beugung einer ebenen Welle an einem beliebigen Objekt läßt sich als Fouriertransformation der Amplitudenverteilung der Welle in der Austrittsfläche aus dem Objekt (sie wird proportional zu der Lichtdurchlässigkeit t(x,y) am Ort (x,y) sein) verstehen und berechnen.

$$T(u,v) = F\ t(x,y) \tag{1.9}$$

Insofern sehen wir in der hinteren Brennebene der Objektivlinse eines Mikroskops diese Fourier-Transformierte der Helligkeitsverteilung auf der Rückseite des Objekts, die ja von der Linse aus dem Unendlichen (Fraunhofer-Fall !) zurückgeholt wird. Die Fourier-Transformierte ist bei einem nicht-periodischen Objekt eine kontinuierliche Verteilung von komplexen (d.h. mit Phasenfaktor versehenen) Helligkeitswerten der gebeugten Wellen. Sie enthält alle Information über die optisch wirksame Struktur des Objektes, soweit die zugehörige Beugung in den von der Linse erfaßten Winkelraum fällt (Abbes Prinzip) und soweit die Linse Amplitude und Phase nicht durch ihre Fehler verändert. Weil keine Detektoren für die Phasenlage einer Welle existieren, kann man nur die Intensitätsverteilung des Beugungsbildes

$$I(u,v) = T(u,v)\ T^*(u,v) = |T(u,v)|^2$$

auswerten[4]. Dieser Verlust der Information, die in der Phasenlage der Welle am allg. Ort (x,y) im Beugungsbild liegt, ist als "Phasenproblem" bei der Bestimmung von Kristallstrukturen mit Hilfe von Röntgenbeugung bekannt.

Während für Röntgenwellen keine Linsen existieren, ist man bei Licht und Elektronenwellen in der günstigeren Situation, daß die Linse in ihrer *Bildebene* die Interferenz der von der Beugungsfigur in ihrer *Brennebene* ausgehenden Kugelwellen zeigt. Dies ist mathematisch die Inverse Fouriertransformation zu der ersten und stellt die ursprüngliche Funktion t(x,y) - einmal von der leicht zu verstehenden Vergrößerung abgesehen - dar. Allerdings darf die oben erwähnte Einschränkung durch die Begrenzung des von der Linse erfaßten Winkelbereichs und durch die Linsenfehler nicht außer Acht gelassen werden.

1.1.3 Phasenkontrast

Die Strukturierung biologischer Objekte hat oft wenig lokale Unterschiede der Lichtabsorption zur Folge; m.a.W.: diese Objekte sind i.w. homogen

---

[4] Die Intensität einer Welle berechnet sich als Quadrat des Betrags ihrer (komplexen) Amplitude. Das Betragsquadrat einer komplexen Zahl ist gleich dem Produkt dieser Zahl mit der konjugiert komplexen Zahl. Diese letzte wird durch einen Stern * markiert.

durchsichtig. Wohl aber sind sie inhomogen hinsichtlich der lokalen Brechzahl n(x,y).
Bei Eintritt einer Lichtwelle in ein Medium der Brechzahl $n > 1$ verkürzt sich die Wellenlänge auf $\lambda = \lambda_o/n$, wo λ_o die Wellenlänge im Vakuum bzw. praktisch auch in Luft ist. Dadurch sind auf der gleichen Wegstrecke in einem Medium mit höherer Brechzahl mehr Wellenlängen unterzubringen als in einem Medium mit niedrigerer Brechzahl. Das ist gleichbedeutend mit der Aussage: bei Durchlauf durch ein Objekt von überall gleicher Dicke ist die Phase einer Welle da weiter fortgeschritten, wo die Brechzahl höher ist, es entsteht eine Verbiegung der ehemals ebenen Wellenfront, welche die Verteilung von n(x,y) im Objekt widerspiegelt.
Eine solche Verbiegung der Wellenfront ist gleichbedeutend mit Beugung: die Welle verbreitet sich hinter dem Objekt in den Winkelraum. Die gebeugten Wellen sind dabei gegenüber der nicht gebeugten (der sog. nullten Beugungsordnung) nur in ihrer Phasenlage verschoben.
Die zunächst etwas unübersichtliche Behandlung dieses Falles wird sofort einfach, wenn wir von dem Werkzeug des Phasen-Amplituden-Diagramms Gebrauch machen (Fig. 3). Zur Veranschaulichung mehrerer nach Phase und Amplitude verschiedener Schwingungen (bzw. Wellen) benutzt man Pfeile (auch Phasoren genannt), deren Länge die Amplitude der jeweiligen Schwingung anzeigt; der Winkel zwischen zwei Pfeilen repräsentiert die Differenz der Phasenlagen der beiden Schwingungen.

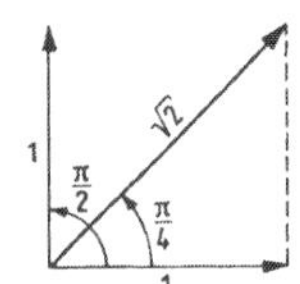

Fig. 3 Das Phasen-Amplituden-Diagramm zur Addition von Schwingungen.
Beisp.: $\cos kx + \cos(kx + \pi/2) = \sqrt{2}\cos(kx + \pi/4)$.

Fig. 4 zeigt den eben behandelten Fall: die beleuchtende ebene Welle A_e wird beim Durchlaufen des Objektes der Dicke z_o (an irgend einer Stelle x_o,y_o) nicht geschwächt, aber um den Phasenwinkel $\alpha(x_o,y_o)$ (im Vergleich zu einer eine entsprechende Strecke z_o in Luft laufenden Welle) verschoben. So entsteht die austretende Welle $A_a = A_o \exp i\{kz_o + \alpha(x_o,y_o)\}$.
Zunächst ist von α nur der nach Abzug des größtmöglichen Vielfachen von 2π eventl. verbleibende Rest $\delta\alpha$ für die Phasenlage wesentlich.

$$A_a = A_o \exp(ikz_o) \exp\{i\,\delta\alpha(x_o,y_o)\}$$

$$= A_o \exp(ikz_o) \{\cos\delta\alpha + i\sin\delta\alpha\}$$

(Der Übersichtlichkeit wegen wird die Bezugnahme auf den Ort (x_o,y_o) nun weggelassen).

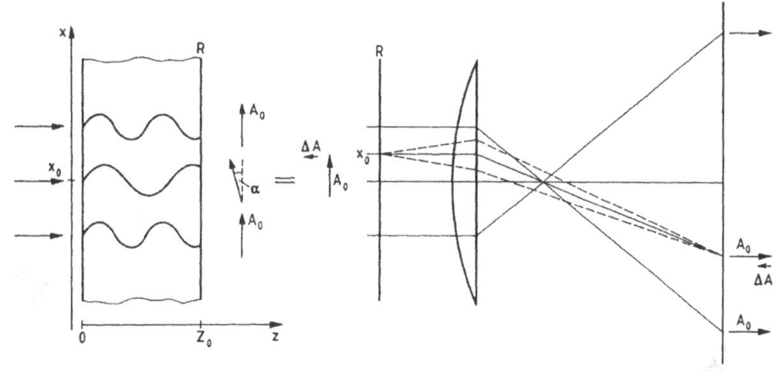

Fig. 4 Phasenkontrast-Verfahren nach Zernike. Links: An der Objektrückseite R ist infolge lokaler Unterschiede der Wellenlänge im Objekt die Phasenlage der Welle örtlich verschieden. Rechts: die Beiträge A_o bilden das zentrale (nullte) Maximum im Beugungsdiagramm F. Seine Phase wird (mit einem $\lambda/4$-Plättchen) um $\pi/2$ verdreht. Die Beiträge ΔA bilden die höheren Beugungsordnungen (entsprechend der Drehung der Wellenfront).. In der Bildebene B sind nun A_o und ΔA kollinear (Amplitudenkontrast).

Ist $\delta\alpha$ klein, kann man $\cos\delta\alpha = 1$ setzen und $\sin\delta\alpha = \delta\alpha$. Dann erhält man:

(1.10) $$A_a = A_o \exp(ikz_o) + i\,(A_o\,\delta\alpha)\exp(ikz_o).$$

Physikalisch ist die Beziehung (1.10) zu deuten als Überlagerung der ursprünglichen, ungestört über die Distanz z_o gelaufenen Welle mit einer schwachen (Amplitude $\Delta A = A_o\,\delta\alpha$), um $\pi/2 = 90°$ phasenverschobenen ($i = \exp(i\pi/2)$) Zusatzwelle. Diese Zusatzwelle hat über die Objektfläche eine gemäß dem örtlichen $\delta\alpha(x,y)$ modulierte Amplitude Sie ist *allein* für die Amplitudenverteilung in der Beugungsfigur außerhalb des zentralen Maximums verantwortlich..

In der Bildebene der Linse erfolgt im Idealfall eine Zusammenführung der aus dem gleichen Flächenelement $\Delta x\Delta y$ des Objekts stammenden Teilwellen, sowohl der ungebeugten "Nullwelle" wie auch der über die höheren Beugungsordnungen gekommenen und um $\pi/2$ phasenverschobenen (Fig. 4) Beobachtbar ist nur die Intensitätsverteilung. Sie ergibt sich als Betragsquadrat der komplexen Amlitude $I = |A|^2 = A A^*$, also für das Bild der Stelle (x_o,y_o):

$$I = \left\{ A_o + |\Delta A| \exp(i\pi/2)\right\} \left\{A_o + |\Delta A| \exp(-i\pi/2))\right\}$$

$$= A_o^2 + |\Delta A|^2 + 2\,A_o\,|\Delta A| \cos(\pi/2)$$

Wegen $\cos(\pi/2) = 0$ und der Kleinheit von $|\Delta A|^2$ ist das Bild also gleichmäßig hell, als ob das Objekt gar keine Phasenschiebung einführte.

F. Zernike (Nobelpreis 1953) fand folgenden Weg zur Sichtbarmachnung des Phasenkontrastes: Durch Anbringen einer Platte im Zentrum der Beugungsfigur in der hinteren Brennebene der Linse verschiebt man die Phase der "Nullwelle" entweder um -90° oder um +90°. Im ersten Fall ist A_o in Phase mit ΔA, im zweiten ist A_o um 180° gegen die gebeugte Welle verschoben. In beiden Fällen kommt der zu (A_o $|\Delta A|$) proportionale Summand im Ausdruck für die Bildintensität zum Tragen und der Phasenkontrast ist in einen Amplitudenkontrast verwandelt (Fig. 4).

Der Phasenkontrast wurde hier behandelt, weil der dominierende Kontrastmechanismus bei der Untersuchung der außerordentlich dünnen Objekte der hochauflösenden Elektronenmikroskopie von diesem Typ ist.[5] Allerdings ist es noch nicht gelungen, Zernikesche Phasenplatten für Elektronen herzustellen. Dort ist man darauf angewiesen, die von dem Objekt erzeugte Phasenschiebung der gestreuten Wellen durch Defokussieren zu einer solchen um 180° zu ergänzen (ein auch in der Lichtoptik mögliches Vorgehen) (vgl. Abschnitt 3.3.2).

1.1.4 Kohärenz

Die unter 1.1.1 bis 1.1.3 durchgeführte Behandlung der Abbildung eines Objekts durch eine Linse ging davon aus, daß die an den einzelnen Objektpunkten durch Beugung des Lichtes entstehenden Sekundärwellen miteinander interferieren. Interferenzfähig sind aber nur Wellen, deren Phasen in einer festen Beziehung zueinander stehen. D.h. wenn die Phasenlage einer der Wellen sich plötzlich ändert (wenn sie "springt") - was durchaus zugelassen ist -, dann springt die Phasenlage aller anderen an der Interferenz beteiligten Wellen in gleicher Weise. Diese feste Beziehung muß über die Dauer der Beobachtung (also auf jeden Fall über eine Zeit, die sehr groß gegen die Schwingungsdauer des Lichtes ist) erhalten bleiben. Man nennt Wellen, für die diese Bedingung erfüllt ist, *kohärent.*

Wir halten fest: nur kohärente Wellen können miteinander interferieren.

Da die Phasenlage der gebeugten Wellen durch die Phasenlage der beleuchtenden Welle gegeben ist, können wir die Gültigkeit der behandelten Abbildungstheorie nur erwarten, wenn das Objekt (sei es periodisch oder nicht) *kohärent beleuchtet* wird. Wir haben diese Voraussetzung oben dadurch markiert, daß wir von "Beleuchtung mit einer ebenen, monochromatischen Welle" ausgingen. Wir müssen genauer untersuchen, wie diese Voraussetzung praktisch zu erfüllen ist. Dies ist deshalb nicht unproblematisch, weil Licht aus allen üblichen Quellen (Sonne, Bogenlampe, Glühlampe, Gasentladung etc.) aus kurzen Wellenzügen besteht, die in den

[5] Genauer gesagt: es gibt extrem dünne Objkete (z. B. einzelne Atome), bei denen die Annahme eines sehr kleinen $\delta\alpha$ zutrifft. In anderen Fällen bietet die hier vorgeführte Näherung des "schwachen Phasenobjektes" (engl: weak phase object) eine erste Orientierung.

Atomen der Quelle durch diskrete Übergänge von Elektronen von einem höheren Energieniveau auf ein niedrigeres entstehen. Diese Übergänge sind nicht korreliert, sodaß das von einer ausgedehnten Lichtquelle ausgehende "natürliche" Licht, bildlich gesprochen, aus einer großen Anzahl kurzer Lichtpulse besteht; es kann schon deshalb nur begrenzt monochromatisch sein, weil ideale Monochromasie nur durch einen (harmonischen) Wellenzug unendlicher Länge darzustellen wäre. Die einzige Lichtquelle, bei der dies in hohem Maße verwirklicht ist, ist der *Laser*.
Die hier zu erörternde Frage ist also so zu stellen: wie muß eine ausgedehnte, aus vielen unabhängig voneinander strahlenden Atomen bestehende Lichtquelle beschaffen sein, damit sie das Objekt kohärent beleuchtet ? Ohne weitere Erörterung leuchtet ein, daß die Forderung umso schwerer zu erfüllen sein wird, je ausgedehnter das Objekt ist.
Wir benutzen die Interferenzfähigkeit als Kriterium für Kohärenz und untersuchen, unter welchen Beleuchtungsbedingungen die von zwei parallelen *schmalen* Spalten ausgehenden gebeugten Wellen miteinander interferieren. (Dieses Paar von Spalten wurde von Th. Young 1801 zu seinen berühmten Experimenten benutzt und heißt deshalb "Youngscher Doppelspalt"). Wir beleuchten den Doppelspalt - der Abstand der Spalte sei D - zunächst aus einer Entfernung L mit zwei einzelnen leuchtenden Atomen (1 und 2), welche die Entfernung d voneinander haben (Fig. 5a). Dies ist als Gedankenexperiment vorzustellen; eine praktische Durchführung des Experiments ist aber durchaus möglich, wenn man zwei genügend kleine Quellen benutzt, die jede für sich kohärent strahlen, die aber nicht *miteinander* kohärent leuchten.

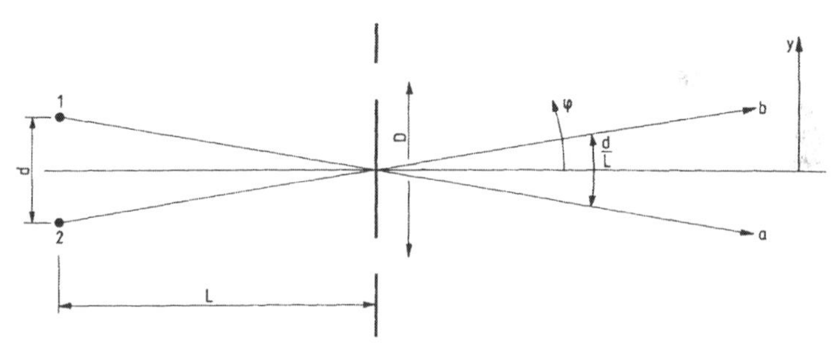

Fig. 5 Die räumliche (transversale) Kohärenzbedingung.

Fig. 5a. Zwei voneinander unabhängige, punktförmige Lichtquellen 1 und 2 beleuchten einen Doppelspalt. Die Pfeile a und b bezeichnen die Richtungen, in die die Zentren der beiden Beugungsfiguren fallen.

Jede der Quellen 1 bzw. 2 erzeugt hinter dem Doppelspalt eine Beugungsfigur, wobei die Zentren der Figuren um den Winkel d/L gegeneinander verschoben sind. Die Beugungsfigur eines Dppelspaltes

$$A(u) = 2\cos(\pi D u) \qquad \text{mit } u = \frac{\sin\varphi}{\lambda}$$

ergibt sich am elegantesten mit Hilfe der in Anhang A1.5 eingeführten Diracschen Delta-Funktion.
Die beiden Beugungsfiguren

$$(1.11) \qquad I(\varphi) = 4\cos^2(\pi D \sin\varphi/\lambda) = 2\left[1 + \cos\left(\frac{2\pi D}{\lambda}\sin\varphi\right)\right]$$

müssen wegen ihrer Inkohärenz intensitätsmäßig überlagert (addiert) werden (Fig. 5b):

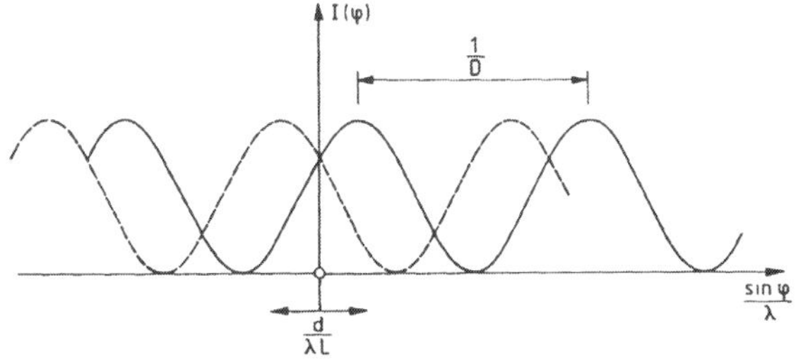

Fig. 5b. Intensitätsmäßige Überlagerung der beiden Beugungsfiguren (Winkelabstand d/L).

Das Ergebnis ist ohne Rechnung zu erraten: fallen die Maxima der einen Beugungsfigur auf die Minima der anderen, ergänzen sich die von den beiden Quellen entworfenen Helligkeitsverteilungen zu einer überall gleichen Helligkeit; ist der Winkelabstand der Quellen (d/L) hingegen ein gerades Vielfaches von $\lambda/2D$, so überlagern sich die beiden cosinusförmigen Helligkeitsmuster zu einem Cosinus mit doppelter Amplitude.
Nach dieser Vorbereitung gehen wir zu einem realistischeren Modell einer Lichtquelle über: wir füllen die Strecke zwischen den Quellen 1 und 2 mit einer kontinuierlichen Belegung von Elementarquellen aus, die voneinander unabhängig strahlen sollen. Die Summation der Beugungsfiguren nimmt nun die Form eines Integrals an:

$$I(\varphi) = I_o \int_{-d/2}^{d/2} \cos^2\left\{(\pi D/\lambda)\,(\varphi + y/L)\right\} dy$$

I_o ist die von der Einheitslänge der Quelle abgestrahlte Leistung. Da nachher nur kleine Winkel φ zugelassen werden, ist $\sin\varphi$ durch φ ersetzt (Kleinwinkel-Näherung).
Die etwas umständliche, aber einfache Rechnung ergibt:

$$I(\varphi) = I_o\, d\left\{1 + \frac{\sin\eta}{\eta}\cos\left(\frac{2\pi D}{\lambda}\varphi\right)\right\} \quad \text{mit } \eta = \pi\frac{dD}{\lambda L}$$

Wir finden die Interferenzfigur des Doppelspalts (Gl.(1.11)) mit der Spaltfunktion $(\sin\eta/\eta)$ als Vorfaktor der winkelabhängigen Modulation versehen. Das bedeutet: Nur dann, wenn η wenig von 0 abweicht, können wir eine

ausgeprägte Interferenzfigur erwarten - nur dann könnnen wir also von kohärenter Beleuchtung des Doppelspalts sprechen.[6]
Man faßt dies in der *räumlichen Kohärenzbedingung* zusammen:
Eine Quelle des Durchmessers d beleuchtet eine Fläche des Durchmessers D in der Entfernung L nur dann kohärent, wenn

(1.12) $$d\,D \ll \lambda\,L.$$

In der Literatur finden sich verschiedene Ableitungen der räumlichen Kohärenzbedingung; die hier vorgeführte hat den Vorteil, daß sie angibt, um wieviel die Interferenzfigur verblaßt, wenn das Verhältnis $dD/\lambda L$ einen bestimmten Wert hat. So hat die Spaltfunktion für $dD/\lambda L = \pi^{-1} = 0{,}32$ den Wert 0,84 (vgl. Fig. 2b). Betrachten wir dies als ausreichend starke Interferenz, können wir festsetzen: das Produkt aus Quellengröße und Ausdehnung des in der Entfernung L kohärent beleuchteten Bereichs ist ($\lambda\,L/\pi$). Man nennt $D_c = \pi^{-1}\lambda L/d$ die *Kohärenzbreite (coherence width)* einer Quelle.
Oftmals ist eine Formulierung der räumlichen Kohärenzbedingung im Winkelraum dem vorliegenden Problem angemessener: eine Quelle vom Durchmesser d, welche Licht der Wellenlänge λ aussendet, strahlt in einen Winkelraum der (halben) Öffnung ($D_c/2L =$) $\lambda/(2\pi d)$ kohärent ab.
Betrachtet man den Winkelraum Θ, aus dem ein Punkt des Objekts beleuchtet wird (Fig. 5c), so schränkt die räumliche Kohärenzbedingung den zulässigen Winkel auf $\tan\Theta_c = d/2L = \lambda/(2\pi D_c)$ ein, wenn eine Fläche vom Durchmesser D_c kohärent beleuchtet werden soll, d.h. die sog. Beleuchtungsdivergenz Θ_c ist umso mehr einzuschränken, je größer D_c ist.

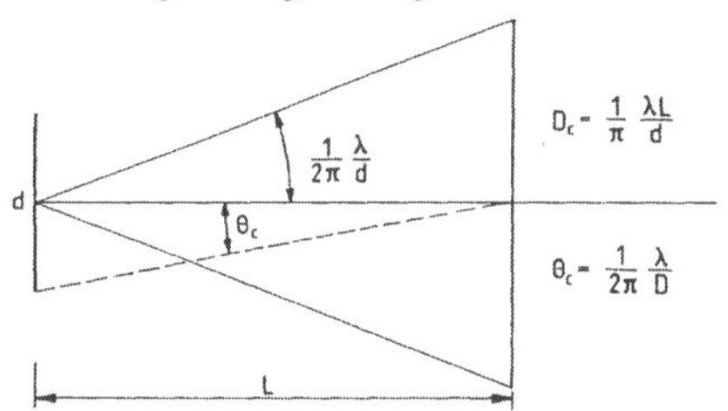

Fig.5c Definition der Kohärenzbreite D_c und der zugehörigen Beleuchtungs-Divergenz

Eine weitere Einschränkung, die wir von Anfang an bei der Darstellung der Wellentheorie der Abbildung durch eine Linse gemacht haben, war die Monochromasie des verwendeten Lichtes. Sie ist für das Zustandekommen von Interferenz mehrerer Wellen offensichtlich günstig, aber glücklicher-

---

[6] Geht man von der linearen zur flächenmäßigen Quelle über, beschreibt die Spaltfunktion die quadratische (rechteckige) Quelle. Bei der kreisförmigen erscheint statt ihrer eine Besselfunktion erster Ordnung, deren zentrales Maximum aber nur wenig breiter ist als bei der Spaltfunktion.

weise muß sie nicht perfekt sein. Wie oben erwähnt, wird Licht i. a. durch zeitlich sehr kurze (ca. 10^{-9} s) Ausstrahlungsakte erzeugt und besteht demgemäß aus kurzen (nach cm oder mm messenden) Wellenzügen.
Fourieranalyse ergibt für einen endlichen Wellenzug eine Frequenzbreite $\Delta\nu = 1/T$ wo T die (halbe) zeitliche Dauer des Wellenzugs bedeutet; ein solcher Wellenzug ist also $c/2T = (c\Delta\nu/2)$ lang. Sehr anschaulich wird die Rolle der *zeitlichen Kohärenz,* wenn man - wie das im Michelson-Interferometer geschieht - zwei zu Beginn kohärente Wellenzüge über verschiedene Distanzen schickt und dann zur Überlagerung bringt. Dann kann man eine ausgeprägte Interferenz nur erwarten, wenn der Unterschied der beiden Distanzen deutlich kleiner als die Länge der Wellenzüge ist. Man nennt deshalb die Länge der Wellenzüge die *Kohärenzlänge (coherence length)* der betreffenden Strahlung. In größerer Allgemeinheit betrachtet ist Kohärenz eine Eigenschaft eines in Raum und Zeit ausgedehnten Wellenfeldes, weshalb man die räumliche und die zeitliche Kohärenz oft besser *transversale* bzw. *longitudinale Kohärenz* nennt. In der Elektronenmikroskopie wird die longitudinale Kohärenz in einer spezifischen Weise behandelt, sodaß hier nicht näher darauf eingegangen wird.

Nachdem die wesentliche Bedeutung der Kohärenz für die Abbildung durch zweimalige Fraunhofer-Beugung (d. h. Interferenz) des Lichtes klargestellt ist, erhebt sich die Frage, wie die Abbildung eines Gegenstandes zu behandeln ist, der inkohärent beleuchtet wird. (Dieses Problem tritt z. B. auch auf, wenn zwei Sterne mit Hilfe eines Fernrohrs abgebildet werden; deshalb wird es oft unter der Bezeichnung "Abbildung von Selbstleuchtern" behandelt). Hier kann der bildbestimmende Prozeß nicht Interferenz der an der Objektstruktur gebeugten Strahlung sein; man hat vielmehr die Beugung der von den Objektelementen ausgehenden Wellen an den Blenden der abbildenden *Apparatur (Linse)* zu betrachten. Ein heller Punkt wird durch eine (fehlerfreie) Linse nicht als Punkt abgebildet sondern infolge der Beugung des Lichtes an der Berandung der Linse als sog. Airysches Scheibchen, d.h. als ein helles Scheibchen vom Winkelradius $1{,}22\ \lambda/D$, das umgeben ist von abwechselnd dunklen und hellen Ringen rasch abnehmender Intensitöt (D ist der Linsendurchmesser). Dies gilt für den Fraunhofer-Fall, d.h. für sehr großen Abstand zwischen Objekt und beugender Struktur. Benutzt man das *Rayleighsche Kriterium*, daß nämlich zwei Punkte eben noch getrennt wahrgenommen werden, wenn das Zentrum der Beugungsfigur des einen auf den ersten dunklen Ring des anderen fällt, kann man den Winkelabstand zweier Sterne angeben, die gerade noch getrennt abgebildet ("aufgelöst") werden:

$$\delta\varphi = 1{,}22\ \lambda/D$$

Man findet in der Literatur gelegentlich eine direkte Übernahme dieses Ergebnisses für den Fall des Mikroskops, indem $\delta\varphi$ ersetzt wird durch d/f und D/f durch $(2 \sin \alpha)$. d ist dabei der Minimalabstand zweier getrennt abgebildeter Objektpunkte, f die Brennweite der Linse und damit praktisch die Gegenstandsweite. Auf diese Weise entsteht dann ein dem Abbeschen Kriterium (1.1) praktisch gleicher Ausdruck

$$d = 0{,}61\ \lambda / \sin\alpha$$

Beim Mikroskop liegt das Objekt aber nicht weit von der Linse entfernt, d.h. die Voraussetzungen der Fraunhofer-Beugung sind nicht erfüllt. (Dementsprechend ist bei den großen Aperturwinkeln α der Lichtmikroskopie die Identifizierung von $D/f = 2 \tan\alpha$ mit $2 \sin\alpha$ unzulässig). Mit Rückgriff auf die Sinusbedingung kann aber gezeigt werden, daß (1.12) trotzdem gilt. Der interessierte Leser muß hier auf die Literatur verwiesen werden (z.B. Born, Optik).

1.1.5 Abbildungsfehler

Eine Abbildung eines leuchtenden oder beleuchteten Gegenstandes (Objekts) ist nur möglich, wenn es gelingt, die von jedem Punkt des Objekts ausgehenden Strahlen in je einem Punkt des Bildes wiederzuvereinigen. Bekanntlich leistet dies in der Lichtoptik die Sammellinse, auch Konvexlinse genannt. Sie besteht aus einem Medium mit einem Brechungsindex $n > 1$ (meist Glas) und ist in einfachen Fällen von Kugelflächen begrenzt. Es stellt sich allerdings heraus, daß die vollkommene Vereinigung eines divergenten Lichtbündels nur gelingt, wenn die Achse des Bündels parallel zu der Achse der Linse ist und wenn der Durchmesser des Bündels in der Linse auf achsennnahe Bereiche beschränkt wird.

K.F. Gauß hat gezeigt, daß die "perfekte" (Gaußsche) Abbildung dann gelingt, wenn der in Fig. 1c markierte Winkel α für den äußersten benutzten Strahl so klein bleibt, daß $\sin\alpha$ durch das Argument α (also das erste Glied der Entwicklung der Sinusfunktion) ersetzt werden kann. Man nennt diese Strahlen "paraxial" und nennt die hier anzuwendende geometrische Abbildungstheorie Theorie erster Ordnung. Will man weiter geöffnete Bündel benutzen, muß man den Sinus eine Ordnung weiterentwickeln; da das nächste Glied in der Reihenentwicklung ($- \alpha^3/\ 3!$) von dritter Ordnung in φ ist, spricht man von der Theorie dritter Ordnung. Bei Benutzung des Winkelbereichs, in dem die Entwicklung des Sinus bis zur dritten Ordnung genügt, treten nun Abweichungen von der perfekten Abbildung eines Objektpunktes in einen Bildpunkt auf, die man als *primäre Bildfehler* oder *Aberrationen* bezeichnet. Obschon man sie oft als "Linsenfehler" bezeichnet, haben sie nichts mit einer unvollkommenen Fertigung der Linse zu tun sondern sind durch die Lichtbrechung an Kugelflächen bedingt.

Ein Teil der Bildfehler ist nur zu beobachten, wenn Licht verschiedener Wellenlänge gleichzeitig benutzt wird; sie hängen mit der Wellenlängenabhängigkeit des Brechungsindex des Linsenmaterials zusammen. Diese Fehler heißen *chromatisch.* Daneben gibt es fünf monochromatische Bildfehler, die hier zunächst aufgezählt werden sollen: Öffnugnsfehler (sphärische Aberration), Koma, Astigmatismus, Bildfeldwölbung und Verzeichnung.

Durch Kombination verschiedener Linsen (z.B. Sammel- und Zerstreuungslinsen) und die Verwendung verschiedener Gläser, sowie auch nichtsphäri-

scher Flächen ist in der Lichtoptik eine weitgehende "Korrektur" dieser Bildfehler in dem Sinn möglich, daß die Fehler der einzelnen Glieder eines Linsensystems sich gegenseitig kompensieren und das System als ganzes weitgehend Punkte in Punkte (also "scharf") abbildet.
Interessanterweise treten die gleichen Bildfehler wie bei der Glaslinse auch bei der ganz anders wirkenden Elektronenlinse auf. Allerdings fehlen die in der Lichtoptik gegebenen Mittel zur Korrektur in der Elektronenoptik. Für das Auflösungsvermögen des Elektronenmikroskops sind zunächst der Öffnungsfehler und der Farbfehler von entscheidender Bedeutung. Der erstgenannte kann selbstverständlich immer durch Reduktion der Linsenapertur α begrenzt werden, aber dies ist, wie oben begründet, mit Verschlechterung des Auflösungsvermögens verbunden. Wir erwarten also die Existenz einer optimalen Apertur, bei der die Verschlechterung des Auflösungsvermögens durch Wegnahme höherer Winkelbereiche der Fouriertransformierten der Helligkeitsverteilung des Objekts auf der einen Seite und durch die Zunahme des Öffnungsfehlers auf der anderen Seite minimal ist. Dieser Gesichtspunkt wird in Anhang A2 ausgeführt; die Abbildungsfehler magnetischer Elektronenlinsen werden in Abschnitt 1.2.1 besprochen.

1.2 Mikroskopie mit Elektronen

1.2.1 Strahlenoptik (Geometrische Optik)

Das Hamiltonsche Prinzip der Mechanik angewandt auf die Bewegung eines Massenpunktes besagt, daß diejenige Bahn zwischen zwei Punkten A und B realisiert wird, auf der das Integral

$$\int (2\,T - E)\, dt$$

zwischen Anfang und Ende der Bewegung ein Extremum ist. (T ist die kinetische Energie, E die Gesamtenergie, t die Zeit). Läßt man nur Bahnen zu, auf denen die Gesamtenergie konstant ist - eine im Elektronenmikroskop weitgehend verwirklichte Annahme -, geht das Hamiltonsche in das Maupertuissche Prinzip über. Dieses lautet als Variation geschrieben:

$$\text{(1.13)} \qquad \delta \int m\, \underline{v}\, \frac{ds}{dt}\, dt \;=\; \delta \int m\, \underline{v}\, d\underline{s} \;=\; 0$$

(s ist die Bahnkoordinate)

Vergleichen wir mit dem Fermatschen Prinzip der Optik

$$\text{(1.14)} \qquad \delta \int n\, ds \;=\; \delta \int \frac{ds}{u_p} \;=\; 0\,,$$

so wird die sog. *Hamiltonsche Analogie* (1831) zwischen der Bahn einer Punktmasse unter der Wirkung von Potentialkräften mit einem Lichtstrahl in einem Medium mit ortsabhängigem Brechungsindex n offenbar (u_p ist

die Phasengeschwindigkeit des Lichtes). (Die magnetische Feldstärke $\underline{B}$ in magnetischen Elektronenlinsen ist zwar keine Potentialkraft, aber die Hamiltonsche Analogie ist auch hier anwendbar: der Brechungsindex der Optik ist in der Mechanik in Parallele zu setzen mit der Komponente des Impulses $\underline{p}$ parallel zur Bahn (Gln. (1.13) u. (1.14)). Dies gilt auch im Magnetfeld, wenn man an Stelle des mechanischen Impulses den *kanonischen* Impuls ($\underline{p}_{mech}$ + q $\underline{A}$) setzt mit der Ladung q und dem Vektorpotential $\underline{A}$).
Im Prinzip stand also bei Entdeckung des Elektrons und Identifizierung desselben als massebehaftetes, geladenes Teilchen (J.J. Thomson 1897, Nobelpreis 1906) der theoretische Apparat für den Entwurf einer geometrischen Elektronenoptik bereit.
Ein praktischer Anstoß dazu entstand allerdings erst in den zwanziger Jahren unseres Jahrhunderts bei der Entwicklung des Hochspannungs-Elektronenstrahl-Oszillographen, in dem ähnlich wie in der Fernsehröhre ein Elektronenstrahl auf einen Leuchtschirm zu fokussieren ist. 1926 und 1927 erschienen die grundlegenden Arbeiten von H. Busch über die Wirkung von inhomogenen elektrischen und magnetischen Feldern mit Rotationssymmetrie als Elektronenlinse, die allgemein als Geburtsstunde der Elektronenoptik gelten.
In dieser Einführung konzentrieren wir uns auf eine Behandlung der Grundprinzipien der *magnetischen* Elektronenlinse, die heute fast ausschließlich im Gebrauch ist. Es handelt sich dabei um kurze, stromdurchflossene Spulen, deren Achse zugleich die optische Achse der Linse ist.
Als Vorbereitung betrachten wir die Bahn von Elektronen (Ladung -e, Masse m) im *homogenen* Magnetfeld $\underline{B}$ einer langen Spule. Wir wählen ein Koordinatensystem mit Zylindersymmetrie (r, φ, z), dessen z-Achse parallel zum Magnetfeld liegt. Die Geschwindigkeit $\underline{v}$ der Elektronen sei bei Eintritt in das Feld parallel zu einer Meridionalebene, d.h. zu einer Ebene, welche die Achse enthält: $\underline{v} = v\,[\,\sin\alpha, 0, \cos\alpha]$. α ist der Winkel zwischen der Einschußrichtung und der Achse (Fig. 6). Das Magnetfeld wirkt auf die bewegten Elektronen als Lorentzkraft $\underline{F}_L$:

$$\underline{F}_L = -e\,(\,\underline{v} \times \underline{B}\,).$$

Die Radialkomponente der Geschwindigkeit erzeugt mit $\underline{B}$ eine Azimutalkomponente $F_\varphi = (e\, v_r\, B)$ der Lorentzkraft und damit eine Kreisbewegung der Elektronen mit der (konstanten) Kreisfrequenz $\omega = eB/2m$ in der Ebene senkrecht auf der z-Achse[7]. Gleichzeitig fliegen die Elektronen mit der von $\underline{B}$ unbeeinflußten Geschwindigkeit $v_z = v \cos\alpha$ parallel zur z-Achse weiter. So entsteht eine schraubenförmige Bahn, die nach einer Strecke $L = v_z\, T = v_z\, 4\pi\, m/(eB)$ die z-Achse wieder trifft, auf der das Elektron in das Feld eingtreten war (Fig. 6). Alle in einem Punkt unter verschiedenen Winkeln α gestarteten Elektronen werden also in einem Punkt der durch ihren Startpunkt gehenden z-Achse wieder vereinigt, *soweit* ihre achsenparallelen Geschwindigkeitskomponenten v_z gleich sind, d.h. solange der Startwinkel α so klein ist, daß cos α praktisch gleich eins

[7] F_φ übt ein Drehmoment M_z um die z-Achse aus ($M_z = r\, F_\varphi = r\, e\, v_r\, B$), das gleich der zeitlichen Änderung des Drehimpulses $dL_z/dt = m\, \omega\, 2r\, v_r$ ist.

ist. Man nennt solche Bahnen *paraxial,* weil sie in der Nähe der optischen Achse bleiben.
Wir fassen das Ergebnis zusammen: ein zylindersymmetrisches homogenes Magnetfeld vereinigt von einem Punkt ausgehende paraxiale Elektronenstrahlen wieder in einen Punkt. (Wir benutzen Elektronenbahn und Elektronenstrahl synonym). Man kann aber hier noch nicht von einer Elektronenlinse sprechen, denn dieses Feld beeinflußt achsenparallel einfallende Strahlen nicht.

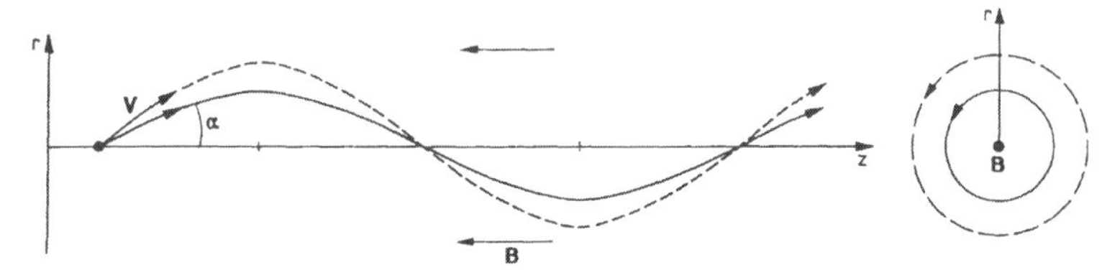

Fig. 6 Spiralbahnen von Elektronen im homogenen Magnetfeld $\underline{B}$. Fokussierung bei kleinen Winkeln α.

Magnetische Elektronenlinsen
Zu einer *Elektronenlinse* gelangen wir erst, indem wir ein *inhomogenes* Magnetfeld betrachten. D.h. zunächst einmal, daß die z-Komponente des Feldes B_z eine Funktion von z wird: $B_z = B_z(z)$.[8] Wegen der Quellenfreiheit muß dieses Feld aber auch eine Radialkomponente $B_r(z)$ haben: $\underline{B} = [B_r, 0, B_z]$. Wie in Fig. 7 gezeigt, muß die Abnahme des achsenparallelen magnetischen Flusses gleich dem radialen Fluß an der betreffenden Stelle sein:

$$B_r = -\frac{1}{2} r \frac{dB_z}{dz} \tag{1.15}$$

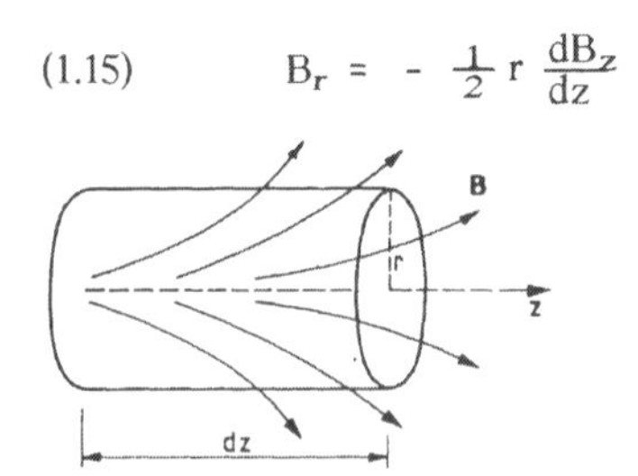

Fig. 7. Zur Veranschaulichung von Gl. (1.15). Abnahme des achsenparallelen Flusses $-\pi r^2 dB_z$ durch radialen Fluß $2\pi r\ dz\ B_r$.

Als φ-Komponente der Lorentzkraft erscheint jetzt:

---

[8] In aller Allgemeinheit wird B_z auch von r abhängen. Die Tatsache, daß wir für B_z seinen Wert auf der Achse setzen, bedeutet, daß die Ergebnisse unserer Betrachtung *nur für paraxiale Strahlen* Gültigkeit haben.

$$F_\varphi = - e (v_z B_r - v_r B_z)$$

Mit Benutzung von (1.15) ergibt sich schließlich für die Winkelfrequenz des Umlaufs um die z-Achse wieder

(1.16) $$\omega = \frac{e B_z(z)}{2 m}$$

wo aber nun B_z keine Konstante ist.
Mit Hilfe dieses Ergebnisses kann nun auch die Radialkomponente der Elektronenbahn berechnet werden. Die Bewegungsgleichung des Elekltrons in r-Richtung lautet:

$$F_r = m (\ddot{r} - r \omega^2) = - e v_\varphi B_z$$

v_φ ist (ω r); einsetzen von ω ergibt:

(1.17) $$\ddot{r} = - (\frac{e B_z}{2 m})^2 r$$

Die Zeit kann aus dieser Bewegungsgleichung durch folgende Transformation eliminiert werden:

$$\ddot{r} = \frac{d}{dt} (\frac{dr}{dz} v_z) = \frac{d}{dz} \frac{dz}{dt} (\frac{dr}{dz} v_z) = \frac{d^2r}{dz^2} v_z^2$$

(für paraxiale Strahlen ist v_z praktisch konstant).
Damit wird Gl. (1.17) zur Differentialgleichung der Elektronenbahn in der sich um die z-Achse drehenden (r,z)-Ebene:

$$\frac{d^2r}{dz^2} = - \frac{1}{v_z^2} (\frac{e B_z}{2 m})^2 r$$

Indem wir die kinetische Energie des Elektrons ($m v_z^2 /2$) durch ihr elektrisches Äquivalent (e U) ersetzen[9], gelangen wir zu der Endform der *Bahngleichung* (Trajektorien-Gleichung):

(1.18) $$\frac{d^2r}{dz^2} = - \frac{e B_z^2}{8 m U} r$$

Zwei wesentliche Erkenntnisse sind Gl. (1.18) zu entnehmen: die Krümmung der Bahn ist in der (r,z)-Ebene immer zur Achse hin gerichtet, d.h.

[9] In der Elektronenmikroskopie erreichen die Elektronen Geschwindigkeiten, bei denen die relativistische Geschwindigkeitsabhängigkeit der Masse berücksichtigt werden muß (vgl. 1. 2. 2). Man kann dem Rechnung tragen, indem man die sog. *relativistisch korrigierte Spannung* U_r an Stelle von U benutzt und für die Elektronenmasse die Ruhmasse m_o stehen läßt. $U_r = U (1 + U/MV)$.

die Wirkung der magnetischen Elektronenlinse ist immer sammelnd (betrifft das Minuszeichen). Sodann ist die Krümmung proportional zum Achsenabstand r der Bahn: dies ist, wie man allgemein zeigen kann, Voraussetzung für eine echte fokussierende Wirkung der Linse.

Die Meridionalebene (r,z), in der wir nun die Bahn - mit der einzigen Voraussetzung der Paraxialität - bestimmt haben, dreht sich beim Durchlauf des Elektrons durch das Feld um die z-Achse. Dies beschreibt die zweite Bahngleichung, die wir aus Gl. (1.16) gewinnen. Mit $\omega = d\varphi/dt = (d\varphi/dz)\, v_z$ erhalten wir:

$$\frac{d\varphi}{dz} = \sqrt{\frac{e}{2mU}}\;\frac{B_z}{2} \qquad (1.19)$$

Gln. (1.18) und (1.19) beschreiben zusammen die (paraxialen) Bahnen von Elektronen in einem zylindersymmetrischen, inhomogenen Magnetfeld B(z) in Parameterform. Ihre quantitative Lösung muß numerisch erfolgen, wobei die Feldverteilung aus Messungen oder Berechnungen bekannt sein muß.

Der Vergleich der beiden Gleichungen betont einen wichtigen Unterschied: Eine Umkehr des Magnetfeldes ändert an der Bahn in der (r,z)-Ebene nichts: es gibt keine magnetischen Zerstreuungslinsen. Dagegen wird der Drehsinn um die z-Achse (die sog. *Bilddrehung)* umgekehrt: in Fällen, wo die Drehung des Bildes relativ zum Objekt stört, kann die Bilddrehung durch Hintereinanderschalten von zwei Linsen mit entgegengesetzt gerichteten Magnetfeldern kompensiert werden.

Indem wir nun eine Vereinfachung der Gl. (1.18) einführen, können wir weitere Einsichten in die Eigenschaften magnetischer Elektronenlinsen gewinnen. Wir gehen zur Näherung der *dünnen Linse* über, deren Hauptebenen zusammenfallen. Dann können wir annehmen, daß der Achsenabstand des Elektrons sich *innerhalb* der Linse nicht ändert ($r = r_o$), und sind in der Lage, Gl. (1.18) einmal zu integrieren:

$$\frac{dr}{dz} = -\frac{e}{8mU}\, r_o \int B_z^2\, dz \qquad (1.20)$$

Die Integration ist längs der z-Achse über den gesamten Bereich auszuführen, in dem das Feld von null verschieden ist; in der Regel wird das Feld nach außen asymptotisch gegen null gehen, man verschiebt also die Grenzen des Integrals nach $\pm\infty$.

Gl. (1.20) beschreibt die Änderung der Neigung der Elektronenbahn zur Achse beim Durchlaufen des Feldes; m. a. W.:

(dr/dz) nach der Linse minus (dr/dz) vor der Linse = rechte Seite von Gl. (1.20).

Lassen wir also achsenparallele Strahlen auf die Linse auffallen, so bedeutet die rechte Seite von Gl. (1.20) die Neigung der Strahlen nach der Linse; diese ist aber betragsmäßig (r_o/f), wo r_o der Achsenabstand des betrachteten Strahls und f die *Brennweite* der Linse ist (Fig. 8). Wir erhalten also in der Näherung der dünnen Linse als reziproke Brennweite:

(1.21) $$\frac{1}{f} = \frac{e}{8mU} \int B_z^2 \, dz$$

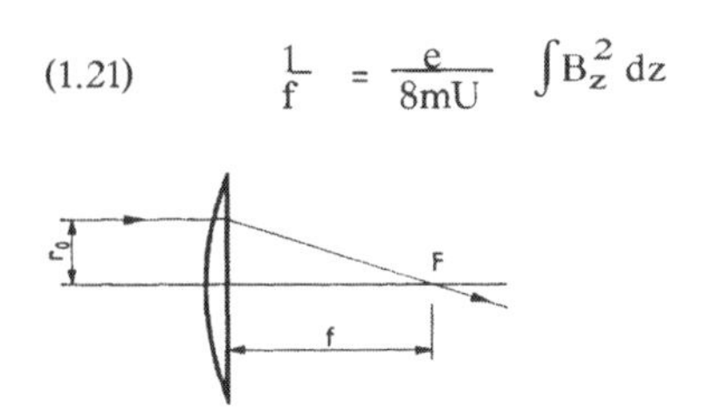

Fig. 8. Zur Bestimmung der Brennweite f einer magnetischen Elektronenlinse aus Gl. (1.20)

Gl. (1.21) betont einen großen Vorteil der Elektronenlinse im Vergleich mit der Glaslinse der Lichtoptik: die Brennweite kann hier durch Änderung der Erregung der Spule, also durch Änderung des Stroms, der das Magnetfeld erzeugt, geändert werden: bis auf Ausnahmen erfolgt in der Elektronenmikroskopie das Scharfstellen des Objektivs auf das Objekt - und analog auch das Justieren des nachfolgenden Strahlengangs - nicht durch Verschieben der Linsen oder des Objekts sondern durch Änderung der Linsen-Brennweiten.
Die Proportionalität zwischen der Brennweite und der von den Elektronen durchlaufenen Beschleunigungsspannung U ist leicht zu verstehen: schnellere Elektronen werden "steifer" gegen eine Ablenkung sein als langsamere.

Eine analytisch handhabbare Funktion, die den glockenförmigen Verlauf der magnetischen Feldstärke längs der z-Achse vieler Linsen gut wiedergibt, stammt von W. Glaser: $B(z) = B_o \, [\, 1 + (z/a)^2 \,]^{-1}$, wo a eine für die Linse charakteristische Länge ist. Berechnet man mit dieser Feldverteilung die reziproke Brennweite (Gl. (1.21)), so ist das Ergebnis:

$$\frac{1}{f} = \frac{\pi}{2a} \, \frac{e \, B_o^2 \, a^2}{8mU}$$

Ein realistisches Zahlenbeispiel: $B_o = 1 \, T = 1 \, V \, s/m^2$, $a = 1$ mm, $U = 100$ kV. Das Ergebnis ist: f = 2,9 mm - durchaus typisch für eine Objektivlinse. Man nennt den zweiten Bruch in dem Ausdruck für $(f)^{-1}$ (eine dimensionslose Zahl) auch den k^2- Wert der Linse, der ihre Stärke charakterisiert ($f = (\pi \, k^2)^{-1} \, 2a$).

Abbildungsfehler

Fragen wir, was sich an den bisherigen Ausführungen ändert, wenn man zu Strahlen übergeht, die achsenfernere Bereiche der Linse durchlaufen, so kommt nun der *Öffnungsfehler (die sphärische Aberration)* zum Tragen, d.h. diese nicht-paraxialen Strahlen werden von der Linse *vor* den paraxialen vereinigt: für sie ist die Brennweite kürzer. Dieser Abbildungsfehler ist bei Elektronenlinsen sehr ausgeprägt und beschränkt die brauchbare Apertur auf Werte von der Größenordnung 10^{-3}, ein sehr ernstes Handicap.

Die Beschränkung fällt besonders stark ins Gewicht bei der Objektivlinse, weil deren nutzbare Apertur direkt das Auflösungsvermögen des Mikroskops bestimmt (vgl. 1.1.1). Man charakterisiert den Öffnungsfehler einer Linse durch Angabe ihrer Öffnungsfehler-Konstanten C_s. Sie ist folgendermaßen definiert (Fig. 9): Man geht aus von der Abbildung einer Objektebene mit hoher Vergrößerung, d.h. der Abstand zwischen Objekt und Linse (die Gegenstandsweite a) ist nur wenig größer als die Brennweite der Linse. Diejenige Bildebene, in der die vom Achsenpunkt der Objektebene ausgehenden *paraxialen* Strahlen zu einem punktförmigen Bild vereinigt werden, nennt man *Gaußsche Bildebene*. Die nicht-paraxialen Strahlen werden vor der Gaußschen Bildebene vereinigt und divergieren bis zu dieser zu einem kreisförmigen Helligkeitsscheibchen, dessen Radius r_i proportional zur dritten Potenz des verwendeten Aperturwinkels Θ ist. Man denkt sich nun dieses Scheibchen in die Objektebene zurückprojiziert, indem man durch die Vergrößerung M der Abbildung dividiert: $r_o = r_i / M$. Natürlich ist auch r_o proportional zu Θ_o^3 ; die Proportionalitätskonstante (eine Länge) nennt man C_s:

(1.22) $$r_o = C_s \, \Theta_o^3 \; .$$

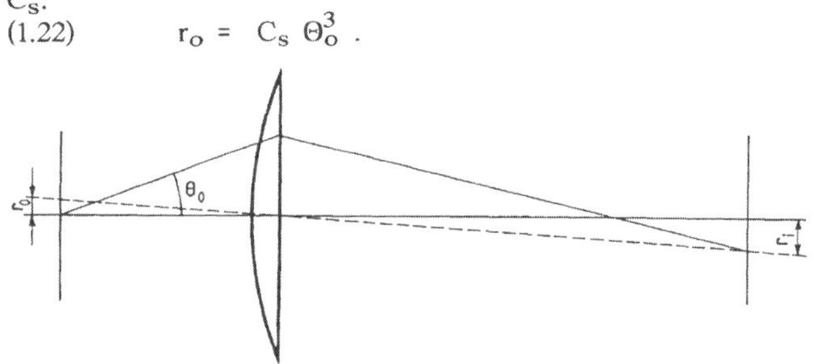

Fig. 9 Öffnungsfehler (sphärische Aberration) einer Linse.

Die Öffnungsfehlerkonstante C_s des Objektivs moderner Elektronenmikroskope liegt zwischen 0,5 und 2,5 mm. Ein Zahlenbeispiel verdeutliche die Verhältnisse: gehen wir von einer Apertur $\Theta = 4 \; 10^{-3}$ und $C_s = 2$ mm aus, dann entspricht die durch den Öffnungsfehler bedingte Unschärfe des Bildes Objektbereichen vom Durchmesser $2r_o = 0{,}25$ nm (= 2,5 AE)! Legt man die Bildebene statt in die Gaußsche Bildebene dahin, wo der Kegel aller benutzten Strahlen seinen kleinsten Durchmeser hat (in die *Ebene kleinster Ver*schmierung, engl. circle of least confusion) (Fig. 10), dann ist r_o durch 4 zu dividieren.

Ein weiterer wichtiger Parameter der Abbildungsfehler einer Linse ist die Konstante des Farbfehlers C_c (ebenfalls eine Länge). Sie gibt an, wie groß das in die Objektebene projizierte Scheibchen r_o ist, welches durch Schwankungen der Brennweite der Linse zustandekommt.

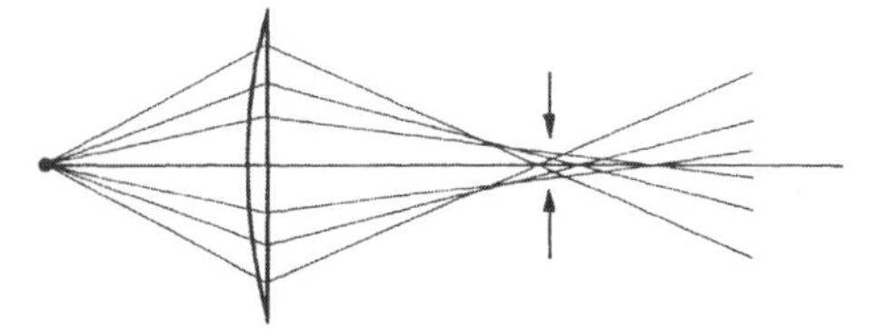

Fig. 10. Zum Öffnungsfehler. Die Pfeile bzeichnen die Ebene des kleinsten Bündelquerschnitts im Bildraum.

Diese Schwankungen beruhen auf verschiedenen Ursachen: erstens ist die Stabilität der elektrischen Schaltungen begrenzt, welche die Beschleunigungsspannung U bzw. den Linsenstrom J steuern; beide Größen gehen in die Brennweite f ein. Anhand von Gl. (1.20) kann der Einfluß der Schwankungsbreiten von U und J auf f formuliert werden (das Magnetfeld B ist proportional zu J):

$$\frac{\Delta f}{f} = \frac{\Delta U}{U} - 2\,\frac{\Delta J}{J}$$

Die dynamischen Fluktuationen von U bzw. J sind voneinander unabhängig, sie können sich nicht gegenseitig kompensieren; man hat deshalb diese Schwankungen nach dem Gaußschen Fehlerfortpflanzungsgesetz zu einer Gesamtschwankung zusammenzufügen:

$$\frac{\sigma(f)}{f} = \sqrt{\left(\frac{\sigma(U)}{U}\right)^2 + 4\left(\frac{\sigma(J)}{J}\right)^2} \qquad (1.23)$$

Dabei ist $\sigma(X)$ die *Streuung* der Zufallsgröße X und $\sigma^2(X)$ ihre *Varianz*.

Um die Auswirkung der zeitlichen Fluktuation der Brennweite auf die Linsenfunktion abzuschätzen, entnehmen wir zunächst Fig. 11, daß durch Änderung der Brennweite um Δf das Bild eines Objektpunktes zu einem Scheibchen mit Radius $r_i = (\Theta_i\ \Delta b)$ entartet, wo Θ_i der Öffnungswinkel des abbildenden Bündels und Δb die Änderung der Bildweite ist.
Differenzieren der für die dünne Linse gültigen *Linsenformel*

$$\frac{1}{a} + \frac{1}{b} = \frac{1}{f}$$

(a: Objektweite, b: Bildweite)
nach f ergibt:

$$\frac{\Delta b}{\Delta f} = \frac{a\,f}{(a-f)^2} = \left(\frac{b}{f}\right)^2$$

Bei der Objektivlinse ist der Unterschied zwischen Objektweite a und Brennweite f klein, sodaß b/f paraktisch geleich b/a und damit gleich der Vergrößerung M ist. Es gilt also: $r_i = M^2\ \Theta_i\ \Delta f$.

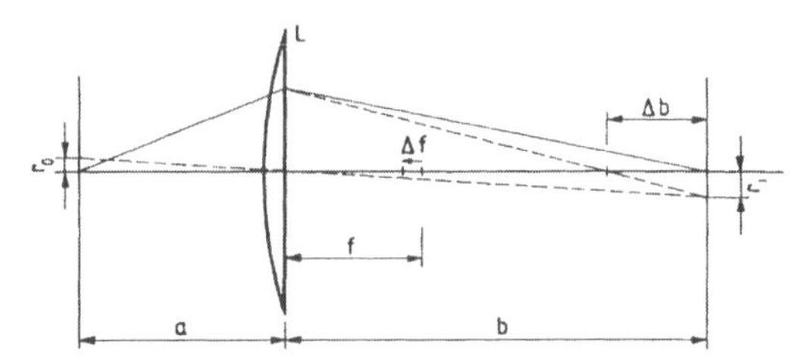

Fig. 11. Die Linse L der Brennweite f entwerfe von einem Punkt in der Entfernung a ein scharfes Bild in der Entfernung b. Verkürzt man f um Δf, entsteht ein scharfes Bild des Punktes in der Entfernung (b - Δb); in der ursprünglicghen Bildebene (b) entsteht nun ein Bildscheibchen mit Radius r_i. Die Rückprojektion dieses Scheibchens in den Objektraum hat den Radius r_o.

Zurückprojiziert in den Objektraum ($r_o = r_i/M$; $\Theta_o = M\ \Theta_i$) entspricht dem ein Scheibchen vom Raduius $r_o = \Theta_o\ \Delta f$. (Θ_o bezeichnet die Öffnungdes abbildenden Strahlenbündels im Objektraum.) Der (achsiale) Farbfehler nimmt also nur linear mit der Linsenöffnung zu (im Gegensatz zum Öffnungsfehler).
Für Δf benutzen wir nun σ(f) (Gl. (1. 23)), wobei wir die Vereinfachung beachten, die wir durch Verwendung der Formel für die dünne Linse eingeführt haben, indem wir statt der Brennweite f die (von f nicht sehr verschiedene) Länge C_c einführen, die Konstante des Farbfehlers der betr. Linse:

$$r_o = \Theta_o\ C_c\ \frac{\sigma\ (f)}{f}$$

Unter dem Begriff des Farbfehlers (der chromatischen Aberration) subsumiert man nun noch einen weiteren Effekt: die kinetische Energie der zur Abbildung benutzten Elektronen hängt nicht nur von der Beschleunigungsspannung U ab, die sie durchlaufen haben, sondern auch von der Energie, mit der sie die Elektronenquelle (vgl. 1. 3) verlassen. Diese Energie E ist nie ganz einheitlich, wobei die Halbwertsbreite ΔE des Energiebereichs je nach Quellentyp variiert. Die Streuung der Elektronenenergie im Sinn der Statistik σ(E) ist (0,43 ΔE). Man führt nun in den Wurzelausdruck in Gl. 1.23 als dritten Summanden $(\sigma(E)/E\ )^2$ ein und erhält:

$$(1.24) \qquad r_o = \Theta_o\ C_c \sqrt{\left[\frac{\sigma(U)}{U}\right]^2 + 4\left[\frac{\sigma(J)}{J}\right]^2 + \left[\frac{\sigma(E)}{E}\right]^2}$$

Der Wurzelausdruck wird auch mit Q abgekürzt, C_cQ wird im folgenden Δ genannt.

Ein Zahlenbeispiel soll die Bedeutung der einzelnen Beiträge zum Farbfehler verdeutlichen. Die elektrische Stabilität moderner Mikroskope ist durch

$\Delta U/U = \Delta J/J = 2\ 10^{-6}$ gekennzeichnet. Die Halbwertsbreite der Energieverteilung der von der Elektronenquelle emittierten Elektronen hängt nicht nur vom Typ der Quelle ab sondern auch von den gewählten Betriebsbedingungen. Spence (1988) hat für den thermischen Emitter eines 100 kV-Mikroskops ΔE für minimalen Strahlstrom (ΔE = 0,7 eV) bzw. maximalen Strom (ΔE = 2,4 eV) gemessen. (Dieser Unterschied ist wohl hauptsächlich auf die Wechselwirkung der Elektronen im Raum vor dem Emitter, den *Boerscheffekt* zurückzuführen). Benutzen wir diese Werte, ergibt sich für die Zahl Q aus Gl. (1.24) :
$Q = \sqrt{[(4 + 16 + 9)\ 10^{-6}]}$ bzw. $Q = \sqrt{[(4 + 16 + 100)\ 10^{-6}]}$. Im ersten Fall (kleiner Strahlstrom) wird der chromatische Fehler der Abbildung (nicht der Linse !) also von der Instabilität des Linsenstroms[10] dominiert, im zweiten Fall aber von der Breite der Energieverteilung der Elektronen.

Alle bisher besprochenen Beiträge zum Farbfehler der Abbildung sind unabhängig vom Objekt. Ein Teil der zur Abbildung benutzten Elektronen erfährt *inelastische Stöße* mit den Atomen des Objekts, bei denen sie zwar ihre Richtung kaum ändern, wohl aber ihre kinetische Energie (meist handelt es sich um Energie*verlust*). Für diese Elektronen ist die Brennweite kürzer als für die Mehrzahl der Elektronen, die nur elastische Stöße erfahren haben. Das hat zur Folge, daß die von elastischen bzw. inelastischen Elektronen entworfenen Bilder nicht in derselben Bildebene entstehen: es kommt zu einer Unschärfe des Bildes. Inelastische Stöße sind besonders häufig, wenn das Objekt aus leichten Elementen besteht, also bei organischen Objekten der Biologie und Medizin. Hier begründet die durch die inelastisch gestreuten Elektronen erzeugte Bildunschärfe häufig die *effektive* Begrenzung des erreichbaren Auflösungsvermögens. Auf der anderen Seite beinhaltet das Spektrum der Energieverluste eine eigene Information über das Objekt. Beiden Gesichtspunkten trägt die aktuelle Entwicklung von *energieselektierenden Elektronenmikroskopen* Rechnung: durch ein magnetisches Filter werden die elastisch gestreuten Elektronen von den inelastisch gestreuten getrennt; beide können wahlweise zur Abbildung verwendet werden. Im Hauptteil 4 wird im Zusammmenhang mit der *Analytischen Elektronenmikroskopie* darauf zurückzukommen sein.

Ein dritter Abbildungsfehler von großer Bedeutung ist der *Astigmatismus*. Er entsteht, weil achsenferne Objektpunkte durch Strahlenbündel zur Abbildung kommen, welche die Linse schräg durchlaufen. Stellt man sich die Linse auf eine Ebene senkrecht zur Bündelachse projiziert vor, wird klar,

---

10 Mit Hinblick auf den ungünstigen Einfluß von Schwankungen des Linsenstroms liegt die Verwendung *supraleitender* Spulen als Elektronenlinsen nahe (Verbesserung von ΔJ um etwa den Faktor 1000). Man hätte weitere Vorteile: der erreichbare magnetische Fluß wäre größer und das Vakuum durch die Kryopumpenwirkung besser. Auch wäre es einfacher, biologische Proben zur Reduktion der Strahlenschäden auf tiefer Temperatur zu halten. Trotz all dieser Vorteile ist der Bau supraleitender Linsen über Laborexemplare nicht hinausgediehen.

daß die Linsenwirkung nicht rotationssymmetrisch um die Bündelachse sein kann: in der Ebene, die die optische Achse und die Bündelachse enthält, ist die Linse "verkürzt", ihre Wirkung ist stärker als in der orthogonalen Ebene. Als Folge davon werden Strahlen in den verschiedenen Ebenen in verschiedener Entfernung von der Linse vereinigt (astigmatische Differenz); der jeweils andere Strahlenfächer ist dann in einen Strich auseinandergezogen, es gibt keine Ebene, in der ein Punkt als Punkt abgebildet würde (stigma griech.: Punkt). Elektronenmikroskopisch werden *kleine* Objektfelder abgebildet, sodaß dieser soz. "natürliche" Astigmatismus nicht sehr ins Gewicht fällt, wohl aber ein Astigmatismus, der durch jede Abweichung der Linse von perfekter Rotationssymmetrie - sei es wegen innerer Inhomogenitäten des magnetischen Materials, sei es wegen mangelhafter Fertigung oder Beschädigung oder Verschmutzung der Linsenpolschuhe - entsteht (Bei der Fertigung ist eine Toleranz im µm- Bereich einzuhalten). Dieser Astigmatismus ist also ein Linsenfehler im eigentlichen Sinn; bleibt er in gewissen Grenzen, kann er mit Hilfe des *Stigmators* kompensiert werden. Dabei handelt es sich um eine Anordnung von Zusatzspulen im Objektiv, die effektiv zwei gekreuzte Zylinderspulen bilden, die man elektronisch um die Linsenachse so "drehen" kann, daß sie parallel zu den zwei Hauptachsen der Elliptizität der Linse wirken.

Polschuhlinsen

Für die Objektivlinse eines Elektronenmikroskops strebt man eine kurze Brennweite (und damit kleine Werte der Abbildungsfehler-Konstanten C_s und C_c) an.

Buschs Formel für die Brennweite einer stromdurchflossenen Spule (Gl.1.21) zeigt, daß diese umgekehrt proportional zum Wegintegral über das Quadrat der magnetischen Feldstärke (oder Kraftflußdichte) B ist.

Daraus folgt, daß B in der Linsenspule so hoch wie möglich sein sollte.

Die Feldstärke in der Spule setzt sich zusammen aus der von dem elektrischen Spulenstrom erzeugten *magnetischen Erregung H* und gegebenenfalls der *Magnetisierung M*, wenn sich magnetisierbares Material in der Spule befindet: $B = \mu_o (H + M)$

Es liegt also nahe, die Spule mit einem hochpermeablen (stark magnetisierbaren) Kern auszufüllen. Dessen Magnetisierung ist proportional zur Erregung ($M = \chi H = (\mu - 1) H$), wenn keine Remanenz eintritt. Diese Eigenschaften hat z. B. weichmagnetisches Eisen. (Remanenz ist unerwünscht, weil B durch Ändern von H (über den Spulenstrom J) reversibel eingestellt werden soll). Um die Bildung freier Pole auf Endflächen des Kerns (und damit von Entmagnetisierung und Streufeld) zu vermeiden, umhüllt man die Spule mit einem hochpermeablen Mantel und gelangt so zur *eisengekapselten Spule* (Fig. 12). Bohrt man in den Kern einer solchen Spule für den Elektronenstrahl einen Längskanal, so muß in den nun ein "Innenrohr" bildenden Kern ein Ringspalt gefräst werden, durch den magnetischer Fluß in den Kanal austreten kann. Es gehört zu den wichtigen Beiträgen, die Ernst Ruska (Nobelpreis 1986) zur Entwicklung der Elektronenmikroskopie geleistet hat, darauf hingewisen zu haben, daß man die Breite dieses Spaltes klein halten sollte. Man sieht das leicht ein, wenn man die gekapselte Spule mit Spalt abbildet auf den Fall einer Ringspule, deren Kern durch einen Spalt der Breite s unterbrochen ist. (Fig. 12). Wegen der Divergenzfreiheit der magnetischen Feldstärke ist B im Kern und im Spalt gleich (= B). Dagegen ist H im Spalt bzw. im Kern verschieden: $H_s = B/\mu_o$, aber $H_k = B/\mu\,\mu_o$. Der Aufwand für die Herstellung des Feldes bemißt sich nach der ersten Maxwell-Gleichung als $\int H\,dz = H_s s + H_k k = N\,J$, wobei N die Windungszahl der Spule ist und J der Spulenstrom. Setzen wir für die Werte der Erregung H das Feld ein, so erscheint:

$$B = (\mu\,\mu_o\,N\,J)\,(k + \mu\,s)^{-1} = (\mu\,\mu_o\,N\,J)\,(L + (\mu - 1)s)^{-1}$$

(k ist die Länge des Kerns und gleich (L - s), wo L die Länge von Kern plus Spalt ist). Daraus folgt das bekannte Ergebnis, daß das Feld im Spalt umso größer ist, je schmaler der Spalt ist. Für die Brennweite der Elektronenlinse kommt es aber nicht auf B an, sondern auf (B^2 s). (In unserem Modellsystem ist B über die Spaltbreite konstant). Es ist leicht abzuleiten, daß $\{s/[L + (\mu - 1)\,s]^2\}$ ein Maximum für die kleine Spaltweite $s = L/(\mu - 1)$ hat (die Permeabilität hochpermeabler Werkstoffe kann mit einigen hundert bis einigen tausend angesetzt werden). Dieses Ergebnis kann im Prinzip auf die kompliziertere Geometrie realer Linsen übertragen werden. Es bedeutet: bei gegebenem Aufwand an Amperewindungen wird die Brennweite minimal, wenn man das magnetische Feld auf eine kurze Strecke stark konzentriert, bzw.: eine vorgewählte Brennweite wird so mit minimalem Aufwand (Gewicht der Linse und durch Wasserkühlung abzuführende Stromwärme) erreicht. Die nutzbare maximale Feldstärke wird durch die magnetische Sättigung des Kernmaterials begrenzt.

Bei der Konstruktion von Elektromagneten mit Luftspalt werden die den Spalt begrenzenden Teile des Kerns oft aus einem anderen Material gefertigt als der übrige Kern. Auf diese Weise wird es z.B. möglich, durch konische Formung der Polschuhe die Kraftflußdichte im Spalt über diejenige des Kerns hinaus zu erhöhen. Man bezeichnet diese Endstücke als *Polschuhe.* 1932 führten B. v. Borries und E. Ruska das Konzept der Polschuhlinse in den Entwurf der ersten Elektronenmikroskope ein, das bis heute allenthalben benutzt wird. Hier dienen die Polschuhe dazu, das glockenförmig verlaufende Magnetfeld auf der Achse der Spule zu konzentrieren und es außerdem an das eine Ende der Spule zu "transportieren", wo die Unterbringung des Objektes mit seiner jeweiligen Halterung bequemer möglich ist (Fig. 12).

Um dem Leser einen Eindruck von konkreten Größenordnungen zu geben, soll ein bewährtes älteres Objektiv mit einer Überschlagsrechnung verglichen werden: Die Windungszahl beträgt N = 400, der Linsenstrom bei Fokussierung auf die Standardlage des Objekts: J = 8 A, der Spalt hat eine Breite von s = 4 mm. Wir berechnen das Feld im Spalt im Rahmen des Modells, in dem B_s homogen ist: $B_s = \mu_o H_s \approx \mu_o NJ/s = 1$ T . Die Messung ergibt 1 T als Maximum des glockenförmigen Feldes, die Halbwertsbreite des Feldes ist vergleichbar mit der Spaltbreite.

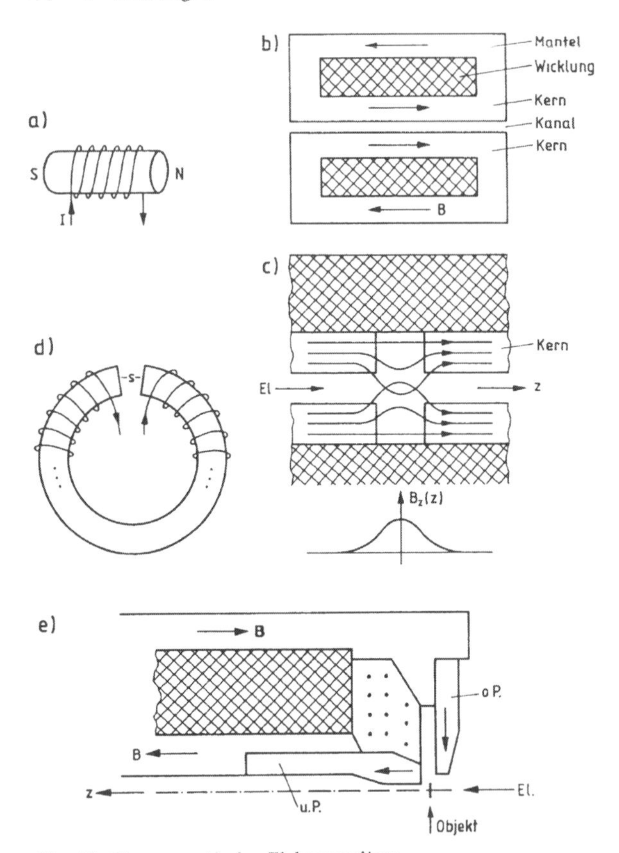

Fig. 12. Die magnetische Elektronenlinse.
a: Spule mit Eisenkern; die offenen Pole erzeugen im Kern eine starke Entmagnetisiereung. b: Eisengekapselte Spule; Kern und Mantel bilden einen geschlossenen magnetischen Kreis. Der Kern ist für den Elektronenstrahl durchbohrt. c: In den Kern ist ein Ringspalt gebohrt, in dem der magnetische Fluß in den Kanal austritt und ein in Achsenrichtung stark veränderliches Feld aufbaut. d: Ringspule mit Kern und Spalt als Modell. e: Polschuhlinse. Nur die Umgebung des Objekts ist gezeichnet, die Zeichnung ist rotationssymmetrisch um die Achse zu ergänzen. Das Objket liegt in dem Spalt zwischen dem oberen (o. P.) und dem unteren Polschuh (u.P.). Die Polschuhe sind hochpermeable Einsätze in den magnetischen Kreis. Schraffiert: Wicklung, gepunktet: unmagnetisches Material.

Wir können hier nicht auf die konkrete Berechnung von Elektronenlinsen eingehen (vgl. z. B. P. W. Hawkes: Electron Optics and Electron Microscopy), dürfen aber nicht unerwähnt lassen, daß moderne Objektivlinsen i.a. *Immersionslinsen* sind, d.h. das Objekt befindet sich innerhalb des Feldes B. Dann wirkt der vor dem Objekt liegende Teil des Feldes als Bestandteil des Beleuchtungssystems und nur der Teil des Feldes hinter dem Objekt besorgt die Abbildung.
Die Anforderungen an ein Hochleistungsobjektiv sind durch die Einführung der Raster-Transmissions-Elektronenmikroskopie (STEM) (vgl. 3.9) komplexer geworden: in der konventionellen Transmissions-Elektronenmikroskopie (CTEM) werden i.w. zwei Arten der Objektbeleuchtung zu optimieren sein: die kohärente (also nahezu parallele) und die konvergente, bei der die Beleuchtung auf einen kleinen Bereich (von der Größenordnung ≥ 0,1 µm) des Objekts konzentriert wird, um entweder Beugung im konvergenten Strahl (CBED: convergent beam electron diffraction, auch microdiffraction genannt) anzuwenden oder eine möglichst lokale chemische Analyse mit Hilfe der Energiverlustspektroskopie (EELS: electron energy loss spectroscopy) bzw. Röntgenfluoreszenzspektroskopie (XMA: x-ray microanalysis) durchzuführen. Bei der STEM kommt das Bild durch "punktweises" Abrastern des Objektes und simultanes Detektieren der das Objekt durchdringenden Elektronen (bzw. anderer für den aktuellen Objektbereich charakteristischen Signale, wie charakteristische Röntgenstrahlung etc.) zustande. Hier muß naturgemäß der beleuchtete Bereich (engl. probe) wesentlich kleiner sein als 0,1 µm. Man erreicht (selbst mit einer thermischen Elektronenquelle) 2 nm. Es ist verständlich, daß der Übergang vom TEM- zum STEM-Betrieb eine Modifikation der Objektivbetriebsweise erfordert.

1.2.2 Wellenoptik

Zu Entwurf und Berechnung von elektronenoptischen Bauteilen (Linsen, Filtern, Spiegel etc.) werden die Methoden der geometrischen Optik benutzt, die in 1.2.1 eingeführt wurden. Das Zustandekommen eines Bildes des Objekts ist hingegen nur im Rahmen einer wellentheoretischen Betrachtung zu verstehen, weil Vorgänge und Begriffe im Vordergrund stehen, die nur im Wellenbild Sinn haben: Beugung, Interferenz, Kohärenz etc.. In diesem Abschnitt gehen wir aus von den zwei für die Arbeit mit *Materiewellen* wesentlichen Beziehungen:
Einem Partikel der Masse m, das sich mit der Geschwindigkeit v bewegt, ist eine Wellenlänge λ zuzuschreiben, für die gilt:

$$\lambda = \frac{h}{m\,v} = \frac{h}{p} \qquad (1.25) \qquad \text{(L. de Broglie 1924)}$$

(h ist das Plancksche Wirkungsquantum, p der (relativistische) Impuls). Die Wellengleichung der Materiewellen ist die Schrödingergleichung

$$-\frac{\hbar^2}{2m}\,\Delta\psi + V(\underline{r})\,\psi(\underline{r}) = E\,\psi(\underline{r}). \qquad (1.26) \qquad \text{(E. Schrödinger 1926)}$$

(de Broglie und Schrödinger erhielten 1933 gemeinsam den Nobelpreis).
Das Symbol $\hbar$ bedeutet $h/2\pi$; Δ ist der Laplace-Operator, der in cartesischen Koordinaten die einfache Form $\Delta = \delta^2/\delta x^2 + \delta^2/\delta y^2 + \delta^2/\delta z^2$ annimmt. $V(\underline{r})$ ist die potentielle Energie (manchmal auch "Potential" genannt) des Partikels am Ort $\underline{r}$. E ist seine totale Energie. In der Elektronenmikroskopie genügt es, sich mit *stationären* Zuständen zu befassen, die man sich als "stehende Wellen" vorstellen kann; deshalb muß E zeitlich und örtlich eine Konstante sein: Gl. (1.26) ist die zeitunabhängige Schrödingergleichung. Ihre Lösung, die Wellenfunktion $\psi(\underline{r},t)$ ist dann als Funktion der Zeit eine harmonische Funktion; diese Zeitabhängigkeit der Form $\exp(- i Et/\hbar)$ ist in Gl. (1.26) bereits weggekürzt.
Es ist interessant, daß die Wellenfunktion der Materiewellen eine skalare Größe ist, während die Wellengleichung der elektromagnetischen Strahlung das Verhalten vektorieller Felder (der elektrischen bzw. magnetischen Feldstärke) beschreibt. Die Wellenfunktion ψ selbst hat zunächst keine anschauliche Bedeutung; M. Born (Nobelpreis 1954) hat gezeigt, daß das Betragsquadrat der (i.a. komplexen) Wellenfunktion $|\psi(\underline{r})|^2 = \psi\ \psi^*$ als Wahrscheinlichkeitsdichte dafür aufzufassen ist, daß sich das Teilchen am Ort $\underline{r}$ befindet. Man kann also die Anwendung der zeitunabhängigen Schrödingergleichung in der Elektronenmikroskopie so interpretieren: man berechnet die ortsabhängige Elektronendichte, wie sie sich in dem Objekt nach einer kurzen Einschwingzeit stationär einstellt. (Man kann die Schrödingergleichung auch benutzen, um die Elektronenverteilung im übrigen Strahlengang zu berechnen, aber hierfür sind die Methoden der geometrischen Optik bequemer).
Im übrigen gestaltet sich die Optik für die Wellenfunktion ψ weitgehend analog zur Optik für eine Komponente des $\underline{E}$-Feldes einer Lichtwelle.
So kann man die Schrödingergleichung plausibel machen, indem man die de Broglie-Wellenlänge in die Wellengleichung der Lichtwellen einsetzt:
Aus $\Delta E_x = c^{-2}\ \delta^2 E_x/\delta t^2$ wird mit dem Ansatz $E_x = E_o(z)\ e^{-i\omega t}$:

$$\Delta E_x = -\ (\omega/c)^2\ E_x = -\ k^2\ E_x. \tag{1.27}$$

Dabei ist c die Phasengeschwindigkeit des Lichtes und $k = 2\pi/\lambda$. Wir ersetzen nun E_x durch ψ und k durch $2\pi\ p/h = 2\pi \sqrt{2m\ E_{kin}}\ /h$
Einsetzen in Gl. (1.27) ergibt die Schrödingergleichung (1.26).

Oben wurde beiläufig erwähnt, daß in der de Broglie-Beziehung der *relativistische* Impuls zu benutzen ist. Wir wollen die Beziehung zwischen Wellenlänge der Elektronenwelle und der kinetischen Energie der Elektronen in der entspechenden Allgemeinheit aufstellen.
Solange die Elektronengeschwindigkeit klein bleibt, sollte der nichtrelativistische Ansatz $p = \sqrt{(2m_o E_{kin})} = \sqrt{(2m_o eU)}$ genügen mit der Ruhmasse m_o des Elektrons. Für eine Beschleunigungsspanung von U = 100 V erhält man so eine Elektronengeschwindigkeit von 2 Prozent der Lichtgeschwindigkeit und kann die resultierende Wellenlänge von λ = 0,122 nm ohne

weitere Korrektur benutzen. Aber schon bei der für konventionelle Elektronenmikroskopie kleinen Beschleunigungsspannung von U = 100 kV berechnet man so eine Elektronengeschwindigekiet von 0,62 c und muß die relativistische Korrektur anbringen. Dies gilt erst recht bei höheren Beschleunigungsenergien.
Wir benutzen zwei Beziehungen aus der relativistischen Mechanik:

(1.28) $$p = m\,v = \frac{m_o\,v}{\sqrt{1-\beta^2}} = \frac{m_o\,c}{\sqrt{1-\beta^2}}\,\beta$$

(Dabei ist β eine Abkürzung für v/c) und :

(1.29) $$E - m_o c^2 = (m - m_o)\,c^2.$$

Dabei ist benutzt, daß die Gesamtenergie E gleich mc^2 ist (A. Einstein 1905). $m_o c^2$ heißt *Ruhenergie* des Elektrons (sie ist gleich 511 keV).
Der Überschuß der Gesamtenergie über die Ruhenergie setzt sich zusammen aus kinetischer und potentieller Energie und ist gleich der im Beschleunigungsfeld aufgenommenen Energie eU:

(1.30) $$E - m_o c^2 = E_{kin} + V(\underline{r}) = eU$$

Wir betrachten zunächst den feldfreien Raum, wo wir V = 0 setzen und die kinetische Energie, die den Impuls und damit die Wellenlänge bestimmt, durch (eU) ersetzen können. Dann ergibt sich aus (1.28) bis (1.30)

(1.31) $$eU = \left(\frac{1}{\sqrt{1-\beta^2}} - 1\right) m_o c^2$$

und daraus:

(1.32) $$\beta = \frac{\sqrt{(eU)^2 + 2m_o c^2 eU}}{eU + m_o c^2}$$

Indem wir dieses Ergebnis benutzen, erhalten wir aus (1.28):

(1.33) $$p = \sqrt{2m_o eU\left(1 + \frac{eU}{2m_o c^2}\right)} = h / \lambda$$

(1.34) d. h. $$\lambda = \frac{h}{\sqrt{2m_o eU\,(1 + eU/2m_o c^2)}}$$

Innerhalb von Materie (also innerhalb des Objektes) besteht aber ein elektrisches Feld, das einem von Ort zu Ort variablen elektrostatischen Potential $\Phi(\underline{r})$ entspricht. Dann ist eU gleich der Summe aus kinetischer und potentieller Energie:

(1.35) $$eU = E_{kin} + V(\underline{r}) = E_{kin} - e\,\Phi(\underline{r})$$

(eU) ist dann durch e(U + Φ) zu ersetzen. Da Φ die Größenordnung einiger Volt im Vergleich zu U ≥ 10^5 V hat, ist der Unterschied nicht groß, aber er ist von entscheidender Bedeutung fü des Zustandekommen des Phasenkontrastes.
Für die Berechnung des Zusammenhangs der Elektronen-Wellenlänge λ mit der Beschleunigungsspannung U genügt es, $eU = E_{kin}$ zu setzen. wie in Gl. (1.31) geschehen. Gleichung (1.34) zeigt, daß wir in der de Broglie-Beziehung auch im relativistischen Geschwindigkeitsbereich die Ruhmasse m_o benutzen können, wenn wir statt der Beschleunigungsspannung U die sog. *relativistische Spannung*

(1.36) $$U_r = U\,(1 + U/10^6\ \text{Volt})$$ einsetzen

(1.37) $$\lambda = \frac{h}{\sqrt{2m_o\, eU_r}} = \frac{1{,}226\ 10^{-9}\ \text{m}}{\sqrt{U_r/\text{Volt}}}$$

Auf diese Weise berechnen sich die in Tab. 1.1 angegebenen Wellenlängen. Man sieht sofort, daß die relativistische Korrektur bei Verwendung eines 1 MeV-Mikroskops die Wellenlänge um einen Faktor √2 verkleinert im Vergleich zu der unkorrigierten Rechnung.

Tabelle 1.1 Relativistisch korrgierte Wellenlänge, Geschwindigkeit und Masse der Elektronen für einige gebräuchliche Beschleunigungsspannungen.

U (kV)	λ (pm = 0,01 AE)	β = v/c	m/m_o
120	3,34	0,59	1,23
200	2,51	0,69	1,39
300	1,97	0,78	1,58
400	1,65	0,83	1,78
500	1,42	0,86	1,97
1250	0,73	0,96	3,45

Diese Wellenlängen sind um fünf und eine halbe Größenordnungen kleiner als diejenigen des sichtbaren Lichtes.
Versucht man nun das zu erwartende Auflösungsvermögen eines Elektronenmikroskops mit Hilfe der Abbeschen Beziehung Gl. (1.1) abzuschätzen, so muß an die mehrmals erwähnte Tatsache erinnert werden, daß die verwendbare numerische Apertur von Elektronenlinsen wegen des ausgeprägten Öffnungsfehlers auf höchstens 10^{-2} begrenzt werden muß. Dies zehrt einen wesentlichen Teil des wegen der extrem kurzen Welenlänge der Elektronenwellen zu erwartenden Gewinns an Auflösungsvermögen wieder auf. Immerhin ergibt die grobe Abschätzung ein Auflösungsvermögen von

ca. 4 AE (0,4 nm) bis - bei Hochspannungsmikroskopen - ca. 1 AE (0,1 nm). Wir werden sehen, daß dieses Ergebnis nicht unsinnig ist, wenn auch die genaue Diskussion des Auflösungsvermögens nur mit Hilfe einer detaillierten Theorie und nach einer genaueren Definition des Begriffs "Auflösungsvermögen" möglich wird.
Die Tatsache, daß sich E_{kin} in Gl.(1.30) und damit der Impuls p und die Wellenlänge λ beim Eintritt in Materie ändern (λ wird kürzer), definiert einen *Brechungsindex n* für die Elektronenwellen:

$$(1.38) \qquad n = \lambda_o/\lambda = \sqrt{\frac{U_r + \Phi}{U_r}} \approx 1 + (\Phi/2U_r)$$

wo λ_o die Wellenlänge im potentialfreien Raum und λ die Wellenlänge zum Potential Φ ist. Der Brechungsindex liegt also sehr nahe bei eins.[11]
Nachdem die Frage nach der Wellenlänge der Elektronenwellen geklärt ist, fragen wir nach dem Analogon der Photonen-*Frequenz* ν. Wir setzen wie dort: $E = h\nu = \hbar\omega$
Die Ableitung der Kreisfrequenz ω nach der Wellenzahl $k = 2\pi/\lambda$ ergibt die *Gruppengeschwindigkeit* u_G einer Welle.

$$u_G = d\omega/dk = \frac{dE}{h\, d(1/\lambda)}$$

Aus Gln. (1.30) und (1.33) entnehmen wir:

$$E = \frac{1}{2m}(h/\lambda)^2 + V + m_oc^2$$

und damit wird

$$u_G = h/(m\lambda) = \sqrt{2E_{kin}/m} = v.$$

Dieses Ergebnis war zu erwarten, wenn unsere Annahme über die Frequenz ω vernünftig war: die Gruppengeschwindigkeit einer Welle ist die Geschwindigkeit, mit der sich ein *Wellenpaket*, also eine lokalisierbare Energiemenge durch den Raum bewegt. Dieses Wellenpaket ist das Gegenstück zum Teilchen (Partikel) im Welle-Teilchen-Dualismus und deshalb sollte der Gruppengeschwindigkeit der Welle die Geschwindigkeit des Teilchens entsprechen.
Von der Grupengeschwindigkeit u_G einer Welle zu unterscheiden ist ihre *Phasengeschwindigkeit* u_P.

$$u_P = \omega/k = \nu\lambda = E/p = \frac{E}{\sqrt{2mE_{kin}}}$$

[11] Die Beziehung (1. 38) genügt in vielen Fällen. Ein genaueres Ergebnis erhält man, indem man in Gl. (1. 33) eU durch $e(U + \Phi)$ ersetzt:

$$n = 1 + \Phi/U \frac{m_oc^2 + eU}{2m_oc^2 + eU}$$

Das Produkt aus Gruppen- und Phasen-Geschwindigkeit der Elektronenwellen ist demnach gleich dem Quadrat der Lichtgeschwindigkeit:

$$u_G \, u_P = \sqrt{\frac{2\,E_{kin}}{m}} \sqrt{\frac{E^2}{2\,m\,E_{kin}}} = E / m = c^2$$

Weil u_G als Geschwindigkeit eines massebehafteten Teilchens kleiner als die Lichtgeschwindigkeit bleiben muß, ist die Phasengeschwindigkeit von Elektronenwellen (allgemein von Materiewellen) größer als die Lichtgeschwindiglkeit. Wir fasssen zusammen: die Bewegung von Elektronen mit konstanter Gesamtenergie E kann konsistent in einem Wellenbild beschrie werden, wobei die Teilchengeschwindigkeit gleich der Gruppengeschwindigkeit der Welle ist. Die Wellenlänge ändert sich, wo die potentielle Energie, also das elektrostatische Potential sich ändert. Für die in der Elektronenmikroskopie üblichen Energien erhält man Wellenlängen im pm-Bereich.

Die erste experimentelle Bestätigung fand die de Brogliesche Hypothese durch die Beugung von Elektronenstrahlen an Kristallgittern. 1927 erkannten Davisson (Nobelpreis 1937) und Germer, daß ältere Beobachtungen über die Reflexion von niederenergetischen Elektronen an einem Nickelkristall so zu deuten waren, und im gleichen Jahr war G.P. Thomson (Nobelpreis 1937) mit Beugungsversuchen an dünnen kristallinen Folien in Transmission erfolgreich. Beugung ist ein typisches Wellenphänomen und tatsächlich konnten die Autoren den gleichen Formalismus der Braggreflexion auf ihre Elektronenbeugung anwenden, der bei der Beugung von Röntgenwellen an Kristallen erfolgreich gewesen war.

Für die spätere Behandlung holographischer Methoden bei der Untersuchung magnetischer Materialien soll hier noch die Phasenschiebung einer Elektronenwelle beim Durchlaufen eines Magnetfeldes $\underline{B}$ eingeführt werden.

Bewegt sich eine elektrische Ladung q in einem Magnetfeld $\underline{B}(\underline{r})$, ist der *kinetische Impuls* $m\underline{v}$ zu ersetzen durch den *kanonischen Impuls*

$$\underline{p}_c = m\,\underline{v} + q\,\underline{A}$$

Er bestimmt nun den Wellenvektor

$$\underline{p}_c = \hbar\,\underline{k}.$$

$\underline{A}$ ist das *Vektorpotential* und es gilt rot $\underline{A}$ = $\underline{B}$.. Offenbar ist $\underline{A}$ durch diese Beziehung nur bis auf einen rotationsfreien Summanden festgelegt, der als Gradient eines (ortsabhängigen) Skalars Γ darstellbar sein muß. Es ist rot $\underline{A}$ = rot$[\underline{A} + \text{grad}\,\Gamma(\underline{r})]$. Die Wahl von Γ ist die sog. Eichung von $\underline{A}$. Sie geht in die Lösungs-Wellenfunktion der Schrödingergleichung "nur" in Form eines Phasenfaktors $\exp[i\,2\pi(e/h)\,\Gamma(\underline{r})]$ ein.

Wir betrachten nun die Phasenverschiebung, die eine Elektronenwelle (q = (- e)) auf dem Weg von Punkt P zum Punkt Q allein aufgrund des Magnetfeldes erfährt (Fig. 13).

$$\Delta\gamma = \gamma_Q - \gamma_P = \int_P^Q \underline{k}\, d\underline{s} = -2\pi\, e\, h^{-1} \int_P^Q \underline{A}\, d\underline{s}$$

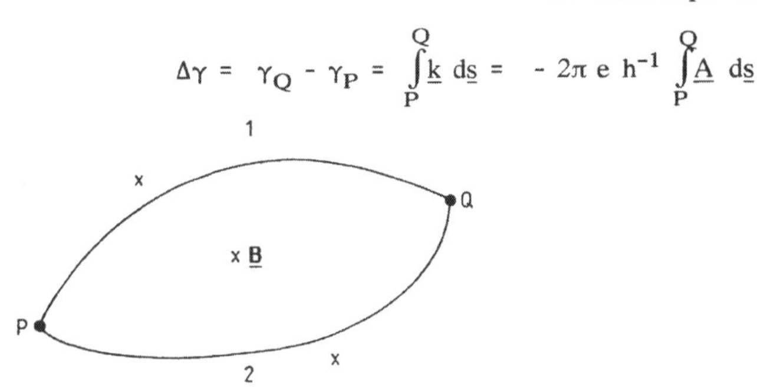

Fig. 13. Zwei Elektronenwellen, die im Ausgangspunkt P in Phase sind,, interferieren im Punkt Q, nachdem sie die *geometrisch gleichlangen* Wege 1 bzw. 2 durchlaufen haben. Ihr Phasenunterschied in Q hängt dann nur von dem magnetischen Fluß ab, der die von den Wegen eingeschlossene Fläche durchdringt.

Vergleicht man, z. B. durch Interferenz, die Phasenlage zweier untereinander kohärenter Wellen, nachdem sie auf verschiedenen Wegen 1 bzw. 2 von P nach Q gelaufen sind, so gilt:

$$\Delta\gamma|_1 - \Delta\gamma|_2 = -2\pi \frac{e}{h} \left\{ \int_1 \underline{A}\, d\underline{s} - \int_2 \underline{A}\, d\underline{s} \right\}$$

Dabei sind beide Integrale von P nach Q zu nehmen. Dreht man die Laufrichtung des zweiten Integrals um und ersetzt minus durch plus, erhält man für den gesuchten Phasenunterschied:

$$\Delta\gamma|_1 - \Delta\gamma|_2 = -2\pi \frac{e}{h} \oint \underline{A}\, d\underline{s}$$

wo nun das Integral über den geschlossenen Weg P - 1 - Q - 2 - P zu nehmen ist. Nach dem Satz von Stokes ist

$$\oint \underline{A}\, d\underline{s} = \int \mathrm{rot}\, \underline{A}\, d\underline{f}$$

wobei das Flächenintegral über die von den zwei Wegen eingeschlossene Fläche zu erstrecken ist. In unserem Fall stellt dieses Integral den von den beiden Wegen eingeschlossenen (orthogonalen) magnetischen Fluß dar:

$$\Phi_m = \int \underline{B}\, d\underline{f}$$

s

Dieses Ergebnis ist wegen rot grad $\Gamma = 0$ unabhängig von der Eichung des Vektorpotentials ("eichinvariant") .

Die bei der Interferenz der beiden Wellen auftretende Phasendifferenz ist also:

(1.39) $$\Delta\gamma|_1 - \Delta\gamma|_2 = -2\pi\, (e/h)\, \Phi_m$$

Der Phasenunterschied zweier Wellen, die auf verschiedenen Wegen von P nach Q gelaufen sind, bemißt sich nach dem von den Wegen eingeschlossenen magnetischen Fluß[12], wobei ein Fluß von h/e = 4,135 10^{-15} Vs einen Phasenunterschied von 2π erzeugt.

1.2.3 Elektronenmikroskope

Es gibt prinzipiell zwei Wege, ein vergrößertes Bild eines zweidimensionalen Objekts zu entwerfen. Man kann *parallel* oder *seriell* (oder *sequentiell*) vorgehen. Bei parallelen Verfahren sorgt ein optisches System (bestehend aus Linsen oder gewölbten Spiegeln) dafür, daß in einer Bildebene ein vergrößertes Abbild des Gegenstands in dem Sinn entsteht, daß jedem Objektpunkt eindeutig ein Bildpunkt entspricht, in dem der Wert einer physikalischen Eigenschaft (z. B. der Helligkeit) aufgezeichnet wird, der zu dem entsprechenden Objektpunkt gehört. Auf diese, alle Objektpunkte simultan ("parallel") verarbeitende Weise funktioniert das menschliche Auge. Sie findet deshalb, wie selbstverständlich, in der Lichtmikroskopie Anwendung[13]. Aber auch d*as konventionelle Transmissions-Elektronenmikroskop (CTEM oder TEM)* arbeitet so.
Man kann aber auch ohne optisches System das Objekt Punkt für Punkt abtasten ("abrastern") und ein dabei gemessenes Signal dazu benutzen, die Helligkeit des simultan mit dem Rasterweg sich bewegenden Elektronenstrahls einer Bildröhre zu steuern. Das Verhältnis der Rasterwege auf der Bildröhre bzw. auf dem Objekt stellt dann die Vergrößerung der Abbildung dar. So entsteht nacheinander ("seriell") ein vergrößertes Bild des Gegenstands, welches diejenige Eigenschaft des Gegenstands darstellt, für die der Detektor empfindlich ist: für den Moment können wir uns z.B. Abtastung mittels eines fein gebündelten Elektronenstrahls und als Signal die Zahl der vom Objekt durchgelassenen Elektronen vorstellen; das ergäbe dann ein *Raster-Transmissions-Elektronenmikroskop* (engl. scanning transmission electron microscope STEM[14]).
Diese zweite Methode hat gegenüber der ersten Vor- und Nachteile. Dem Physiker fällt zuerst auf, daß der Übergang von der parallelen zur seriellen Bilderzeugung in gewissem Sinn in umgekehrter Richtung verläuft wie die Entwicklung auf anderen Feldern: in der Spektroskopie ersetzt man, wo möglich, das serielle Abtasten eines Spektrums (das Durchlaufen der Wellenlängenskala) durch die Parallelverarbeitung aller Wellenlängen (die Fourierspektroskopie), weil so die Intensität der Gesamtstrahlung über die ge-

---

[12] Dieses Ergebnis bleibt auch dann richtig, wenn die Elektronenwellen nicht in das Gebiet eindringen, wo $\underline{B}$ von null verschieden ist (Magnetischer Aharonov-Bohm-Effekt).

[13] In jüngster Zeit gibt es Ausnahmen: die optische Nahfeldmikroskopie und die Konfokale Laser-Scanning-Mikroskopie.

[14] Nicht zu verwechseln mit dem STM = scanning tunneling microscope, bei dem der Tunnelstrom zwischen einer abtastenden feinen Metallspitze und dem Objekt gemessen und registriert wird.

samte Meßzeit ausgenutzt wird. Aus demselben Motiv heraus wird ein Röntgen-(oder Neutronen-)Beugungsspektrum nicht mehr Punkt für Punkt von einem Detektor abgefahren sondern von einem ausgedehnten, ortsauflösenden Detektor parallel erfaßt.

In der Tat liegt ein Nachteil der Rastermikroskopie bei Intensitätsproblemen im Vergleich zur Registrierzeit. Vorteile entstehen durch den Wegfall der Objektivlinse mit ihren Abbildungsfehlern; allerdings hängt das Auflösungsvermögen der Rastermethoden nun eng mit der Größe des abtastenden Strahls (in der Raster-Elektronenmikroskopie also eines fein gebündelten. auf das Objekt fokussierten Strahls (engl. probe)) zusammen, was neue optische Probleme aufwirft. Ein Hauptvorteil liegt aber in der Vielfalt von Signalen, "in deren Licht" man den Gegenstand abbilden und damit *analysieren* kann: neben den durchgelassenen Elektronen kann man die vom Objekt rückgestreuten Elektronen, die Sekundärelektronen, die bei inelastischen Stößen der Elektronen auf die Atome des Objekts entstehende Röntgenstrahlung, das eventl. entstehende sichtbare Licht (Kathodolumineszenz) u.a. benutzen (vgl. Hauptteil 4). Dabei liegt ein unschätzbarer Vorteil in der räumlichen Auflösung der Analyse verglichen mit entspechenden Analysen, bei denen ein größerer Bereich des Objekts beleuchtet wird. Ein zweiter Vorteil liegt darin, daß das Signal bei seriellen Methoden von vornherein digital anfällt und für mannigfaltige Verarbeitung im Computer bereitsteht: Kontrastverstärkung, Vergleich von Bildern, Addition bzw. Subtraktion von Bildern des gleichen Objekts im Licht verschiedener Eigenschaften etc..

Am Beginn dieses Abschnitts war von der Abbildung eines *zweidimensionalen* Objekts die Rede. Das trifft im wörtlichen Sinn nur für die *Reflexionsmikroskopie (= Auflichtmikroskopie)* zu, bei der die (durchaus nicht immer ebene) Oberfläche des Objekts vergrößert abgebildet wird. Die *Transmissions-* oder *Durchlichtmikrokopie* entwirft eine (vergrößerte) zweidimensionale *Projektion* des dreidimensionalen Objekts. Diese Schwäche jeder Transmissionsmikroskopie kann nur durch aufwendige Abbildung des Objekts in verschiedenen Projektionsrichtungen, die sog. *Tomographie*, überwunden werden, eine in der Elektronenmikroskopie organischer Objekte in rascher Entwicklung befindliche Technik. Normalerweise hält man das Projektionsproblem in Grenzen, indem man dünne Proben präpariert, wobei je nach Untersuchungszweck sehr verschiedene Probendicken optimal sind: von 5 nm (Hochauflösende Elektronenmikroskopie) bis 10 μm (Beugungskontrast in einem Hochspannungsmikroskop) (vgl. 1.6).

Wir stellen also eine methodische Auffächerung der Elektronenmikroskopie in zwei Richtungen fest: einmal in parallelen bzw. seriellen Bildaufbau und andererseits in Reflexions- bzw. Transmissions-Mikroskopie. Von den vier möglichen Kombinationen ist die parallele Reflexionsmikroskopie ein auf Spezialfälle beschränktes Verfahren geblieben.

Die serielle (Raster-)Reflexionsmikroskopie ist die Domäne des *Raster-Elektronenmikroskops (REM) (engl. scanning electron microscope SEM).* Ein Objekt makroskopischer Dicke und Fläche wird von einem gebündelten Elektronenstrahl abgerastert, während verschiedene Detektoren die von der

Oberfläche ausgehenden rückgestreuten Elektronen (back scattered electrons BSE), die aus einer oberflächennahen Schicht stammenden Sekundärelektronen (secondary electrons SE), die in der Probe entstehende Röntgenstrahlung, Augerelektronen und gegebenenfalls die Kathodolumineszenzstrahlung auffangen. Aus diesen Signalen kann einmal eine topographische Abbildung aufgebaut werden, zum anderen ist aber auch eine Aussage über die chemische Zusammensetzung des Objekts mit relativ guter Ortsauflösung möglich. Schließlich wurden in der Halbleitertechnologie Methoden etabliert, bei denen elektrische Eigenschaften des Objekts durch seine Reaktion auf die Anregung durch den Elektronenstrahl lokal gemessen und zum Bildaufbau benutzt werden. Die bekannteste unter diesen Methoden ist die *EBIC*-Technik (*electron beam induced current);* hier wird letztendlich die Lebensdauer der Minoritätsladungsträger dargestellt. In der Anfangsperiode wurden diese und verwandte Techniken vornehmlich als "bildgebende" Verfahren geschätzt und eingesetzt. Man realisiert aber zunehmend ihre Bedeutung als *Meßverfahren* mit hoher Ortsauflösung.
Die Physik des Rasterelektronenmikroskops leitet sich selbstverständlich von den hier dargestellten Grundlagen ab, aber die Technik hat zu einer weitgehenden Spezialisierung und damit zur Darstellung in eigenen Monographien geführt (z. B. L. Reimer: Scanning Electron Microscopy, Springer Ser. Opt. Sci. Vol. 45, 1985).
Die Rasterelektronenmikroskopie wird zumeist mit Hilfe von speziellen (engl. "dedicated") Instrumenten betrieben. Man kann die entsprechenden Signale aber auch in Raster-Transmissions-Elektronenmikroskopen (STEM) von dem - allerdings dann sehr kleinen - Objekt empfangen und so in gewissem Umfang serielle Oberflächenmikroskopie bzw. chemische Analyse (analytical electron microscopy AEM) (vgl. Hauptteil 4) betreiben.
Damit rücken die beiden Typen von *Transmissions-Elektronsnmikroskopie (TEM)* in den Mittelpunkt der folgenden Darstellung: die parallele - oft auch als konventionelle bezeichnete - TEM und die serielle (Raster-) STEM. Es gibt speziell auf die letztgenannte Technik ausgelegte (dedicated) STEM- Instrumente, gängig sind aber Mikroskope, mit denen beide Arten des Bildaufbaus verwirklicht werden können. Wir bezeichnen sie als (S)TEM.
Es folgt nun eine auf das Grundsätzliche beschränkte Darstellung eines typischen (S)TEM- Gerätes (vgl. Fig. 14). Zur ersten Orientierung: der Aufbau ist vertikal, am oberen Ende befindet sich die Elektronenquelle und das Beleuchtungssytem (vgl. 1.3), am unteren Ende des eigentlichen Mikroskops in Tischhöhe der Bildempfänger, ein Leuchtschirm bzw. die photographische oder elektronische Kamera. Die erste Frage bei der Auswahl eines Elektronenmikroskops betrifft die *Beschleuinigungsspannung U.* Sie bestimmt die Wellenlänge der Elektronen (vgl.1.2.2), die durchstrahlbare Probendicke sowie die zu erwartende Schädigung des Objekts durch den Elektronenstrahl (vgl. 1.4.5). Eine verblüffend einfache Abschätzung (Anhang A2) ergibt die richtige Abhängigkeit des Auflösungsvermögens des Instruments von der Wellenlänge: das kleinste darstellbare Objektdetail d ist proportional zu $(\lambda^3 C_s)^{1/4}$. Das begründet das Streben nach möglichst hoher

Spannung U. Dem setzen allerdings neben dem technischen Aufwand und den damit verbundenen Kosten die mit der Elektronenenergie zunehmenden Strahlenschäden im Objekt Grenzen. Gegenwärtig (1994) sind folgende Spannungen gängig: 120 kV, 200 kV, 300 kV und 400 kV. Die beiden letztgenannten "Mittelspannungen" scheinen für viele Zwecke eine optimale Wahl zu sein. Geräte, die den Bereich von Megavolt erreichen, benötigen einen Elektronenbeschleuniger an Stelle der simplen Kathode-Anode-Strekke und werden wohl speziellen Forschungszentren vorbehalten bleiben.

Jedes Elektronenmikroskop kann bei (diskreten) Spannungen betrieben werden, die unterhalb seiner nominellen Spannung liegen. Wie Gl. (1.21) zeigt, müssen bei der Umschaltung die Linsenströme entsprechend quadratisch verkleinert werden, um die Abbildungsverhältnisse zu erhalten.

Mit dem angestrebten Auflösungsvermögen gekoppelt ist die Frage nach dem sinnvollen *Vergrößerungsbereich*. Regulär wird das vom Mikroskop entworfene Endbild zehnfach nachvergrößert, entweder mit einer Einblicklupe, photographisch oder elektronisch. Wir gehen also davon aus, daß das kleinste vom Mikroskop darstellbare Detail von der Größe d instrumentell auf 0,2 mm vergrößert werden muß. Das ergibt für Routinegeräte ($d = 0{,}5$ nm) eine obere Grenze des Vergrößerungsbereichs von $M = 4\ 10^5$, bei Hochauflösung ($d = 0{,}1$ nm) $M = 2\ 10^6$. (Zur Veranschaulichung: das entspricht der Vergrößerung eines Tischtennisballs zu einer Kugel von 80 km Durchmesser). Diese Vergrößerung wird in drei Stufen besorgt: das von dem Objektiv entworfene vergrößerte erste Zwischenbild wird von zwei weiteren, in modernen Mikroskopen zusammengesetzten, Linsen(gruppen) weitervergrößert: der Zwischenlise und dem Projektiv. Die Zwischenlinse (oder ein Teil der Linsengruppe) wird auch als Beugungslinse bezeichnet, weil ihre Erregung durch Knopfdruck so geändert werden kann, daß nicht das erste Zwischenbild sondern die hintere Brennebene des Objektivs mit dem Beugungsmuster des Objekts auf den Endbildschirm abgebildet wird. Dieses sog. Beugungsbild stellt eine wichtige Informationsquelle besonders bei kristallinen Objekten dar, deren Abbildung nur interpretiert werden kann, wenn man ihre Orientierung relativ zum Elektronenstrahl genau kennt.

Für einen *systematischen Überblick* über die Funktionsgruppen des Elektronenmikroskops folgt man dem Weg des Elektronenstrahls von der Elektronenquelle und dem Beleuchtungsystem zum Objekt mit den Einrichtungen zu seiner Halterung und Manipulation, durch das Objektiv und die Folgelinsen zu den Einrichtungen zum Nachweis des Bildes.

Dem *Beleuchtungssystem* einschließlich der Elektronenquelle wird wegen des Umfangs und der Bedeutung der auftretenden Probleme ein eigener Abschnitt (1.3) gewidmet.

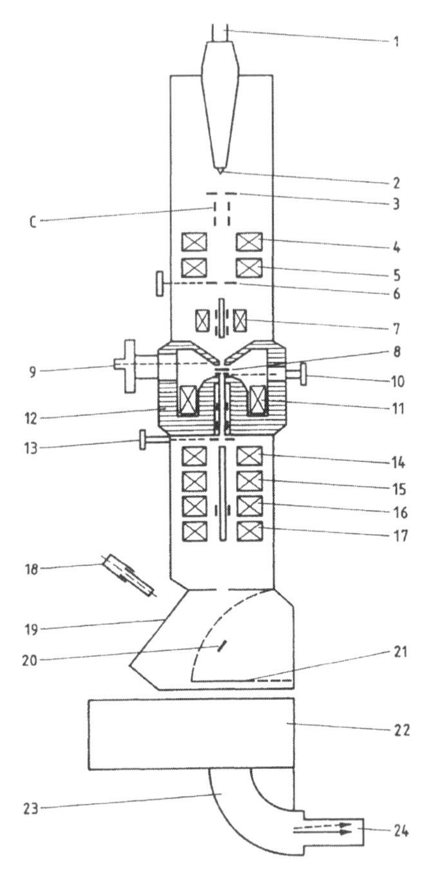

1: Hochspannungskabel, 2: Kathode, 3: Anode, 4+5: Spulen des ersten bzw. zweiten Kondesors, 6: Kondensor-Aperturblende, 7: Kondensor-Minilinse, 8: Objekt, 9: Probenhalter mit Goniometer, 10: Objektiv-Aperturblende, 11: Objektivlinsen-Spule, 12: Objektiv-Polschuh (schraffiert), 13: Feinbereichs-Blende (Selected area diaphragma), 14 bis 16: Spulen der drei Zwischenlinsen, 17: Spule des Projektivs, 18: Binokularlupe zur Betrachtung des kleinen Leuchtschirms, 19: Einblickfenster (Bleiglas), 20: kleiner (feinkörniger) Leuchtschirm, 21: großer Leuchtschirm, 22: Fotoplatten-Kamera, 23: Magnetisches Energiefilter, 24: Detektoren für EFTEM. Das Symbol C bezeichnet Spulenpaare zur Strahlverkippung bzw. -verschiebung.

Fig. 14. Schnitt durch ein modernes Transmissions-Elektronenmikroskop (JEOL JEM 2000 FX) mit Raster-Zusatz ((S)TEM). (stark vereinfacht)

Wie im Abschnitt über Elektronenlinsen bereits erwähnt, befindet sich bei modernen Mikroskopen das Objekt im Inneren (möglichst im Zentrum) des Magnetfeldes des Objektivs; bei einem solchen Immersionsobjektiv übernimmt der (in Strahlrichtung) vor dem Objekt liegende Teil des Objektivfeldes (engl. "prefield") die Rolle eines zusätzlichen Kondensors (manchmal bezeichnet man die Immersionslinse dehalb als "Kondensor-Objektiv-Linse"). Hinzu kommt bei (S)TEM-Instrumenten in der Regel noch eine in das Objektiv integrierte Mini-oder Hilfs-Linse, die je nach gewünschtem Beleuchtungsmodus aktiviert werden kann. Man spricht dann auch von einem "Vier-Linsen-Kondensor-System". Diese Hybridisierung von eigentlichem Kondensorpaar und Objektiv wurde eingeführt, als das Hinzutreten des Rasterbetriebs zum Parallelbetrieb eine wesentliche Erweiterung der Variationsmöglichkeiten der Beleuchtung erforderte. Es muß jetzt ebenso möglich sein, das Objekt mit einem weitgehend parallelen Elektronenbündel (wählbaren Durchmessers) zu durchstrahlen, wie auch den Elektronenstrahl auf einen kleinen (30 - 40 nm, sog. micro probe (Philips) oder fine focus mode (JEOL)) oder sehr kleinen (bis 2 nm, sog. nano probe bzw. super focus mode) Bereich des Objekts zu fokussieren. Diese konvergente Beleuchtung ist bei allen Rasterverfahren angebracht, wird aber auch bei Analytischer Mikroskopie mit stationärem Strahl verwendet.[15]

Das *Objekt* ist eine Scheibe (Folie) von zwei bis drei Millimeter Durchmesser und 10 bis 100 µm Dicke, die in einem kleinen Bereich weiter gedünnt ist, bis sie dort für Elektronen der verwendeten Energie transparent ist. Das Objekt wird zwischen Metallnetze geklemmt oder auf einen Metallring geklebt im Probenhalter befestigt, der seinerseits vermittels einer Vakuumschleuse in die mit dem Objektiv fest verbundene Probenaufnahme (engl. specimen stage) eingeführt wird. Der Probenhalter kann eine Patrone sein, die durch die obere Polschuhbohrung in eine konische Bohrung im Zentrum zwischen den zwei Polschuhen abgesenkt wird ("top entry holder") oder er wird als Lanzette von der Seite in den Raum zwischen den Polschuhen geschoben ("side entry holder"). Betreibt man Hochauflösende Elektronenmikroskopie, ist die erste Variante wegen der größeren mechanischen Stabilität und der besseren thermischen Symmetrie vorzuziehen. Der im Hinblick auf die Abbildungsfehler optimale Ort des Objekts ist die Symmetrieebene zwischen den zwei Polschuhen (Riecke-Ruska-Objektiv); dort ist auch der für Zusatzeinrichtungen zur Objektmanipulation (Goniometer, Kühl- bzw. Heizpatrone, Einrichtungen zur mechanischen Belastung) zur Verfügung stehende Raum relativ groß.

Für die meisten Anwendungen der Elektronenmikroskopie unverzichtbar ist die Möglichkeit, das Objekt relativ zum Strahl um jede beliebige in der Objektebene liegende Achse zu kippen. Dazu wird die Probenaufnahme als *Goniometer* ausgebildet. Es gibt Goniometer mit zwei orthogonalen Kippachsen, während andere die Kippung um eine Achse mit der Drehung des

---

[15] Es sei darauf hingewiesen, daß das englische Wort "probe" den von Elektronen beleuchteten Bereich des Objekts im Sinn von "Sonde" meint, während im Deutschen das Objekt oft als "Probe" bezeichnet wird.

Objekts um die Strahlachse kombinieren. Beide Konstruktionsprinzipien erfüllen die genannte Forderung. Kristalline Objekte werden verkippt, um eine bestimmte Gitterebene in "Braggposition" zu bringen, d. h. so zum Strahl zu orientieren, daß dieser an der betr. Ebenenschar maximal gebeugt wird. Die Tomographie biologischer Objekte ist ebenso auf die Verkippung angewiesen wie die Aufnahme von Stereobildpaaren. Eine der Kippachsen des Goniometers muß exakt mit der Objektebene zusammenfallen (genauer: mit der Mittelebene des durchstrahlbaren Objektbereichs). Andernfalls würde der interessierende Bereich beim Kippen aus dem Blickfeld auswandern. Man bezeichnet solche Goniometer als *euzentrisch*. In praxi ist die Ebene dieser Drehachse (die euzentrische Ebene) vom Hersteller exakt in die Symmetrieebene des Objektivspalts justiert; das Objket wird dann mittels eines Triebs soweit gehoben oder abgesenkt, bis es in der euzentrischen Ebene liegt. Alle Eichungen von Vergrößerung und Kameralänge beziehen sich auf diese Ebene. Auf sie sind die Detektoren für die AEM und die Blende für die Auswahl eines Objektbereichs bei der Feinbereichs-Beugung (s. später) justiert. Die konstruktiven Anforderungen beim Entwurf des Objektbereichs eines Elektronenmikroskops sind extrem hoch, wobei zu den genannten Elementen noch die Notwendigkeit zu beachten ist, einen Teil der Berandung des Objektbereichs auf die Temperatur des flüssigen Stickstoffs abkühlen zu können (Objektraum-Kühlung), um die Kondensation von Restverunreinigungen und Wasserdampf aus dem Vakuum vom Objekt fernzuhalten.

Zur *Objektivlinse* wurde das wesentliche unter 1.2.1 mitgeteilt. Die Variation der Objektiv-Brennweite (das "Scharfstellen" der Abbildung) dient dazu, minimale Abweichungen der Objektlage von der euzentrischen Ebene so auszugleichen, daß das vom Objektiv entworfene erste Zwischenbild in die dafür vorgesehene Ebene - die Objektebene der ersten Folgelinse nach dem Objektiv - fällt. (Weil das Objektiv um einen Faktor der Größenordnung 100 vergrößert, würde eine Abweichung Δa des Objekts von der Solllage ohne Korrektur der Brennweite eine Verlagerung des ersten Zwischenbildes um $\Delta b = 10^4\ \Delta a$ bewirken). Betrifft die Frage nach der optimalen Erregung (dem Scharfstellen) des Objektivs die korrekte Lokalisation des ersten Zwischenbildes, so ist das Problem der *Schärfentiefe* (engl. depth of focus) grundsätzlicherer Natur. Wie tief (d. h. dick) ist die Schicht im Objektraum, die gleichzeitig scharf abgebildet wird ? Jeder Besitzer einer Kamera weiß, daß die Schärfentiefe umso größer wird, je schlanker die verwendeten Lichtbündel sind, d. h. je weiter das Objektiv der Kamera abgeblendet ist. Wegen der notorisch kleinen Apertur der Elektronenlinsen sollte das Elektronenmikroskop also eine große Schärfentiefe aufweisen. Es ist sicher vernünftig, den scharf abgebildeten Bereich D (Fig. 15a) beiderseits der optimal abgebildeten Ebene so abzugrenzen, daß das Bild eines Punktes in der Entfernung (± D/2) von der idealen Objektebene in der Bildebene ein Scheibchen vom Durchmesser (M d) ist; dabei ist M die Vergrößerung der Abbildung und d ihr (Punkt-)Auflösungsvermögen.

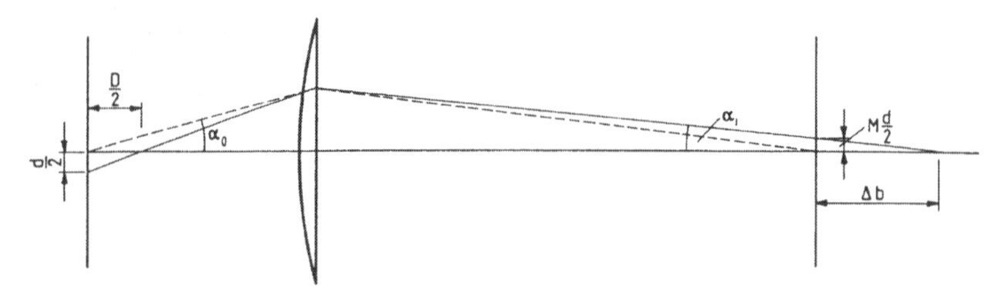

Fig. 15a. Schärfentiefe einer Abbildung.. Achsenpunkte in einer Entfernung ± D/2 von der idealen Objektebene werden in der Gaußschen Bildebene als Scheibchen mit Durchmesser (M d) abgebildet. Es gilt: $(Md/2) = (\tan)\alpha_i \, \Delta b$. und $M\alpha_i = \alpha_o$.
Mit $\Delta b = M^2 \, \Delta a$ (bei Fig. 11 abgeleitet) folgt: $2\Delta a = D = d/\alpha_o$.

Wie Abb. 15a zeigt, bedeutet dies: $D = d/\alpha_o$. In dieser einfachen Form gilt das nur für inkohärente, d. h. nicht auf Interferenz beruhende Abbildung. Wir ziehen die Abbesche Beziehung (1.1) hinzu und erhalten: $D = 0{,}6 \, \lambda/\alpha_o^2$. Die Schärfentiefe nimmt also bei Erhöhung der Beschleunigungsspannung ab, ebenso mit Steigerung des Auflösungsvermögens. Bezieht man sich auf U = 200 kV und ein mittleres Auflösungsvermögens (d = 0,4 nm), so wird D etwa 50 nm, umfaßt also die gesamte durchstrahlbare Objektdicke.

Projiziert man D in den Bildraum (wieder mittels der Beziehung $\Delta b/\Delta a = M^2$), erhält man die Toleranz T des Ortes des Bildempfängers (engl. depth of image): $T = d \, M^2/\alpha_o$ (Fig. 15b).

Selbst bei niedriger Vergrößerung ($M = 10^4$) ist die Plazierung der Empfängerfläche also ganz unkritisch. Davon macht man Gebrauch, wenn man verschiedene Bildempfänger in (makroskopisch) verschiedener Entfernung von der letzten Linse, dem Projektiv, anbringt: etwa eine Kleinbildkamera, darunter den Bildschirm, darunter die Photoplatte und schließlich den Szintillator einer elektronischen Bildaufnahme. Selbstverständlich hängt die *Größe* des Bildes vom Ort des Empfängers ab.

Das in der hinteren Brennebene des Objektivs liegende *Beugungsmuster* (auch B.-Bild oder B.-Diagramm) des Objekts dient zunächst als Informationsquelle über die Struktur und Orientierung kristalliner Objekte relativ zum Strahl. Wie oben mitgeteilt, kann die Brennweite der ersten Folgelinse (der sog. Zwischen- oder Beugungs-Linse) durch Knopfdruck so verlängert werden, daß nicht das (vom Objektiv entworfenene) erste Zwischenbild auf den Bildschirm projiziert wird sondern dieses Beugungsmuster.

Weil das Beugungsmuster auf dem Weg zum Endbild-Empfänger (Bildschirm, Fotoplatte etc.) durch mehrere Linsen vergrößert wird, muß es zum Zweck der quantitativen Auswertung geeicht werden.

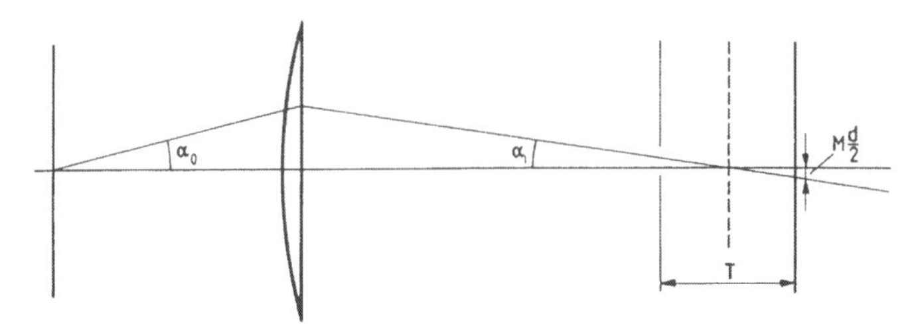

Fig. 15b. Toleranz im Bildraum einer Abbildung.. Abweichung der Bildebene um ± T/2 von der Gaußschen Bildebene bringteine Verschmierung des Bildes eines Achsnepunktes zu einemm Scheibchen vom Durchmesser (M d) mit sich. Es gilt: (Md) = $(\tan)\alpha_i$ T und damit T = M^2 d/α_o.

Hierzu bringt man auf das zu analysierende Objekt ein kristallines Pulver bekannter Gitterkonstante auf, dessen Beugungsringe dann auf der Aufnahme erscheinen. Aus ihnen bestimmt man die zu den gewählten Aufnahmebedingungen gehörende *Kameralänge L.* L bezeichnet die Distanz, die zwischen Objekt und Beugungsmuster läge, wenn dieses ohne Einschaltung von Linsen aufgenommen worden wäre. Die Kameralänge kann in sehr weiten Grenzen variiert werden (bis zu etlichen Metern).

In der Ebene des Beugungsmusters[16] befindet sich die verschiebliche *Objektivblende*, die zwei Funktionen erfüllt: erstens kann mit ihrer Hilfe die Objektiv-Apertur gewählt werden und zweitens kann ein beliebiger Bereich aus dem Beugungsmuster ausgeblendet und zum Bildaufbau herangezogen werden. Nach dem unter 1.1 Dargestellten bedeutet dies die Auswahl eines bestimmten Winkelbereichs der vom Objekt gebeugten Strahlung oder, anders ausgedrückt, eines Teils des Fourierraums. Der einfachste Fall eines solchen *Beugungskontrastes* liegt vor, wenn man nur die ungebeugte Strahlung (den Mittelstrahl) die Blende passieren läßt oder aber nur die unter einem bestimmten Winkel gebeugte. Wir werden uns später mit dieser Technik ausführlich zu beschäftigen haben (vgl. Hauptteil 2).

In der Ebene des ersten Zwischenbildes ist die sog. *Selektorblende* angebracht. Durch Verschieben dieser Blende kann unter Sichtkontrolle ein Teilbereich des Bildes ausgewählt werden derart, daß nur *die* Elektronen zur Abbildung beitragen, die den entsprechenden Teilbereich des Objekts passiert haben. Schaltet man nun, ohne die Lage der Selektorblende zu ändern, in den Beugungsmodus um, so werden durch das "Fenster" der Selektorblende genau *die* Elektronen zugelassen, die aus dem ausgesuchten Objektbereich in das Beugungsmuster gelangt sind (Fig. 16).

---

16 Genau genommen ist dies die virtuelle Lage der Objektiv-Aperturblende. Es handelt sich um die Projektion einer an anderer Stelle im Objektiv liegenden Blende in die hintere Brennebene.

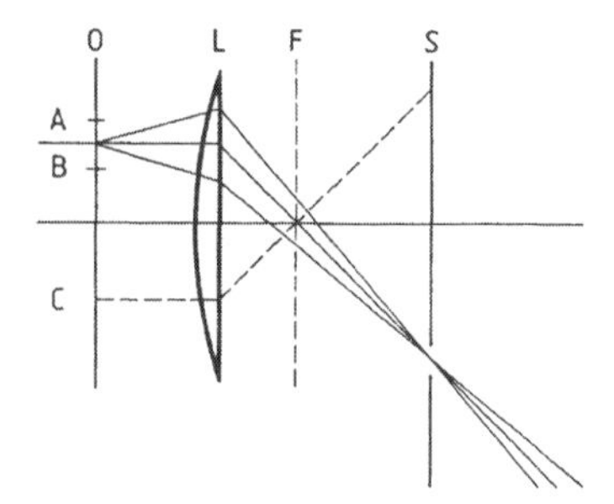

Fig. 16.. Feinbereichs-Beugung. Durch die Selektor-Blende in der Ebene S des ersten Zwischenbildes werden nur Elektronen zugelassen, die den Bereich AB des Objekts O passiert haben. (L: Objektiv-Linse). Fokussiert man *mit Selektorblende* auf die hintere Brennebene F des Objektivs, bleibt dies richtig (vgl. das Schicksal des durch den Punkt C gehenden Beitrags zur nullten Beugungsordnung).

Diese sog. *Feinbereichs-Beugung* (engl. selected area diffraction) ist ein sehr wichtiges Werkzeug, wenn es darum geht, die Kristallstruktur kleinräumiger Phasen aus inhomogenen Objekten zu bestimmen. (Die Genauigkeit der Zuordnung des Beugungsbildes zu dem ausgewählten Objektbereich hängt von der exakten Objekthöhe und dem Öffnungsfehler des Objektivs ab).
Die letzte Bemerkung deutet an, daß die Auswahl des Präparatbereichs, der das Beugungsmuster erzeugt, durch eine Selektorblende in der Ebene des ersten Zwischenbildes nicht ganz unproblematisch und nur bis zu 1 µm Durchmesser herunter vernünftig ist. In Zukunft wird die jüngst kommerziell (von Zeiß) eingeführte konsequente Anwendung des *Köhlerschen Beleuchtungsprinzips* hier eine wesenrtliche Verbesserung bringen. Dieses Prinzip verlangt die simultane Erfüllung zweier Forderungen. Erstens: die (effektive) Strahlungsquelle wird in die *vordere* Brennebene des Objektivs abgebildet, wodurch das Objekt parallel beleuchtet wird, und zweitens: die Kondensorblende wird als sog. *Leuchtfeldblende* in die Objektebene scharf abgebildet, berandet also den beleuchteten Bereich des Objekts. Die Größe dieses Bereichs kann dann (automatisiert) der gewählten Vergrößerung angepaßt werden, ohne daß die Beleuchtungsapertur geändert wird. Diese Beschränkung der Beleuchtung auf den wirklich benutzten Bereich hat mehrere Vorteile: das Objekt wird nicht unnötig mit Strahlung belastet und der Kontrast wird verbessert, weil keine Streustrahlung von unbenutzten Gebieten ausgeht. Die Auswahl des beleuchteten Bereichs durch die Leuchtfeldblende erfüllt - ohne weitere Blende - in idealer Weise alle Anforderungen an die Feinbereichsbeugung: es gibt keine Zuordbnungsprobleme zwischen Bild und Beugungsdiagramm und der beleuchtete Bereich kann auf 0,2 µm verkleinert werden. Zur Verwirklichung des Köhlerschen Prinzips sind (einschließlich des Objektiv-Vorfeldes) vier Kondensorstufen erforderlich.

Erregt man Kondensor 3 stärker, verläßt man die Realisation des Köhlerschen Prinzips und kann die Quelle im sog. Spot Mode auf das Objekt abbilden (fokussieren). Nun wirkt die Kondensorblende als *Aperturblende*. Der kleine. konvergent beleuchtete Bereich (die "Sonde" oder der Spot) kann durch das von den beiden ersten Kondensoren gebildete Zoom-System in seiner Größe verändert werden. Dies sind die Bedingungen, die man im *Raster-Betrieb* (vgl. Abschnitt 3.9) bei der *konvergenten Elektronenbeugung (CBED)* und der *Analytischen Elektronenmikroskopie (AEM)* (vgl. Hauptteil 4) einsetzt.

(S)TEM-Instrumente enthalten vor und hinter dem Objektiv in je zwei zum Strahl senkrechten Ebenen gekreuzte *Ablenkspulen* (Fig. 17).

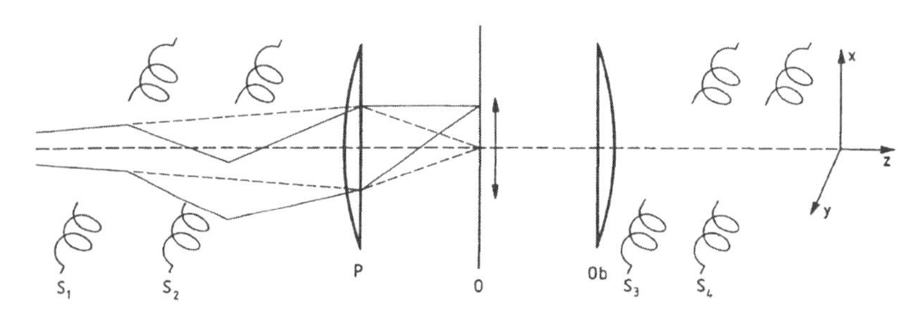

Fig. 17. Ablenkspulen im Raster-Transmissions-Elektronenmikroskop. Zu jedem Spulenpaar existiert ein analoges in der Papierebene (xz).. O: Objekt. Ob: Objektiv-Hauptfeld P: Objektiv-Vorfeld (symmetrisches Riecke-Ruska-Objektiv.)

Mit ihrer Hilfe kann der Elektronenstrahl bzw. das Strahlbündel in jede beliebige Richtung (auch periodisch) abgelenkt werden. Zunächst kann so das Abrastern des Objekts bewerkstelligt werden. Aber auch eine periodisch einen bestimmten Winkelbereich überstreichende schräge Beleuchtung (engl. rocking beam) und sogar eine auf einem Kegelmantel umlaufende konische Beleuchtung des Objekts ist möglich. Da in zwei aufeinanderfolgenden Ebenen abgelenkt werden kann, ist eine vorwählbare Parallelversetzung des Strahls möglich, was bei empfindlichen Objekten zur Reduktion der Strahlendosis benutzt wird ("low-dose"-Betrieb): die Justierarbeit wird in einem, dem eigentlich interessierenden benachbarten Objektbereich durchgeführt, der selbst nur zur eigentlichen Aufnahme bestrahlt wird. Die Ablenkspulen *nach* dem Objektiv dienen u. a. dazu, das Beugungsmuster oder das Bild über den "punktförmigen" Detektor des (S)TEM wegzurastern.

In unmittelbarer Nähe des Objekts sind bei Raster-Elektronen-Mikroskopen die Detektoren für von der elektronenbestrahlten Probe ausgehende Sekundärstrahlungen untergebracht, die zur Analytischen Elektronenmikroskopie (charakteristische Röntgenstrahlung, Kathodo-Lumineszenz, Auger-Elektronen) bzw. zur Oberflächenabbildung (Sekundär-Elektronen) gebraucht werden.

Die (in der Regel vier oder fünf) *Folgelinsen* nach dem Objektiv dienen vor allem dazu, die Vergrößerung des Endbildes in weiten Grenzen zu variieren. Sie bilden, je nach Hersteller verschieden aufgeteilt und etwas verschieden eingesetzt, die beiden Funktionsgruppen der *Zwischenlinse(n)* und des *Projektivs*. Die Einzelheiten entnehme man den Gerätebeschreibungen der Firmen. Die Zunahme der Zahl der Folgelinsen im Lauf der Jahre erklärt sich dadurch, daß die magnetische Bildrotation neutralisiert und die chromatische Vergrößerungsdifferenz (d. h. der laterale chromatische Abbildungsfehler) weitgehend zurückgedrängt wurden. Der letztgenannte Aspekt ist besonders wichtig bei der Elektronenmikroskopie biologischer Objekte, mit deren leichten Atomen die Elektronen besonders ausgeprägte inelastische Stöße erfahren, die den Wellenlängenbereich der Strahlung vergrößern. Hinzu kommt die Notwendigkeit, die hintere Brennebene der letzten Projektivlinse zu fixieren, weil hier die gesamte zum Endbid beitragende Strahlung durch die enge Öffnung (Durchmeser 200 µm) einer Blende treten muß, die den Ultra-Hochvakuum (UHV)- Bereich der Mikroskopsäule von dem Hochvakuum (HV) der Aufnahmekammer trennt.

Wir kommen damit zu dem *Vakuumsystem* des Mikroskops, dessen Weiterentwicklung über das klassische Öldiffusionspumpen- HV hinaus Voraussetzung für die Einführung der modernen Elektronenquellen (vgl. 1.3) ebenso war wie für die Möglichkeit, Objekte längere Zeit untersuchen zu können, ohne daß sie durch die Kondensation von Kohlenwasserstoffen und Wasserdampf verdorben werden. Moderne Instrumente haben ein differentielles Vakuumsystem, in dem der Raum um die Quelle und um das Objekt mit Hilfe einer Ionengetterpumpe auf UHV-Niveau (10^{-5} Pa = 7 10^{-8} Torr) gehalten wird. Dieses Vakuum herrscht i. w. auch in einer Stahlröhre, in der der Strahlengang verläuft und die innerhalb der Bohrungen der Folgelinsen liegt. Die erwähnte Blende in Höhe des Projektivs schließt diesen UHV-Bereich *dynamisch* gegen den HV-Bereich ab, in dem sich das Photomaterial mit seinem relativ hohen Wasserdampfdruck befindet. Er wird mittels Diffusionspumpen evakuiert. Der Einsatz von UHV bedingt den Übergang zu Metalldichtungen und zu Metallbälgen an Stelle von Gleitdichtungen bei beweglichen Durchführungen.

Das Endbild wird auf einem für Elektronen empfindlichen *Bildempfänger* entworfen. Für die visuelle Beobachtung stehen Leuchtschirme (Fluoreszenzschirme: in ZnS/CdS regen die Elektronen Kathodo-Lumineszenz an) verschiedener Körnung zur Verfügung. Soll das Fluoreszenzbild weiter vergrößert werden, kann man einkristalline, also kornfreie Schirme (z.B. aus mit Cer dotiertem Yttrium-Aluminium-Granat, YAG) einsetzen.

Das klassische Mittel zur *Dokumentation* ist die photographische Schicht, entweder auf Filmen oder für extreme Maßhaltigkeit auf Glasplatte.

Neuerdings kann das Bild zum Zweck der elektronischen Weiterverarbeitung und Speicherung auf eine elektronische Kamera projiziert werden: man benutzt einen dünnen, d. h. transparenten YAG-Leuchtschirm, um zunächst das Elektronen-Bild in ein Lichtbild umzuwandeln. Dieses wird dann von der Unterseite des Leuchtschirms durch eine Lichtfaserplatte entweder auf die (photoleitfähige) Empfängerschicht einer Video-Röhre oder auf einen Halbleiter-Detektor übertragen.
Bei der Bild-Aufnahme mit einer *Video-Röhre* verwendet man mit Vorteil Spezialausführungen für niedrige Beleuchtungsstärken, die einen Bildverstärker enthalten. Damit sind einzelne 100 keV-Elektronen mit einer Verstärkung um den Faktor 3 10^5 nachweisbar. Die Anforderungen an die Stromdichte in der Bildebene sind bei einer Bildfrequenz von 25 Hz vergleichbar mit denen einer Photo-Emulsion bei einer Belichtungszeit von 10 s, also wesentlich niedriger.
Der *Halbleiter-Detektor* ist im Prinzip eine Photo-Diode. Ein einfallendes Elektron erzeugt in der Verarmungsschicht einer p-n-Diode eine große Zahl von Ladungsträger-Paaren, die z. T. im Feld der Verarmungsschicht getrennt werden und so einen Strompuls im äußeren Stromkreis bilden. Dieser Strompuls wird verstärkt und erzeugt an einem Widerstand einen Spannungspuls der Größenordnung 0,1 V. (Ist der Strahlstrom 10^{-11} A, ist die Bandbreite des Halbleiterdetektors 10^5 Hz). (Die Spannungspulse können dazu benutzt werden, eine Videowidergabe zu steuern). Besonders interessant ist die Möglichkeit, aus vielen kleinen Photo-Dioden ein- oder zweidimensionale regelmäßige Anordnungen (engl. arrays) zusammenzustellen, mit deren Hilfe eine *parallele* Aufnahme eines Elektronenspektrums (D = 1, vgl. 4.5.3) bzw. eines Bildes oder Beugungsmusters (D = 2) möglich ist. Der Abstand zwischen benachbarten Dioden liegt zwischen 10 und 30 µm, die Dioden sind entweder jede für sich an eine Video-Eingang gekoppelt oder sie lesen ihre Inhalte nacheinander in ein Register ein, aus dem sie später ausgelesen werden (charge coupled device CCD, besonders leistungsfähig in einer niederfrequenten (slow) - 10^{-2} - 50 Hz- Ausführung mit Peltier-Kühlung). Man kann Halbleiter-Detektoren zum direkten Nachweis der einfallenden Strahl-Elektronen benutzen; wegen der unvermeidlichen Strahlenschäden ist auch hier die Kombination mit einem Szintillator und optischer Faserplatte vorzuziehen. Der Informationsgehalt eines elektronisch erfaßten Bildes (z. B. 10^3 x 10^3 pixels) erreicht zwar immer noch nicht den einer Photoplatte (ca. 8 MByte), ist aber vergleichbar. Die Dynamik des Halbleiter-Detektors (1: 10^4) wird von keinem anderen Empfänger erreicht. Elektronisch gewonnene Bilder werden auf Monitoren dargestellt und auf magnetischen Datenträgern archiviert.
Die elektronische Erfassung des Bildes geschieht natürlich in der Absicht, das Bild digitalisiert analysieren und manipulieren zu können. Deshalb umfaßt eine moderne Elektronenmikroskopie immer auch einen *Computer.*
Dieser übernimmt verschiedene Aufgaben: erstens er *steuert* den Betrieb des Elektronenmikroskops, indem er die optimale Kombination und Erre-

gung von Linsen für den jeweiligen Zweck wählt, das Vakuum überwacht, die Belichtungszeit den Helligkeitsverhältnissen anpaßt etc. Darüberhinaus geht aber die Tendenz dahin, daß der Computer auch die Justierung der Linsen und Blenden des Mikroskops (das alignment) und die Ausrichtung des Objekts zu dem Strahl übernimmt. Diese Arbeiten "von Hand" auszuführen ist u. U. zeitraubend und erfordert Erfahrung. Selbstverständlich ist eine solche Automatisierung nur möglich, wenn die notwendige Software zur Verfügung steht, die eine Beurteilung des Bildes bzw. Beugungsmusters auf Schärfe, Symmetrie etc. ermöglicht. Zweitens sind, wie schon erwähnt, mit Hilfe des Computers diverse *Bildverarbeitungs-Techniken* möglich: z. B. kann der Kontrast erhöht oder abgeflacht werden; ferner kann eine (zweidimensionale) Fourier-Transformation des *Bildes* durchgeführt werden, welche dem Auge verborgene Periodizitäten aufdeckt (die Fourier-Transformierte wird als "power spectrum" bezeichnet). Früher war zu diesem Zweck die Beugung von Laser-Licht an dem photographierten Bild auf einer optischen Bank erforderlich. Messungen von Abständen im Bild und im Fourierraum (Beugungsmuster) sind nun exakt und schnell durchführbar etc.. Schließlich wird der Compute zur *Bildsimulation* benutzt. Wir werden im dritten Hauptteil erfahren, daß eine direkte, soz. anschauliche Interpretation hochaufgelöster Bilder nur bis zu einer gewissen Auflösungsgrenze möglich ist. Feinere Strukturen (bis zur Informationsgrenze) können dem Bild entnommen werden, aber nur über eine im Prinzip mathematische Analyse des Bildes, die die Abbildungsfehler berücksichtigt. Bisher gibt es dafür kein "Vorwärtsverfahren", weil der Weg vom Bild zum zugrundeliegenden Objekt nicht eindeutig ist. Wohl aber kann man für ein gegebenes Objekt bei bekannten Abbildungsparametern das Bild eindeutig berechnen. Dies ist die Basis des Simulationsverfahrens: man nimmt eine wahrscheinliche Objektstruktur an, berechnet das Bild und vergleicht es mit dem experimentellen Bild. Dies wiederholt man solange, bis die Übereinstimmung befriedigt.

Zum Abschluß dieses apparative Gesichtspunkte referierenden Abschnitts sei darauf hingewiesen, daß die Anforderungen an den Aufstellungsort des Elektronenmikroskops sehr ernst zu nehmen sind: vor allem wenn Hochauflösung erreicht werden soll, muß ein sehr niedriges Niveau an elektromagnetischer Störstrahlung und schwingungsfreie Aufstellung garantiert sein. Vor allem die letztgenannte Forderung kann in Gebieten erhöhter Bodenunruhe Schwierigkeiten bereiten.

1.3 Das Beleuchtungssystem des Elektronenmikroskops

1.3.1 Die Beleuchtung des Objekts

Das Beleuchtungssystem dient dazu, einen ausgewählten Bereich auf dem Objekt (der "Probe") in definierter Weise mit Elektronen zu bestrahlen (beleuchten). Es besteht aus der Elektronenkanone (engl. gun) und dem Kondensorsystem. Das Beleuchtungssytem ist von entscheidender Bedeu-

tung für die Leistungsfähigkeit eines Elektronenmikroskops; in den vergangenen zwei Dekaden wurden deshalb große Anstrengungen darauf verwandt, diesen lange vernachlässigten Bestandteil des Instruments zu verbessern.
Im Unterschied zum Lichtmikroskop, bei dem in der Regel weißes Licht verwendet wird, erzeugt die Elektronenkanone Elektronen möglichst einheitlicher Energie, also monochromatische Beleuchtung. Die Beleuchtungsapertur α_o bezeichnet die Hälfte des Winkels aus dem heraus jeder Punkt des Objekts beleuchtet wird; $\alpha_o \rightarrow 0$ bedeutet also parallele Beleuchtung.

In Anhang A4 wird gezeigt, daß bei jeder verlustfreien, geometrisch optischen Abbildung einer Fläche F_1 auf eine Fläche F_2 der Quotient aus Strahlungdichte (hier: Stromdichte) und erfaßtem Raumwinkel konstant bleibt. Dieser Quotient heißt *Helligkeit* (engl. brightness)[17]. M a. W. : ein Mangel der Quelle an Helligkeit kann durch keine Maßnahme im weiteren Verlauf des Strahlengangs ausgeglichen werden. Man wird also in der Helligkeit eine wichtige Kenngröße jeder Quelle sehen.
Praktisch betrachtet bedeutet das eben Gesagte: bei gegebener Quelle kann die Stromdichte (Leuchtdichte) am Objekt nur dadurch erhöht werden, daß man die Beleuchtungsapertur erhöht. Umgekehrt kann die Beleuchtung nur dadurch paralleler (und damit kohärenter) gemacht werden, daß man Stromdichte opfert. Der technische (und finanzielle) Aufwand, der für eine Quelle größerer Helligkeit getrieben wird, ist also vor allem dann angebracht, wenn gute Kohärenz der Beleuchtung gefordert ist und zugleich die Belichtungszeit in Grenzen gehalten werden soll. Diese Situation liegt vor allem bei der hochauflösenden Elektronenmikroskopie vor.
Folgende Überlegung führt zu einer Abschätzung der bei gegebener Stromdichte j_o der Quelle erreichbaren maximalen Helligkeit: der Winkelbereich, in den Elektronen emittiert werden, wird bestimmt durch $\tan\alpha = p_{quer}/p_{längs}$, wo p_{quer} bzw. $p_{längs}$ die Komponenten des Elektronen-Impulses quer bzw. parallel zur Strahlachse sind. Die Querkomponente des Impulses ist nach unten begrenzt durch die thermische Bewegung und ist proportional zur Wurzel der Temperatur des Emitters. Da α klein bleibt, gilt $\alpha_{min} = \sqrt{k_B T/eU}$ und damit $\beta_{max} = j_o eU/(\pi k_B T)$. ($k_B$: Boltzmann-Konstante). Es ist bemerkenswert, daß die Helligkeit proportional zur (relativistischen) Beschleunigungsspannung (vgl. Gl. (1.37)) ist.
Prinzipskizzen wichtiger Elektronenkanonen zeigt Fig. 18. Die *Elektronenquelle* (z. B. ein Glühfaden, s. unten) bildet die Kathode einer Triode: die von der Qelle emittierten Elektronen werden zur Anode hin beschleunigt und mit der kinetischen Energie eU durch eine Öffnung in der Anode in die Mikroskopsäule entlassen. Zwischen Kathode und Anode befindet sich an Stelle des Gitters einer Dreielektrodenröhre ein speziell geformter Zylinder, der sog. Wehneltzylinder. Er ist gegenüber der Kathode um ca. 100 V negativ vorgespannt und wirkt einerseits als Sammellinse und steuert andererseits je nach seiner Vorspannung die Emission der Kathode. Durch eine Rückkopplungsschaltung wird dafür gesorgt, daß eine zufällige Erhö-

---

[17] In der älteren deutschsprachigen Literatur heißt diese Größe "Richtstrahlwert R".

hung des Emissionsstroms durch Erhöhung der negativen Wehneltspannung ausgeglichen wird (entsprechend bei Abnahme des Emissionsstroms). In analoger Weise wird die Hochspannung U stabilisiert. Aus Sicherheitsgründen liegen die Anode und die auf diese folgenden Abschnitte des Mikroskops auf Erdpotential, während Kathode und Wehneltzylinder sich auf Hochspannungsniveau befinden.

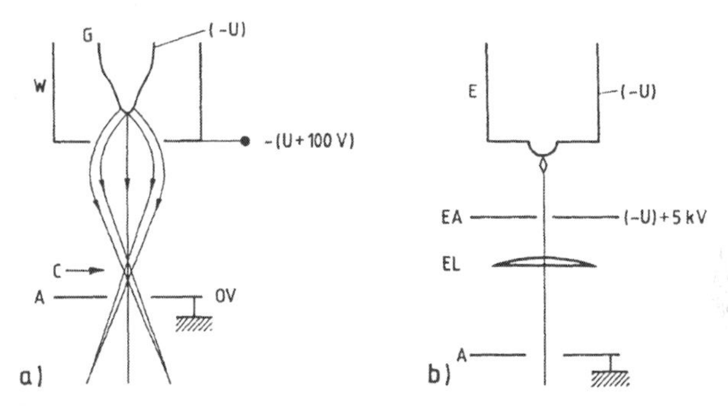

Fig. 18. Elektronenkanonen. a) mit thermischer Elektronenquelle. G Glühfaden (Kathode), A Anode, W Wehneltzylinder, C cross over. b) FEG. E Emitter (Einkristallspitze), EA Extraktions-Anode, EL Elektrostatische Linse, A Anode

Im folgenden bezeichnen wir den von der Kathode emittierten Elektronenfluß als "Strahl". Unter der Wirkung von Wehneltzylinder und Anode bildet sich eine Einschnürung des Strahls, in der dieser seinen kleinsten Querschnitt hat. Dieser sog. *cross over* bildet für den weiteren Strahlengang die *effektive Quelle.* Die Beleuchtung des Objekts wird durch folgende drei Parameter charakterisiert: die Größe des beleuchteten Bereichs (Radius r_o), die Beleuchtungsapertur α_o und die Stromdichte j_o. Diese Parameter sind in Grenzen wählbar. Die Variation der Beleuchtungsparameter wird in erster Linie mit Hilfe des *Kondensorsystems* bewerkstelligt, das sich zwischen cross over und Objekt befindet (Fig. 19) Oft arbeitet man mit fokussierter Beleuchtung, d. h. das Kondensorsystem entwirft auf dem Objekt ein Bild der (effektiven) Quelle. (Das gilt immer dann, wenn Kohärenz der Abbildung unwesentlich oder unerwünscht ist).

Da die Abstände Quelle-Kondensor bzw. Kondensor-Objekt bei einem Elektronenmikroskop fixiert sind, könnte man den Abbildungsmaßstab bei Verwendung einer einzigen Kondensorlinse nicht variieren.

Man verteilt deshalb die Funktion des Kondensors auf zwei Linsen, einen starken Kondensor K I und einen schwächeren Kondensor K II. Ein weiterer Vorteil der Aufteilung der Funktion auf zwei Linsen liegt darin, daß eine starke Verkleinerung der Quelle bei großem Abstand des Objekts vom Kondensorsystem erreicht werden kann, der für die Verkippung des Objektes relativ zur Strahlachse benötigt wird (dies ist besonders wichtig, wenn das Objekt in einer Heiz- oder Kühlpatrone untergebracht werden soll).

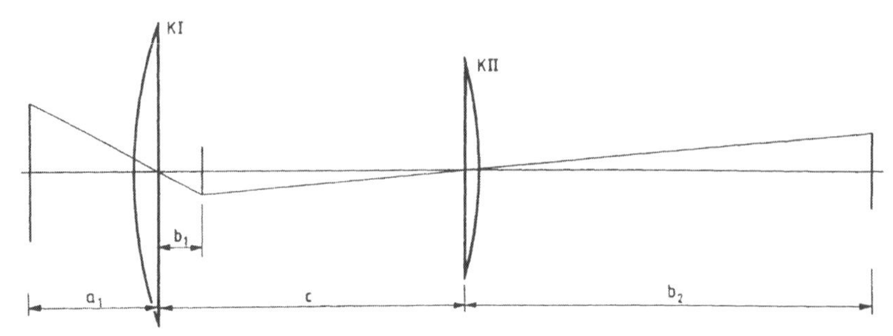

Fig. 19. Doppelkondensor. Durch Wahl der Brennweiten f_1 und f_2 kann der einzige freie Parameter b_1 (die Bildweite des ersten Kondensors) und damit die Ge samtvergrößerung variiert werden.

Die Kohärenz der Beleuchtung hängt außer von der Monochromasie von dem Öffnungswinkel α_o der Beleuchtung ab; solange wir fokussierte Beleuchtung im Auge haben, wird α_o vom Durchmesser der Kondensorblende bestimmt. Ändert man (durch Variation der Kondensor-Brennweiten) die Größe des bestrahlten Bereichs $2r_o$ und hält dabei die Blende des K II gleichgroß und mit Elektronen erfüllt, bleibt die Stromdichte auf dem Objekt und damit die Bildhelligkeit konstant.

Geht man zur defokussierten Beleuchtung über, so nimmt r_o zu, die Stromdichte j_o und die Beleuchtungsapertur α_o werden kleiner bei Erhaltung des Parameters β.

Spezielle Betrachtung erfordert die Frage, wieweit die Größe r_o des beleuchteten Bereichs auf der Probe eingeschränkt werden kann. Hiervon hängt vor allem das räumliche Auflösungsvermögen der *Analytischen Elektronenmikroskopie (AEM)* ab, bei der ein beleuchteter Fleck (engl: probe) über das Objekt gerastert und simultan eine für die lokale chemische Zusammensetzung des Objekts charakteristische Strahlung (z. B. die Röntgenstrahlung) registriert wird. Eine erste Grenze wird der Konzentration eines Strahls auf kleinster Fläche durch das Phänomen der Beugung gezogen, die bewirkt, daß im sog. Brennpunkt einer Linse ein helles Scheibchen vom Radius $0{,}6\ \lambda/D$ erscheint, wo λ die Wellenlänge der verwendeten Strahlung und D der Durchmeser der Linse ist. (Dieses Scheibchen ist umgeben von einem System konzentrischer Ringe rasch abnehmender Helligkeit, das man bei orientierender Betrachtung vernachlässigen kann). Die Stromverteilung in der Beugungsfigur wird in der Realität durch die unvermeidlichen Linsenfehler modifiziert und wird Punktverschmierung (engl: point spread function) genannt. In günstigen Fällen kann man von einer gaußförmigen Verteilung der Stromdichte auf dem Beugungsscheibchen ausgehen. - Neben der sog. Beugungsbegrenzung bringt die Heisenbergsche Unbestimmtheits-Beziehung (HUB) der Quantenphysik eine weitere Grenze für die Fokussierbarkeit des Elektronenstrahls mit sich: die HUB besagt, daß Ort und Impuls eines bewegten Teilchens nicht zugleich mit beliebiger Genauigkeit bestimmt (und damit eingegrenzt) werden können. Betrachten wir den Fluß der Elektronen zur beleuchteten Fläche hin und führen ein zylindersymmetrisches Koordinatensystem ein hat der Impuls p der Elektronen in Achsenrichtung z den Wert $p_z = \sqrt{2mE}$. ($E = eU$ ist die kinetische Energie der Elektronen). In der zur Achse senkrechten Ebene sollen die Elektronen Impulse zwischen 0 und p_r haben. Dann gilt auf Grund der HUB im beleuchteten Bereich (Größe $r < r_o$) $r_o\, p_r \geq h/2$ (h: Plancksches Wirkungsquantum). Das Maximum der r-Komponente des Impulses wird durch die Beleuchtungsapertur zu $p_r = p_z \tan\alpha_o \approx p_z\, \alpha_o$ bestimmt. Damit ergibt sich

$$r_{o\,min} = h/(2\sqrt{2mE}\,\alpha_o)$$

Betrachten wir als Beispiel eine typische Apertur von $\alpha_o = 10^{-2}$, so ergibt sich für ein 100 kV- Mikroskop auf Grund der HUB eine untere Grenze für den beleuchteten Bereich von $r_o = 0{,}2$ nm, die sich bei $U = 400$ kV auf 0,1 nm reduziert. Mit modernen Elektronenmikroskopen ist also die separate Beleuchtung (Anregung) eines einzelnen Atoms im Verband eines Festkörpers vom Prinzip her möglich, wobei allerdings nicht vergessen werden darf, daß die Beleuchtungsstärke am Rand des beleuchteten Bereichs nicht abrupt zu null geht, sodaß ein gewisser Anteil des von der Probe ausgehenden Signals von Bereichen außerhalb r_o stammen wird.

1.3.2 Elektronenquellen

Die freien Elektronen, die im Elektronenmikroskop mit dem Objekt (der Probe) in Wechselwirkung treten sollen, werden aus einem Festkörper extrahiert. Dies geschieht entweder durch Erhitzung auf sehr hohe Temperatur (*thermische Emitter)* oder durch Anlegen eines starken elektrischen Feldes (*Feldemssions-Quelle, engl. field emission gun = FEG).*

a) Thermische Emitter

Die einfachste Elektronenquelle ist die sog. Haarnadel-Kathode, ein U-förmig gebogener Wolfram-Draht, der durch Stromdurchgang auf eine Temperatur von ca. 2800 K aufgeheizt wird. Bei derart hohen Temperaturen ist die Fermi-Verteilung der Leitungselektronen im Metall so stark verbreitert, daß die energiereichsten unter diesen Elektronen den Energieunterschied zwischen der Fermienergie und dem Vakuumpotential (die sog. *Austrittsarbeit* Φ des betr. Metalls) aufbringen und durch die Metalloberfläche ins Vakuum austreten. (Bei Wolfram ist Φ gleich 4,5 eV). Für die Stromdichte dieser Elektronen gilt das Richardson - Gesetz

$$j = A\, T^2 \exp\left(-\frac{\Phi}{kT}\right)$$

A ist eine für das Metall charakteristische Materialkonstante (für Wolfram $A = 120\ A/(cm\,K)^2$). Sie kann um den Faktor vier vergrößert werden, in-

dem man an die Haarnadelkathode im Gebiet stärkster Krümmung eine Wolframspitze (Krümmungsradius einige μm) anschweißt, aus der die Elektronen austreten (Spitzenkathode).
Nur wenige Metalle verfügen in dem Temperaturbereich, in dem genügend Elektronen austreten, über hinreichende Festigkeit. Wolfram erfüllt diese Anforderung optimal. Man wird allerdings nach Substanzen Ausschau halten, deren Austrittsarbeit kleiner ist, sodaß sie bei niedrigerer Temperatur die erforderliche Elektronenemission erbringen.
In dieserer Hinsicht hat sich Lanthanhexaborid (LaB_6) mit $\Phi = 2,7$ eV bewährt. Bei den kommerziellen LaB_6-Quellen besteht der emittierende Bereich aus einem speziell orientierten Einkristall. Die Anforderungen an das um die Quelle herrschende Vakuum[18] sind hier etwas höher als bei der Haarnadelkathode (10^{-6} im Verglelch zu 10^{-5} Torr). Haarnadelkathoden haben typischerweise Helligkeitswerte von $\beta = 5 \cdot 10^5$ $A/(cm^2 sr)$[19]. Bei LaB_6-Kathoden ist die Helligkeit um eine Größenordnung größer.

b) Feldemissionsquellen

Bei genauerer Betrachtung der Emission eines Elektrons aus der Oberfläche eines Metalls muß die Wechselwirkung seiner negativen Ladung mit der durch Influenz im Metall entstehenden Bildladung berücksichtigt werden. Im Feld dieser Bild- (oder Spiegel-) Ladung hat das Elektron die potentielle Energie

$$V_{pot} = \frac{e^2}{4\pi\varepsilon_o} \int_{\infty}^{x} \frac{dx'}{(2x')^2} = - \frac{e^2}{4\pi\varepsilon_o 4x}$$

(x ist der Abstand des Elektrons von der Oberfläche; die Formel gilt nur für Abstände größer als 0,1 nm).
Der Potentialverlauf vor der Oberfläche ist also nicht unstetig (Fig. 20a). Die Austrittsarbeit wird vielmehr über eine gewisse Strecke verteilt aufgebracht. Das wird wesentlich, wenn dieser Verlauf durch ein vor der Oberfläche herrschendes elektrisches Feld E modifiziert wird. Ist dieses Feld zur Oberfläche hin gerichtet, entsteht ein Beitrag $V_{elstat} = -eEx$ zur potentiellen Energie des Elektrons. V durchläuft dann als Funktion der Entfernung x des Elektrons von der Oberfläche ein Maximum (Fig. 20a), das die Rolle einer effektiven Austrittsarbeit $\Phi_{eff} = \Phi - \delta\Phi$ spielt. Diese Reduktion der Austrittsarbeit im elektrischen Feld (der *Schottkyeffekt*) spielt bei mäßigen Feldern eine untergeordnete Rolle, ist aber im starken Feld vor einer Metallspitze erheblich. So reduziert sich Φ in einem Feld von $E = 10^6$ V/cm um 0,38 eV ! Dies erklärt die oben erwähnte Verbesserung der

---

[18] Jede Elektronenquelle muß in einem Vakuum betrieben werden, weil positive Ionen aus dem Restgas zur Kathode hin beschleunigt werden, die beim Auftreffen derselben verdorben wird. Je nach Empfindlichkeit stellen die verschiedenen Typen von Quellen unterschiedlich hohe Anforderungen an das Vakuum.

[19] 1 sr (sterad) ist die Einheit des Raumwinkels.

Emisision beim Übergang von einer Haarnadelkathode zu einer Spitzenkathode.

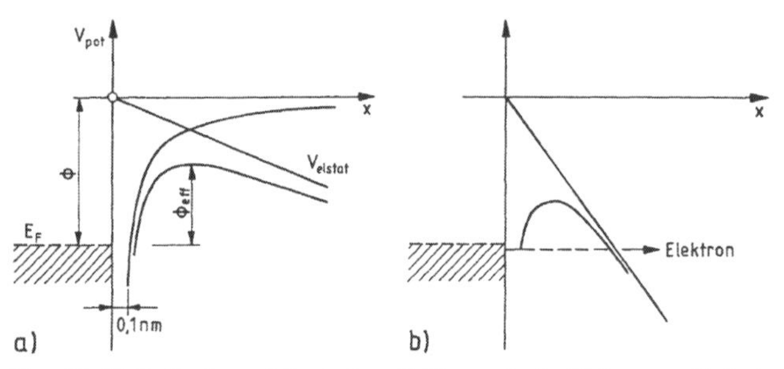

Fig. 20. Einfluß eines elektrischen Feldes auf die Elektronen-Emission.
20a: Φ: Austrittsarbeit ohne Feld. Φ_{eff} effektive Auastrittsarbeit im Feld, E_F:Oberfläche des Fermisees der Metall-Elektronen.
20b: Tunnelprozeß im starken Feld.

Konstruiert man die Elektronenkanone um (Fig. 18b), indem man auf den Wehneltzylinder verzichtet, und in kurzem Abstand vor der Spitzenkathode eine erste Anode (mit zentraler Öffnung) anbringt, kann man durch Anlegen einer Spannung von ca. 5 kV zwischen der ersten ("Extraktions"-) Anode[20] und der emittierenden Spitze an dieser Feldstärken in der Größenordnung 10^8 V/cm erreichen. Nun setzt ein andersartiger Emissionsprozeß ein: die Potentialbarriere vor der Metalloberfläche (Fig. 20b) ist nun so schmal geworden, daß Elektronen auf Grund ihrer Welleneigenschaften (vgl. 1.2.2) diesen Potentialwall durchtunneln können (quantenmechanischer *Tunneleffekt)*. Bei der genannten Feldstärke überwiegt die Zahl der tunnelnden Elektronen die Zahl der den Potentialwall überwindenden Elektronen deutlich. Die Elektronenquelle, deren Prinzip hier beschrieben wurde, nennt man *kalte Feldemissionsquelle.* Sie stellt extreme Anforderungen an das Vakuum (Ultrahochvakuum von 10^{-10} Torr) und muß trotzdem periodisch regeneriert werden. Deshalb begnügt man sich in vielen Fällen mit einem Hybrid zwischen der thermischen und der Feldemissionsquelle, der sog. *geheizten Feldemissionsquelle*, bei der beide Ströme, der Tunnelstrom und der die effektive Austrittsarbeit durch thermische Aktivierung aufbringende Strom zusammenwirken. Wir bezeichnen im folgenden die beiden Quellentypen als FEG bzw. T-FEG.
Die Stromdichte des Tunnelstroms hängt gemäß $j \sim \exp(-E_0/E)$ mit

$$E_o = \frac{8\pi}{3\,h\,e}\sqrt{2m_o\Phi^3} = 6{,}85\ 10^7\ \text{Volt/cm}\ (\Phi/\text{eV})^{3/2}$$

---

20 Eine zweite (Beschleunigungs-)Anode oder ein Linearbeschleuniger bringt die Elektronen anschließend auf die erwünschte kinetische Energie.

von dem elektrischen Feld E ab. Das Feld vor der Spitze mit Radius r entspricht E = U/5r [Spence 1992]; daher benötigt man Spitzen mit Radien von der Größenordnung 100 nm, um mit U = 5 kV Felder der für die kalte Feldemission benötigten Stärke herzustellen. Die Stromdichte ergibt sich aus der vollständigen Fowler-Nordheim-Gleichung mit 5 bis 20 µA als relativ klein.
Diese Beschränkung bringt es auch mit sich, daß die FEG keineswegs die Elektronenquelle der Wahl sein kann, wenn es sich um die Beleuchtung größerer Objektbereiche handelt. Man kann den Probenstrom J_o nicht so erhöhen, daß die Stromdichte auf der Probe erhalten bliebe, wenn man den Durchmesser des beleuchteten Bereichs $2r_o$ größer als etwa 0,5 µm wählt. Dann wird die überlegene Helligkeit der FEG nicht mehr auf die Probe "transportiert" und eine LaB_6-Kathode wird überlegen sein.
In jüngster Zeit tritt ein dritter Typ von Feldemissionsquelle in den Vordergrund: die sog. *Schottky-Feldemissionsquelle,* kurz S-FEG. Dabei handelt es sich vom Aufbau her (Extraktionsanode sehr nahe vor der Spitzenkathode, zwischen beiden eine Spannung von 1 bis 7,5 kV) um eine typische FEG. Allerdings ist der Radius der Spitze größer (etwa 1 µm) als bei der FEG, sodaß das elektrische Feld nicht die gleiche Stärke erreicht wie bei jener. Der Emissionsprozeß wird hier nicht vom Tunneln dominiert; dafür sorgen Belegung der Spitze mit Zirkonoxid (Reduktion der Austrittsarbeit auf 2,8 eV) und Heizung der Spitze auf 1800 K gemeinsam mit dem elektrischen Feld für eine solche Erhöhung der thermischen Emission, daß eine Quelle entsteht, welche die Vorteile der thermischen Emitter (vor allem Stabilität des Emissionsstroms) und der kalten FEG (Konzentration der Emission auf eine kleine Fläche) verbindet. Ihre technischen Vorzüge vor der FEG sind Robustheit und verminderte Anforderungen an das Vakuum (vgl. Tab. 1.2). Eine gewisse Überlegenheit der FEG bleibt nur dort erhalten, wo es auf extrem gute Kohärenz der Elektronenwellen ankommt.
Zusammenfassend kann man sagen, daß die S-FEG auf fast allen Anwendungsgebieten der Elektronenmikroskopie große Vorteile bietet: bei der Abbildung, vor allem der hochauflösenden, verbindet sie eine gute Kohärenz mit großem Strom bei genügender Größe des beleuchteten Bereichs; bei der analytischen Elektronenmikroskopie profitiert man von dem hohen Stromwert, der in einen optimal kleinen Fleck einzubringen ist - und dies alles bei hohem Bedienungskomfort.
Tab. 1.2 stellt wichtige Eigenschaften der gebräuchlichsten Elektronenquellen zusammen, wobei die Angaben verschiedener Autoren bzw. Hersteller etwas differieren. Einer Erläuterung bedarf die sog. Energiebreite ΔE, d.h. die Halbwertsbreite der Energieverteilung der emittierten Elektronen. ΔE geht in die sog. zeitliche Kohärenz der Elektronenwellen (vgl. 3.4.1) ein; anschaulich gesprochen gibt ΔE die Unschärfe der Monochromasie an, die wegen des chromatischen Fehlers der Objektivlinse die Bildgüte beeinträchtigt. Allerdings kommen zur Energiebreite der Quelle weitere die zeitliche Kohärenz begrenzende Einflüsse hinzu, wie Schwankungen der Hochspannung und der Linsenströme, sodaß die Bedeutung der Energiebreite der Quelle von Fall zu Fall unterschiedlich zu gewichten ist.

Tabelle 1.2

Betriebsbedingungen und Eigenschaften gebräuchlicher Elektronenquellen

	W-Haarnadel	LaB_6	CFEG	SFEG
Arbeitstemp.	2800 K	1800 K	300 K	1800 K
Vakuum (Torr)	10^{-5}	10^{-6}	10^{-10}	$< 10^{-8}$
Radius		10 - 20 µm	10 nm	0,5 µm
Elektr. Feld (V/cm)			10^9	$2\ 10^7$
max. Emissionsstrom (µA)	100	50	5 - 20	< 0,3
Stromdichte(A/cm^2)	3	20 - 30	$10^4 - 10^6$	10^5
Helligkeit (A/cm^2sr)	$5\ 10^5$	$5\ 10^6$	$10^8 - 5\ 10^9$	$5\ 10^8$
eff. Quelle	20 - 50 µm	10 -20 µm	5 - 10 nm	15 nm
Energiebreite ΔE eV)	1 - 2	0,5 - 2	0,3	0,3 - 1
Divergenz	10^{-3}		10^{-1}	

1.4 Die Wechselwirkung schneller Elektronen mit Materie

1.4.1 Übersicht

Eine vernünftige Interpretation der von einem Elektronenmikroskop entworfenen Bilder setzt voraus, daß man die Mechanismen versteht, vermittels derer das Objekt die auftreffenden Elektronen beeinflußt. Insofern kommt diesem Kapitel eine Schlüsselfunktion im Rahmen einer Einführung in die Elektronenmikroskopie zu.

Im Fall der Lichtmikroskopie (in Transmission) liegt hier in der Regel kein Problem vor, weil dort der dominierende Wechselwirkungsmechanismus zwischen Strahlung und Objekt die aus dem täglichen Leben geläufige *Absorption* des Lichtes ist. Läßt man Elektronen, die eine Beschleunigungsspannung von 70 kV durchlaufen haben, auf eine Aluminiumfolie von 8 μm Dicke (das bedeutet auf einen Stapel von 3,4 10^4 Atomlagen) fallen, so treten an der Rückseite etwa 50% davon fast ohne Ablenkung von ihrer geraden Bahn wieder aus (P. Lenard 1894, Nobelpreis 1905). Stellt man sich auf dem Boden der Metallphysik Aluminium als eine dichte Packung von "sich berührenden, kugelförmigen" Atomen vor und denkt man sich Elektronen als Partikel, ist dieser Befund nicht gut zu verstehen. Lenard zog deshalb aus seiner Beobachtung als erster den weitreichenden Schluß, daß das Atom im wesentlichen leer sein müsse. Wir können ferner daraus entnehmen, daß die Absorption bei den dünnen Objekten der Elektronenmikroskopie keine Rolle spielt. Nur ganz wenige Elektronen bleiben im Objekt "stecken". [21]

Wir haben also den Aufbau der Atome aus einem sehr kleinen (Radius < 10^{-14} m), aber praktisch die ganze Masse des Atoms enthaltenden Kern und der schalenförmig aufgebauten Elektronenhülle zu berücksichtigen. Die Ablenkung der Elektronen des Strahls erfolgt i. w. durch das im Atom herrschende *elektrische Feld*, bzw. in dessen Potential.

Wir werden die Veränderung des auf die Atome des Objekts auffallenden Elektronenstrahls sowohl im Partikel- wie im Wellenbild zu diskutieren haben. Für beide Konzepte gebraucht die Physik den Begriff der *Streuung*.

Im Rahmen der klassischen Physik wurde das Problem der (elastischen) Streuung eines geladenen Partikels an einem anderen zuerst von E. Rutherford (Nobelpreis 1908) 1911 bearbeitet. Wir werden später auf die Anwendbarkeit seiner Lösung auf unseren Fall zurückkommen.

Während im Partikelbild Streuung die Ablenkung durch Zusammen*stoß* bedeutet, stellt man sich im Wellenbild unter Streuung das Entstehen einer von dem Streuzentrum ausgehenden *Sekundärwelle* oder *Streuwelle* vor, die durch die auftreffende Welle angeregt wird (meist wird die Sekundärwelle eine Kugelwelle mit dem Streuzentrum als Ursprung sein). Die Streuwelle ist dann mit der anregenden Primärwelle zu überlagern.

Eine erste wichtige Fallunterscheidung trennt *elastische* Streuung von *inelastischer.* Im Partikelbild bedeutet elastischer Stoß, daß die Summe der kinetischen Energien von stoßendem und gestoßenem Teilchen als solche erhalten bleibt. Bei dem Elektronenstoß auf das Objekt kann das gestoßene Atom als vor dem Stoß in Ruhe betrachtet werden; weil seine Masse verglichen mit der des Elektrons sehr groß ist, bleibt es - von Ausnahmen abgesehen - auch in Ruhe, sodaß man in unserem Zusammenhang sagen kann: bei der elastischen Streuung bleibt der *Betrag* des Elektronenimpulses ungeändert, seine Richtung ändert sich. Im Wellenbild sind die Wellenlängen von primärer und sekundärer Welle bei der elastischen Streuung gleich. Ferner hat man *kohärente* Streuung von *inkohärenter* zu unterscheiden. Kohärent ist der *einzelne* Streuprozeß dann, wenn zwischen

---

[21] Bei den massiven Objekten der SEM gilt dies nicht. Hier müssen bei nichtleitenden Objekten Vorkehrungen für die Ableitung der entstehenden Aufladung getroffen werden.

der Primär- und der Sekundärwelle eine zeitlich konstante Phasenbeziehung herrscht. Bei der inkohärenten Streuung verstreicht, bildlich gesprochen, zwischen dem Anregungsprozeß und dem Aussenden der Streuwelle eine von Streuprozeß zu Streuprozeß variable Zeitspanne. Wir haben es in diesem Text nur mit kohärenten Streuprozessen zu tun. Allerdings wird der Begriff kohärente Streuung in etwas anderer Bedeutung benutzt, wenn es um die Streuung an einer Vielzahl von Streuzentren geht. Wir werden darauf zurückzukommen haben.

1.4.2 Die elastische Streuung schneller Elektronen am Einzelatom

1.4.2.1 Behandlung im Wellenbild

Wir stellen uns vor, daß eine ebene Welle $\psi_o = \exp(-i\,\underline{k}_o\,\underline{r})$ auf ein (i. a. dreidimensionales) Gebiet S fällt, in dem sich Streuzentren befinden ("streuendes Gebiet"). Wir beobachten das Resultat in einem weit entfernten, außerhalb von S befindlichen Aufpunkt P (Ortsvektor $\underline{r}$) (vgl. Fig. 21).

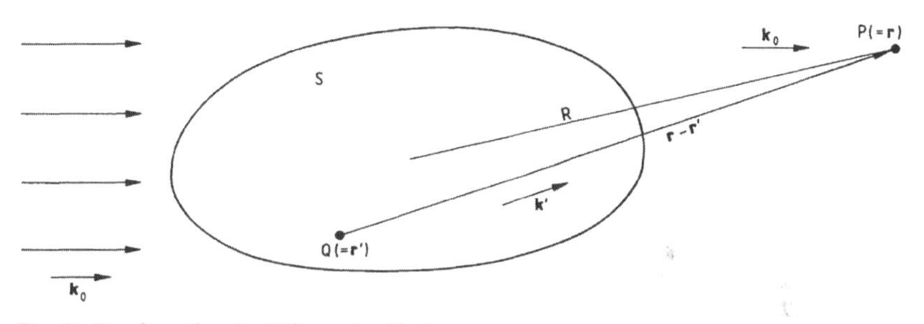

Fig. 21 Zur Streutheorie. Näheres im Text

In P kommt neben der Welle ψ_o die Streuwelle ψ_s an. Wir gehen von der Schrödingergleichung (1.26) aus, die wir mit Hilfe der Greenschen Funktion G $(\underline{r}, \underline{r}')$ in eine Integralgleichung umwandeln können.

$$G(\underline{r}, \underline{r}') = \frac{\exp\left\{-i\,\underline{k}\,(\underline{r} - \underline{r}')\right\}}{4\pi\,|\,\underline{r} - \underline{r}'\,|}$$

Das Ergebnis ist :

$$\psi(\underline{r}) = \psi_o + \frac{8\pi^2 me}{h^2} \int_S G(\underline{r}, \underline{r}')\,\Phi(\underline{r}')\,\psi(\underline{r}')\,d^3\underline{r}' \tag{1.40}$$

Darin ist $\Phi(\underline{r}')$ das Streupotential im (allg.) Punkt Q (Ortsvektor $\underline{r}'$) des Gebietes S. $d^3\underline{r}'$ steht für die Integration über die drei Dimensionen von S. Wichtig ist, daß ψ unter dem Integral die *gesamte* (also die gesuchte) Wellenfunktion meint. Solche Integralgleichungen können iterativ gelöst

werden. Bevor dies geschieht, sei auf die anschauliche Deutung von Gl. (1.40) hingewiesen: denkt man sich die Funktion G eingesetzt, wird klar, daß in jedem Punkt Q des Gebietes S eine Kugelwelle entsteht. deren Stärke außer von dem lokalen Potential von dem dort zu findenden Gesamtwellenfeld abhängt. Sämtliche in S entstehenden Streuwellen sind in P (= $\underline{r}$) aufzusummieren. In gewissem Sinn entspricht das dem Huygensschen Prinzip. Allerdings wird die Kenntnis der Lösung ψ bereits vorausgesetzt. Daraus ergibt sich ein Hinweis auf die erste Näherung des Iterationsverfahrens: man setzt in (1.40) unter dem Integral an Stelle von ψ die einfallende Primärwelle ψ_o. Dies ist die berühmte *Erste Bornsche Näherung* (M. Born 1926, Nobelpreis 1954).
Man überlegt leicht, wann diese Näherung realistische Werte ergeben kann: nur dann, wenn die einfallende Welle ψ_o beim Durchqueren des Streugebiets S nicht nennenswert geschwächt wird und wenn die Streuwellen ψ_s nicht ihrerseits an anderen Streuzentren gestreut werden (Einfachstreuung). Wir werden diesen Bedingungen bei der Behandlung der Beugung einer ebenen Welle an einem Kristall in Abschnitt 1.4.3 wiederbegegnen; dort spricht man von der *kinematischen Näherung*. Die erste Bornsche bzw. kinematische Näherung ist bei der Streuung bzw. Beugung von Röntgenwellen an Materie sehr gut anwendbar. Die hier zu behandelnde Wechselwirkung zwischen Elektronen und Materie ist hingegen so stark, daß diese Näherung je nach Ordnungszahl der streuenden Atome nur für extrem dünne Schichten bis gar nicht anwendbar ist. Sie dient uns aber in jedem Fall zur notwendigen Begriffsbildung.
Zur weiteren Behandlung von Gl. (1.40) gehen wir also zur ersten Bornschen Näherung (1. B. N.) über und machen außerdem Gebrauch von der Beschränkung auf große Entfernung zwischen S und P (sog. asymptotische Lösung). Hierzu ersetzen wir die Entfernung $|\underline{r} - \underline{r}'|$ im Nenner durch die konstante Strecke R, die Entfernung zwischen P und einem "Schwerpunkt" von S (Fig. 21). Außerdem ersetzen wir in der Exponentialfunktion von G das Skalarprodukt ($\underline{k}\ \underline{r}$) durch ($\underline{k}_o\ \underline{R}$).

$$\psi_s(\underline{R}) = \mu\ \frac{\exp(-i\underline{k}_o\underline{R})}{R} \int_S \exp\left[i\,(\underline{k} - \underline{k}_o)\,\underline{r}'\right]\,\Phi\,(\underline{r}')\,d^3\underline{r}' \tag{1.41}$$

μ ist eine Abkürzung für $(2\,\pi\,m\,e)/h^2$ und hat die Dimension $[m^2\,V]^{-1}$.

$$\mu = (2\pi\,m\,e)/h^2$$

Für $(\underline{k} - \underline{k}_o)$ setzen wir $\underline{q}$ und nennen diesen Vektor hinfort *Streuvektor*

$$\underline{k} - \underline{k}_o = \underline{q}$$

Seine Länge q, der sog. *Streuparamter*, steht für den Streuwinkel Θ :

$$q = (4\pi/\lambda)\,\sin\,(\Theta/2) \qquad \text{(Fig. 22).} \tag{1.42}$$

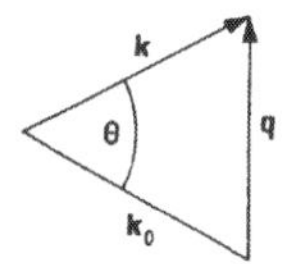

Fig. 22. Definition des Streuvektors $\underline{q}$ und des Streuparameters $q = 2\ k\ \sin\ \Theta/2$

Die Gesamtwellenfunktion in 1. B. N. ist demnach

(1.43) $$\psi\ (\underline{R})\ = \psi_o + \psi_s = \ \exp\ (-i\ \underline{k}_o\underline{R}) + R^{-1}\ f\ (\underline{q})\ \exp\ (-i\ \underline{k}_o\underline{R})$$

mit der *Streuamplitude*

(1.44) $$f(\underline{q}) = \mu \int_S \Phi(\underline{r})\ \exp\ (\ i\ \underline{q}\ \underline{r}\ )\ d^3\underline{r}$$

f hat die Dimension einer Länge (wegen R^{-1}) und wird deshalb, besonders bei der Neutronenstreuung, auch "Streulänge" genannt. (Bei Neutronenstreuung ist der mathematische Formalismus analog, aber das Streupotential nicht elektrisch).
In 1. B. N. ist die Streuamplitude die Fourier-Transformierte des Streupotentials.
Wir behandeln nun den Spezialfall der Elektronenstreuung *am Einzelatom*, dessen Potentialverteilung wir als *kugelsymmetrisch* um den Kern annehmen können. Wir führen Kugelkoordinaten mit der Richtung von $\underline{q}$ als Polachse ein (Fig. 23). ϑ ist der Winkel zwischen dieser Achse und dem Radiusvektor.

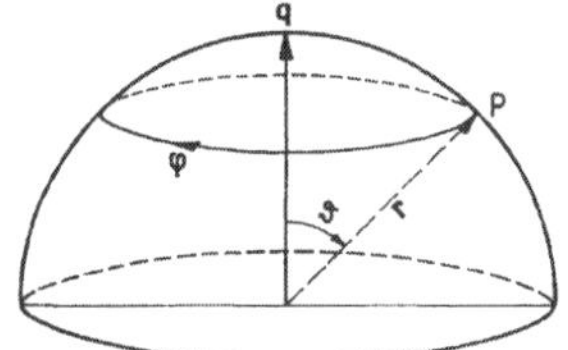

Fig.. 23. Koordinatensystem zur Berechnung des Integrals (1.44)

d^3r wird dann gleich $(r^2\ \sin\vartheta\ d\vartheta\ dr\ d\varphi)$ und $(\ \underline{q}\ \underline{r}\ )$ im Exponenten ist nun $(q\ r\ \cos\vartheta\ )$.

$$f(q) = \mu\ 2\pi \int_0^\infty dr\ r^2\ \Phi(r) \int_{\vartheta=0}^{\vartheta=\pi} \exp\ (i\ q\ r\ \cos\vartheta)\ (-\ d\ \cos\vartheta)$$

(1.45) $$f(q) = \mu\ 4\pi \int_0^\infty r^2\ \Phi(r)\ \frac{\sin\ (q\ r\ )}{(qr\ )}\ dr$$

Um nun Quantitäten ausrechnen zu können, benötigt man den Verlauf des Potentials $\Phi(r)$ im Atom. Es ergibt sich mit Hilfe der Poissongleichung aus der Ladungsverteilung $\rho(r) = -\ e\ n(r)$ der Elektronenhülle (Φ_H), zuzüglich des Potentials Φ_K der Kernladung (Ze). (n(r) ist die *Elektronendichte* in der Entfernung r vom Kern).

(1.46) $$\Delta \Phi_H(r) = e\, n(r)/\varepsilon_o$$

$$\Phi_H(r) = -e \int \frac{n(r')}{4\pi \varepsilon_o |\underline{r} - \underline{r}'|}\, d^3\underline{r}'$$

(Das Integral ist über die Atomhülle ohne den Kern zu erstrecken).

Der Kern erzeugt das Potential der Punktladung + Z e:

(1.47) $$\Phi_K(r) = \frac{Ze}{4\pi\varepsilon_o\, r}$$

Strebt man Präzisionsergebnisse an, ist man auf die tabellierte Ladungsverteilung in dem betr. Element und numerische Rechnung angewiesen. Die neuesten Ergebnisse sind in den International Crystallographic Tables enthalten.

Eine für das Verständnis wertvolle analytische Lösung ist möglich für ein (durch die Elektronenhülle) *abgeschirmtes Coulombpotential* (des Kerns) (G. Wentzel 1927), welches sich als überraschend realitätsnahes Atommodell erweist:

(1.48) $$\Phi(r) = \frac{Ze}{4\pi\varepsilon_o r} \exp\left(-\frac{r}{R}\right) \qquad \text{mit } R = a_{Bo}/Z^{1/3}$$

$$a_{Bo} = \frac{\varepsilon_o\, h^2}{\pi\, m_o\, e^2} = 5{,}3\ 10^{-11}\ \text{m}$$ ist der Bohrsche Radius, berechnet mit der Ruhmasse des Elektrons.

Damit wird

(1.49) $$f(q) = \mu\, 4\pi\, Ze\, (4\pi\varepsilon_o)^{-1} \int_{Atom} r \exp(-r/R) \frac{\sin(qr)}{qr}\, dr$$

$$f(q) = \mu\, Z\, e / \varepsilon_o \left[\frac{\exp(-r/R)\, \{(Rq)^{-1}\sin(qr) + \cos(qr)\}}{(R^{-2} + q^2)}\right]_o^\infty$$

(1.50) $$f(q) = \frac{2\pi\, m\, Z\, e^2}{\varepsilon_o h^2\, (R^{-2} + q^2)}$$

(1.51) $$= \frac{2\, Z}{a_{Bo}\, (R^{-2} + q^2)} \left(1 + eU/m_o c^2\right)$$

Zu dem Klammerausdruck in der letzten Gleichung ist eine Bemerkung angebracht: Bei der Behandlung von Streuproblemen wird die Größen-Kombination $(\varepsilon_o h^2)/(\pi\ m\ e^2)$ häufig durch den (mit der Ruhmasse m_o des Elektrons definierten !) Bohrschen Radius a_{Bo} (= 5,3 10^{-11} m) ersetzt. Das verschleiert die Abhängigkeit der Atomformfaktoren und Streuquerschnitte von der *geschwindigkeitsabhängigen* Masse m der Elektronen. Überall da, wo der Bohrsche Radius als Abkürzung für die genannte Kombination von Größen eingeführt wird, ist also $a_{Bo}(m_o/m)$ zu setzen. Der Quotient m_o/m ist gleich dem Verhältnis (Ruhenergie $m_o c^2$/Gesamtenergie mc^2). Dementsprechend ist in Gl. (1.51) a_B^{-1} durch $a_{Bo}^{-1}\ mc^2/m_o c^2$ ersetzt.

Der *Atomformfaktor* f(q) ist maßgebend für die Stärke der Braggreflexe kristalliner Objekte. Ein bestimmter Braggreflex gehört, unabhängig von der Wellenlänge der verwendeten Elektronen, zu einem bestimmten Beugungsvektor $\underline{q}$. Die Gl. (1.51) verdeutlicht, daß die Braggreflexe bei Erhöhung der Beschleunigungsspannung stärker werden (während sich die Reflexe zugleich zu kleineren Beugungswinkeln verlagern). Dies ist ein wichtiger Gesichtspunkt für die Auswahl der Beschleunigungsspannung bei der Benutzung von Beugungskontrast.

Die Abhängigkeit von f von q ist selbstverständlich nichts anderes als die Fourier-Transformierte des abgeschirmten Coulomb-Potentials. Diese Abnahme der Streuamplitude mit zunehmendem Streuwinkel rührt von der Interferenz der in verschiedenen Teilen des Atoms erzeugten Streuwellen her. Nur in Vorwärtsrichtung (q = 0) wirken alle Streuwellen konstruktiv zusammen.

Lassen wir R gegen unendlich gehen, heben wir die Abschirmung des Coulombpotentials des Kerns auf und gelangen, wie zu erwarten, zu der von Rutherford für die elastische Streuung eines α-Teilchens an einem unbeweglichen Atomkern der Ordnungszahl Z abgeleiteten Formel. Der einzige Unterschied liegt darin, daß in unserem Fall das Projektil einfach geladen ist (daher der Faktor 4 im Nenner von Gl.(1.52). Der von Rutherford mit Methoden der Punktmechanik berechnete *differentielle Streuquerschnitt* $d\sigma/d\Omega$ bezieht sich auf die Teilchenzahl, im Wellenbild also auf das Quadrat der Streuamplitude $f^2(q)$. Einsetzen des Streuparameters q in (1.50), Ersetzen der Wellenlänge durch $h/\sqrt{(2\ m\ E)}$, wo E die kinetische Energie des Elektrons ist, und Quadrieren ergibt die Rutherfordformel (für nichtrelativistische Geschwindigkeiten):

$$(1.52) \qquad f^2(\Theta) = Z^2 e^4 / (64\ \pi^2\ 4\ \varepsilon_o^2\ E^2 \sin^4\Theta/2).$$

Es ist bemerkenswert, daß hier die quantenmechanische und die klassische Rechnung für einen atomaren Prozeß das gleiche Ergebnis haben. Das beruht darauf, daß im Ergebnis die Plancksche Konstante h nicht vorkommt. Es leuchtet ferner ein, daß der von Rutherford behandelte Fall die Voraussetzungen der 1. B. N. erfüllt.

Man kann den Einfluß der Elektronenhülle auf die atomare Streuamplitude f(q) für schnelle Elektronen quantitativer erfassen, als es durch die Abschirmlänge R in Gl (1.49) - (1.51) geschieht, indem man die atomare *Streuamplitude für Röntgenwellen* ins Spiel bringt. Dies ist auch deshalb der Mühe wert, weil sich ein interessanter Vergleich des atomaren Streuvermögens für die beiden Strahlenarten ergeben wird.

Röntgenwellen werden an der Elektronenhülle des Atoms gestreut, weil die auffallende elektromagnetische Welle die Elektronen in erzwungene Schwingungen der von der anregenden Welle vorgegebenen Frequenz versetzt. Dadurch senden die Elektronen Sekundärwellen aus. (Der Kern ist zu schwer, um diese Schwingungen mitzuvollziehen.) Wir können den gleichen Formalismus wie in Gl. (1.43) anwenden: die (richtungsabhängige) Streuamplitude ist die Fourier-Transformierte der Elektronendichte n(r) der Atomhülle.

$$E_s(\underline{q})/E_o = M \; e^{ikr}/r \int_{\text{Atomhülle}} n(r) \exp(i \, \underline{q} \, \underline{r}) \, d^3\underline{r} \qquad (1.53)$$

E_s bezeichnet den Betrag der elektrischen Feldstärke der Streuwelle, E_o den der anregenden Welle. Der Vorfaktor M kann vorerst außer Betracht bleiben, bis wir später die Streuamplitude von Röntgenwellen berechnen werden. Zunächst benötigen wir nur den Integralausdruck, der die Elektronenverteilung in der Atomhülle berücksichtigt. Anders als im Fall der Elektronenstreuung (Gl. (1.44)) bezeichnet man bei der Röntgenstreuung den Integralausdruck (ohne den Faktor M) in Gl. (1.53) als $f_X(q)$. f_X ist dementsprechend eine Zahl (der Index x steht für X-ray (engl. für Röntgenstrahlen)). f_X heißt in der Kristallographie *Atomformfaktor (für Röntgenstrahlen)*.

Die Poissongleichung stellt den Zusammenhang zwischen der Ladungsdichte $\rho(r) = -en(r)$ der Elektronenhülle und deren Beitrag zum Potential her:

$$\Delta\Phi_H(r) = e \; n(r)/\varepsilon_o \qquad (1.46)$$

Indem wir $f(\underline{q})$ aus Gl. (1.44) fouriertransformieren und uns dabei auf den Beitrag der Hülle beschränken, erhalten wir (zu μ vgl. Gl. 1.41):

$$\Phi_H(r) = \mu^{-1} \int f_H(\underline{q}) \exp(- i \, \underline{q} \, \underline{r}) \, d^3\underline{q}$$

Das setzen wir in Gl. (1.46) ein und ersetzen dort auch n(r) durch seine Fouriertransformierte:

$$n(r) = \int f_x(q) \exp(- i \, \underline{q} \, \underline{r}) \, d^3\underline{q}$$

Das Ergebnis ist:

$$(-iq)^2 \mu^{-1} \int f_H(q) \exp(-i \, \underline{q} \, \underline{r}) \, d^3\underline{q} = e \, \varepsilon_o^{-1} \int f_x(q) \exp(-i \, \underline{q} \, \underline{r}) d^3\underline{q}$$

Gleichsetzen der Integranden ergibt:

$$(1.54) \qquad f_H(q) = - \mu\, e/\varepsilon_o\, (q)^{-2}\, f_x(q) = - 2\pi m e^2/(h^2\varepsilon_o)\, \frac{f_x(q)}{q^2}$$

(Zur Erinnerung: f_H ist der Beitrag der Elektronenhülle des Atoms zur Streuung der *Elektronen*, f_X ist die Streuamplitude des Atoms für *Röntgen*strahlung).
Zu dieser Streuung der Elektronen an der Elektronenhülle tritt der Beitrag des Kerns, den wir schon kennen (Gl. (1.50) mit R -> ∞)

$$(1.55) \qquad f_K(q) = \frac{2\pi m e^2}{\varepsilon_o h^2}\, \frac{Z}{q^2}$$

sodaß die Streuamplitude schneller Elektronen am Einzelatom sich ergibt als:

$$(1.56) \qquad f\,(q) = \left[2\pi\, m\, e^2/\,(\varepsilon_o\, h^2)\right] \left[\, Z - f_X(q)\,\right]/\, q^2$$

$$= (2/a_B) \left[Z - f_X(q)\right]/\, q^2$$

(N. F. Mott 1930, Nobelpreis 1977).
In der Form der Gl. (1.56) nennt man die Streuamplitude oft auch *Atomformfaktor (für Elektronenstreuung)*.
Der Vorfaktor hat den Wert $2/a_B = 3{,}78\ 10^{10}\ m^{-1}$, berechnet mit der Ruhmasse m_0 des Elektrons; für Elektronen der Energie eU ist der Wert mit dem Verhältnis $m/m_o = 1 + eU/m_oc^2 = 1 + 2\ U/MV$ (vgl. Tabelle 1) zu multiplizieren.
Weil die Wellenlänge mit zunehmender Beschleunigungsspannung kürzer, q also größer wird, hat man in der Hochspannungs-Elektronenmikroskopie bei zunehmender Spannung U mit immer stärker nach vorwärts gebündelter Streuung zu rechnen.
Bevor wir dieses Ergebnis diskutieren, wollen wir zum Vergleich die Berechnung der Streuamplitude $E_s(q)$ von Röntgenwellen am Einzelatom zu Ende führen. Zu diesem Zweck ist die Konstante M in Gl. (1.53) anzugeben. Die Schwingungsgleichung eines ungedämpften Elektrons im Feld $E_0 \exp(\, i\omega t\,)$ der anregenden Welle lautet:

$$m\, \ddot{x} = - e\, E_0\, \exp(i\omega t)$$

Die Amplitude der entstehenden Schwingung ist $x_o = e\, E_o/\, (m\, \omega^2)$.
Damit entsteht ein schwingendes Dipolmoment

$$(1.57\,) \qquad p = \left[\, e^2\, E_o/(\, m\, \omega^2)\right] \exp\,(i\omega t) = p_o\, \exp(i\omega t),$$

dessen Fernfeld die Ampitude E_s hat:

(1.58) $$E_s = (4\pi\varepsilon_0)^{-1} \left[p_o \, k^2 \right] P / r.$$

P ist der Polarisationsfaktor, den wir im folgenden unbeachtet lassen. Gleichungen (1.57) und (1.58) ergeben für die an einem Elektron entstehende Streuwelle:

$$E_s = (4\pi\varepsilon_o)^{-1} \, e^2/(m \, c^2) \; E_o \, \frac{\exp(i\omega t)}{r}$$

Der Faktor vor E_o hat den Wert[22] $2{,}8 \; 10^{-15}$ m.
Im Sinn unserer Definition der Streuamplitude für Elektronenstreuung (Gl (1.43)) (nämlich: Streuamplitude f = (Streuwelle/anregende Welle) mal Entfernung; in Gl.(1.43) wurde die Amplitude ψ_o der anregenden Welle von vornherein gleich eins gesetzt) ergibt sich die atomare Streuamplitude für Röntgenwellen $f_X(q)$ aus

(1.59) $$r \, E_s(q)/E_o = M \int n(r) \exp(i \, \underline{q} \, \underline{r}) \, d^3r = M \; f_X(q).$$

mit $$M = 2{,}8 \; 10^{-15} \text{ m}.$$

In Vorwärtsrichtung (q = 0) wirken alle Elektronen zusammen und

$$r \, E_s(0)/E_o = M \, Z.$$

Der entsprechende Grenzübergang ist bei der Streuamplitude für Elektronen nicht möglich (vgl. Gl. (1.56)). Bei der Elektronenmikroskopie mit ihren kleinen Aperturwinkeln ist aber gerade der Bereich um q = 0 interessant. Man kann in Gl (1.45) die Spaltfunktion sin(qr)/(qr) nach (qr) entwickeln und erhält $f(0) = J/3a_B$, wo $J = \int n(r) \, 4\pi \, r^4 \, dr$ (F. Lenz 1954).
Vergleich mit modernen Tabellen deutet darauf hin, daß sich für leichte Elemente (Z < 50) die besten Werte mit $J = (12{,}3 \; a_B^{\;2} \; Z^{1/3})$ ergeben, sodaß $f(0) \sim (4{,}1 \; a_B \; Z^{1/3})$.

Um den weiteren Verlauf der Winkelabhängigkeit von $E_s(q)$ beurteilen zu können, benutzt man die - übrigens sehr gute - Näherung für die Elektronenverteilung im "Wentzel"-Atom (vgl. Gl. (1.48)):

$$n(r) = \frac{Z}{4\pi \, R^2 \, r} \exp(-r/R)$$

und erhält (s. Gl. (1.59)):

(1.60) $$r \, E_S(q)/E_o = M \, Z \left[1 + (R \, q)^2 \right]^{-1} = M \, f_X(q)$$

---

[22] Diese Länge nennt man auch den "klassischen Elektronenradius".

Vergleich mit gemessenen Werten (etwa: Kittel, Introduction into Solid State Physics) zeigt, daß der Parameter R z.B. für *Aluminium* 0,03 nm ist.
Wählen wir nun einen Streuwinkel $\Theta = 8^{o}$, so bedeutet das bei einer Wellenlänge der Röntgenwellen von 0,071 nm einen Streuparameter von $q = 1{,}25\ 10^{10}\ m^{-1}$. Dafür erhält man

$$r\ E_s/E_o = 11{,}4\ M = 3{,}2\ 10^{-14}\ m.$$

Interessiert man sich für die Streuamplitude für 100kV-*Elektronen* bei dem gleichen Wert des Streuparameters q, so ist die erste Feststellung, daß dieser nun entsprechend dem Verhältnis der Wellenlängen zu einem viel kleineren Streuwinkel ($\Theta = 0{,}4^{o}$) gehört. Für die Streuamplitude ergibt sich aus Gl. (1.56):

$$f = 3{,}78\ 10^{10}\ m^{-1}\ (13 - 11{,}4)\ /\ (1{,}25\ 10^{10}\ m^{-1})^2$$
$$= 3{,}9\ 10^{-10}\ m.$$

(Der Tabellenwert (z. B. Hirsch et al.) beträgt $4{,}24\ 10^{-10}$ m).

Wir ziehen daraus zwei wichtige Schlüsse:
1) Die Streuung schneller Elektronen ist wegen der im Vergleich zum Atomdurchmessser viel kürzeren Wellenlänge deutlich mehr um die Vorwärtsrichtung gebündelt als die von Röntgenwellen.
2) Bei gleichem Streuparameter ist die Streuung der Elektronen um ca. vier Größenordnungen *stärker* als die der Röntgenwellen. Dies gilt für die Wellen*amplitude*: betrachtet man die *Intensitäten,* ist das Verhältnis zu quadrieren !
Dies ist der Grund dafür, daß die kinematische Näherung für die Elektronenstreuung nur selten genügt.

Aus diesem Abschnitt folgt als wichtigste Erkenntnis : man geht davon aus, daß jeder *Punkt* des Streuvolumens S (hier also des Atoms) Quelle einer *Kugelwelle* ist. Die Überlagerung dieser Streuwellen und der ebenen Primärwelle ergibt für das *Atom* als ganzes etwas von einer Kugelwelle sehr verschiedenes, nämlich eine stark nach vorwärts gerichtete Intensitäts*keule.*

Die bisher zur Elektronenstreuung gemachten Ausführungen benutzten, mit Ausnahme des Exkurses zur Rutherfordschen Streuformel (1.52), das Wellenbild für die Elektronen. Im *Partikelbild* wird die Diskussion durch den Begriff des atomaren *Streuquerschnitts* σ_{el} für elastische Streuung beherrscht.
Ein Atom streut aus einem Elektronenstrom der Stromdichte j_0 *in der Zeiteinheit* dN Elektronen in das Raumwinkelelement $d\Omega = 2\pi\ \sin\Theta\ d\Theta$ (dabei ist Rotationssymmetrie der Streuung um die Stromrichtung angenommen). Die Größe

$$j_0^{-1}\ dN/d\Omega = d\sigma/d\Omega$$

hat die Dimension einer Fläche (pro Raumwinkel) und heißt (elastischer) *differentieller Streuquerschnitt* des Atoms. Integration über den gesamten Winkelbereich der Streuung $0 \le \Theta \le \pi$ ergibt den (elastischen) *totalen Streuquerschnitt* σ_{el}. Oft interessiert aber die Streuung außerhalb eines gewissen Grenzwinkels Θ_{min}, z. B. der Apertur der Objektivlinse, wofür das Integral des differentiellen Streuquerschnitts von Θ_{min} bis π zu erstrecken ist. Weil die Streuung von der Energie der Elektronen abhängt, sind σ und seine Ableitung jeweils für eine bestimmte Beschleunigungsspannung U definiert. Für σ_{el} erhält man (Index el für elastisch):

$$\sigma_{el} = 2\pi \int_0^\pi (d\sigma/d\Omega) \sin\Theta \, d\Theta$$

Den Anschluß an das Wellenbild erhalten wir, indem wir das Quadrat der Amplitude f(q) der Streuwelle über den Winkelraum integrieren:

$$\sigma_{el} = 2\pi \int_0^\pi f^2(q) \sin\Theta \, d\Theta \tag{1.61}$$

Anders ausgedrückt: $f^2(q)$ ist gleich dem differentiellen elastischen Streuquerschnitt des Atoms. Dieser läßt sich wieder für das Modell des Wentzel-Atoms geschlossen angeben: Wir setzen in Gl. (1.56) den Röntgen-Atomformfaktor dieses Modellatoms (Gl. (1.60))

$$f_X(q) = \frac{Z}{1 + (Rq)^2}$$

ein und erhalten

$$f(q) = \frac{2 Z R^2}{a_B[1 + (Rq)^2]} \tag{1.62}$$

In der Kleinwinkelnäherung ist $q = (4\pi/\lambda) \sin \Theta/2 \approx (2\pi\Theta/\lambda)$. Wir nennen $(2\pi R/\lambda)$ zur Abkürzung Θ_o^{-1} mit dem Ergebnis

$$f(q) = \frac{2 Z R^2}{a_B \left[1 + (\Theta/\Theta_o)^2 \right]} \tag{1.63}$$

und

$$f^2(q) = d\sigma/d\Omega|_{el} = 4 Z^{4/3} R^2 \left\{ 1 + (eU/m_oc^2)\right\}^2 \left[1 + (\Theta/\Theta_o)^2 \right]^{-2} \tag{1.64}$$

$$= 4 a_{Bo}^2 Z^{2/3}\left\{1 + (eU/m_oc^2)\right\}^2 \left[1 + (\Theta/\Theta_o)^2\right]^{-2}$$

Dabei wurde $R = a_{Bo}/Z^{1/3}$ eingesetzt und $a_{Bo}/a_B = \left\{1 + (eU/m_oc^2)\right\}$ beachtet).

Den totalen (elastischen) Streuquerschnitt erhalten wir durch Integration des Quadrats von f(q) über Θ, wobei wir die obere Grenze der Integration nach unendlich schieben können, weil der differentielle Streuquerschnit für große Winkel ohnehin sehr klein wird. Die Integration von (1.64) gemäß Gl. (1.61) ergibt

$$\sigma_{el} = 4\pi Z^{4/3} R^2 \Theta_o^2 \left\{1 + (eU/m_oc^2)\right\}^2$$

$R\Theta_o$ ist nach Definition gleich $\lambda/(2\pi)$, sodaß

$$\sigma_{el} = \pi^{-1} Z^{4/3} \lambda^2 \left\{1 + (eU/m_o c^2)\right\}^2 \tag{1.65}$$

Der mit dem Wentzelschen Atommodell berechnete elastische Streuquerschnitt eines Atoms mit der Ordnungszahl Z stellt eine gute Näherung dar. Messungen sind nur an Gasen möglich; sie zeigen für leichte Elemente ($Z < 20$) allerdings ausgeprägte Oszillationen mit Z, in denen sich der Schalenaufbau der Atome spiegelt. Für 120- kV-Elektronen liegt σ_{el} in der Größenordnung 10^{-4} nm^2 ($Z = 10$) bis 10^{-3} nm^2 ($Z = 50$).
Wir werden den Streuquerschnitt für elastische Streuung in Abschnitt 1.4.4.1 mit demjenigen für inelastische Streuung (durch Anregung von Rumpfelektronen) vergleichen.
Der auf ein Atom bezogene Streuquerschnitt ist maßgebend für alle "amorphen" Objekte, zu denen neben echt amorphen (glasartigen) alle Objekte ohne kristalline Fernordnung gehören: Einzelatome, kleine Atomcluster, Polymere und biologische Strukturen. In Kristallen sind die Elektronen durch Blochwellen darzustellen, deren Wechselwirkung mit dem Ionengitter anders zu behandeln ist (vgl. den zweiten Hauptteil).

1.4.2.2 Die Behandlung des elastischen Stoßes zwischen Elektron und Atom im Partikelbild

In der Mechanik wird ein Stoß zwischen zwei Massepunkten dann elastisch genannt, wenn die Summe der kinetischen Energien als solche erhalten bleibt. Der Fall, daß ein Teil der Energie eines bewegten "Projektils" beim Stoß auf eine vorher ruhende "Targetmasse" als *kinetische* Energie übertragen wird, ist also eingeschlossen. Ob wir derartige Stöße eines Elektrons mit den Atomen des Objekts auch in dem Sinn "elastisch" nennen können, daß dabei die Wellenlänge des Elektrons nicht wesentlich geändert wird, muß an Hand der Rechnung entschieden werden.
Die Beschreibung des Wechselwirkungsprozesses zwischen Elektron und Atomrümpfen ist wegen des Pauliprinzips und der die Kernladung abschirmenden Elektronenhülle schwierig, jedoch ist aus der Theorie der Stoßprozesse geläufig, daß für Fragen des Energieübertrags die Anwendung von Impuls- und Energiesatz genügt, solange gesichert ist, daß *während* des Stoßprozesses die Summe der kinetischen Energien der Stoßpartner als solche erhalten bleibt, was wir hier voraussetzen dürfen. Während der kurzen Zeit des Stoßes kann das Atom (Masse M) als ruhend angesehen werden.
Wir benutzen den üblichen Ansatz für die Berechnung des elastischen Stoßes zwischen zwei Massen m bzw. M: wenn die Bahn der bewegten Masse m (hier des Elektrons) nicht zentral auf die ruhende Masse M (des Atomkerns) zielt, definiert diese Bahn zusammen mit dem Ort von M eine Ebene, in der sich der gesamte Stoßvorgang abspielt. Die Erhaltung des Gesamtimpulses ergibt dann zwei Gleichungen (für die Parallel- und die

Orthogonalkomponente bezogen auf die ursprüngliche Bahn von m) (Fig. 24). Eine dritte Gleichung liefert der Satz von der Erhaltung der kinetischen Energie.

Paralleler Impuls: $p = p' \cos\Theta + P \cos\psi$

Orthogonaler Impuls: $0 = p' \sin\Theta - P \sin\psi$

Energie: $E = E' + E_n$

(p ist der Impuls des Elektrons vor, p′ der nach dem Stoß; P bedeutet den Impuls des Atoms nach dem Stoß. E und E′ beziehen sich auf das Elektron, E_n auf das Atom).

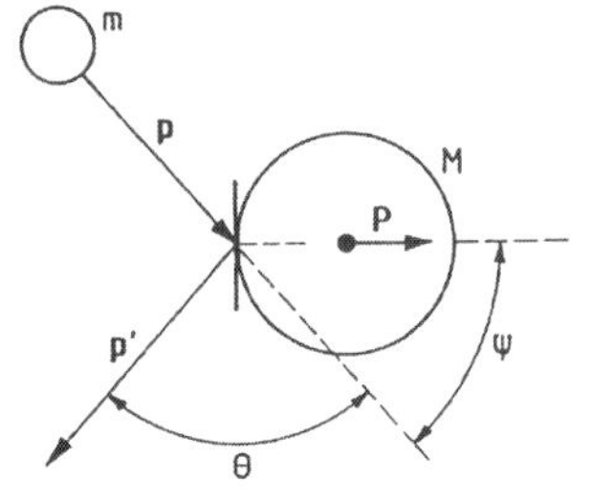

Fig. 24 Der nichtzentrale, elastische Stoß einer bewegten Masse m auf eine ruhende Masse M..

Während das gestoßene Atom wegen seiner großen Masse eine im Vergleich zur Lichtgeschwindigkeit nur kleine Geschwindigkeit annimmt ($P = \sqrt{2ME_n}$), muß für das Elektron der relativistische Impulssatz benutzt werden. Dieser besagt, daß bei der Berechnung des Impulses zur Ruhmasse die "kinetische Masse" E_{kin}/c^2 hinzutritt:

$$p = (m_o + E_{kin}/c^2)\, v = (m_o c^2 + E_{kin}) v/c^2$$

$$= (E_o + E_{kin})\, \beta/c$$

E_o ist die Ruhenergie des Elektrons (= 511 keV), $E_{kin} = eU$; v ist die Elektronengeschwindigkeit *vor* dem Stoß. Für β wurde der in Gl (1.32) mitgeteilte Ausdruck benutzt.

Die Berechnung der auf das Atom übertragenen kinetischen Energie E_n gestaltet sich einfach, wenn wir berücksichtigen, daß wegen des großen Masseunterschieds zwischen Elektron und Atom die Impulsänderung betragsmäßig klein, d. h. $p \approx p'$ sein wird.

Dann bringt Quadrieren und Addieren der beiden Komponentengleichungen

$$P^2 = 2\, p^2 (1 - \cos\Theta) = 4\, p^2 \sin^2(\Theta/2)$$

und damit

(1.66) $$E_n = P^2/2M = \frac{2}{Mc^2} E_{kin}(E_{kin} + 2\,E_o)\,\sin^2(\Theta/2).$$

Die auf das Atom übertragene Energie E_n ist umso größer, je größer der Ablenkwinkel Θ des Elektrons ist, d. h. je näher das Elektron am Atomkern vorbeifliegt. E_n ist unter sonst gleichen Bedingungen (M, E) maximal beim *zentralen Stoß* (Θ = 180°).
Diese Betrachtung kommt zur Anwendung bei der Berechnung der Mindest-Energie E_{min} der Elektronen, die erforderlich ist, um auf Atome eines Materials mit der relativen Atommasse A die sog. *Verlagerungs- oder Wignerenergie* E_W zu übertragen, die genügt, um das Atom aus seinem Platz im Kristallgitter herauszuschlagen. (Solche Stöße nennt man auch "knock-on"-Stöße; sie erzeugen einen irreversiblen Strahlenschaden in Form von Leerstellen und Zwischengitteratomen). Man setzt in Gl.(1.66) mit $\Theta/2$ = 90° für E_n den Wert von E_W ein und erhält als Lösung der quadratischen Gleichung für E_{kin} die gesuchte Mindestenergie E_{min}:

(1.67) $$E_{min} = E_o \left\{ \sqrt{1 + 917{,}6\,(E_W/E_o)\,A} - 1 \right\}$$

Für Kupfer (A = 63,5) bei 70 K wird eine Verlagerungsenergie von E_W = 17,5 eV angegeben. Hier sind also Verlagerungsstöße erst bei einer Strahlspannung von 375 kV zu erwarten (vgl. aber unter 1.4.5).
Ein Energieverlust eines Elektrons von 1 eV oder mehr ändert die Wellenlänge der zugehörigen Elektronenwelle so stark, daß man von *inelastischer Streuung* im Sinn der Optik sprechen muß. weil diese Elektronen wegen des chromatischen Abbildungsfehlers nicht mehr zu einem scharfen Bild beitragen. Allerdings kommen die wenigsten Elektronen einem Atomkern so nahe, daß Ablenkung und Energieverlust maximale Werte annehmen. Da für diese Elektronen die Abschirmung der Kernladung durch die Elektronenhülle praktisch wegfällt, können wir den zugehörigen Streuquerschnitt aus der Rutherford-Streuformel (1.52) entnehmen: dort findet man, daß der differentielle Wirkungsquerschnitt $d\sigma/d\Omega$ proportional zu $\sin^{-4}\Theta/2$, d.h. also zu E_n^{-2} ist. Deshalb und weil die (wenigen) sehr stark abgelenkten Elektronen von der Aperturblende vom weiteren Strahlengang ausgeschlossen werden, kann man davon ausgehen, daß den im Sinn der Mechanik elastisch gestreuten Elektronen dieses Attribut auch im Sinn der Optik (wo es "monochromatisch" bedeutet) zukommt.

An dieser Stelle bietet sich ein Vorgriff auf Abschnitt 1.4.3 an: bei der *Braggreflexion* einer monochromatischen Welle an einem perfekten Kristall erfolgt die kohärente Streuung an dem Kristall als ganzem. Das bedeutet: die Impulsänderung der Elektronen wird durch eine entgegengesetzt gleiche Impulsänderung des Kristalls ergänzt. In Gl. (1.66) ist dann für M die im Vergleich zu Atommassen riesige Kristallmasse (genauer: die Masse des kohärent beleuchteten Bereichs) einzusetzen, woraus folgt, daß der Kristall zwar Impuls aufnimmt, aber praktisch keine Energie. Dann ändert sich auch die Energie der gestreuten Elektronen nicht: unter den speziellen Bedingungen einer Braggreflexion liegt rein elastische Streuung vor.

1.4.3 Elektronen-Beugung an Kristallen (Kinematische Näherung)

1.4.3.1 Kristallgitter und Lauesche Gleichungen

Die meisten festen Stoffe und vor allem praktisch alle technischen Materialien befinden sich im kristallinen Zustand. Das bedeutet: die Atome sind auf den Knotenpunkten eines dreidimensionalen *(Kristall-)Gitters* (auch: Translations- oder Bravais-Gitter, engl. space lattice) angeordnet, das durch die Vielfachen von drei nicht-koplanaren Vektoren aufgespannt wird (Fig. 25). Diese Vektoren nennt man die *Basisvektoren* des Gitters (engl. unit vectors oder lattice vectors). Das kleinste durch Basisvektoren aufgespannte Polyeder nennt man die *Elementarzelle* (engl. unit cell) des Gitters. Es kommen zwei Typen von *Kristall-Strukturen* vor: entweder sitzt in jedem Gitterpunkt wirklich ein einzelnes Atom oder eine ganze Atomgruppe, dann aber immer die gleiche. Im ersten Fall sind Gitter und Kristallstruktur identisch, man spricht von einem *primitiven* Gitter, im zweiten Fall nennt man die immerwiederkehrende Atomgruppe die *Basis* (engl. motif) und sagt: die Kristallstruktur wird durch Gitter und Basis definiert *(Gitter mit Basis)*. Man darf sich nicht vorstellen, daß diese Ordnung durch das ganze Objekt einheitlich sei. Meist handelt es sich um *Polykristalle*, die aus *Kristall-Körnern* bestehen, innerhalb derer die Ordnung ziemlich perfekt ist, an deren Grenzen *(den Korngrenzen)* sich die Richtung der Basisvektoren abrupt ändert. Es gibt allerdings auch sog. *Einkristalle,* die keine Korngrenzen enthalten.
Für das folgende sollen einige Eigenschaften eines *Gitters* festgehalten werden: alle Punkte eines Gitters sind gleichwertig: man kann jeden beliebigen zum Ursprung eines Koordinatensystems machen. Die Umgebung aller Punkte ist gleich. Wegen dieser Eigenschaften kann ein primitives Gitter die Kristallstruktur nur von Elementen sein.
Hat man ein Gitter mit Basis, sitzt jedes Atom der Basis auf einem *Untergitter;* alle Untergitter einer Kristallstruktur müssen geometrisch identisch sein (Fig. 25). Da ein Untergitter ein Gitter ist, muß es von gleichartigen Atomen besetzt sein. (Diese Vorschriften über die einheitliche Besetzung von Gittern bzw. Untergittern können aufgehoben sein; dann hat man einen *ungeordneten Mischkristall* (engl. solid solution) vor sich. So können Kupfer- und Gold-Atome ein gemeinsames Gitter in jedem Konzentrations-Verhältnis besetzen.)

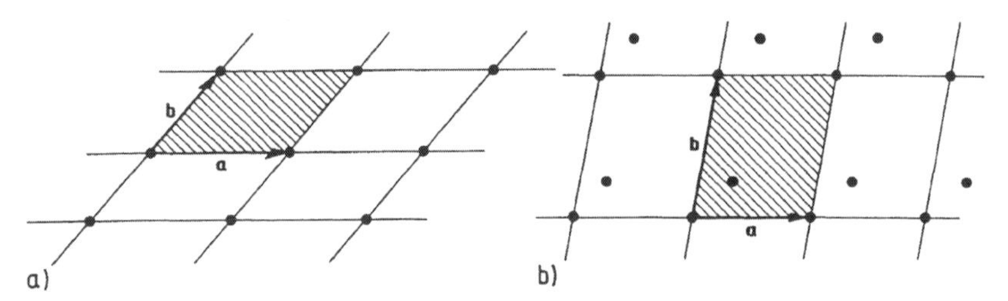

Fig. 25. Gitter: a) primitives, b) Gitter mit Basis. Die Basisvektoren und die Elementar zelle sind markiert. Jedes Atom der Basis ist Ursprung eines (primitiven) Untergitters.

Die Beeinflussung einer ebenen Welle durch einen Kristall, also eine dreidimensional periodische Anordnung von Streuern, nennt man *Beugung* der Welle an dem Kristall. Entsprechend heißt der Vektor $\underline{q}$ (vgl. Gl.(1.42)) nun *Beugungsvektor*. Dabei findet die Beugung im eigentlichen Sinn an jedem Einzelstreuer (Atom) statt, aber das Gesamtresultat - die vom Kristall auslaufende Welle - hängt sehr stark von der *Interferenz* der Sekundärwellen der Einzelstreuer ab. (Die historisch erste Darstellung der Zusammenhänge durch M. v. Laue (Nobelpreis 1914) hatte den Titel: "Kristall-Interferenzen". v. Laue, Friedrich und Knipping hatten die Beugung von Röntgenstrahlen an einem Zinkblende-Kristall nachgewiesen (1912) und so zugleich die Wellennatur der Röntgenstrahlen und den periodischen Aufbau der Kristalle aus Atomen - schon von Huygens vermutet! - nachgewiesen). Soweit im folgenden der Einfluß der Kristall-Geometrie und -Orientierung auf das entstehende Beugungsdiagramm untersucht wird, gelten die Ergebnisse selbstverständlich nicht nur für die Elektronenbeugung sondern ebenso für die Beugung von Röntgenstrahlen oder Neutronen.
Die Punkte eines Gitters werden durch die Gesamtheit der Linearkombinationen der drei Basisvektoren $\underline{a}$, $\underline{b}$, $\underline{c}$ dargestellt:

$$\underline{r}_i = n_1\,\underline{a} + n_2\,\underline{b} + n_3\,\underline{c}$$

wo die n_j ganze Zahlen, einschließlich der negativen und Null sind.

Das Zusammenwirken der in verschiedenen Punkten des Gitters entstehenden Streuwellen wird wieder dem gleichen Grundprinzip gehorchen, wie es in Gl. (1.44) für die Summation der in einem streuenden Gebiet entstehenden Sekundärwellen benutzt wurde:

$$(1.68) \qquad G(\underline{q}) = \sum_i f(\underline{q}) \quad \exp\,(i\,\underline{q}\,\underline{r}_i)$$

Der Exponentialausdruck - die Fourier-Transformierte des diskreten Gitters - bedeutet ganz anschaulich die Aufsummierung der Sekundärwellen unter Beachtung der bei der Anregung wie bei der Bildung einer auslaufenden ebenen Welle entstehenden Wegunterschiede (Fig. 26). $f(\underline{q})$ steht für den Atomformfaktor des Atoms oder (siehe unten) für den Strukturfaktor F der Atomgruppe auf dem Platz $\underline{r}_i$. G($\underline{q}$) ist *die* sog. *Gitteramplitude.* Maximale Amplitude wird die Streuwelle aus Gl. (1.68) dann haben, wenn alle Exponentialfaktoren exp (i $\underline{q}$ $\underline{r}_i$) den Wert eins haben, d. h. wenn

$$\underline{q}\,\underline{r}_i = N_i\, 2\pi. \qquad (N_i \text{ ganz}).$$

Man sollte hier mit den meisten Autoren eine Vereinfachung der Schreibweise einführen, indem man als *Beugungsvektor* nicht $\underline{q}$ benutzt sondern

$$\underline{u} = \frac{\underline{q}}{2\pi}$$

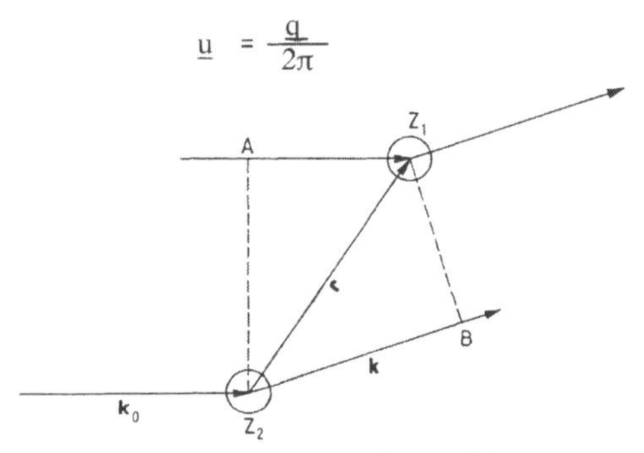

Fig.. 26. Zur Berechnung der Phasendifferenz der an zwei Streuzentren gestreuten Wellen. $\underline{k}_o$ bzw. $\underline{k}$ Wellenvektoren (Betrag $2\pi/\lambda$) der einfallenden bzw. der gestreuten Welle. $AZ_1 = \underline{r}\,\hat{\underline{k}}_o$. $Z_2B = \underline{r}\,\hat{\underline{k}}$. Phasendifferenz: $\underline{r}\,(\underline{k} - \underline{k}_o) = \underline{r}\,\underline{q} = (2\pi\,\underline{r}\,\underline{u})$

Zugleich geht man zu neuen Wellenvektoren $\underline{k}$ über, deren Länge λ^{-1} ist statt $(2\pi/\lambda)$; um Verwechslungen zu vermeiden, werden wir diese Wellenvektoren im Rest von Hauptteil 1 durch Kursivschrift kennzeichnen. Es gilt

$$\underline{u} = \underline{k} - \underline{k}_o.$$

Gl. (1.68) lautet dann

$$(1.68') \qquad G(\underline{u}) = \sum f(\underline{u}) \exp (i\, 2\pi\, \underline{u}\, \underline{r}_i)$$

Dadurch wird die Bedingung für ein Beugungsmaximum in der Richtung $\underline{k}$:

$$\underline{u}\,\underline{r}_i = N_i$$

Diese Bedingung wird dann (für alle $\underline{r}_i$) erfüllt sein, wenn *simultan* die folgenden drei *Laueschen Gleichungen* gelten:

$$(1.69) \qquad \begin{aligned} \underline{u}\,\underline{a} &= m \\ \underline{u}\,\underline{b} &= n \\ \underline{u}\,\underline{c} &= p \end{aligned} \qquad (m, n \text{ und } p \text{ ganze Zahlen}).$$

1.4.3.2 Das Reziproke Gitter im Reziproken Raum und die Ewald-Konstruktion

Mit Hilfe des von P. P. Ewald eingeführten Konzepts des *Reziproken Gitters* ist es möglich, den Inhalt der drei Laueschen Gleichung in einen Satz zusammenzufassen: Die gebeugte Welle hat in solchen Richtungen maximale Amplitude, für die der Beugungsvektor $\underline{u}$ ein Vektor des reziproken Gitters ist.
Die Basisvektoren des reziproken Gitters (R. G.) werden durch einen Stern gekennzeichnet: $\underline{a}^*$, $\underline{b}^*$ und $\underline{c}^*$. Sie werden nach folgendem Rezept gebildet:

$$\underline{a}^* = \frac{[\underline{b} \times \underline{c}]}{\underline{a}\,[\underline{b} \times \underline{c}]} \tag{1.70}$$

Die übrigen beiden Vektoren $\underline{b}^*$ und $\underline{c}^*$ sind auf analoge Weise durch zyklische Vertauschung aus $\underline{a}$, $\underline{b}$ und $\underline{c}$ zu bilden. Das (skalare!) Spatprodukt der drei Basisvektoren des Gitters im Nenner bleibt dabei unverändert; es ist gleich dem Volumen V_z der Elementarzelle des Gitters.
Ein allgemeiner Vektor des R. G. hat also folgende Form:

$$\underline{g} = h\,\underline{a}^* + k\,\underline{b}^* + l\,\underline{c}^* \tag{1.71}$$

Die Indizes h, k und l sind (positive oder negative) ganze Zahlen einschließlich null. Sie werden allgemein mit diesen Buchstaben bezeichnet, sodaß man Verwechslungen mit dem Planckschen h und der Wellenzahl k vermeiden muß. Wir werden sie später als "Millersche Indizes" wiederfinden.
Man sieht sofort, daß die Vektoren des R. G. so konstruiert sind, daß das Skalarprodukt $\underline{a}\,\underline{a}^* = 1$, die Skalarprodukte $\underline{a}\,\underline{b}^*$ und $\underline{a}\,\underline{c}^*$ aber null sind. (Analog für die entsprechenden Produkte von $\underline{b}$ und $\underline{c}$.). Dadurch wird das Skalarprodukt von $\underline{g}$ mit einem Gittervektor $\underline{r}_i$:

$$\underline{g}\,\underline{r}_i = h\,n_1 + k\,n_2 + l\,n_3$$

also eine ganze Zahl. Damit ist die oben aufgestellte Behauptung bewiesen:
Wählt man als Beugungsvektor $\underline{u}$ einen Vektor $\underline{g}$ des R. G., sind die Laueschen Gleichungen erfüllt.

Aus dieser Fassung der Laueschen Bedingungen ergibt sich eine wichtige Methode der zeichnerischen Konstruktion der Richtungen, in die gebeugte Wellen mit maximaler Amplitude *(Beugungsmaxima)* fallen. Man zeichne in das R. G. der betr. Kristallstruktur in der richtigen Orientierung den Wellenvektor $\underline{k}_o$ der einfallenden Welle ein und zwar so, daß sein Endpunkt mit (irgend) einem Punkt des R. G. zusammenfällt (Fig. 27). Der Beugungsvektor $\underline{u} = (\underline{k} - \underline{k}_o)$ ist genau dann ein Vektor des R. G., wenn der Endpunkt von $\underline{k}$ ebenfalls ein Punkt des R. G. ist. Man schlägt um den

Anfangspunkt von $\underline{k}_0$ eine Kugel mit dem Radius $1/\lambda$ und prüft, welche Punkte der Kugel mit Punkten des R. G. zusammenfallen. Diese Punkte sind Endpunkte der Wellenvektoren $\underline{k}$ der Beugungsmaxima. Die hier beschriebene Kugel ist als *Ewaldkugel* bekannt.

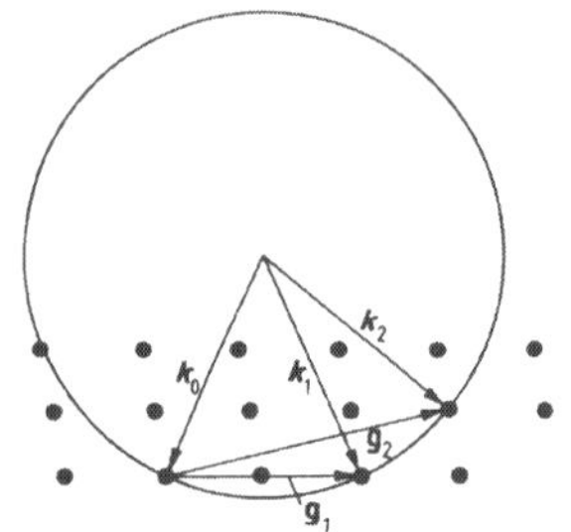

Fig. 27. Die Ewald-Konstruktion. Näheres im Text

Das R. G. samt der Ewaldkugel befindet sich im *Reziproken Raum* (R. R.), der oft auch als *k-Raum* bezeichnet wird. Dieser ist auch in der Festkörperphysik - dort meist um den Faktor 2π gedehnt[23] - von großer Bedeutung: auch hier geht es um die Wechselwirkung von mechanischen *Wellen* (Phononen) und Elektronen-*Wellen* mit dem Kristallgitter.
Das R. G. stellt nach Betrag und Richtung die Raumfrequenzen des Gitters dar; es ist entscheidend, zu verstehen, daß das R. G. orientierungsmäßig fest an das Kristallgitter gekoppelt ist. Der Zusammenhang des R. G. mit den räumlichen Periodizitäten des (Kristall-)Gitters wird deutlicher. wenn wir nun zeigen, daß jeder Punkt des R. G. eine *Netzebenenschar* des zugehörigen Gitters repräsentiert. Man kann jedes Gitter als eine Stapelung von Ebenen verstehen, die gleichweit voneinander entfernt und in gleicher Weise mit Atomen besetzt sind (Fig. 28). Im Prinzip gibt es unendlich viele Möglichkeiten, solche Netzebenenscharen auszuwählen, aber der (meist mit d bezeichnete) Abstand zwischen zwei benachbarten Netzebenen aus einer Schar ist nach oben begrenzt: in jedem Gitter gibt es eine Netzebenenschar mit dem größten d, die dann notwendig die dichteste Packung der Atome *in* den Ebenen hat *(dichtest gepackte Netzebene).*
Zur Kennzeichnung einer bestimmten Netzebenenschar dienen die *Millerschen Indizes.* Wir führen sie an Hand der Fig. 29 ein. Eine Ebene aus der Schar schneide auf den drei zu den Basisvektoren parallelen Achsen x, y, z die Achsenabschnitte A, B und C ab. Nun führen wir drei Zahlen h′, k′ und l′ ein, die dem *reziproken* Achsenabschnitt dividiert durch die Länge des zugehörigen Basisvektors entsprechen:

$$h' = \frac{1}{(A/a)}\;; \quad k' = \frac{1}{(B/b)}\;; \quad l' = \frac{1}{(C/c)}\;;$$

Die zu definierenden Indizes sollen nicht irgend eine Ebene aus der Schar

[23] In der Festkörperphysik nennt man den R. R. auch Impulsraum oder Fourierraum.

paralleler Netzebenen kennzeichnen sondern die dem Ursprung des Koordinatensystems nächstliegende. Dann bedeutet nämlich der Abstand dieser Ebene vom Ursprung[24] zugleich den Abstand zwischen irgend zwei *benachbarten* Ebenen der Schar. Um dies zu erreichen, muß man aus den Zahlen h', k', l' durch Multiplikation mit dem gleichen Faktor *ganze, teilerfremde* Zahlen h, k, l machen.

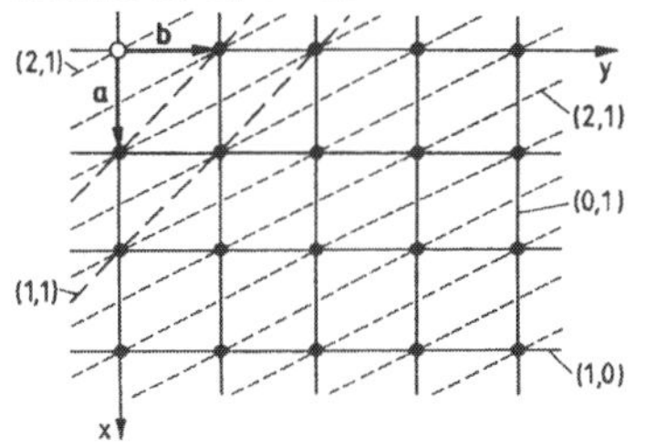

Fig. 28. Beispiele für den Aufbau eines ebenen Gitters aus verschiedenen Ebenen scharen. Die jeweiligen Millerindizes sind angegeben.

Für diese Zahlen gilt die gleiche Definition wie für die gestrichenen, nur sind die A, B, C nun die Achsneabschnitte der dem Ursprung nächsten Ebene. Das Tripel (h, k, l) stellt die *Millerschen Indizes* dar (vgl. Fig. 29); es steht für den Stapel paralleler Ebenen einer ganz bestimmten Orientierung im Gitter.
Meint man die Gesamtheit aller Ebenenscharen, die zu einer Permutation der gleichen Indizes gehören, schreibt man $\{h,k,l\}$. Minuszeichen werden i. a. *über* den betr. Index gesetzt.
Für alle Kristallsysteme mit aufeinander senkrecht stehenden Achsen (sog. *orthogonale Systeme*), also das orthorhombische, das tetragonale und das kubische System, gibt es einen sehr einfachen Zusammenhang zwischen den Miller-Indizes und dem Ebenenabstand d. Für die Winkel α, β und γ der Achsen mit der Ebenennormalen $\underline{n}$ gilt hier:

$$\cos^2\alpha + \cos^2\beta + \cos^2\gamma = 1 = d^2\,(A^{-2} + B^{-2} + C^{-2}) \tag{1.72}$$

Mit der Definition der Millerschen Indizes ergibt sich aus (1.72):

$$d = \frac{1}{\sqrt{(h/a)^2 + (k/b)^2 + (l/c)^2}} \tag{1.73}$$

Im Fall *kubischer Kristalle*[25] (a = b = c) wird der Ausdruck für den Abstand zweier benachbarter Netzebenen aus der durch die Indizes (h,k,l) gekennzeichneten Schar besonders einfach:

---

[24] Der Ursprung des Koordinatensystems ist ein Punkt des Gitters. Deshalb muß jede Ebenenschar eine Ebenen enthalten, auf der der Ursprung liegt.

[25] Nur im kubischen System steht der Vektor $(h\,\underline{a} + k\,\underline{b} + l\,\underline{c}) = [h, k, l]$ senkrecht auf den Ebenen (h, k, l).

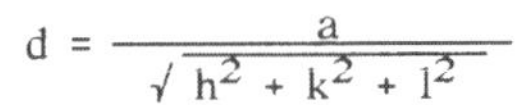

$$d = \frac{a}{\sqrt{h^2 + k^2 + l^2}}$$

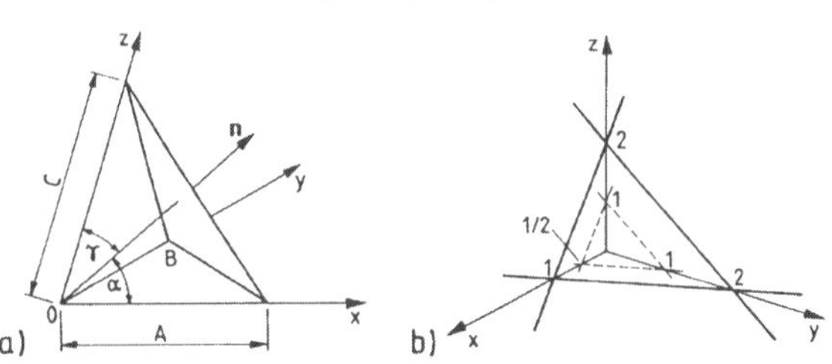

Fig. 29. a): Zur Definition der Miller-Indizes. b): Eine (2,1,1)-Ebene. im kubischenn Gitter. Die dem Ursprung nächste (2,1,1)-Ebene hat die Achsneabschnitte 1/2, 1, 1.

Jetzt steht noch der Beweis dafür aus, daß der Vektor des R. G.

$$\underline{g} = h\,\underline{a}^* + k\,\underline{b}^* + l\,\underline{c}^*$$

parallel ist zur Normalen $\underline{n}$ auf der Netzebenenschar (h,k,l). Der Einheitsvektor $\hat{\underline{n}}$ in Richtung der Ebenennormalen $\underline{n}$ hat die Komponenten [cos α, cos β, cos γ]. Er ist also

$$\hat{\underline{n}} = d\,(A^{-1}\,\hat{\underline{a}} + B^{-1}\,\hat{\underline{b}} + C^{-1}\,\hat{\underline{c}}\,).$$

Nun ist (vgl. Gl. 1.70) bei Kristallen mit aufeinander senkrechten Basisvektoren (s. oben) der Vektor $\underline{a}^*$ des R. G. offenbar ein Vektor der Länge (1/a), der parallel zu $\underline{a}$ ist:

$$\underline{a}^* = a^{-1}\,\hat{\underline{a}} \quad \text{usw.}$$

Damit wird $\hat{\underline{n}} = d\,[(\,a/A)\,\underline{a}^* + (\,b/B)\,\underline{b}^* + (\,c/C)\,\underline{c}^*].$

$$= d\,[\,h\,\underline{a}^* + k\,\underline{b}^* + l\,\underline{c}^*\,] = d\,\underline{g}.$$

Das ist das gesuchte Ergebnis: der Vektor [h, k, l] des R. G. ist parallel zu dem Normalenvektor auf der Ebenenschar (h, k, l). Zusätzlich haben wir seine Länge bestimmt: sie ist $(d)^{-1}$.
Dieses hier nur für orthonormale Achsensysteme abgeleitete Ergebnis gilt ganz allgemein.

Zusammenfassend: Jeder Punkt des R. G. repräsentiert eine Ebenenschar des Gitters. Seine Koordinaten (h, k, l) sind die Millerschen Indizes dieser Ebenenschar. Der Vektor $\underline{g}$ vom Ursprung des R. G. zu diesem Punkt ist parallel zur Normalen auf der Ebenenschar und seine Länge $|\underline{g}| = g$ ist reziprok zum Abstand d zweier benachbarter Ebenen aus der Schar.

Die Länge der kürzesten Vektoren des R. G. (die ja die Umgebung *jedes* Punkts des R. G. bestimmen) ist also umgekehrt proportional zu den längsten Gittervektoren. Diese werden immer in der Größenordnung der Basisvektoren des Gitters sein. Wir können nun die Ausdehnung der Ewaldkugel (Radius λ^{-1}) mit der Größe der Elementarzelle des R. G. vergleichen: diese Elementarzelle wird von der Größenordnung der reziproken Gitterkonstanten (bei kubischen Gittern also a^{-1}) sein, d. h. etwa 5 10^9 bis 10^{10} m^{-1}. Der Radius R* der Ewaldkugel ist viel größer: für 100 keV-Elektronen $R^* = 2{,}7\ 10^{11}\ m^{-1}$ und für 1,25 MeV-Elektronen $R^* = 1{,}4\ 10^{12}\ m^{-1}$. Das bedeutet: die Ewaldkugel ist in der Umgebung eines Punktes des R. G. praktisch eine Ebene (vgl. Fig. 27).

1.4.3.3 Braggreflexe, Strukturfaktoren

Wir kommen zurück zu der praktikabelsten Fassung der Laueschen Gleichungen: Ein Beugungsmaximum kommt in die Richtungen der Vektoren $\underline{k}_i$ zustande, für die der Vektor $\underline{u}_i = \underline{k}_i - \underline{k}_o$ gleich einem Vektor $\underline{g}_i$ des R. G. ist. Das bedeutet nach dem soeben Abgeleiteten: auf dem Vektor $\underline{u}$ steht eine Ebenenschar senkrecht oder, anders ausgedrückt: diese Ebenenschar halbiert den Winkel zwischen $\underline{k}_i$ und $\underline{k}_0$ (Fig. 30). Außerdem muß gelten:

$$| \underline{g} | = d^{-1} = | \underline{u} | = 2/\lambda \sin \Theta/2$$

Gruppieren wir diese Beziehung etwas um und ersetzen den halben Beugungswinkel $\Theta/2$ durch den Glanzwinkel ϑ_B zwischen den Ebenen und dem Wellenvektor $\underline{k}_o$ der einfallenden (ebenen) Welle (Fig. 30), gelangen wir zu der vielbenutzten *Braggschen Beziehung*

$$2\,d\,\sin \vartheta_B = \lambda. \qquad (1.74)$$

(W. H. und W. L. Bragg, Vater und Sohn, Nobelpreis gemeinsam 1915). Den Winkel ϑ_B, der Gleichung (1.74) erfüllt, nennt man den *Braggwinkel* der betr. Ebenenschar.

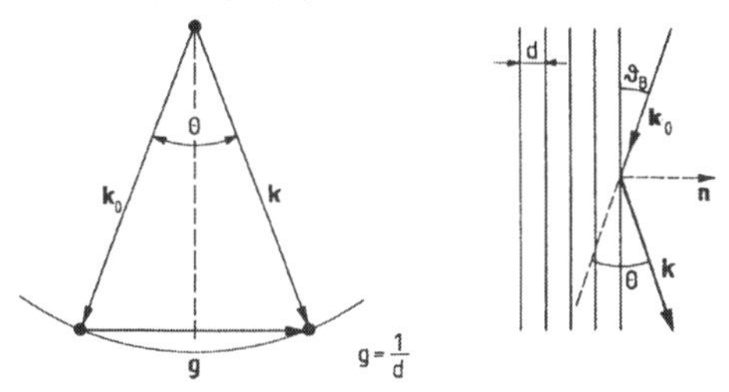

Fig. 30.. Der Zusammenhang zwischen der Ewald-Konstruktion und der Bragg-Bedingung. Die Spur der "reflektierenden" Netzebene halbiert den Winkel zwischen $\underline{k}$ und $\underline{k}_o$. $\vartheta_B = \Theta/2$ ist der Bragg-Winkel,

Die Gleichheit der Winkel, die $\underline{k}_0$ und $\underline{k}$ mit der Fläche der beugenden Gitterebenen bilden, hat zu der etwas mißverständlichen Bezeichnung *Braggreflexion* für die Beugung an einer Netzebenenschar geführt. Zwar ist die Geometrie die gleiche wie bei der Reflexion eines Lichtstrahls an einem Spiegel, aber es darf nicht übersehen werden, daß Reflexion (am dichteren Medium) unter jedem Winkel möglich ist, während Bragg"reflexion" nur unter ganz bestimmten Winkeln erfolgt. Trotz dieses Vorbehalts werden Beugungsmaxima an Kristallen der Einfachheit halber als *Bragg-Reflexe* bezeichnet. Sie werden in der Regel durch die Miller-Indizes der beugenden Netzebenen (h, k, l) gekennzeichnet, z. B. "der (1, 1, 3)-Reflex".

Es gibt übrigens Bragg-Reflexe *höherer Ordnung:* wenn $2\ d\ \sin\vartheta_m = m\ \lambda$, (wobei m eine ganze Zahl ist), ist ebenfalls konstruktive Interferenz aller Sekundärwellen garantiert. Ersichtlich ist $\sin\vartheta_m = m\ \sin\vartheta_B$.

Ein Blick auf GL. (1.74) macht klar, daß der Braggwinkel im Fall der Elektronenbeugung immer sehr klein sein wird: die Wellenlänge ist immer viel kleiner als die Abstände wichtiger (d. h. dicht besetzter) Netzebenen. Dieser Umstand kommt der Beschränkung der Elektronenlinsen auf kleine Aperturwinkel entgegen.

Das Reziproke Gitter ist durch das Kristallgitter eindeutig bestimmt (Gl. (1.70)). Man fragt sich, wie bei Kristallen zu verfahren ist, deren Struktur durch eine *Basis* wesentlich mitbestimmt ist. Nun tritt für jeden Gitterpunkt an die Stelle der Streuwelle f(q) eines Einzelatoms (Gl. (1.68)) die Streuwelle $F(\underline{q})$, welche die (Atomgruppe der) Basis in Richtung $\underline{k}$ aussendet. (Man bemerkt die Analogie mit der Zusammensetzung der Beugungsfigur des optischen Gitters aus dem Gitterfaktor und der Beugung am Einzelspalt, vgl. Gl. (1.3)). Man nennt $F(\underline{q})$ den *Strukturfaktor*[26] und berechnet ihn wieder als Fouriertransformation (diesmal der Basis oder, was das gleiche ist, der Elementarzelle):

$$(1.75) \qquad F(\underline{q}) = \sum_i f_i(q) \exp(2\pi i\ \underline{q}\ \underline{r}_i)$$

wobei über die Atome der Elementarzelle zu summieren ist. Die chemische Natur der Atome auf den Untergittern kann verschieden sein; das wird durch die Atomformfaktoren f_i berücksichtigt.

Um dies zu erläutern und zugleich den Umgang mit dem R. G. zu demonstrieren, wollen wir die Beugungsmaxima (Braggreflexe) bestimmen, die bei einem kubisch flächenzentrierten[27] (kfz.) Kristall zu erwarten sind.

Die Elementarzelle der kfz. Struktur (Fig. 31) wird durch die drei Basisvektoren a[1,0,0], a[0,1,0] und a[0,0,1] aufgespannt (a ist die kubische Git-

---

[26] F wird manchmal auch *Strukturamplitude* genannt. Strukturfaktor heißt dann die *Intensität* der gebeugten Welle, d. h. $|F|^2 = F\ F^*$.

[27] In dieser Struktur kristallisieren viele wichtige Metalle (z. B. Aluminium, Nickel, Kupfer, Silber, Gold). Andere Strukturen, wie die der kubischen Halbleiter, sind nah verwandt.

terkonstante). Um die Struktur vollständig zu beschreiben, muß in jedem Gitterpunkt eine Basis aus vier *gleichartigen* Atomen angebracht werden, z. B. gehören zu dem Ursprung (0,0,0) des Gitters Atome in folgenden vier Punkten: $\underline{r}_i$ = (0,0,0); a/2 (1, 1, 0); a/2 (1,0,1) und a/2 (0,1,1).

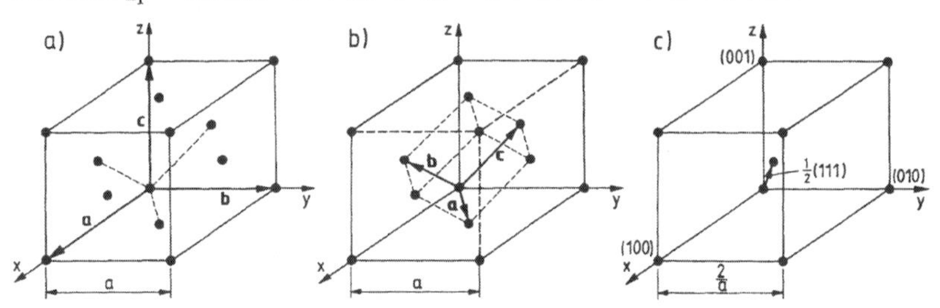

Fig. 31. Elementarzelle des kubisch-flächenzentrierten (kfz.) Gitters. a) kubische Zelle mit Basis. b) orthorhombische (primitive) Zelle. c) kubisch raunzentriertes (krz.) Reziprokes Gitter zum kfz. Gitter.

Wir müssen nun für jeden möglichen Reflex $\underline{g}$ = (h,k,l) des Gitters den Strukturfaktor F_{hkl} berechnen, der die Interferenz der an den vier Atomen der Basis entstehenden Sekundärwellen enthält.

$$F_{hkl} = f \sum \exp(i\, 2\pi\, \underline{g}\, \underline{r}_i)$$

$$= f \{1 + \exp[i2\pi (h+k)/2] + \exp[i2\pi (h+l)/2] + \exp[i2\pi (k+l)/2]\}$$

Diese Amplitude der Beugungswelle an der Basis wird *dann* gleich 4 f, wenn *alle* Millerschen Indizes h, k, und l *gerade* oder *alle ungerade* sind: in beiden Fällen sind die Exponenten aller drei Exponentialausdrücke ganze Zahlen mal 2πi, d. h. die Exponentialausdrücke sind gleich eins. Hat man dagegen "gemischte" Miller-Indizes, dann werden zwei der Exponentialausdrücke zu minus eins, die beiden anderen zu plus eins, d. h. die Interferenz an der Basis ist destruktiv: *diese* Reflexe (h,k,l) existieren nicht, sie werden "verboten" genannt. Unser Ergebnis ist folgende *Auswahlregel*: Die Beugung an einem kfz. Kristall besteht aus den Reflexen mit ungemischten Miller-Indizes. Geordnet nach abnehmendem Ebenenabstand sind dies (null ist gerade !): (1, 1, 1); (2, 0, 0); (2, 2, 0); (1, 1, 3); (2, 2, 2) usw.

Bevor wir auf die Bedeutung nicht teilerfremder Miller-Indizes (z. B. (2, 2, 2)) eingehen, wollen wir zeigen, daß man die gleiche Serie von "erlaubten" Braggreflexen auch auf anderem Weg erhalten kann.

Man kann die kfz. Kristallstruktur nämlich auch als primitives Gitter (ohne Basis) darstellen, wenn man auf die kubische Symmetrie verzichtet. Man wählt die drei Vektoren $\underline{a}$ = a/2 [1, 1, 0]; $\underline{b}$ = a/2 [1, 0, 1] und $\underline{c}$ = a/2

[0, 1, 1] als Basisvektoren und erhält so ein Rhomboeder mit dem Winkel 60° als Elementarzelle (Fig. 31). Das Gitter ist also nun rhomboedrisch. (Es ist eine gute Übung, zu bestätigen, daß die Linearkombinationen der genannten Basisvektoren *genau alle* Atomplätze des kfz. Kristalls erreichen). Wir müssen nun das R.G. dieses Gitters berechnen. Mit Hilfe von Gl. (1.70) erhalten wir:

$$\underline{a}^* = a^{-1}\,[-1, -1, 1]; \quad \underline{b}^* = a^{-1}\,[-1, 1, -1] \text{ und } \underline{c}^* = a^{-1}\,[1, -1,-1]$$

Bilden wir die Linearkombinationen dieser Basisvektoren, erweist sich das R.G. als ein kubisch raumzentriertes (krz.) Gitter mit der Gitterkonstanten 2/a (Fig. 31)[28]. Wir listen die dem Ursprung nächsten Punkte des krz. R. G. auf: $\{1,1,1\}$, $\{2,0,0\}$, $\{2,2,0\}$, $\{2,2,2\}$ usw.. Wir finden also als die Punkte des R. G. der rhomboedrischen Darstellung des kfz. Gitters die Indizes genau *derjenigen* Netzebenen, deren Strukturfaktor F_{hkl} bei der kubischen Darstellung mit Basis von null verschieden waren.

Die meisten Kristallstrukturen sind *nur* als Gitter *mit Basis* darstellbar; ein häufig gefragtes Beispiel ist die *Diamantstruktur* (Fig. 32).

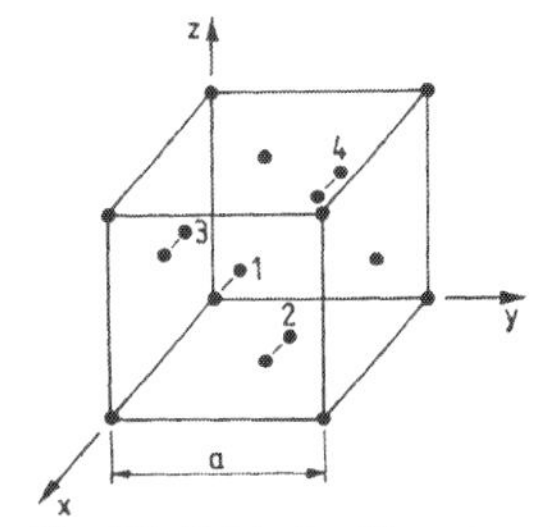

Fig. 32. Kubische Elemntarzelle der Diamantstruktur.. Von dem zweiten kfz. Untergitter sind nur die vier in die Elementarzelle des ersten fallenden Punkte gezeichnet.

Ihr Gitter ist kfz.; aber nun sitzt in jedem Punkt nicht nur die uns schon bekannte Basis aus vier Atomen, sondern die Zahl der Basisatome ist verdoppelt: zu jedem Atom kommt ein "Begleiter", der um den Vektor $a/4\,[1,1,1]$ gegen das erstgenannte Atom verschoben ist. Das bedeutet: gehen wir zur rhomboedrischen Beschreibung über, sitzt in jedem Gitterpunkt eine Basis aus zwei Atomen, z. B. kommt zu (0,0,0) ein zweites Atom in a/4 (1,1,1) hinzu. Daraus folgt direkt das Vorgehen bei der Bestimmung des zu erwartenden Beugungsdiagramms: zunächst einmal gelten die Auswahlregeln des kfz. Gitters (nur ungemischte Miller-Indizes); hinzu kommt nun der Strukturfaktor F_{hkl} für die Zwei-Atom-Basis:

$$F_{hkl} = 4\,f\left[1 + \exp\left\{\,i\,2\pi\,(h+k+l)/4\,\right\}\right] \tag{1.76}$$

[28] Da Gitter und Reziprokes Gitter *zueinander* reziprok sind, ist das R. G. des kubisch raumzentrierten Gitters kubisch flächenzentriert.

Ist (h+k+l) = 4m + 2, wird F_{hkl} offenbar gleich null, d. h. die {2,0,0}-Reflexe sind nun "verboten", nicht so die Reflexe, bei denen (h+k+l) durch vier teilbar ist, also z. B. {2,2,0}-Reflexe. Betrachten wir die Reflexe mit ungeraden Miller-Indizes (h+k+l = 2N +1, N ganz), so wird

$$F_{hkl} = 4\, f \left[1 + \exp\left\{ i\, \pi\, (N + 1/2) \right\}\right]$$

Der Exponentialausdruck nimmt die Werte $\pm \exp\left\{i\pi/2\right\} = \pm\, i$ an, d. h. die Reflexe mit ungeraden Miller-Indizes sind komplex, sie haben eine um 45° gegenüber den Reflexen mit geraden Indizes verschobene *Phasenlage.* Diese relative Phasenlage der Reflexe hängt allerdings von dem gewählten Ursprung des Koordinatensystems ab. Betrachtet man einen Kristall mit *Inversionszentrum I*, so kann man alle Strukturfaktoren reell machen, indem man den Koordinatenursprung in ein Inversionszentrum legt. Es bleiben dann nur mögliche Phasenunterschiede um π übrig, weil (- 1) gleich $\exp(\pm\, i\, \pi)$ ist. Die Diamantstruktur hat ein Inversionszentrum I = a/8 (1, 1 1). Wählen wir dieses als Ursprung, wird aus Gl.(1.76)

$$F_{hkl} = 4\, f \left[\exp -\left\{i2\pi\, (h+k+l)/8\right\} + \exp +\left\{i2\pi(h+k+l)/8\right\}\right] \tag{1.77}$$

$$= 8\, f\, \cos\left\{\pi\, (h+k+l)/4\right\}$$

Diese Größe ist reell und nimmt für gerade Miller-Indizes die Werte ± (8 f) an, wenn die Summe durch 4 teilbar ist, sonst null. Für ungerade Indizes ergibt sich $F_{hkl} = \pm\, (8\, f/\sqrt{2})$, also eine reelle Größe. Interessanterweise ist die Intensität dieser Braggreflexe nur halb so groß wie diejenige der "geraden" Reflexe.

Die nächste Komplikationsstufe liegt bei der kubischen Zinkblendestruktur (ZnS) vor, in der z. B. die technisch außerordentlich wichigen III-V-Verbindungen (GaAs, InSb....) kristallisieren. Man gelangt zu dieser Struktur, indem man in der Diamantstruktur die beiden Untergitter (also auch die beiden Plätze der Basis) mit chemisch verschiedenen Atomen besetzt (z.B. eben Zn und S). Nun haben wir zwei verschiedene Atomformfaktoren f_A bzw. f_B zu unterscheiden. Der allgemeine Ausdruck für den Strukturfaktor lautet nun (vgl. Gl. 1.75):

$$F_{hkl} = 4 \left[f_A + f_B \exp\left\{i\, 2\pi\, (h + k + l)/4\right\}\right] \tag{1.78}$$

Es ist nun leicht einzusehen, daß $F = 4\,(f_A \pm f_B)$ für gerade Indizes und $F = 4\,(f_A \pm i\, f_B)$ für ungerade Indizes. Zwei Unterschiede zum Fall der Diamantstruktur fallen ins Auge: erstens gibt es unter den Reflexen mit geraden Indizes keine "verbotenen" (Intensität null) mehr sondern starke und schwache, deren Stärke von dem Unterschied der Elektronenstruktur der beiden beteiligten Atomsorten abhängt. Und zweitens können die

Strukturfaktoren F hier nicht reell gemacht werden, weil die Zinkblende-Struktur *kein Inversionszentrum* hat.
Dieser kurze Exkurs über die Strukturfaktoren soll mit dem engen Zusammenhang zwischen der Struktur und dem Beugungsmuster eines Kristalls vertraut machen. In Fällen, die so einfach gelagert sind wie die hier behandelten genügt eine Inspektion der im Beugungsdiagramm vorkommenden Intensitäten $|F_{hkl}|^2$, um den Strukturtyp zu erkennen. Ist die Struktur komplizierter, benötigt man Intensität *und* Phase von möglichst vielen Reflexen zur Bestimmung der Struktur. Wir werden darauf in Kapitel 4 zurückkommen.

Inwiefern können wir von einem (2,2,0)-Reflex sprechen, nachdem wir für die Kennzeichnung von Netzebenenscharen gefordert haben, daß die Miller-Indizes teilerfremde Zahlen sein sollen? Es gibt verschiedene Situationen, in denen das angebracht ist. Die erste liegt bei den soeben behandelten kubisch flächenzentrierten Kristallen vor. Wir haben durch Berechnen des Strukturfaktors F_{hkl} gefunden, daß dieser für (h,k,l) = (1,1,0) null wird (gemischte Miller-Indizes). Das beruht physikalisch darauf, daß die (1,1,0)-Ebenen - bezogen auf die kubische Elementarzelle - die Struktur nicht vollständig enthalten (Fig. 33).

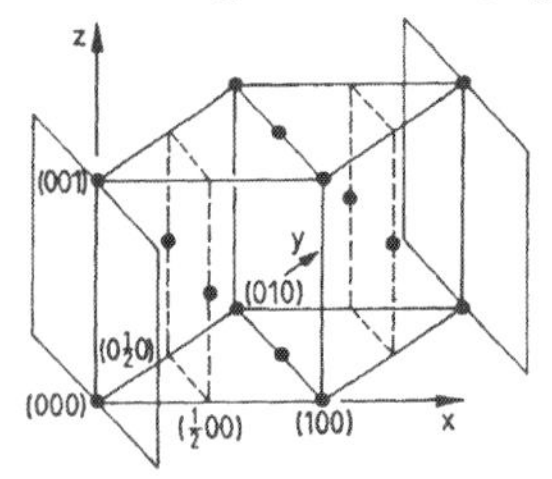

Fig. 33.. Die Auswahlregeln der erlaubten Reflexe am Beispiel der kfz. Kristallstruktur. Erst die Hinzunahme der gestrichelt gezeichneten Ebenen zu den (110)-Ebenen - also der Übergang zu den (220)-Ebenen - erfaßt alle besetzten Gitterplätze.

Es gibt in der Mitte zwischen je zwei (1,1,0)-Ebenen eine dazu parallele, mit Atomen besetzte Ebene. Wenn die an zwei benachbarten (1,1,0)-Ebenen "reflektierten" Elektronenwellen die Phasendifferenz λ haben, wenn diese also konstruktiv interferieren, dann ist die Phasendifferenz zwischen den an den (1,1,0)-Ebenen und an den Zwischenebenen reflektierten Wellen gerade λ/2, d. h. der Reflex (1,1,0) verschwindet durch destruktive Interferenz. (Genau derartige Betrachtungen sind in der Berechnung der Strukturfaktoren F systematisiert). Erst wenn die einfallende Welle steiler auf die Ebenenschar fällt, sodaß die Braggbedingung (1.74) für den gesamten Stapel von Ebenen und Zwischenebenen erfüllt ist, wird ein Reflex erscheinen; nun ist $d = d_{110}/2$. Bestimmen wir für diesen vollständigen Stapel die Miller-Indizes, erhalten wir (2,2,0).

Die Teilerfremdheit kann hier nicht gefordert werden, weil die kubische Beschreibung der kfz. Struktur nicht vollständig ist.
In anderen Fällen, in denen man von (mh,mk,ml)-Reflexen spricht, meint man die Reflexe höherer Ordnung zu dem Reflex (hkl). Die ganze Serie für m = 1, 2, 3.... nennt man dann auch die *systematischen Reflexe* zu dem Reflex (hkl). Bei der Elektronenbeugung werden systematische Reflexe in viel höherer Zahl beobachtet als bei der Röntgenbeugung: weil die Wellenlänge der Elektronenwellen so viel kleiner ist als die Ebenenabstände d, kann die Braggbedingung in vielen Ordnungen erfüllt werden.
Die Mehrzahl von Kristallen enthält mehrere Untergitter, die mit chemisch verschiedenen Atomen besetzt sind. Das trifft zu erstens bei chemischen *Verbindungen* wie NaCl, ZnS oder GaAs und zweitens bei *geordneten Mischkristallen*: jedes Untergitter ist von einer bestimmten Atomsorte besetzt. (Daß es davon lokale Abweichungen gibt, genau wie die geometrische Regelmäßigkeit des Kristallbaus Störungen aufweist, ist für den Physiker selbstverständlich. Alle diese Abweichungen vom Ideal werden als *Kristallbaufehler* (engl. crystal defects) zusammengefaßt und bilden einen der wichtigsten Gegenstände der Elektronenmikroskopie). Bekannte Beispiele für geordnete Mischkristalle findet man in dem Legierungssystem Kupfer-Gold. Durch geeignete Glühbehandlung kann man bei den Zusammensetzungen CuAu und Cu_3Au ereichen, daß von den vier Untergittern der kfz. Struktur zwei bzw. eines nur von Goldatomen besetzt wird. Dadurch ergibt sich für die Berechnung des Strukturfaktors F_{hkl} keine Schwierigkeit: wie schon im Anschluß an G. (1.75) bemerkt, hat man den Beitrag der einzelnen Untergitter mit dem entsprechenden Atomformfaktor f_i zu gewichten. Auf eine Folge ist aber ausdrücklich hinzuweisen: die sog. Auswahlregeln, die zum Ausfall bestimmter Reflexe führen, beruhen, wie gerade erläutert, auf der destruktiven Interferenz der am Grundgitter bzw. an hinzutretenden "Zwischenebenen" reflektierten Wellen. Sind diese Zwischenebenen nun aber nicht genauso besetzt wie die "Hauptebenen", dann wird die Auslöschung nicht vollständig sein. Um die praktische Bedeutung zu erläutern, betrachten wir die Verbindung GaAs. GaAs kristallissiert in der oben besprochenen Zinkblende-Struktur. Wir haben für Reflexe mit Miller-Indizes, deren Summe nicht durch 4 teilbar ist, einen Strukturfaktor proportional zur Differenz der Atomformfaktoren der beiden beteiligten Elemente (hier also Ga und As) gefunden. Das bedeutet physikalisch: die destruktive Interferenz der an den beiden Untergittern reflektierten Teilwellen ist nicht mehr vollkommen. Der Unterschied der Atomformfaktoren wird umso größer sein, je weiter die beiden Elemente A bzw. B im Periodischen System auseinanderliegen, d. h. je größer der Unterschied ihrer Ordnungszahlen Z ist. Bei GaAs (Z_{Ga} = 31, Z_{As} = 33) wird der (2,0,0)-Reflex nur schwach auftreten, hingegen wird er bei InP stark sein (Z_{In} = 49, Z_P= 15). Indem man den (2,0,0)-Reflex zum Aufbau des elektronenmikroskopischen Bildes heranzieht, kann man also aneinandergrenzende Gebiete des Objekts, die aus verschiedenen III-V-Verbindungen bestehen, unterscheiden, was ohne den beschriebenen Effekt praktisch unmöglich wäre. Man nennt Reflexe, deren Auftreten von der Besetzung der Un-

tergitter abhängt, *chemische Reflexe*. Sie werden bei dem sog. *chemical imaging* benutzt (vgl. Abschnitt 3.7.3).
In ähnlicher Weise kann man bei ordnungsfähigen Mischkristallen den erreichten Ordnungsgrad aus der Intensität der bei statistischer Besetzung der Untergitter verbotenen Reflexe (der sog. *Überstrukturreflexe*) bestimmen.
Auch hier ist man auf einen hinreichenden Unterschied der Ordnungszahlen der Komponenten angewiesen.

1.4.3.4 Das Beugungsdiagramm im Elektronenmikroskop

Nach diesem notwendigen Exkurs über die Geometrie der Elektronenbeugung an einem Kristall fragen wir nach der Realisierung im Elektronenmikroskop. Das *kristalline* Objekt liegt als dünne Platte vor und wird parallel, also von einer ebenen Welle mit Wellenvektor $\underline{k}_0$ beleuchtet. Die Welle ist hinreichend kohärent, sodaß die im vorigen Abschnitt besprochenen Interferenzen eintreten und eine Anzahl von ebenen gebeugten Wellen in den durch $\underline{k}_i = \underline{k}_{hkl}$ gegebenen Richtungen das Objekt auf seiner Rückseite verlassen. Diese ebenen Wellen werden, genau wie die ungebeugte "Nullwelle" oder der Nullstrahl, in der hinteren Brennebene des Objektivs in Punkten ("Reflexen") vereinigt (Fig. 34). Die Gesamtheit der Beugungspunkte nennt man das *Beugungsdiagramm* (auch "Beugungsmuster", engl. diffraction pattern) des Kristalls, welches selbstverständlich von der Orientierung des Kristalls zum einfallenden Strahl abhängt und die Bestimmung dieser Orientierung gestattet. Das Beugungsmuster eines Kristalls ist also ein Diagramm aus isolierten Intensitätsmaxima. Es stellt einen ebenen Schnitt durch das Reziproke Gitter (R.G.) orthogonal auf dem einfallenden Strahl $\underline{k}_0$ dar. Abb. 1 reproduziert als Beispiel das Beugungsdiagramm, das entsteht, wenn man eine einkristalline Siliziumfolie parallel zu einer <111>-Achse durchstrahlt. Das Muster von Beugungsmaxima um den Durchstoßpunkt P des Primärstrahls durch den Film stellt das Punktmuster in der (111)-Ebene des (kubisch raumzentrierten) R.G. dar, die durch den Ursprung (P) geht. Insbesondere erzeugen die $\{220\}$-Ebenen, welche die Strahlrichtung $[111]$ enthalten, den inneren Ring von Reflexen um P.
Man kann die Größe des Beugungsdiagramms in der hinteren Brennebene des Objektivs leicht berechnen (Fig. 34): Der Abstand des Reflexes (hkl) vom Zentrum des Beugungsdiagramms (dem Nullstrahl) ist $f \tan \Theta = f \tan 2\vartheta_B \sim f\, 2\vartheta_B = f\, \lambda/d_{hkl}$, d. h. für die inneren Reflexe von der Größenordnung 100 µm (f ist die Brennweite des Objektivs). Man wird das Beugungsdiagramm mit Hilfe der Folgelinsen vergrößern, wobei ein sehr weiter Bereich von Maßstäben (Beugungslängen) zur Verfügung steht. Verkippen des Objekts relativ zum einfallenden Elektronenstrahl bedeutet Verkippen des R. G. relativ zu der Strahlrichtung $\underline{k}_0$ und zur Ewaldkugel.

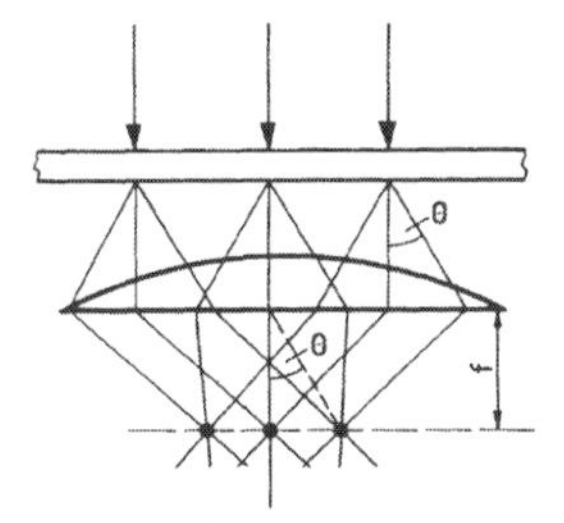

Fig. 34. Beugungsdiagramm in der hinteren Brennebene des Objektivs

1.4.3.5 Lauezonen

Das Reziproke Gitter kann wie jedes Gitter als aus Netzebenenscharen bestehend angesehen werden. Alle g-Vektoren, die eine Netzebene des R. G. bilden, repräsentieren Ebenen des Kristallgitters, die eine Gerade gemeinsam haben: diese Gerade ist parallel zu der Normalen auf der Netzebene des R. G. (Fig. 35). In der Geometrie nennt man Ebenen mit einer gemeinsamen Geraden (der *Zonenachse*) eine *Zone*. M. a. W.: jede Ebene des R. G. repräsentiert eine Zone im Gitter.

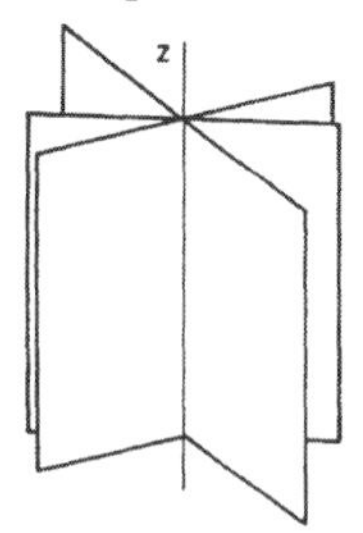

Fig. 35 Die Netzebenen einer Zone gehören zu einer Ebene im Reziproken Gitter, weil die Ebenennormalen und damit die g-Vektoren senkrecht auf der Zonnenachse Z stehen.

Ist das kristalline Objekt relativ zum einfallenden Elektronenstrahl so orientiert, daß dieser parallel zu der Kristallachse [hkl] einfällt, dann sind die im Zentrum des Beugungsdiagramms auftretenden $\underline{g}$ -Vektoren parallel zu den Normalen auf den Ebenen der Zone (hkl). In einigem Abstand vom Zentrum des Beugungsdiagramms macht sich die Krümmung der Ewaldkugel bemerkbar: diese verläßt die Netzebene des R. G. um nach einer Distanz ohne Reflexe die zur erstgenannten parallele nächste Ebene des R. G. zu durchdringen (Fig. 36). Läßt man genügend große Beugungswinkel zu, wiederholt sich das mehrmals. Man nennt die ringförmigen Zonen mit Re-

flexen im Beugungsdiagramm *Lauezonen* und numeriert diese mit null beginnend ("nullte Lauezone", engl. zeroth order Laue zone: ZOLZ).
Die Lauezonen höherer Ordnung (engl. higher order Laue zones: HOLZ, im einzelnen: first order FOLZ, second order SOLZ etc.) spielen eine große Rolle bei den Verfahren, die Beleuchtung mit konvergentem Elektronenstrahl verwenden (konvergente Elektronenbeugung, engl. convergent beam electron diffraction CBED).
Wir wollen die Geometrie der Lauezonen für einen typischen Fall berechnen. Das Objekt bestehe aus Kupfer (kfz. Struktur, Gitterkonstante a = 0,3 nm) und werde parallel zu einer [1,1,0]-Richtung mit 100 keV-Elektronen (λ = 3,7 10^{-3} nm) beleuchtet. In der nullten Lauezone des Beugungsdiagramms werden die Reflexe (g-Vektoren) der (110)-Zone erscheinen: (1,-1,1); (-1,1,1); (0,0,2); (-2.2.0) und die zugehörigen systematischen Reflexe.
Im (kubisch raumzentrierten) R. G. mit der Gitterkonstante 2/a = 6,66 nm^{-1} ist die dem Ursprung nächste, zu (110) parallele Ebene $\sqrt{2}/a$ = 4,7 nm^{-1} vom Ursprung entfernt.

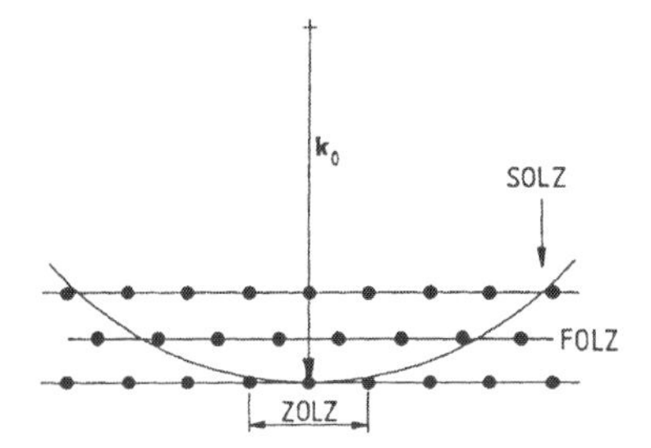

Fig. 36. Höhere Lauezonen

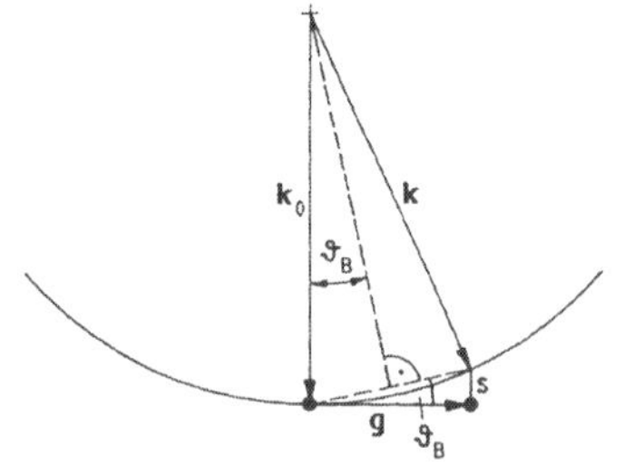

Fig. 37. Abweichungsparameter s und Braggwinkel ϑ_B bei symmetrischer Einstrahlung (parallel zu einer Zonenachse).

Fig. 37 zeigt, daß zwischen dem Abstand s der Ewaldkugel (Radius λ^{-1}) von der Tangentialebene und dem Beugungswinkel $2\vartheta_B$ die Beziehung besteht[29]: ϑ_B = s/g. Mit Hilfe der Braggschen Beziehung (Gl. 1.74) ergibt sich daraus: g^2 = (2s/λ). Setzt man für s den Abstand zwischen zwei benachbarten (110)-Ebenen im R. G. (4,7 nm^{-1}), erhält man für den Radius des Schnittkreises zwischen Ewaldkugel und der nächsten (110)-Ebene - also der ersten Lauezone - g = 50,5 nm^{-1}. Dazu gehört $2\vartheta_B$ = λ g = 0,186 oder 10,7°. Man muß also in diesem Fall Beugungswinkel von der Größenordnung 10° erfassen, will man die Reflexe der ersten Lauezone sehen. Geht man zu der Einstrahlrichtung [1 1 1] über, wirkt sich aus, daß die {1 1 1}-Ebenen im krz. R.G. weniger dicht belegt sind als die {1 1 0}-Ebe-

29 Bei den in Frage kommenden kleinen Winkeln können Sinus und Tangens des Winkels praktisch gleich dem Winkel (im Bogenmaß) gesetzt werden.

nen und deshalb näher beieinander liegen: hier ist $s = (a\sqrt{3})^{-1} = 1{,}92\ \mathrm{nm}^{-1}$ und der Radius der ersten Lauezone im Winkelraum 6,8°.

1.4.3.6 Jenseits der kinematischen Näherung: Umweganregung

Die Erörterung der Beugung schneller Elektronen an einer einkristallinen Scheibe wäre unvollständig, fragte man nicht, welche Folgen es hat, daß die Vorstellung in den meisten Fällen unrealistisch ist, die Elektronen würden im Objekt nur einmal gestreut. Glücklicherweise braucht zur Beantwortung dieser Frage die dynamische Theorie der Beugung noch nicht entwickelt zu werden. Es genügt sich vorzustellen, daß die gebeugten Wellen bei genügender Dicke des Objekts in demselben ihrerseits anregende Wellen für sekundäre Beugung werden. Die Folge ist dann, daß man das die primäre Beugung beschreibende Beugungsdiagramm so verschieben muß, daß das Zentrum (der Nullstrahl) auf die verschiedenen Beugungsmaxima (Reflexe) fällt. (Natürlich werden i. a. diese sekundären Reflexe schwächer sein als die primären). In vielen Fällen koinzidieren die sekundären Reflexe mit primären. Tatsächlich ist es so, daß durch diesen *Umweganregung* (engl. double diffraction) genannten Prozeß nur dann *neue*, im primären Beugungsdiagramm noch nicht enthaltene Reflexe entstehen, wenn die Kristallstruktur des Objekts auch bei Wahl der primitivsten Elementarzelle mehrere Atome in dieser Zelle enthält. Das bedeutet, daß z. B. unter den oben behandelten Kristallstrukturen bei kubisch flächenzentrierten Kristallen durch Umweganregung keine Modifikation der *Geometrie* des Beugungsdiagramms eintreten kann[30], wohl aber bei Kristallen mit Diamantstruktur: die Addition von $g_1 = a^{-1}$ (-1, 1, 1) und $g_2 = a^{-1}$ (1, -1, 1) ergibt als Resultat $g_3 = a^{-1}$ (0, 0, 2), also einen Reflex, den wir bisher als verboten behandelt haben (Fig. 38).
Aus der oben gegebenen Erklärung der Entstehung der sekundären Beugungsreflexe folgt, daß diese nur zu beobachten sein werden, wenn die

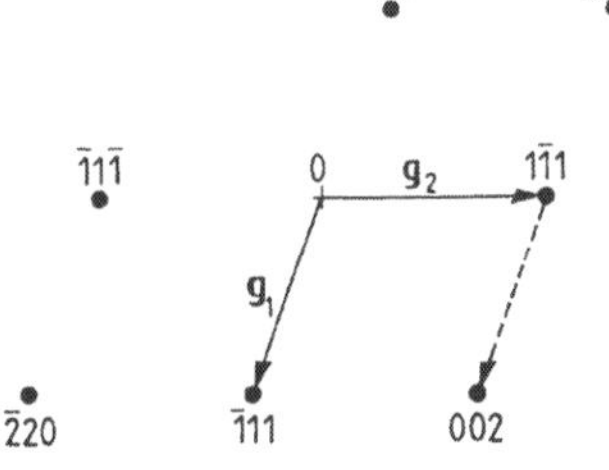

Fig. 38 Umweganregung des Reflexes (0,0,2) in der Diamantstruktur. (Einstrahlung parallel zu [1,1,0]).

---

[30] Der Grund ist einfach: Summe und Differenz aller g-Vektoren mit ungemischten Komponenten (Miller-Indizes) ergeben wieder Vektoren mit ungemischten Indizes.

Ewaldkugel *sowohl* durch den Endpunkt von $\underline{g}_1$ *als auch* den von $\underline{g}_3$ geht. Man nennt die Reflexe, die aufgrund von Auswahlregeln nicht auftreten, solange der dynamische Effekt der Umweganregung nicht zu berücksichtigen ist, "kinematisch verboten". Nach dem früher Gesagten muß man erwarten, daß Umweganregung umso stärker auftritt, je dicker das Objekt ist.

1.4.3.7 Der Einfluß der Objektgröße auf das Beugungsdiagramm

a) Der Einfluß der Objektdicke auf das Beugungsdiagramm

Objekte der Elektronenmikroskopie sind immer dünn (man spricht deshalb oft von "Folien"). Hier soll der Frage nachgegangen werden, in welcher Weise dies im Fall kristalliner Objekte die Elektronenbeugung beeinflußt. Um die Richtung der Überlegung vorzugeben, sei daran erinnert, daß bei der Beugung von Licht an einem Gitter die Zahl der Spalte die Schärfe der Beugungsmaxima bestimmt. Im Analogieschluß kann man vermuten, daß die Kleinheit der Anzahl von Gitter-Netzebenen, an denen die Elektronenwelle gebeugt wird, dazu führt, daß der Kristall auch dann noch relativ starke Beugung macht, wenn er sich nicht exakt in Braggorientierung befindet. Man wird dabei zu beachten haben, daß das Objekt nur in einer Raumrichtung (eben der Dicke t) ein kurzes Gitter darstelllt.

Um die Umgebung eines Punktes $\underline{g}$ des R.G. auf seine "Reflexionsfähigkeit" zu untersuchen, setzen wir eine Berechnung der Amplitude ψ der gebeugten Welle an, die die Verteilung der Streufähigkeit ausschließlich insofern berücksichtigt, als diese innerhalb des Probenvolumens gleich eins und außerhalb gleich null gesetzt wird. Statt einer Summe über die streuenden Atome tritt dann ein Integral über das Objektvolumen V.

$$\psi = \frac{\psi_o}{V} \int dx \int dy \int_{-t/2}^{t/2} dz \, \exp\{2\pi\, i\, (\underline{g} + \underline{s})\, \underline{r}\}\, d^3\underline{r}$$

Der (kleine) Vektor $\underline{s}$ bezeichnet die Abweichung der Kristallorientierung von der exakten Bragg-Orientierung, d. h. der Abstand zwischen dem R. G.-Punkt $\underline{g}$ und der Ewald-Kugel (Fig. 39). Wir lassen die Integration der Funktion $\exp\{2\pi\, i\, \underline{g}\, \underline{r}\}$ im folgenden beiseite, weil sie einen von $\underline{s}$ unabhängigen Faktor ergibt.

Die Integration in den Richtungen x und y erfolgt über die Probenfläche (ab), soweit sie (kohärent) beleuchtet ist, in z-Richtung bedeutet t die Dicke der Probe.

Ausführung des restlichen Integrals ergibt folgendes Produkt:

$$\psi/\psi_o = (\pi^3\, V\, s_x s_y s_z)^{-1} \sin(s_x a\pi) \cdot \sin(s_y b\pi) \cdot \sin(s_z t\pi)$$

$$= \frac{\sin(s_x a\pi)}{s_x a\pi} \, \frac{\sin(s_y b\pi)}{s_y b\pi} \, \frac{\sin(s_z t\pi)}{s_z t\pi} \tag{1.79}$$

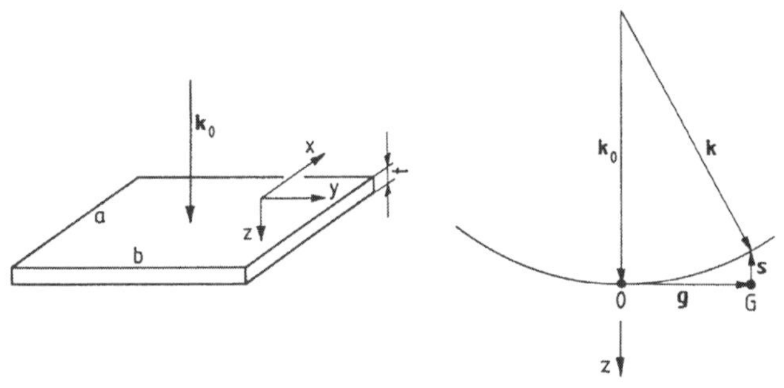

Fig. 39. Beugung einer ebenen Welle an einem plattenförmigen Objekt (Dicke in Strahlrichtung: t).

Soll dieses Produkt dreier Spaltfunktionen einen starken Reflex darstellen, müssen die Argumente aller drei Funktionen deutlich kleiner als π sein. Weil die Abmessungen a und b groß sind, gelingt dies bei den ersten zwei Faktoren nur, wenn s_x und s_y vernachlässigbar klein sind. Hingegen ist t klein (i. a. < 100 nm), sodaß für s_z ein größerer Spielraum zur Verfügung steht. Benutzen wir die erste Nullstelle der Spaltfunktion bei π als großzügiges Kriterium, dann darf s_z bis $\pm\ t^{-1}$ gehen, ohne daß der Reflex verschwindet.

Fassen wir das Ergebnis zusammen: hat das kristalline Objekt die Dicke t, dann darf die Spitze des Beugungsvektors $\underline{g}$ um t^{-1} von dem zugehörigen Punkt des R. G. *in Richtung der Foliennormalen* abweichen. Man sagt auch: die Punkte des R. G. sind durch die spezielle Objektform zu "Strichen" (engl. spikes) parallel zur Probennormalen ausgezogen.

b) Der Einfluß der Flächenausdehnung des Objekts. Die Fresnelsche Zonen konstruktion

Bei der Berechnung der von einem streuenden Gebiet ausgehenden Sekundärwelle (Gl.1.43) wurde die Streuamplitude $f(\underline{q})$ von dem Faktor $R^{-1}\exp(-\ i\ 2\pi \underline{k}_o \underline{R})$ abgespalten, der die Abstandsabhängigkeit der Streuamplitude vom Streugebiet als diejenige einer Kugelwelle berücksichtigt. Solange als streuendes Gebiet eine einzelne Elementarzelle vorgestellt wird, bleibt dieser Faktor erhalten. Handelt es sich aber um Beugung an dem (scheibenförmigen) Objekt, erwartet man für die gebeugten Wellen eher die Eigenschaften ebener Wellen, deren Amplitude nicht vom Abstand des Detektors vom Objekt abhängt. Wie man mit Hilfe der *Fresnelschen Zonenkonstruktion* zeigen kann, ist diese Erwartung vernünftig.

Wir betrachten eine quasi-zweidimensionale (also dünne) Kristallscheibe der Dicke t, die von einer Seite mit einer ebenen (kohärenten) Welle beleuchtet wird (Fig. 40).

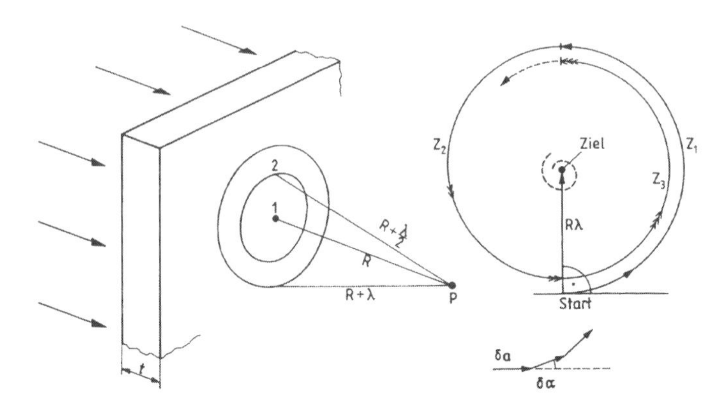

Fig. 40. Fresnelsche Zonenkonstruktion mit Phasen-Amplitudendiagramm.
1, 2: erste (Z_1) bzw. zweite (Z_2) Fresnelzone. Radius von Z_1: $\sqrt{(R + \lambda/2)^2 - R^2} \approx \sqrt{(R\lambda)}$. Radius von Z_2: $\sqrt{(2R\lambda)}$. Fläche von Z_2 = $2\pi R\lambda - \pi R\lambda$ = Fläche von Z_1..

Von jedem Punkt der Rückseite dieser Scheibe gehe eine Sekundärwelle aus, deren Entstehung der Beugung der anregenden Welle in der Scheibe zu verdanken ist. Die Amplitude der Sekundärwellen wird durch ein Streuvermögen S des Objekts pro Volumen bestimmt; handelt es sich bei den Sekudärwellen um einen Braggreflex zu dem Vektor $\underline{g}$ des R. G., ist $S = F_g/V_z$, wo F_g der Strukturfaktor zu $\underline{g}$ ist und V_z das Volumen der Elementarzelle. Über die Richtungsabhängigkeit der Sekundärwellen muß nur angenommen werden, daß ihre Amplitude in Vorwärtsrichtung maximal ist, während sie nach den Seiten hin kontinuierlich abnimmt. Wir wollen die Sekundärwellen in einem Punkt P unter Beachtung der Wegunterschiede der einzelnen Sekundärwellen aufsummieren.

Wir teilen mit Fresnel die rückwärtige Oberfläche des Objekts in ringförmige Zonen ein, deren Ränder so bestimmt sind, daß der Weg von diesen Rändern bis P von Zone zu Zone um $\lambda/2$ zunimmt (Fig. 40). Die Idee dabei ist, den Wegunterschied aus den einzelnen Zonen nach P so zu bemessen, daß die aus benachbarten Zonen in P eintreffenden Wellen destruktiv interferieren, sich also auslöschen. Selbstverständlich muß die Fläche der Zonen berücksichtigt werden. Eine einfache Rechnung zeigt, daß die Fläche aller Zonen gleich ist, solange der Abstand R zwischen P und dem Objekt groß ist im Vergleich zur Wellenlänge λ der Strahlung (hier der Elektronen). Die Fläche jeder der Fresnelschen Zonen ist ($\pi R\lambda$).

Die von der ersten Zone nach P kommende Welle berechnen wir mit Hilfe des Amplituden-Phasen-Diagramms (APD) (vgl. Fig. 3): Schwingungen werden dabei nach Amplitude und Phasenlage durch Vektoren (Pfeile) dargestellt, wobei die Länge des Pfeils der Amplitude und die (relative) Winkellage der Phase entsprechen. Man stellt sich die (schmale) erste Zone in

differentielle Ringe eingeteilt, deren jede in P eine Schwingung gleicher Amplitude δa, aber jeweils um einen Phasenwinkel $\delta\varphi$ verschoben, erzeugt. So entsteht für die Gesamtschwingung in P ein Polygon aus Vektoren (Fig. 40), das beim Grenzübergang zu unendlich vielen, unendlich kleinen Vektoren in einen Halbkreis übergeht. Ein Halbkreis muß deshalb enstehen, weil der erste und der letzte Ring nach Definition der ersten Fresnelzone in P Schwingungen erzeugen müssen, die in der Phase um $(2\pi/\lambda)(\lambda/2) = \pi$ relativ zueinander verschoben sein müssen. Das APD dient nun dazu, alle Teilschwingungen aufzusummieren: die resultierende Schwingung in P, soweit sie von Wellen aus der ersten Fresnelzone herrührt, entspricht dem Durchmesser des Halbkreises. Die Gesamtlänge aller Vektoren $\sum\delta a$, also die Bogenlänge des Halbkreises $\pi\rho$, ist proportional zur Fläche der ersten Fresnelzone. Die Resultierende, d. h. der Durchmesser des Halbkreises 2ρ, ist also proportional zu $(2\rho/\pi\rho)\ (\pi R\lambda) = 2R\lambda$.
Die zweite und alle folgenden Fresnel-Zonen können nun nach dem gleichen Verfahren bestimmt und zusammengefügt werden: jede Zone erzeugt im APD wieder einen Halbkreis, der phasenmäßig an die vorhergehende Zone anschließt; allerdings werden die Halbkreise kontinuierlich kleiner, weil vorausgesetzt wurde, daß die steilere Abstrahlrichtung der äußeren Zonen zu einer verkleinerten Amplitude führen soll. Auf diese Weise entsteht eine Spirale, die bei unendlicher Ausdehnung der Scheibe (des Objekts) in den Mittelpunkt des Halbkreises der ersten Zone einläuft. Das bedeutet: unter den gegebenen Voraussetzungen erzeugt eine unendlich ausgedehnte Scheibe in dem Punkt P die gleiche Gesamt-Sekundärwelle wie die *halbe* erste Fresnelzone[31] und zwar um $\pi/2$ gegenüber der anregenden Welle phasenverschoben.
In P entsteht eine Streuwelle

$$\psi = \psi_0\ i\ (R\lambda) S\ t\ \frac{\exp(-2\pi i \underline{k}_0 R)}{R}$$

Das wesentliche Ergebnis der Betrachtung tritt hier zutage: je weiter man den Beobachtungspunkt P vom Objekt entfernt, umso größer wird die erste Fresnelzone, sodaß die Amplitude der gebeugten Welle nicht mehr von R abhängt. Einsetzen von S (= F_g/V_z) ergibt:

$$\psi = \psi_0\ i\ (\lambda\ F_g/V_z)\ t\ \ \exp(-i2\pi \underline{k}_o R) \tag{1.80}$$

Fresnels' geniale Prozedur führt zum richtigen Ergebnis, ohne mathematisch ganz korrekt zu sein. Eine Diskussion findet sich in M. Born: Optik § 44. Wir wollen uns deshalb nicht mit Fragen nach der Konvergenz des Verfahrens aufhalten, sondern untersuchen, ob die Beschreibung des diskreten, aus Atomen bestehenden Objekts durch ein streuendes Kontinuum gerechtfertigt ist. Zu diesem Zweck berechnen wir den Durchmesser der ersten Fresnelschen Zone für eine Entfernung R = 1 cm zwischen Objekt und Detektor: $\rho_1 = \sqrt{(R\lambda)} = 200$ nm (für 100 keV-Elektronen). Die erste Zone

---

31 Dieses überraschende Ergebnis kann durch Experimente mit Licht bestätigt werden.

enthält also größenordnungsmäßig tausend Elementarzellen im Durchmesser und kann mit gutem Grund als Kontinuum behandelt werden.
Gl. 1.80 behauptet, die Sekundärwelle - also der Braggreflex $\underline{g}$ - habe eine zur Probendicke t proportionale Amplitude. Das ist Ausdruck der Tatsache, daß wir auf dem Boden der *kinematischen Näherung* für die Beugung an einem Kristall' stehen. Für die spezielle Objektdicke $t_c = (V_z / F_g \lambda)$ erscheinen die Amplituden der gebeugten und der anregenden Welle gleichgroß, ohne daß diese geschwächt wäre. Das widerspricht natürlich dem Energieprinzip. Anders ausgedrückt: bei dieser Dicke ist die kinematische Näherung sicher weit überzogen. Z. B. ergibt sich für den (1,1,1)-Reflex bei Aluminium ($V_z = 6{,}6\ 10^{-2}$ nm^3, $F_{111} = 0{,}84$ nm) und 100 keV-Elektronen $t_c = 21{,}2$ nm. Wenn dieser Wert auch aufgrund des relativ ungenau bekannten Atomformfaktors f um 20% von den Tabellenwerten abweicht, gibt er doch einen Eindruck von der sehr beschränkten Probendicke, bis zu der selbst bei einem leichten Element die kinematische Näherung anwendbar ist. Das tangiert aber die Betrachtungen über den Charakter der gebeugten Wellen als ebene Wellen nicht. Wir werden der hier eingeführten charakteristischen Probendicke t_c- mit dem Faktor π multipliziert- später als *Extinktionsdistanz* ξ_g wiederbegegnen.

1.4.3.8 Beugungskontrast

Das Objektiv hat die als ebene Wellen auffallenden Beugungsreflexe in konvergente Kugelwellen verwandelt, die in der Brennebene zu "Brennpunkten" vereinigt werden. Läßt man die Kugelwellen nach dieser Vereinigung wieder auseinanderlaufen und einander überlappen, erhält man in der Ebene des ersten Zwischenbildes ein Bild der Kristallstruktur (genauer: eine ebene Projektion derselben) (vgl. Fig. 1b). Damit werden wir uns im dritten Hauptteil beschäftigen.
Man kann aber auch anders verfahren: man kann die Aperturblende in der hinteren Brennebene des Objektivs so plazieren, daß *nur* der Nullstrahl (sog. *Hellfeldabbildung*) oder *nur* ein bestimmter Reflex passieren kann (*Dunkelfeldabbildung "im Licht des betreffenden Reflexes")*. Dann kommt nach dem früher Gesagten kein Bild im eigentlichen Sinn zustande, denn das erfordert gerade Interferenz mehrerer gebeugter Wellen in der Bildebene (vgl. auch Anhang A1.6). Was man aber bemerkt, sind Helligkeitsunterschiede (Kontraste) in der Bildebene, die daher rühren, daß es innerhalb des Objekts Orientierungsunterschiede des Gitters gibt. Bereiche, in denen die Braggbedingung für den Reflex (hkl) exakt erfüllt ist, werden im Hellfeld dunkler erscheinen als solche, in denen eine gewisse Abweichung von der genauen Bragg-Orientierung vorliegt. Umgekehrt werden die erstgenannten Gebiete im Dunkelfeld hell auf dunklem Hintergrund erscheinen.
Dieses Verfahren, relativ weiträumige Orientierungsdifferenzen in Kristal len zu analysieren, findet ausgedehnte Anwendung bei der Untersuchung von Inhomogenitäten in kristalliner Materie. Die Anforderungen an das Auflösungsvermögen des Mikroskops sind dabei bescheiden (etwa 1 nm).

Weil die quantitative Auswertung der entstehenden Bilder nicht ganz einfach ist, werden wir uns im 2. Hauptteil näher mit der Technik der *Beugungskontrast-Mikroskopie* (engl. diffraction contrast) zu befassen haben.

1.4.4 Die inelastische Streuung schneller Elektronen durch Materie

Ein gewisser Prozentsatz der auf das Objekt fallenden Elektronen verliert bei der Wechselwirkung mit den Atomrümpfen und Valenzelektronen einen Teil seiner kinetischen Energie, wobei das Objekt in einen höheren Energiezustand versetzt ("angeregt") wird. Die übertragene Energie kann in Form von Schwingungen des Atomverbandes (Phononen) oder des Elektronenkollektivs (Plasmonen) vorliegen oder als Anregung bzw. Ionisation eines Einzelatoms. Solche Streuprozesse sind *inelastisch* im Sinn der Mechanik und bedeuten dann auch ein Ausscheiden des gestreuten Elektrons aus dem monochromatischen Elektronenfluß (optisch inelastische Streuung), wenn der Energieverlust größer ist als einige Zehntel Elektronenvolt. (Bleibt der Energieverlust unter dieser Grenze, wie bei der Anregung von Phononen, spricht man auch von *quasielastischer Streuung).* Während wir bei der Behandlung der (mechanisch) elastischen Streuprozesse gefunden haben, daß eine Wellenlängenänderung der gestreuten Elektronen nur für die wenigen *rückgestreuten* Elektronen in Frage kommt, können bei den (mechanisch) unelastischen Streuprozessen auch solche Elektronen eine merkliche Wellenlängenänderung aufweisen, die unter kleine Streuwinkel fallen.

Inelastisch gestreute Elektronen werden wegen des chromatischen Abbildungsfehlers des Objektivs nicht in der gleichen Bildebene vereint wie die elastisch gestreuten, scheiden also für den Aufbau eines scharfen Bildes aus. Sie wirken sich i. a. sogar schädlich aus, weil sie als diffuser Untergrund die Bildkontraste abschwächen. Dieser *diffuse Streuuntergrund* erscheint bei kristallinen Objekten zwischen den Braggreflexen im Beugungsbild.

Wegen der "Unbrauchbarkeit" inelastisch gestreuter Elektronen für die Abbildung wird die inelastische Streuung der Elektronen i. a. kürzer behandelt als die elastische. Das darf nicht zu dem Eindruck führen, es handele sich um einen kleinen Effekt. Bei leichten Elementen überwiegt die Zahl der inelastisch gestreuten Elektronen diejenige der elastisch gestreuten. Außerdem hat die inelastische Streuung an Interesse gewonnen, seitdem man sowohl die Energieänderung der gestreuten Elektronen als auch die Reaktion des Objekts zur chemischen Analyse des Objekts im Elektronenmikroskop nutzt (Analytische Elektronenmikroskopie AEM, vgl den vierten Hauptteil).

Wie oben erwähnt, wird die inelastische Elektronenstreuung durch vier wesentliche Prozesse dominiert, von denen nur einer an einem bestimmten Atom lokalisierbar ist, nämlich die Anregung eines Elektrons aus einem tiefen Zustand des Ionenrumpfs in einen höheren (engl. inner-shell excitation). Die anderen sind mehr oder weniger nicht-lokal: die Anregung eines

Valenzelektrons (valence band single electron excitation), die Erzeugung (oder Vernichtung) einer Schwingung des *Kollektivs der freien Elektronen* (plasmon scattering) bzw. des Kristallgitters (phonon scattering). Die letztgeannnte Streuung der Elektronen an den thermischen Gitterschwingungen wird in Abschnitt 1.4.6 getrennt behandelt, weil sie eine Umverteilung der Elektronen im Richtungsraum, aber nicht auf der Energieskala bewirkt (quasielastische Streuung). Eine eingehende Behandlung der verbleibenden drei Prozesse (vgl. Reimer, Transmission Electron Microscopy, 1993) würde den Rahmen dieses Textes sprengen. Eine Plausibilitätsbetrachtung der Ergebnisse der Theorie ist aber unverzichtbar wegen der Bedeutung der inelastisch gestreuten Elektronen.
Wir werden die inelastischen Streuprozesse in der Reihenfolge abnehmender Größe des Energieverlustes ΔE der Elektronen behandeln: 1) Anregung von Rumpfelektronen (ΔE > 40 eV) (Abschnitt 1.4.4.1); 2) Anregung von Plasmonen (10 eV < ΔE < 40eV) (Abschnitt 1.4.4.2); 3) die Anregung von einzelnen Valenzelektronen (0,3 eV < ΔE < 10 eV) bildet den Ausläufer der Plasmonenanregung bei großen Streuwinkeln (vgl. die Diskussion bei Gl. 1.93) und 4) Streuung an Phononen (ΔE < 0,3 eV) (Abschnitt 1.4.6).
Inelastische Streuprozesse sind untereinander nicht korreliert, sie erfolgen nicht an einer geometrisch regelmäßigen Anordnung von Streuzentren, sie sind in vielen Fällen sogar nicht lokal[32]. Man kennzeichnet diesen Sachverhalt, indem man die inelastische Streuung *inkohärent* nennt. Zusammen mit der Wellenlängenänderung bewirkt diese Inkohärenz, daß inelastisch gestreute Elektronen weder mit den elastisch gestreuten Elektronen noch untereinander interferenzfähig sind. Man sollte aber Inkohärenz infolge fehlender Korrelation der Streuzentren begrifflich unterscheiden von Inkohärenz des *einzelnen* Streuprozesses (vgl. 1.4.1).

1.4.4.1 Inelastische Streuung am Einzelatom durch Anregung von Rumpf-Elektronen

Bei der Absorption von Energie der Strahlelektronen durch die bei den Atomen des Objekts lokalisierten Rumpf- und Bindungs-Elektronen können entsprechend dem Schalenaufbau der Elektronenhülle nur ganz bestimmte Energiebeträge, eben die Anregungsenergien der betr. Atomsorte, aufgenommen werden. H. Bethe (Nobelpreis 1967) hat 1930 für den zugehörigen Streuquerschnitt σ_{inel} einen Ausdruck angegeben:

$$\sigma_{inel} = \sum 8\pi/a_B^2)\, u^{-4}\, (k'/k)\, |\varepsilon_{on}|^2 \sin \Theta \qquad (1.81)$$

(a_B: Bohrscher Radius, Θ: Streuwinkel)
Dabei ist ε_{on} das Matrixelement für den Übergang vom Grundzustand zum n. angeregten Zustand des Atoms. k bzw. k' sind die Wellenzahlen des Strahlelektrons vor bzw. nach dem Stoß. Für sie muß gelten (mit $k = \lambda^{-1}$):

[32] Eine Plasmaschwingung kann sogar von einem Elektron angeregt werden, während es sich noch außerhalb des Objekts befindet.

(1.82) $\quad h^2(k'^2 - k^2) = 2m\,\Delta E$

wenn ΔE der zu einem bestimmten Anregungsprozeß gehörende Energieübertrag ist. Wie in 1.4.3 ist

$$\underline{u} = \underline{k}' - \underline{k}.$$

Es gibt also einen eindeutigen Zusammenhang zwischen $u = |\,\underline{k}' - \underline{k}\,|$ und der übertragenen Energie. Für Streuwinkel null, d. h. $\underline{k}'$ und $\underline{k}$ sind parallel, wird u nicht null (wie bei elastischer Streuung) sondern erreicht einen Minimalwert:

(1.83) $\quad u_{min} = m\,\Delta E\,/(h^2\,k)$

(Hierbei ist $(k' + k) \sim 2\,k$ gesetzt worden).

Um in Gl. (1.81) nicht über alle möglichen Anregungsprozesse eines Atoms summieren zu müssen, hat Koppe vorgeschlagen, als mittlere Anregungsenergie die halbe Ionisierungsenergie J/2 zu benutzen.

Der differentielle Streuquerschnitt für inelastiche Streuung sei in der allgemeinen, für die erste Bornsche Näherung typischen Form angesetzt (der Vorfaktor vor S(u) in Gl. (1.84) entspricht dem Faktor Z^2 aus Gl. (1.51) mit $R \to \infty$; dabei ist zu beachten, daß $d\sigma/d\Omega \sim f^2(u)$ und die Wellenzahlen in Gl. (1.51) 2π-mal größer waren als hier).

(1.84) $\quad d\sigma/d\Omega_{in} = \dfrac{1}{4\pi^4 a_B{}^2 u^4}\,S(u)$

Gesucht ist die Streufunktion S(u). F. Lenz hat darauf hingewiesen, daß unter den verschiedenen im Rahmen der Quantentheorie der Streuung hergeleiteten Ausdrücken für die Elektronenstreuung nur solche Ansätze brauchbar sind, die vor allem für kleine Streuwinkel Θ gültig bleiben. Dies liegt daran, daß die inelastische Elektronenstreuung - im Gegensatz zu den Verhältnissen bei der Röntgenstreuung - bei kleinen Winkeln die elastische übertrifft. Überdies sind es wegen der notorisch kleinen Aperturen der Elektronenstrahlengänge gerade die unter kleinen Winkeln gestreuten Elektronen, die im Strahlengang bleiben. Lenz schlägt deshalb vor, für S den von Raman und Compton hergeleiteten Ausdruck

(1.84a) $\quad S(u) = Z - \dfrac{f_X^2(u)}{Z}$

zu benutzen. (Daß hier der Atomformfaktor f_X für Röntgenstrahlen auftaucht, ist nicht verwunderlich, weil auch die inelatische Streuung der Elektronen von der Elektronenverteilung in den streuenden Atomen abhängt, die sich in f_X widerspiegelt).

Benutzen wir nun wieder das bewährte Atommodell von Wentzel (Gl.1.60) d. h.

$$f_X(u) = \frac{Z}{\left[1 + (2\pi uR)^2\right]}$$

dann wird

(1.85) $$d\sigma/d\Omega_{in} = \frac{Z}{4\pi^4 a_B^2 \ u^4} \left\{1 - \frac{1}{[1 + (2\pi uR)^2]^2}\right\}$$

Für $2\pi uR$ haben wir bei Gl. (1.63) bereits die Abkürzung Θ/Θ_o eingeführt. Für u ergibt die Fig. 41 mit Hilfe des Cosinussatzes:

(1.86) $$k'^2 = k^2 + u^2 - 2\,k\,u \cos\eta$$

wegen $u^2 \ll (k'^2 - k^2)$ ist

$$u \cos\eta = (k^2 - k'^2)/2k = \Delta E\, m/(h^2 k) = k\, \Delta E\, /2\, E.$$

Wie sogleich ersichtlich werden wird, ist es sinnvoll, für ($\Delta E/2E$) einen Winkel Θ_E einzuführen.
Andererseits zeigt Fig. 41, daß $u^2 = (k' \sin\Theta)^2 + (u \cos\eta)^2$, was wegen $k' \approx k$ und wegen der Kleinheit von Θ gleich

(1.87) $$u^2 = k^2\,(\Theta^2 + \Theta_E{}^2)$$
gesetzt werden kann.

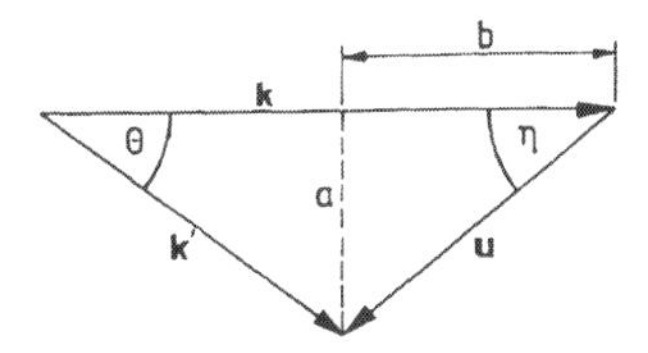

Fig. 41 Geometrie der inelastischen Streuung

Benutzen wir noch $k = \lambda^{-1}$, ergibt sich aus (1.85) und (1.87) der im folgenden zu diskutierende Ausdruck für den differentiellen Streuquerschnit für inelastische Elektronenstreuung durch Atomanregung:

(1.88) $$d\sigma/d\Omega|_{in} = \frac{\lambda^4 Z}{4\pi^4 a_B^2} \frac{1}{(\Theta^2 + \Theta_E{}^2)^2} \left[1 - \frac{1}{[1 + (\Theta/\Theta_o)^2]^2}\right]$$

Der *totale* inelastische Streuquerschnitt - soweit die übertragene Energie zu Atomanregung benutzt wird - ist (vgl. Gl. (1.84)):

$$\sigma_{in} = 1/(4\pi^4 a_B^2) \int u^{-4}\, S(u)\, d\Omega$$

Da $u \approx 2/\lambda \sin\Theta/2 \approx \Theta/\lambda$ (Fig. 22), ist
$d\Omega = 2\pi\,(\sin)\Theta\, d\Theta = 2\,\pi\,\lambda^2\, u\, du$ und

$$\sigma_{in} = 1/(2\pi^3 a_B^2)\ \lambda^2 \int_{u_{min}}^{\infty} u^{-3}\, S(u)\, du$$

Als untere Grenze der Integration hat man den oben berechneten (Gl. (1.83)) Mindestwert von u zu benutzen, die obere Grenze kann nach Unendlich geschoben werden, weil der Streuquerschnitt für große u sehr stark verschwindet. Für S(u) wird der Ausdruck (1.84a) mit f_X des Wentzelatoms benutzt. Bei der Integration genügt es, das Glied mit u^{-1} im Integranden zu berücksichtigen. So ergibt sich:

$$(1.89) \qquad \sigma_{in} = (4/\pi)\, \lambda^2\, Z^{1/3}\, (\, 1 + (eU/m_oc^2)^2\, \ln \{(2\pi\, u_{min}\, R)^{-1}\}$$

Wieder war $(R/a_B) = a_{Bo}/(Z^{1/3}a_B)$ durch $Z^{-1/3}\,(m/m_o) = Z^{-1/3}\,(1 + eU/m_oc^2)$ zu ersetzen.
Für $u_{min} = m\,\Delta E/(h^2 k)$ ist mit $\Delta E = J/2$ und $k = \lambda^{-1}$ zu setzen: $m\,J\,\lambda/(2h^2)$.

Die Anregung von Elektronen aus den inneren Schalen der Atome bewirkt unter allen Energieverlust-Prozessen die größten Energieverluste ΔE. Ab ΔE = 40 eV dominieren diese inner shell excitations das Elektronen-Energie-Verlust-Spektrum (EELS: electron energy loss spectrum). Sehr wichtig ist der *lokale* Charakter dieser Prozesse: da sie an einem einzelnen Atom stattfinden, ermöglichen sie eine chemische Analyse mit hoher Ortsauflösung (nm) (vgl. den 4. Hauptabschnitt: AEM).

Vergleichende Betrachtung der in den Gln. (1,64) und (1.65) bzw. (1.88) und (1.89) zusammengefaßten Ergebnisse der Berechnung der elastisch bzw. inelastisch *am Einzelatom* gestreuten Elektronenströme bringt einige grundsätzlich wichtige Befunde zutage:

1) Sowohl die elastisch wie die inelastisch gestreuten Elektronen sind in einen engen *Winkelbereich* um die Vorwärtsrichtung ($\Theta = 0$) gebündelt.
Die Intensität der elastisch gestreuten Elektronenwelle nimmt von $\Theta = 0$ bis $\Theta = \Theta_o$ auf ein Viertel ab (Gl. (1.64)). $\Theta_o = \lambda/(2\pi R) = \lambda\, Z^{1/3}/(2\pi a_{Bo})$ ist für 100 keV-Elektronen bei Z = 10 gleich 23 10^{-3} (für Z = 50 gleich 41 10^{-3} oder etwa 2,3°). $d\sigma/d\Omega|_{el}$ ist für kleine Winkel ($\Theta < \Theta_o/4$) praktisch konstant (Fig. 42).
Die inelastisch gestreuten Elektronen sind noch stärker nach vorwärts gebündelt (Gl. 1.88). Hier spielt Θ_E die Rolle des "Viertelwert-Winkels".
$\Theta_E = J/(4E)$ ist von der Größenordnung 10^{-4}. $d\sigma/d\Omega|_{in}$ fällt im wichtigen Winkelbereich wie Θ^{-2} (Fig. 42).
2) Die Abhängigkeit vom streuenden *Material* (Ordnungszahl Z) interessiert vor allem bei dem totalen Streuquerschnitt σ: σ_{el} ist proportional zu $Z^{4/3}$ (Gl. (1.65)), während σ_{in} nur mit der dritten Wurzel von Z geht (Gl. (1.89)).

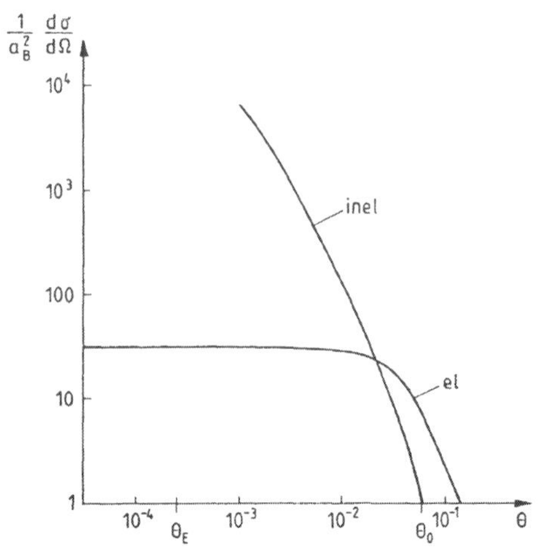

Fig. 42. Winkelverteilung der differentiellen Streuquerschnitte für elastische bzw. inelastische Streuung, *berechnet* nach Gln. (1.88) mit ΔE = 11,7 eV bzw. (1.64). für Argon (Z =18) und eU = 25 keV. Die Übereinstimmung mit Messungen ist gut.

Die Folge ist, daß das Verhältnis der beiden - bis auf eine schwache Z-Abhängigkeit des Arguments des Logarithmus in Gl. (1.89) - proportional zu Z^{-1} ist. Quantitativ ergeben Messungen (Fig. 43):

$$\sigma_{in}/\sigma_{el} = 13/Z^{0,77}$$

Das bedeutet: bei Elementen bis Nickel (Z = 28) überwiegt die inelastische Streuung, bei schwereren Elementen ist es umgekehrt.

3) Die mit Hilfe der vorgeführten Modellrechnung berechneten *Absolutgrößen* einiger Streuquerschuitte sind in Tabelle 1.3 zusammengefaßt. Sie sind größenordnungsmäßig in Übereinstimmung mit den - übrigens stark differierenden - Messungen.

Tabelle 1.3 Berechnete Streuquerschnitte (in nm^2)

	Z = 10		Z = 50	
	σ_{el}	σ_{in}	σ_{el}	σ_{in}
U = 120 kV	$1,1\ 10^{-4}$	$2\ 10^{-4}$	$9,5\ 10^{-4}$	$3,5\ 10^{-4}$
U = 1,25 MV	$4,3\ 10^{-5}$	$8\ 10^{-5}$	$3,7\ 10^{-4}$	$1,3\ 10^{-4}$

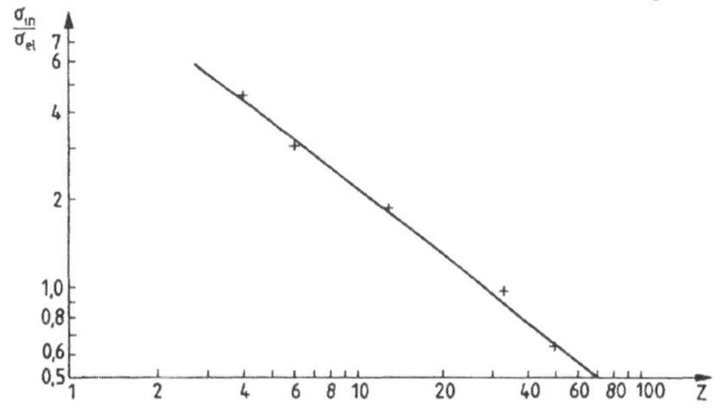

Fig.. 43. Das Verhältnis der Streuquerschnitte für inelastische bzw. elastische Streuung als Funktion der Ordnungszahl des streuenden Materials.. Messungen an amorphen Proben mit 80 kV-Elektronen und einer Apertur von 0,13 (Egerton).

4) Beide Streukomponenten, die elastische wie die inelastische, hängen gemäß $\lambda^2(1 + eU/m_oc^2)^2$ von der *Beschleunigungsspannung U* ab. Der Klammerausdruck rührt dabei von der relativistischen Zunahme der Elektronenmasse mit der Geschwindigkeit her. Er kompensiert die Abnahmne von σ durch das Kürzerwerden der Wellenlänge nur teilweise (zu 85%) (vgl. Tab. 1.3). Das *Verhältnis* σ_{in}/σ_{el} ist wegen des Auftretens der Wellenlänge unter dem Logarithmus in Gl. (1.89) proportional zu (ln U).

1.4.4.2 Die Anregung von Plasmaschwingungen (Plasmonen) und Einelektronenanregungen aus dem Valenzband

Ein Plasma ist eine Mischung aus positiven und negativen Ladungen, die im großräumigen Mittel elektrisch neutral ist. In diesem Sinn kann man das Gerüst der positiven Ionenrümpfe des Kristallgitters mit den darin mehr oder weniger frei beweglichen Valenzelektronen ein Plasma nennen.
Fällt ein hochenergetisches Elektron auf dieses Plasma, wird das "Gas" der Valenzelektronen durch die Coulombwechselwirkung aus seiner Gleichgewichtsanordnung ausgelenkt. Dabei wird sich das Elektronengas wegen seiner internen Wechselwirkungen kollektiv verhalten, d. h. es wird eine weiträumig korrelierte Verlagerung geben. Im Extremfall werden die Valenzelektronen wie ein starrer Block verschoben. Weil die Elektronen sich nun nicht mehr im Minimum des von den Ionenrümpfen erzeugten Potentials befinden, entsteht eine rücktreibende Kraft und damit eine Schwingung der Elektronen um ihre Ruhelage. Wir betrachten zunächst den angedeuteten Grenzfall des starren Blocks aus Elektronen: er führt eine Schwingung von der Wellenlänge ∞ oder der Wellenzahl $q = 0$ aus. Wir nennen die Elektronendichte n. Bewegt sich der Block um die Strecke x, entsteht eine elektrische Verschiebungsdichte

$$D = n e x$$

und dieser entspricht ein rücktreibendes elektrisches Feld

$$E = \varepsilon_0^{-1} \, n \, e \, x$$

Damit wird die Bewegungsgleichung des Blocks

$$n \, m \, \ddot{x} = - n \, e \, E = - \varepsilon_0^{-1} \, (n \, e)^2 \, x$$

Es entsteht also eine *Eigen*schwingung der Kreisfrequenz

$$\omega_P = \sqrt{n \, e^2/(\varepsilon_o \, m)} \tag{1.90}$$

Diese charakteristische Frequenz ist als *Plasmagrenzfrequenz* bekannt.
Gehen wir von der extremen Annahme einer starren Kopplung aller beweglichen Elektronen im Objekt ab, so werden sich von dem Punkt der Kollision des Strahlelektrons mit dem Elektronenkollektiv Schwankungen der Elektronendichte n(x) ausbreiten, wie sich akustische Schwingungen in einem Gas ausbreiten; wie dort sind nur longitudinale Wellen möglich. Weil nun rückstellende Kräfte durch die Existenz von Gradienten von n(x) zu der Wirkung des Ionengitters hinzutreten, erhöht sich die Frequenz der Plasmaschwingungen im Vergleich zu ω_P. Die Theorie ergibt eine quadratische Dispersionsrelation:

$$\omega(u) = \omega_P + 0{,}3 \, (v_F^2/\omega_P) \, u^2$$

(v_F ist die Geschwindigkeit der freien Elektronen an der Oberfläche des Fermikörpers, $(3v_F/5)$ die mittlere Geschwindigkeit aller freien Elektronen im Fermisee, $u = |\underline{k} - \underline{k}_o|$).

Die für den Mikroskopiker wichtigste Information betrifft die Winkelverteilung und die Gesamtintensität des inelastsich gestreuten Elektronenflusses. Diese Informationen werden durch Angabe des differentiellen bzw. totalen (inelastischen) Streuquerschnitts gegeben. Wie zu Anfang dieses Abschnitts angedeutet, hat es bei Streuung durch Anregung kollektiver Prozesse im Objekt keinen Sinn, von einem atomaren Streuquerschnitt im Sinn der Behandlung der inelastischen Streuung durch Anregung der Rumpfelektronen eines Atoms (Abschnitt 1.4.4.1) zu sprechen. Man bestimmt statt dessen einen Streuquerschnitt Q pro Volumeneinheit des Objektmaterials; Q hat die Dimension einer reziproken Länge.
Die Theorie (R. A. Ferrel, Phys. Rev. 101 (1956) 554) ergibt für Streuung durch Anregung von Plasmaschwingungen folgenden differentiellen Volumen-Streuquerschnitt:

$$dQ/d\Omega = (2\pi \, a_B)^{-1} \, m \, \Delta E \, /(h \, u)^2 \tag{1.91}$$

ΔE ist der Energieübertrag, (h u) der Impulsübertrag vom schnellen Elektron auf das Objekt, d. h. in diesem Fall auf die Plasmaschwingung.
Wir benutzen Gl. (1.87):

$$u^2 = k^2 \, (\Theta_E^2 + \Theta^2) \quad \text{mit } \Theta_E = \frac{\Delta E}{2E}$$

Einsetzen dieses Ergebnisses in Gl. (1.91) ergibt:

$$dQ/d\Omega = (2\pi\ a_B)^{-1}\ m\ \Delta E\ /\ \{\ (\ hk\ )^2\ (\Theta_E^2 + \Theta^2)\}$$

Wegen $(\ hk\ )^2 = 2mE$ folgt daraus:

$$dQ/d\Omega = (2\pi\ a_B)^{-1} \frac{\Theta_E}{\Theta_E^2 + \Theta^2} \tag{1.92}$$

Der differentielle Streuquerschnitt (pro Volumeneinheit) für Plasmaschwingungen beginnt also bei Streuwinkel null mit

$$dQ/d\Omega\ |_o = (2\pi\ a_B\ \Theta_E)^{-1},$$

um zu größeren Streuwinkeln abzunehmen. Bei $\Theta = \Theta_E$ ist er gerade halb so groß wie in Vorwärtsrichtung. Zur Abschätzung von Θ_E diene folgendes Beispiel: bei $\Delta E = 20$ eV und $E = eU = 100$ keV ist $\Theta_E = 10^{-4}$, d. h. die weitaus meisten der durch Wechselwirkung mit Plasmaschwingungen inelastisch gestreuten Elektronen werden von der Objektivapertur miterfaßt.
Der zugehörige totale inelastische Streuquerschnitt ergibt sich aus (1.91) durch Integration über den Winkelraum:

$$Q = 2\pi \int_0^{\Theta_c} (dQ/d\Omega)\ \sin\Theta\ d\Theta \tag{1.93}$$

Die obere Grenze der Integration Θ_c wird aufgrund folgender Überlegung gewählt: die Wellenlänge $\Lambda = u^{-1}$ der angeregten Plasmaschwingung ist ein Maß für die Zahl der an der Schwingung beteiligten Elektronen. Λ wird offenbar mit zunehmendem Streuwinkel kleiner und erreicht bei einem kritischen Streuwinkel (eben Θ_c) den mittleren Abstand r zwischen den freien Elektronen. Bei größeren Streuwinkeln kann man nicht mehr von kollektiven Anregungen sprechen, hier dominiert der *Einelektronenstoß* (vgl. Das Ende dieses Abschnitts). Das heißt m. a. W.: $\Theta_c = u_c/k = 1/(\ r\ k)$. r ist grob gemittelt $A\ n^{-1/3}$ mit $A > 1$. Die Dichte n freier Eelektronen wiederum ist nach der Fermistatistik $n = (2\pi k_F)^3/(3\pi^2) = 8{,}4\ k_F^3$. Danach erhält man $\Theta_c = (2/A)\ k_F/k$; genaue Rechnung ergibt $0{,}7\ k_F/k$.
Die Wellenzahl an der Fermifläche k_F ist bei typischen Metallen von der Größenordnung $1{,}6\ 10^9\ m^{-1}$; 100 keV-Elektronen haben eine Wellenzahl $k = 2{,}7\ 10^{11}\ m^{-1}$.Daraus folgt für den *Abschneidewinkel der Plasmonenstreuung* $\Theta_c = 4\ 10^{-3}$.
Integration von (1.93) mit $\sin\Theta \sim \Theta$ und $\Theta_E << \Theta_c$ ergibt:

$$Q = (\Theta_E/a_B)\ \ln\ (\ \Theta_E^2 + \Theta^2\ )\Big|_0^{\Theta_c}$$

$$= a_B^{-1}\ (\Delta E/2E)\ \ln\ (\Theta_c/\Theta_E) \tag{1.94}$$

Interessiert man sich für den Anteil der inelastisch gestreuten Elektronen, die durch eine Apertur des (halben) Öffnungswinkels α_0 abgefangen werden, muß man das Integral (1.93) bei α_0 beginnen lassen. Der zugehörige Volumenstreuquerschnitt ist $Q_0 = a_B^{-1}\ \Delta E/2E\ \ln\{\Theta_c/\sqrt{(\Theta_E^2 + \alpha_0^2)}\}$. Q spielt die Rolle einer *reziproken* (mittleren) *freien Weglänge* für die Anregung von Plasmaschwingungen in dem Probenmaterial. Man kann die Abnahme der Strahlintensität, soweit sie auf diesen Streumechanismus zurückzuführen ist, mit der in der Probe zurückgelegten Strecke x ansetzen als:

(1.95) $$I = I_0 \exp(-Qx)$$

Wir beleuchten die Konsequenzen an einem realistischen Beispiel: es handele sich um die Anregung von Plasmaschwingungen der Energie $\Delta E = 15$ eV durch 100 keV-Elektronen; Θ_c sei $4\ 10^{-3}$ und Θ_E und die Apertur α_0 seien beide gleich 10^{-4}. Dann ist $Q^{-1} = 170$ nm. Daraus können wir die nachträgliche Berechtigung dafür ableiten, daß wir ein Modell der Einfachstreuung benutzen: die üblichen Objekte der Transmissionselektronenmikroskopie sind dünner als 170 nm, sodaß bei einer freien Weglänge von 170 nm die Wahrscheinlichkeit für mehrmalige Streuung ein und desselben Elektrons gering ist.

Berechnen wir für den gewählten Fall $I(t)/I_0$, so ergibt sich für eine Folie der Dicke t = 100 nm, daß I auf 55% von I_0 abgesunken ist, d. h. daß 45% der einfallenden Elektronen nicht in die Apertur fallen, weil sie durch Anregung von Plasmaschwingungen abgelenkt wurden ! Gl.(1.94) zeigt die Abnahme dieser Streuung mit Zunahme der Elektronenenergie. Die Eigenschaften des Objektmaterials gehen über die Plasmonenenergie ΔE (s. unten) und die Elektronendichte (Θ_c) ein.

Die Schwingungen des Plasmas sind wie alle Schwingungen quantisiert. Das zu einer Schwingung der Kreisfrequenz ω gehörende Energiequant $\hbar\omega$ nennt man ein *Plasmon.* Man kann Plasmonen als Quasiteilchen mit Energie und Impuls behandeln. Zu der Plasmagrenzfrequenz $\omega_P = \sqrt{n\ e^2/(\varepsilon_0 m)}$ gehört die Mindestplasmonenergie in dem betr. Metall. Sie ist z. B. für Kupfer gleich 10,8 eV. Man ersieht aus diesem Betrag, daß Plasmonen thermisch nicht anregbar sind. Ihr Energiebereich erstreckt sich bis etwa 40 eV. Plasmonen haben eine gewisse Lebensdauer, nach der sie sich entweder in Photonen oder Phononen umwandeln.

Die oben (nach Gl. (1.93)) erwähnten *Einelektronenstöße,* die für größere Ablenkwinkel an die Stelle der Anregung von Plasmaschwingungen treten, stellen den dritten Mechanismus der inelastischen Elektronenstreuung dar (valence band single electron excitation). Bei ihnen wird ein Kristallelektron aus einem Valenzband ins Leitungsband gehoben (Interbandübergang, engl. interband transition); beim Vorliegen nur teilweise gefüllter Bänder (also bei Metallen) kann ein Kristallelektron auch *innerhalb* eines solchen sBandes zusätzliche Energie aufnehmen (engl. intraband transition). Die Strahlelektronen, die derartige Stoßprozesse erleiden, geben Energiebeträge zwischen 0,3 und 10 eV ab.

1.4.5 Einflüsse inelastischer Elektronenstreuung auf das Objekt

Wir betrachten die inelastischen Streuprozesse jetzt unter einem anderen Gesichtspunkt. Stand bisher der Energieverlust der Strahlelektronen im Vordergrund des Interesses, wenden wir uns nun den Veränderungen zu, die *das Objekt* infolge des Energieübertrags erleidet. Die Bedeutung dieser Prozesse braucht nicht betont zu werden: werden sie nicht erkannt, kommt es u. U. zu verhängnisvollen Fehldeutungen der mikroskopischen Bilder (Stichwort: Artefakte).
Generell kann man sagen, daß Transmissionselektronenmikroskopie nur möglich ist, weil schon so dünne Objekte hinreichende Kontraste liefern, daß der weitaus größte Teil der vom Elektronenstrahl getragenen enormen Menge an kinetischer Energie[33] auf der Unterseite des Objekts wieder austritt.
Folgende ungünstige Einflüsse auf das Objekt sind wesentlich.
1) *Kontamination der Probenoberflächen.* Sie wird hauptsächlich durch Cracken von Kohlenwasserstoffen aus dem Restgas verursacht und ist durch moderne Vakuumtechnik zu beherrschen.
2) *Erhöhung der Probentemperatur.* Die gesamte vom Strahl auf das Objekt übertragene Energie endet schließlich als Wärme in der Probe. Welche Temperaturerhöhung ΔT dadurch zustandekommt, hängt außer von den thermischen Eigenschaften (spezifische Wärmekapazität, Wärmeleitfähigkeit, Strahlungseigenschaften) des Probenmaterials von dem aktuellen Kontakt der Probe mit ihrem Träger ab und ist deshalb nicht generell zu prognostizieren. Experimente und Rechnungen zeigen, daß ΔT bei vernünftiger Technik selten 100 Grad überschreiten wird. Auf der anderen Seite ist es bei entsprechendem Betrieb der Kondensoren ohne Schwierigkeit möglich, Germanium (Schmelzpunkt 953°C) in kurzer Zeit im Strahl zu schmelzen.
Die Folgen einer Temperaturerhöhung hängen natürlich von der vorliegenden Fragestellung ab; z. B. werden Platzwechsel im Festkörper in Form von Diffusion und Phasenumwandlungen gefördert. Die Ionisierung flacher Dotierelemente in Halbleitern ist ein anderes Beispiel. Bei biologischen Objekten bewirkt Aufheizung eine starke Erhöhung ihrer Empfindlichkeit gegen Massenverlust in Folge von Abdampfen von Wasser. Abkühlen des Objekts auf (und Halten bei !) 4K bringt bei biologischen Objekten eine um mindestens eine Größenordnung verbesserte Widerstandsfähigkeit gegen Strahlenschäden.

---

33 Zum Zweck einer Abschätzung der in der Elektronenmikroskopie üblichen Bestrahlungs-Dosen benutzen wir folgende Angabe: für ein hochaufgelöstes Bild benötigt man 10^3 bis 10^4 Elektronen pro nm^2 Objektfläche. Rechnet man die Fläche einer Atomsäule zu 10^{-2} nm^2, so bedeutet das bei einer Beschleunigungsspannung von U = 200 kV den Durchgang von $2\ 10^6$ bis $2\ 10^7$ eV Energie durch jede Atomsäule! Nimmt man einmal an, 6% dieser Elektronen erleide in der Folie einen Energieverlust von 15 eV (berechnet aus der freien Weglänge für die Anregung von Plasmaschwingungen bei einer Objektdicke von 10 nm), so wird in jeder Atomsäule (im Durchschnitt) eine Energiemenge von 900 eV bis 9 keV deponiert.

3) *Ionisierung der Atome des Objekts*. Das Aufbrechen von kovalenten oder van-der-Waals-Bindungen durch die energiereichen Elektronen des Strahls ist wohl die wichtigste Beeinträchtigung biologischer Objekte im Elektronenmikroskop.
Erst allmählich wird die große Bedeutung der Ionisierung in Halbleitern erkannt: Sie erzeugt Elektronen und Löcher, die nach einer gewissen Diffusionsstrecke rekombinieren. Diese Rekombination geschieht vorzugsweise an Kristallbaufehlern, wie Punktfehlern (Leerstellen und Zwischengitteratomen) und Versetzungen. Bei der Rekombination wird ein Energiebetrag von der Größenordnung der Bandlücke (1 bis 2 eV) frei, der die thermisch aktivierte Bewegung des Baufehlers stark erleichtert. Die Folge ist eine spektakuläre Erhöhung der Beweglichkeit von Leerstellen und Versetzungen, die sich z. B. in der Bildung von Leerstellengruppen bis hin zu "Löchern" (voids) äußern kann. Man nennt diese Vorgänge "recombination enhanced defect reactions".
4) *Verlagerungsstöße* (radiation damage im engeren Sinn). Die Ablenkung der schnellen Strahlelektronen aus ihrer geraden Bahn erfolgt umso abrupter und durch umso größere Winkel, je näher das Elektron das Streuzentrum passiert. Bei derartigen Wechselwirkungen zwischen Elektron und (abgeschirmtem) Atomkern handelt es sich (im Gegensatz zu den meisten der oben besprochenen inelastischen Streuprozessen) um lokale Ereignisse, bei denen Energie auf ein einzelnes Atom übertragen wird (vgl. Abschnitt 1.4.2). Weil das zugehörige Elektron durch große Winkel abgelenkt wird, interessiert es für den Bildaufbau nicht. Diese Prozesse sind aber im Hinblick auf das *Objekt* wichtig, weil sie zum Entstehen von Punktdefekten beitragen können. Bei Metallen erzeugen nur diese Prozesse *bleibende* Veränderungen des Objekts.
Wir benutzen Gl. (1.66) und betrachten *Kupfer* als Objektmaterial. Mc^2 ist hier 6 10^{10} eV, das Verhältnis m_o/M = 8,6 10^{-6}. Die (maximale) auf ein Kupferatom übertragene Energie E_n ist bei 120 keV-Elektronen 4,6 eV. Sie steigt über 25,4 eV bei U = 500 kV zu E_n = 95 eV bei U = 1,25 MV[34]. Um ein Atom im Kristallverband nicht nur zu Schwingungen anzuregen sondern aus der Potentialmulde seines Gitterplatzes herauszuheben, muß seine Schwingungsenergie eine bestimmte materialspezifische Schwelle übersteigen, die sog. Wignerenergie E_w. E_w hängt beträchtlich von der Einfallsrichtung der Elektronen relativ zu den Kristallachsen ab; außerdem ändert es sich mit der Temperatur, in der Regel im Sinn einer Abnahme mit steigender Temperatur. Will man die Empfindlichkeit eines Materials gegen Verlagerungsstöße durch eine Zahl kennzeichnen, wird man den Minimalwert von E_w wählen, der oft, aber nicht immer für Einstrahlung parallel zu dicht gepackten Gitterrichtungen gefunden wird. Bei 70 K wird für Kupfer $E_{w\,min}$ = 17,5 eV angegeben. Das bedeutet: Verlagerungsstöße können in Kupfer nur in Mittel- bzw. Hochspannungsmikroskopen (U > 375 kV) er-

---

[34] Wegen der Abhängigkeit von E_n von der Atommasse M ist die Situation bei leichten Elementen viel ungünstiger. Den im Text für Kupfer angegebenen Energien entsprechen bei Kohlenstoff folgende Werte: 24, 2 eV, 134, 5 eV und 502 eV !

wartet werden (Gl. (1.67)). Bei leichteren Elementen liegt diese Grenze bei niedrigeren Spannungen, aber auch bei Silizium noch über 150 kV.
Wird trotzdem bei kleineren Spannungen die Bildung von Punktfehlern beobachtet, kann dies zwei Gründe haben. Bei schlechtem Vakuum können sich an der Kathode negative Gasionen bilden, die zur Probe beschleunigt werden. Wegen ihrer größeren Masse können sie genügend Energie auf die Probenatome übrtragen. Zweitens ist die Wignerenergie in der Nähe von Gitterbaufehlern und Verzerrungszentren im Gitter reduziert. So ist sauerstoffhaltiges oder plastisch verformtes Silizium wesentlich anfälliger gegen Strahlenschäden als reines bzw. perfektes.
Für das Schicksal organischer Präparate im Elektronenstrahl ist kennzeichnend, daß bei einem Massenverhältnis m_o/M von 4,5 10^{-5} Elektronen von 100 keV kinetischer Energie beim zentralen Stoß auf ein Kohlenstoffatom eine Energie von 20 eV übertragen, die genügt, viele Bindungen aufzubrechen.

1.4.6 Der Einfluß der thermischen Bewegung der Atome auf die Elektronenbeugung an Kristallen

Bisher haben wir den Kristall als räumlich periodische Anordnung von *ruhenden* Atomen behandelt. Das ist nur als erste Näherung zulässig, weil die Atome Schwingungen um ihre (mittlere) "Ruhe"lage ausführen, die mitzunehmender Temperatur immer stärker werden, aber auch am absoluten Nullpunkt der Temperaturskala nicht verschwinden. Die Schwingungen benachbarter Atome sind in Form von Wellen korreliert. Diese Wellen sind quantisiert als Phononen, die als Quasiteilchen mit den Strahlelektronen Energie und Impuls austauschen können.
Die Wirkung dieser thermischen Bewegung der Streuzentren auf die Winkelverteilung der gestreuten Elektronen ist qualitativ vorauszusehen: weil die strenge räumliche Periodizität des Kristallgitters gestört ist, werden die Braggreflexe schwächer werden. Die hier wegfallende Intensität kann aber nicht verlorengehen. Sie bildet vielmehr einen *diffusen Streuuntergrund* zu den scharfen Braggreflexen. Die Elektronen werden einen maximalen Energieverlust erleiden, wenn sie ein Phonon maximaler Energie erzeugen (emittieren). Diesen Energiebetrag kann man im Rahmen des Debyemodells abschätzen als Produkt aus der Boltzmannkonstante k und der Debyetemperatur Θ_D des Objektmaterials.
Typischerweise sind die Debyetemperaturen vergleichbar mit der Raumtemperatur, eine extrem hohe Debyetemperatur hat der Diamant (Θ_D = 2230 K). Daraus ergibt sich eine mittlere Energieänderung der Elektronen durch Phononenstreuung von ΔE_P = 25 meV, die bei den für Elektronenmikroskopie charakteristischen Strahlenergien nicht nachweisbar ist; man trägt dem Rechnung, indem man die Emission (bzw. Absorption) von Pho-

nonen durch die Elektronen als *quasi-elastischen* Prozeß bezeichnet.[35] Mit der Abweichung der Streuzentren von der streng periodischen räumlichen Anordnung (der Gitter-Periodizität) entsteht die sog. *diffuse thermische Streuung* (engl. thermal diffuse scattering, TDS). Die an den einzelnen Atomen entstehenden Sekundärwellen sind nicht mehr vollständig phasenkorreliert: sie sind nicht mehr ideal interferenzfähig. Anders ausgedrückt: In dem Maße, wie die Wärmebewegung die Atome aus ihrer Ideallage auslenkt, wird die Streuung *inkohärent.* In diesem Sinn werden die Begriffe *diffus* und *inkohärent* synonym gebraucht.

Für eine quantitative Behandlung des Einflusses der thermischen Bewegung der Atome auf die Elektronenbeugung ist die Einsicht wesentlich, daß diese Bewegung im Zeitmaßstab der Elektronen sehr langsam ist. Die Schwingungsperiode der Atome im Festkörper ist größer oder gleich 10^{-13} Sekunden. Die Zeit, in der ein Elektron ein Atom passiert, ist aber von der Größenordnung 10^{-18} Sekunden (vgl. Tab. 1.1). Daraus folgt: für jedes Elektron stellt sich der Kristall als eine bestimmte, von der idealen abweichende, aber quasi-starre Anordnung der Streuzentren dar. Betrachtet man die Gesamtheit der Elektronen, so kommen alle Anordnungen, die durch die Gitterschwingungen entstehen, mit dem Gewicht ihrer Häufigkeit vor. Wir können also die Beugung der Elektronenwelle an einer Atomanordnung behandeln, die durch die *zeitlich gemittelte* Auslenkung der Atome aus ihrer Ideallage beschrieben wird.

Um zunächst das Wesentliche herauszuarbeiten, betrachten wir einen sehr einfachen Fall: eine monochromatische, ebene Elektronenwelle werde von einem eindimensionalen Gitter aus N gleichartigen Atomen gebeugt, wobei wir uns auf die kinematische Näherung, also Einfachstreuung beschränken. (Ein solches Gitter ist in der Festkörperphysik als "Lineare Kette" bekannt). Die Kettenachse sei die x-Achse, die Gitterkonstante sei a. Die Ideallagen der Atome sind:

$$r_m = (m - 1)\ a. \qquad (m = 1, 2 ....N)$$

Durch die thermische Bewegung sei die wahre Lage des m. Atoms

$$R_m = r_m + \rho_m$$

In dieser orientierenden Betrachtung werden die Schwingungsphasen benachbarter Atome als voneinander unabhängig betrachtet (unkorrelierte Schwingungen).

Da es für die relative Phasenlage der Streuwellen nur auf das Skalarprodukt des Beugungsvektors $\underline{u}$ mit dem Lagevektor $\underline{R}$ des Streuzentrums ankommt, brauchen wir nur die Verlagerungen ρ_m parallel zu x zu betrachten, wenn wir auch den Beugungsvektor (ohne Beschränkung der Allgemeinheit) parallel zu x annehmen.

Die Amplitude der Streuwelle an dem eindimensionalen Kristall ist dann

$$\psi(u) = f(u) \sum_{m=1}^{N} \exp(i\, 2\pi\, u\, R_m)$$

[35] Die thermisch diffus gestreuten Elektronen sind auch mit modernen Energiefiltern nicht von den elastisch gestreuten zu trennen.

Die Intensität der Streuwelle I(u) ergibt sich, wenn man ψ mit der konjugiert komlexen Größe ψ^* multipliziert. Auf diese Weise entsteht eine Doppelsumme

$$I(u) = f^2(u) \sum_m^N \sum_n^N \exp (i\, 2\pi\, u\, R_m) \exp (-\, i\, 2\pi\, u\, R_n)$$

$$(1.96) \qquad = f^2(u) \sum_m \sum_n \exp [\, i\, 2\pi\, u\, (r_m - r_n)] \exp [\, i\, 2\pi\, u\, (\rho_m - \rho_n)]$$

(Die Doppelsumme zeigt an, daß jedes der N Glieder, die durch den Index m unterschieden werden, mit einer Summe aus N durch n unterschiedenen Gliedern zu multiplizieren ist).

Wir behandeln die beiden Exponentialfunktionen zunächst separat, um dann ihr Zusammenwirken zu diskutieren.

Die zweite Exponentialfunktion in Gl. (1.96) berücksichtigt die Verrückungen der Atome aus der Ideallage infolge der thermischen Bewegung. Dieser Faktor ist nach dem oben Gesagten zeitlich zu mitteln. Wir verwenden für $[2\pi\, u\, (\rho_m - \rho_n)]$ die Abkürzung p_{mn} und entwickeln $\exp (ip_{mn})$ nach Taylor

$$\langle \exp (ip_{mn}) \rangle = \langle 1 + ip - \frac{p^2}{2!} - i \frac{p^3}{3!} + \frac{p}{4!}^4 + \ldots \rangle$$

Die spitzen Klammern schreiben zeitliche Mittelung vor. Der Doppelindex mn bei p wurde der Übersichtlichkeit wegen weggelasen.

Die Mittelung über die ungeraden Potenzen von $p \sim (\rho_m - \rho_n)$ ergibt null, weil jeder positive Wert durch einen gleich häufig vorkommenden, gleichgroßen negativen Wert neutralisiert wird. Der dann in der Klammer verbleibende Rest ist nahezu gleich

$$\langle \exp (-\, p^2/2) \rangle = \langle 1 - p^2/2 + p^4/8 - p^6/(8\times 3!) + \ldots \rangle$$

Wir können also $\langle \exp (i\, 2\pi u\, (\rho_m - \rho_n)) \rangle$ ersetzen durch

$$\langle \exp (\, -\, 2\pi^2 u^2\, (\, \rho_m - \rho_n)^2 \rangle = \exp [\, -\, 2\pi^2 u^2 \langle(\rho_m - \rho_n)^2\rangle].$$

Die gemittelte quadratische Differenz zweier unkorrelierter harmonischer Schwingungen

$$\langle (\rho_m - \rho_n)^2 \rangle = \rho_o^2 \langle [\, \cos \omega t\, - \cos (\omega t + \varphi)]^2 \rangle$$

mit einer bei der Mittelung statistisch verteilten Phasendifferenz φ ergibt sich zu ρ_o^2. Die entsprechende Mittelung über die Einzelschwingung $\langle\, \rho_o^2 \cos^2 \omega t\, \rangle$ ergibt als gemittelten quadratischern Ausschlag

$$\langle\, \rho^2\, \rangle = \rho_o^2\, /2.$$

Also ist $\langle(\rho_m - \rho_n)^2\rangle = 2\, \langle\rho^2\rangle\cdot$ und damit die zweite Exponentialfunktion aus Gl.(1.96) :

$$\left\langle \exp\left[i\, 2\pi u\, (\rho_m - \rho_n)\right] \right\rangle = \exp\left[- 4\pi^2 u^2 \langle\rho^2\rangle\right]$$

Die Länge des Beugungsvektors ist $u = (2/\lambda) \sin \Theta/2$, wo Θ der Winkel zwischen der einfallenden und der gebeugten Strahlung ist.
Den Faktor

$$(1.97) \qquad \exp\left[- 4\pi^2 u^2 \langle\rho^2\rangle\right] = \exp\left[- 16\pi^2 \langle\rho^2\rangle \sin^2(\Theta/2)/\lambda^2\right]$$

nennt man *Debye-Waller-Faktor* und kürzt ihn mit exp (-2M) ab.

Die erste Exponentialfunktion in Gl. (1.96) stellt offenbar die Intensität der an dem linearen Kristall ohne thermische Bewegung gebeugten Welle dar.

In der Tat erhält man Gl. (1.3), indem man die Doppelsumme in das Produkt zweier Summen verwandelt: r_m = ma, r_n = na. (Wir nennen die mit f^2 multiplizierte erste Exponentialfunktion aus Gl. (1.96) $I_o(u)$):

$$I_o(u) = f^2(u) \sum_{m=1}^{N} \exp\,(i\, 2\pi u\, ma) \sum_{n=1}^{N} \exp\,(-\, i\, 2\pi u\, na)$$

Die beiden Summen sind identisch, es genügt eine zu betrachten. Es handelt sich um die Summe einer geometrischen Reihe mit dem Multiplikator $\exp(i\, 2\pi ua)$.. Die Summe ist jeweils (bis auf einen hier nicht interessierenden Phasenfaktor):

$$\frac{\sin N\pi ua}{\sin \pi ua}$$

Das Produkt beider Summen ergibt also

$$I_o(u) = f^2(u) \frac{\sin^2(N\pi ua)}{\sin^2(\pi ua)}$$

Die getrennte Betrachtung der beiden Exponentialfunktionen aus Gl. (1.96) darf aber nicht zu der Annahme verführen, die Beugungsfigur des linearen Kristalls mit thermischer Bewegung sei bis auf eine Dämpfung im Verhältnis exp(-2M) : 1 identisch mit der Beugungsfigur des ruhenden Kristalls. Man muß vielmehr beachten, daß sich unter den N^2 Gliedern der Doppelsumme in (1.96) N Glieder befinden, bei denen $r_m = r_n$ und vor allem $\rho_m = \rho_n$. Diese "Selbstinterferenz"-Glieder sind also von der thermischen Bewegung unbeeinflußt und tragen zur gebeugten Intensität I(u) einen Beitrag von $Nf^2(u)$ bei. Für die restlichen N(N-1) Glieder der Doppelsumme verbleibt:

$$[\, I_o(u) - N\, f^2(u)\,]\, \exp\,(-2M)$$

Instruktiver ist folgende Anordnung der Beiträge:

$$(1.98) \qquad I(u) = I_o(u) \exp\,(-2M) + f^2(u)\, N\, [\, 1 - \exp\,(-\, 2M)]$$

Das Beugungsmuster besteht also aus einer Überlagerung des durch den Debye-Waller-Faktor geschwächten - sonst aber ungeänderten - Beugungsmusters des ruhenden Kristalls mit einem diffusen Untergrund, der mit wachsendem M zunimmt und der wegen der gegenläufigen Winkelabhängigkeit der Faktoren $f^2(u)$ bzw. (1 - exp(-2M)) bei mittleren Beugungswinkeln ein breites Maximum durchläuft.
Eine Kontrolle für den Inhalt von Gl.(1.98) bietet der Grenzübergang M -> ∞: man erhält dann die inkohärente Überlagerung der Beugungsfigur von N Atomen mit dem Atomformfaktor f(u), die man z. B. für ein Gas erwartet.
Andererseits erscheint für den (nicht realisierbaren) Fall M = 0 die Beugungsfigur des Idealkristalls ohne Untergrund.
Nicht unbedingt zu erwarten war das Ergebnis, daß die Braggreflexe nicht verbreitert sind.

Um weitere Schlüsse ziehen zu können, benötigt man Zahlenwerte für den Debye-Waller-Faktor, d. h. das mittlere Verschiebungsquadrat $\langle\rho^2\rangle$. Sie gewinnt man im Rahmen ihrer Gültigkeit aus der Theorie der spezifischen Wärmekapazität der Gitterschwingungen eines monatomaren, kubischen Kristalls von P. Debye (Nobelpreis 1936). Dort ergibt sich für die kugelsymmetrische Auslenkung unkorreliert schwingender Atome

$$(1.99) \qquad \langle\rho^2\rangle = \frac{9\,h^2}{4\pi^2\, k_B\, m_A \Theta_D} \left(\frac{1}{x^2} \int_0^x \frac{y\,dy}{e^y - 1} + 1/4 \right)$$

($x = \Theta_D/T$, wo Θ_D die Debye-Temperatur des betr. Kristalls, m_A die Masse eines Atoms und k_B die Boltzmann-Konstante ist). Das Integral mit dem Vorfaktor $1/x$ statt $1/x^2$ ist die tabellierte Debye-Funktion.
Für die Klammer in Gl.(1.99) gelten folgende Näherungen:
Für $T \gg \Theta_D$ ist der Klammerausdruck gleich (T/Θ_D) und

$$(1.100) \qquad \langle\rho^2\rangle \approx \frac{9\,h^2}{4\pi^2\, k_B\, m_A \Theta_D^2}\, T$$

Für $T \ll \Theta_D$ gilt: Klammerausdruck = $\pi^2/6\ (T/\Theta_D)^2 + 1/4$ und damit

$$(1.101) \qquad \langle\rho^2\rangle \approx \frac{9\,h^2}{16\pi^2\, k_B\, m_A \Theta_D} \left[1 + \frac{2\pi^2}{3} (T/\Theta_D)^2 \right]$$

Tabelle 1.4 präsentiert für einige kubische Kristalle Zahlenwerte für die quadratische Auslenkung; sie geben einen Eindruck von der Dynamik der Struktur der Materie. Man kann sagen, daß die mittlere Schwingungsamplitude der Atome in Kristallen bei Raumtemperatur etwa 5 bis 8 Prozent des Abstandes nächster Nachbarn ausmacht. (In lose gebundenen organischen Kettenmolekülen kann die Auslenkung viel größer sein: sie kann bei Raumtemperatur die Größenordnung 10^{-10}m = 1 AE erreichen). In Gl. (1.101) erkennt man in dem temperaturunabhängigen Summanden die sog. *Nullpunkts-Schwingung*, die auch bei 0K erhalten bleibt. Sie ergibt sich notwendig aus der Heisenbergschen Unbestimmtheitsrelation.

Bei dem Auslenkungsquadrat $\langle\rho^2\rangle$, wie es in Gl. (1.97) bei der Berechnung des Debye-Waller-Faktors auftritt, handelt es sich um eine Schwingung in *einer bestimmten* Richtung, nämlich parallel zum Beugungsvektor $\underline{u}$. Die kugelsymmetrischen Auslenkungsquadrate $\langle\rho^2\rangle$ in den Ausdrücken (1.100) bzw. (1.101) sind nach dem Satz des Pythagoras gleich $\langle\rho_x^2\rangle + \langle\rho_y^2\rangle + \langle\rho_z^2\rangle$, also ist die Auslenkung nach *einer* Richtung gleich $\langle\rho^2\rangle/3$. Damit erhalten wir für die Größe M aus dem Debye-Waller-Faktor:

für $T \ll \Theta_D$: $\quad M = (3\,h^2/2\,k_B)\,(m_A\Theta_D)^{-1}\,[\,1 + \frac{2\pi^2}{3}(T/\Theta_D)^2]\,\frac{\sin^2\Theta/2}{\lambda^2}$

und für $T \gg \Theta_D$: $\quad M = 6\,h^2/k_B\,(m_A\Theta_D)^{-1}\,(T/\Theta_D)\,\frac{\sin^2\Theta/2}{\lambda^2}$

Tabelle 1.4 Wurzel aus der mittleren quadratischen Schwingungsamplitude (kugelsymmetrisch) der Atome in verschiedenen kubischen Kristallen

Material	Atommasse m_A (10^{-26} kg)	Debyetemperatur Θ_D (K)	$\sqrt{\langle\rho^2\rangle}$ (m) 0 K	300 K
Al	3,84	398	1,1 10^{-11}	1,9 10^{-11}
Cu	10,6	315	7,3 10^{-12}	1,4 10^{-11}
Pb	34,6	88	7,7 10^{-12}	2,8 10^{-11}
Diamant	1,54	1860	7 10^{-12}	7,5 10^{-12}

Berechnet man aus den in Tabelle 1.4 angegebenen Werten für die Schwingungsamplitude den Parameter M und den Debye-Waller-Faktor exp(-2M), so findet man für 100 keV-Elektronen und $\sin\Theta/2 = 0{,}0185$ den Debye-Waller-Faktor für 0 K zwischen 0,85 (Al) und 0,94 (Diamant). Bei Raumtemperatur sind die Unterschiede größer: Al: 0,62; Cu: 0,78; Blei: 0,36 (!) und Diamant 0,93.

Um die Auswirkungen der thermischen Schwingungen auf das Beugungsdiagramm anschaulich erfassen zu können, drücken wir das Ergebnis (Gl. 1.98) mit Hilfe des Konzepts des Streuquerschnitts σ eines Atoms aus. Wie oben begründet, handelt es sich um einen Beitrag zum elastischen Streuquerschnitt. Die durch die Atomzahl N dividierte Intensität der gestreuten (bzw. gebeugten) Welle $I(u)/N = \psi\psi^*/N$ stellt den differentiellen (elastischen) Streuquerschnitt $d\sigma/d\Omega$ dar. Der totale Streuquerschnitt σ ergibt sich durch Integration über den Raumwinkel:

$$\sigma_{el} = (2\pi/N) \int_{o}^{\pi} f^2(u)\ e^{-2M} \frac{\sin^2(N\pi a\Theta/\lambda)}{\sin^2(\pi a\Theta/\lambda)}\ \sin\Theta\ d\Theta$$

$$+ 2\pi \int f^2(u)\ [\ 1 - e^{-2M}]\ \sin\Theta\ d\Theta$$

(M ist Funktion von Θ !)

Die Höhe der Maxima der Beugungsfigur im ersten Integral ist proportonal zu N^2, aber die Breite dieser Maxima ist proportional zu N^{-1}, sodaß die Fläche unter jedem Maximum mit N zunimmt und das erste Integral proportional zu N ist. Dann kann man die beiden Integrale zusammenfassen zu:

$$\sigma_{el} = 2\pi \int f^2(u)\ e^{-2M}\ \sin\Theta\ d\Theta\ + \text{zweites Integral}$$

$$= 2\pi \int f^2(u)\ \sin\Theta\ d\Theta$$

Die thermische Unruhe ändert also den Gesamtstreuquerschnitt eines Atoms für elastische Streuung nicht, sie verteilt die Streuintensität nur auf den kohärenten (Bragg-) bzw. den inkohärenten (Untergrund-)Anteil.

Für die quantitative Auswertung der Intensitäten von Beugungsreflexen, also gemessener Beträge von Strukturfaktoren F_{hkl}, ist zu beachten, daß die Atomformfaktoren f natürlich für ruhende Atome definiert sind. Man hat also in Gl. (1.75) den für Amplituden geltenden Faktor exp (- M_i) hinzuzufügen:

(1.102) $F(\underline{u}) = \Sigma\ f_i(\underline{u})\ \exp\ (-M_i(T,\ \underline{u}))\ \exp\ (i\ 2\pi\ \underline{u}\ \underline{r}_i)$

Für Kristalle mit nicht gleichwertigen Atomen in der Elementarzelle hat jede Atomspezies ihren eigenen Debye-Waller-Faktor; bei einigen binären Kristallen wurden die Debye-Waller-Faktoren (und damit die Schwingungsamplituden) der Komponenten getrennt bestimmt. Man nutzt die in 1.4.3.3 demonstrierte Existenz von Strukturfaktoren aus, die die Atomformfaktoren in verschiedener Kombination enthalten: $F_\alpha \sim (\ f_A\ e^{-M_A} + f_B\ e^{-M_B}\ )$ bzw. $F_\beta \sim (\ f_A\ e^{-M_A} - f_B\ e^{-M_B})$. Hat man F_α und F_β über einen Winkelbereich gemessen, ergibt Summen- bzw. Differenz-Bildung $f_A\ e^{-M_A}$ und $f_B\ e^{-M_B}$ getrennt als Funktion von u^2. Messung bei zwei Temperaturen und Quotientenbildung $F_i(T_1)/F_i(T_2)$ resultiert in $\{M_i(T_1) - M_i(T_2)\}$ für beide Komponenten i. Da M proportional zu $<\rho^2>$ ist (Gl. (1.97)), hat man damit die mittlere quadratische Auslenkung jeder Komponente einschließlich ihrer Temperaturabhängigkit innerhalb ($T_1 < T < T_2$).

Übrigens wird der Dämpfungsfaktor aus Gl. (1.98) in der Literatur (z. B. der Int. Tables of Crystallography) oft anders formuliert: statt exp(-M) heißt es: $\exp\ \{\ -B\ (\ T\ )\ s^2\}$, wo s der Betrag des halben Beugungsvektors ist ($s = u/2 = \lambda^{-1}\ \sin\ \Theta/2$). B ist dann offenbar gleich $8\pi^2<\rho^2>$ (vgl. Gl.(1.97)).

Es ist wesentlich, daß die Dämpfung der Reflexe durch thermische Schwingungen umso stärker ist, je größer der Beugungswinkel ist.

Es bleibt nun. Rechenschaft über die verschiedenen vereinfachenden Annahmen dieser Ableitung zu geben. Der Übergang vom eindimensionalen zum dreidimensionalen Kristall bietet keine Probleme. Wichtiger ist die bisher gemachte Annahme unkorrelierter Atombewegungen. In der Realität erfolgt die thermische Bewegung in Form von (stehenden oder sich ausbreitenden) Wellen, d.h. die Bewegung benachbarter Atome ist nach Polarisation und Phase korreliert. Die entsprechende Rechnung zeigt, daß der *totale* Streuquerschnitt der diffusen Streuung sich kaum ändert, wohl aber der *differentielle:* die Winkelverteilung ist nun nicht mehr glatt sondern entspricht wegen der räumlichen Periodizität einer Welle einem "Zusatzgitter", das eine erhöhte Streuintensität in der Nähe der Braggreflexe erzeugt - ähnlich wie *periodische* Störungen in einem Beugungsgitter "Geister" um die Beugungsmaxima zur Folge haben. Es tritt eine Anisotropie auf, die in Beziehung zur Anisotropie der Gitterschwingungen und damit zu den elastischen Konstanten des Kristalls steht.
Die für den Mikroskopiker wichtigste Einschränkung der obigen Betrachtung liegt in der Annahme von Einfachstreuung. Im Rahmn der *dynamischen Theorie* wirkt sich die "Aufrauhung" der Gitterebenen z. T. drastisch auf die Verteilung der Intensität auf die verschiedenen im Kristall koexistierenden Wellenfelder aus; dies wird nach Bereitstellung des Gerüstes der dynamischen Theorie zu behandeln sein.

1.4.7 Mehrfachstreuung, Kikuchilinien

Angesichts der starken Wechselwirkung zwischen den Strahlelektronen und dem Objekt wird ein herausgegriffenes Elektron beim Austritt aus dem Objekt in der Regel mehrere elastische und inelastische Stoßprozesse durchlaufen haben, sobald die Objektdicke nicht extrem klein ist. Handelt es sich um hintereinandergeschaltete Streuprozesse gleicher Natur, kann man die Winkelverteilung der Elektronen nach n Stößen durch die Faltung von n Einzelstreufunktionen $S_i(\Theta)$ nach dem Rezept

$$S_n(\Theta) = S_{n-1}(\Theta) * S_1(\Theta)$$

erhalten. Die Vielfachstreufunktionen S_1, S_2 ..... S_n werden dann aufsummiert mit Gewichtsfaktoren, die sich aus der Poissonverteilung ergeben.
Eine andere Möglichkeit bietet die Computersimulation (Monte Carlo-Rechnung) des Weges des Elektrons durch das Objekt.
Auf einem formaleren Niveau kann man die Überlagerung mehrerer unabhängiger Streuprozesse (auch unterschiedlicher Natur) nach einer von Landau stammenden Theorie behandeln. Hierfür muß auf die Literatur verwiesen werden (Buseck et al. High-Resolution Transmission Electron Microscopy, 1988).
Den wichtigen Spezialfall wiederholter *elastischer* Streuung in *kristallinen* Objekten behandelt die *dynamische Theorie der Beugung*, die im zweiten Hauptteil behandelt wird.

Für die Praxis des Elektronenmikroskopikers ist ein spezieller Mehrfachstreuprozeß von besonderer Bedeutung, nämlich die *(elastische)* Braggreflexion von *vorher* unter kleinem Energieverlust *inelastisch* gestreuten Elektronen. Der Begriff Braggreflexion signalisiert, daß es sich um die Mikroskopie kristalliner Objekte handelt. Hier gibt dieser Zweifachstreuprozeß Anlaß zum Auftreten der sog. *Kikuchi-Linien* im Beugungsdiagramm. Wie Abb. 2 zeigt, ist das aus den bekannten punktförmigen Braggreflexen bestehende Beugungsmuster durchzogen von geraden, im Vergleich zum diffusen Untergrund teils helleren, teils dunkleren Linien. Man beobachtet sie nur, wenn die Probe eine gewisse Mindestdicke hat, was auf die Beteiligung inelastischer Streuung hindeutet.
Die Geometrie der Kikuchi-Linien wird an Hand der Fig. 44 erläutert. Findet in dem Punkt P ein inelastischer Streuprozeß statt, der die Elektronenwellenlänge wenig ändert, wirkt P als Quelle einer Streuwelle, deren Amplitude mit zunehmender Abweichung von der Vorwärtsrichtung rasch abnimmt (vgl. Gl. (1.88)).

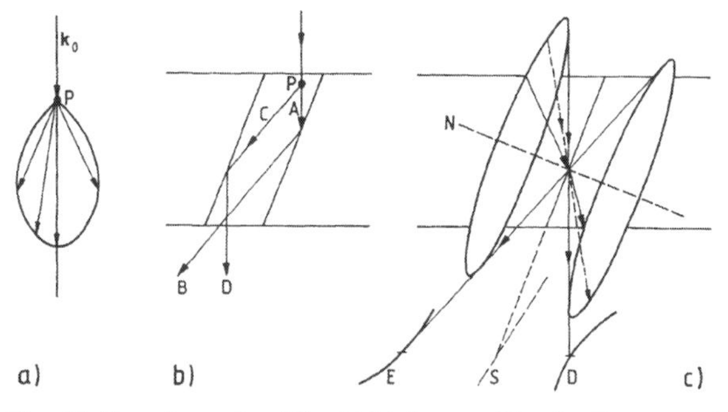

Fig. 44 Entstehung der Kikuchi-Linien. a: Um die Vorwärtsrichtung rotationssymmetri sche Richtcharakteristik der in P inelastisch gestreuten Elektronen. b: Im Text beschriebene Braggreflexion der inelastisch gestreuten Elektronen an Vorder- bzw. Rückseite der Netzebenen. c: Alle Strahlen auf einem Kegelmantel um die Netzebenennormale N erfüllen die Braggbedingung.. Der weitgeöffnete Doppelkegel erzeugt im Beugungsdiagramm die Kikuchi-Linien: die dunkle De fektlinie D (in Vorwärtsrichtung) und die helle Exzeßlinie in Richtung des Braggreflexes. In der Mitte dazwischen verläuft die Spur S der refelektieren den Netzebene. (Exakte Braggorientierung der Netzebenen ist angenommen)

Da die Wellenlänge wenig geändert ist, werden die inelastisch gestreuten Elektronen von den gleichen Gitterebenen braggreflektiert wie die ungestreuten. Ist eine Ebenenschar genau in Braggorientierung, so werden die nach vorwärts gerichteten ($\Theta = 0$) "inelastischen" Elektronen wie die elastischen an der Vorderseite der Ebenen reflektiert (Strahl AB in Fig. 44b). Aber unter den inelastisch gestreuten Elektronen gibt es auch aus der Vorwärtsrichtung abgelenkte, die nun an der Rückseite der gleichen Ebenen

reflektiert werden (Strahl CD). Sie werden durch die Braggreflexion zurück in die Vorwärtsrichtung gebeugt. Ihre Zahl ist wegen der Richtcharakteristik der inelastischen Streuung viel kleiner als die Zahl der Elektronen, die den zuerst beschriebenen Weg nehmen. Die ursprüngliche Winkelverteilung der inelastisch gestreuten Elektronen wird also durch die nachfolgende elastische Braggreflexion in der Weise verändert, daß mehr Elektronen aus der Vorwärtsrichtung in die Richtung B umgeleitet werden als Elektronen aus der Richtung C in die Vorwärtsrichtung kommen. Da C parallel zu B ist, bedeutet dies: in Richtung B entsteht eine Helligkeits*zunahme* im Vergleich zur Umgebung, in Richtung D (der Vorwärtsrichtung) eine Helligkeits*abnahme*.
Nun erfüllt die inelastische Streuung eine um die Vorwärtsrichtung rotationssymmetrische Richtungskeule (Fig. 44a). Das heißt: von den reflektierenden Netzebenen werden inelastisch gestreute Elektronen aus einem Kegel mit der Ebenennormale (die parrallel zum g-Vektor der betr. Ebenenschar ist) als Achse und dem Öffnungswinkel (90° - ϑ_B) reflektiert; eben diesen Kegel (den sog. *Kosselkegel*) erfüllen dann auch die braggreflektierten Strahlen. Wegen der Kleinheit der Braggwinkel für Elektronenwellen ($\vartheta_B \leq 1^o$) ist der Kosselkegel von einer Ebene kaum zu unterscheiden und seine Spur in der Beobachtungsebene (dem Beugungsdiagramm) ist praktisch gerade. Auf diese Weise entstehen also zwei gerade Linien - die *Kikuchilinien* oder kurz *K-Linien*, in Richtung B eine *helle Exzeß-Linie*, in Richtung D eine *dunkle Defek*t-Linie (vgl. Fig. 44c). In der Mitte zwischen den beiden zusammengehörenden parallelen K-Linien (Winkelabstand $2\vartheta_B$) liegt (unsichtbar) die Spur der reflektierenden Ebene.
Solange die betrachtete Netzebenenschar genau in Braggorientierung ist, liegt die Richtung der einfallenden Elektronen ($\underline{k}_o$) auf dem Mantel des Kosselkegels und die Exzeß-K-Linie geht durch den Braggreflex im Beugungsdiagramm, während die Defekt-Linie durch den Nullstrahl geht (Fig. 45).
Die eigentlich interessante Eigenschaft der Kikuchilinien kommt zum Vorschein, wenn man den Kristall um einen Winkel δ so verkippt, daß die Braggbedingung für die betrachtete Ebenenschar nicht mehr genau erfüllt ist. Die Achse des Kosselkegels dreht sich nun mit dem Kristall um den Winkel δ (Fig. 45). Weil der Endpunkt des Vektors $\underline{g}$ sich dabei praktisch senkrecht zur Ebene des Beugungsdiagramms bewegt, bleibt das Punktdiagramm der Braggreflexe in seiner *Geometrie* (nicht in der Intensitätsverteilung) ungeändert. Im Gegensatz dazu bewegen sich die K-Linien zusammen mit ihrem Zentrum - der Spur der reflektierenden Netzebenen - relativ zu dem Punktdiagramm um eine Distanz x, die proportional zu dem Winkel δ ist (Fig. 45): $x = L\delta$, wo L die Beugungslänge[36] ist.
Vergrößert man den Kippwinkel soweit, daß δ gleich dem Braggwinkel ϑ_B wird, dann erreicht man die sog. *symmetrische Orientierung*, manchmal auch *Lauefall* genannt (Fig. 45). Nun fällt die Einstrahlrichtung in die re-

[36] Die Beugungslänge L kann bei bekanntem Ebenenabstand d leicht aus der Distanz y zwischen Nullstrahl und dem Braggreflex der Ebenen berechnet werden: $L = d\, y/\lambda$.

flektierende Ebene und die beiden K-Linien (deren Winkelabstand immer gleich $2\vartheta_B$ bleibt), liegen mitten zwischen 0 und G bzw. 0 und (-G). Allerdings kann nun wegen der Gleichwertigkeit von G und (- G) ein Unterschied von Exzeß- bzw. Defekt-Linie nicht erwartet werden. Tatsächlich beranden die beiden K-Linien nun ein *Kikuchi-Band*, das im Inneren (zwischen den beiden Linien) heller als die Umgebung ist (Abb. 2). Diese Beobachtung läßt sich im Rahmen der dynamischen Beugungstheorie begründen.

Da inelastisch gestreute Elektronen aus allen Richtungen auf die Netzebenen auffallen, gibt es auch solche, die einen Braggreflex höherer Ordnung, d. h. unter Winklen ($n\vartheta_B$) erfahren. Sie erzeugen zu den primären parallele K-Linien, die in Abständen ($n\ g/2$) von der Spur der reflektierenden Netzebenen zu liegen kommen (Fig. 45d).

Aus der Lage der K-Linien relativ zu dem Punktmuster der Braggreflexe läßt sich der Abweichungsparameter s von der Braggorientierung genau bestimmen. Zwischen dem Kippwinkel δ und s besteht die einfache Beziehung (Fig. 45): $\delta = s/g$

zusammen mit $x = L\ \delta$ ergibt sich:

$$s = (g/L)\ x = (\lambda/d^2)\ x/y.$$

Bei symmetrischer Orientierung ($x/y = 1/2$) erscheint hier: $s = \lambda/(2d^2)$ oder $s = \vartheta_B g$, wie erwartet.

Ganz allgemein kann auf die gleiche Weise die aktuelle Orientierung eines kristallinen Objkets relativ zum einfallenden Strahl festgelegt werden. Das Verfahren ist sehr genau: man kann den Abstand der Kikuchilinie von dem zugehörigen Reflex sicher mit einer Genauigkeit von $0{,}05 \times 2\vartheta_B$ bestimmen; das entspricht etwa 5 bis 10 Winkelminuten.

Aus der dynamischen Theorie der Elektronenbeugung (Hauptteil 2) wird sich ergeben, daß ein kristallines Objekt besser durchstrahlbar ist, wenn es so aus der Braggorientierung herausgedreht ist, daß der zu dem verwendeten Reflex gehörende Punkt G des Reziproken Gitters *innerhalb* der Ewaldkugel liegt ($s > 0$). An Hand von Fig. 45 wird deutlich, daß dann die Kikuchilinien *nach außen* (*in Richtung des Vektors* $\underline{g}$) verschoben sind.

1.4.8 Fresnelbeugung an Kanten, Fresnel-Streifen

Eines der Grundphänomene der Wellenphysik entsteht, wenn eine Welle auf ein undurchlässiges Hindernis fällt, das einen Teil der Wellenfront absperrt ("abschattet"). Die Welle wird dann einerseits in den Schattenraum gebeugt; andererseits entsteht im freien Raum eine charakteristische Verteilung der Wellenamplitude in Form von Richtungen mit maximaler bzw. minimaler Intensität, die ein System von Streifen parallel zu der Kante des Schirms ergibt (sog. Fresnel-Streifen, engl. Fresnel fringes). Diese Erscheinung ist bei Elektronenwellen am Rand eines Objektes leicht zu beobachten (Abb. 3).

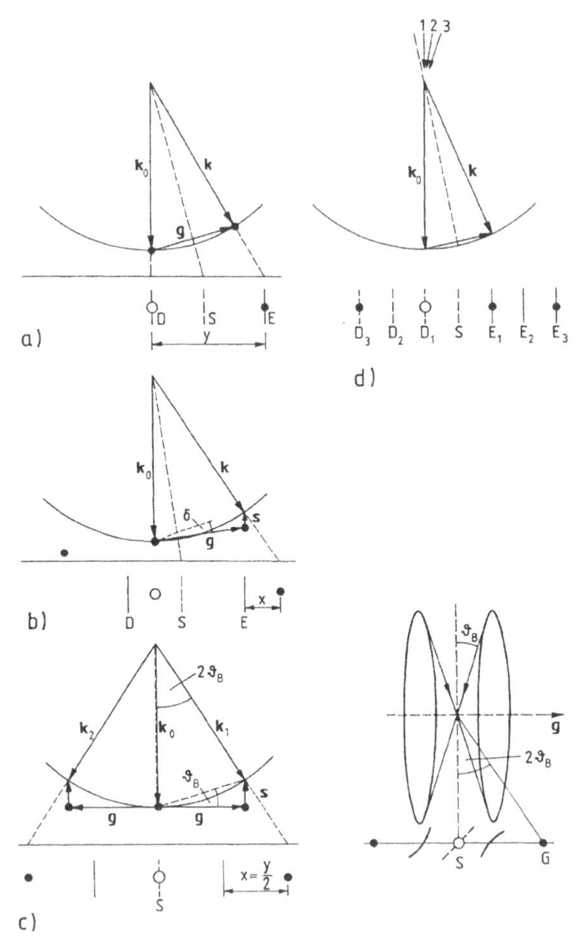

Fig. 45. Kikuchi-Linien und Kristall-Orientierung. In der linken Bildhälfte ist die Ewaldkonstruktion mit der Lage des Zentrums und des Braggreflexes im Beugungsdiagramm, sowie die Lage der K-Linien relativ dazu gezeigt.
Rechts sieht man die gleiche Situation wie links mit Kosselkegel der *vorher inelastisch gestreuten* Elektronen und den Kikuchi-Hyperbeln, aus denen bei stärkerer Öffnung des Kosselkegels Geraden werden. E: Exzeß. D: Defekt, S: Spur der reflektierendne Netzebene, x: Abstand zwischen K-Linie und zuge hörigem Braggreflex.
a: exakte Bragg-Orientierung. b: $s \neq 0$ (< 0);. c: symmetrische Orientierung (Laue-Fall).; d: Kikuchilinien höherer Ordnung.

Sie spielt in mehrerlei Hinsicht eine praktisch wichtige Rolle. Erstens verschwindet der Kontrast der Fresnel-Streifen, wenn man das Objektiv auf die Ebene des Objektrandes fokussiert hat (Fokussierungshilfe). Zweitens kann man aus der Breite des Streifensystems die Kohärenz der Beleuchtung bestimmen. Schließlich entstehen Fresnel-Streifen nicht nur am Rand des Objekts (z. B. von Löchern im Objekt) sondern auch überall da, wo *im Objekt* das elektrostatische Potential einen mehr oder weniger scharfen Sprung macht. Das wird z. B. dort der Fall sein, wo sich die Zusammensetzung einer Legierung ändert. Dieser Potentialsprung stellt eine effektive Kante dar und wird zum Auftreten von Fresnel-Streifen im defokussiertehn Bild führen. Neuerdings werden diese sog. *Fresnel-Kontraste* quantitativ ausgewertet, um z. B. die Schärfe der Konzentrationsstufe zu bestimmen *(Fresnel-Mikroskopie)*.

Zur theortischen Behandlung der Beugung an einer Kante stehen zwei Methoden zur Verfügung: die Kirchhoffsche Theorie (vgl. Abschnitt 3.2.2.2) und eine weniger bekannte, die von Th. Young konzipiert und von A. Sommerfeld 1896 mathematisch ausgearbeitet wurde. Die erstgenannte Theorie basiert auf dem Huygensschen Prinzip, d. h. die resultierende Welle im Aufpunkt wird durch Integration über die vom Schirm nicht abgedeckte Fläche berechnet (vgl. Abschnitt 3.2.2.2) und führt zu der bekannten Cornuschen Spirale (vgl. z. B. Reimer, Transmission Electron Microscopy, § 3.2). Die Young-Sommerfeldsche Theorie nimmt an, daß die durch die Öffnung ungestört bleibende anregende Welle sich überlagert mit einer von der Kante ausgehenden Zylinderwelle. Ein Darstellung der anspruchsvollen Mathematik findet sich in A. Sommrfeld, Optik § 38. H. Boersch hat die Ergebnisse auf den Fall der Elektronenwellen übertragen.

Die Interpretation der Fresnel-Streifen als Interferenzfigur im Sinn der Young-Sommerfeldschen Theorie führt zu der folgenden vereinfachten Herleitung der Verteilung der Streifen. Wir betrachten zunächst eine punktförmige Quelle S im Abstand a von der beugenden Kante K (Fig. 46a). Wir interessieren uns für die Orte x_n der Interferenzmaxima M_n in einer Ebene, die um die Entfernung h hinter der Kante liegt. Konstruktive Interferenz tritt da auf, wo die Phasendifferenz, die durch den Unterschied der beiden Wege SKM bzw. SM zustandekommt, *einschließlich des Phasensprungs δ bei der "Reflexion" an K* ein ganzes Vielfaches von 2π (einschließlich null) beträgt. Die einfache Geometrie ergibt für den Ort x_n des n. Maximums ($x_n \ll h$)::

$$(1.103) \qquad x_n = \sqrt{\lambda \left[(h^2/a) + h\right] (2n - \delta/\pi)} \quad . \quad \text{mit } n = 0, 1, 2.....$$

Vergleich mit der exakten Theorie ergibt für den undurchsichtigen Schirm $\delta = (-\ 3\pi/4)$; in der Realität durchdringen die Elektronen den vordersten Bereich des Objekts und δ ändert sich etwas.

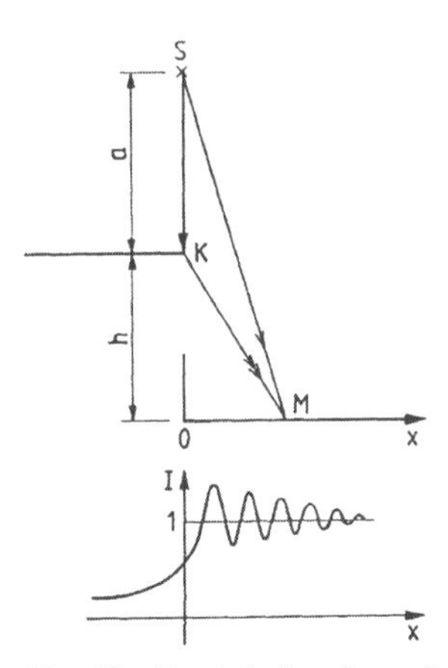

Fig. 46a. Vereinfachte Darstellung der Entstehung der Fresnel-Streifen.

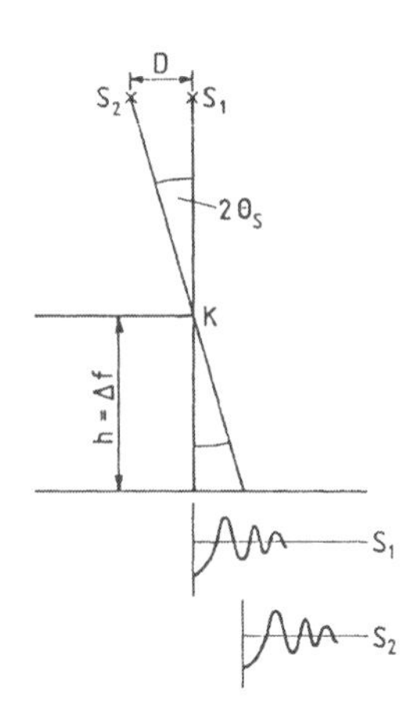

Fig. 46b.. Fresenlstreifen bei ausgedehnter Quelle

Fokussiert man auf die Ebene in der Entfernung h von der Kante, ist h gleichbedeutend mit dem Defokus Δf und es gilt h « a.[37] Damit wird in guter Näherung

(1.104) $$x_n = \sqrt{2\,\lambda\,\Delta f\,(n + 3/8)}$$

Der Abstand zweier benachbarter Streifen

(1.105) $$|x_n - x_{n+1}| \approx \frac{\sqrt{(\lambda \Delta f)/n}}{2}$$

wird mit zunehmendem Abstand von der Kante immer kleiner.
Für Defokus null erscheinen keine Fresnel-Streifen. Diese Tatsache wird nicht nur zum Aufsuchen der genauen Fokussierung benutzt sondern auch zur Korrektur des *Astigmatismus:* besteht eine astigmatische Fokusdifferenz, dann verschwinden die Fresnel-Streifen um ein Loch im Objekt jeweils nur in *einer* Richtung (einem Azimut), die sich mit Änderung des Fokus dreht. Auf diese Weise kann die astigmatische Differenz ausgemessen und korrigiert werden.
Stellt man die abbildende Linse auf eine Ebene *zwischen* Quelle und Objektrand scharf (d. h. *unterfokussiert* man: Δf < 0), erscheinen wieder (virtuelle) Streifen. Bei *Unter*fokussierung ist der Lochrand von einem *hellen* Saum umgeben, bei Überfokussierung von einem dunklen Saum. (Der dunkle Saum bei Überfokus ist mit dem Phasensprung (-3π/4) bei der Streuung an der Kante zu erklären, der zu einem effektiven Wegunterschied

[37] Macht man umgekehrt h viel größer als a, handelt es sich um (Elektronen-)"Schatten-Mikroskopie".

von $(3\lambda/8)$ in Vorwärtsrichtung zwischen der gestreuten und der von der Quelle kommenden Welle führt).
Mit Hilfe der Fresnelstreifen kann man weiter die transversale Kohärenzbreite der Elektronenquelle testen. Zu diesem Zweck simulieren wir die *ausgedehnte inkohärente Quelle* (Durchmesser D) durch zwei Punktquellen an ihren Rändern (Fig. 46b). Jede dieser Punktquellen entwirft ihr eigenes Streifenmuster, die beiden Muster sind intensitätsmäßig zu überlagern. Die Modulation wird von einem Streifenindex y an ausgeschmiert sein, für den gilt: $1/2(x_y - x_{y+1}) = \Delta f \, (D/a)$
(D/a ist die Beleuchtungsapertur, gleich dem Gesamtwinkel $2\Theta_S$, unter dem die Quelle von der Kante aus erscheint).
Mit Gl. (1.105) erhält man für y:

$$y = (1/16)\,(\lambda/\Delta f)(a/D)^2 = (1/16)(\lambda/\Delta f)(2\Theta_S)^{-2}.$$

Als Maß für die Apertur der Beleuchtung - und damit die räumliche oder transversale Kohärenz - eignet sich wegen der Abhängigkeit von dem gerade gewählten Defokus Δf nicht die *Zahl* y der unterscheidbaren Streifen sondern die *Breite des Bereichs* (x_y), in dem Streifen sichtbar sind:

$$x_y = \sqrt{1/8}\,(\lambda a/D)K \approx 0{,}35\,(\lambda/2\Theta_S)K$$

(K ist ein Korrekturfaktor für den Summanden 3/4 in Gl. (1.103), der hier vernachlässigt wurde). Man kann also konstatieren: der die räumliche Kohärenzbreite bestimmende Öffnungswinkel der Beleuchtung $2\Theta = D/a$ ist proportional zu (λ/x_y), wo x_y die Breite des Gebietes ist, in dem Fresnelstreifen zu unterscheiden sind (lange belichten!). Z. B. ergibt sich für $\Theta_S = 2\ 10^{-6}$ und $\lambda = 3{,}7\ 10^{-3}$nm : $x_y \approx 0{,}3$ µm.

1.5 Kontrastmechanismen, Streukontrast

Zur quantitativen Beschreibung des elektronenmikroskopischen Bildes bedienen wir uns des Begriffs des *Kontrastes* C. Er ist definiert als die prozentuale Abweichung der Helligkeit H des betrachteten Bildelements von einer Bezugs-Helligkeit H_o, z. B. der Helligkeit eines vom Objekt unbeeinflußten Bereichs der Bildebene oder eines gleichmäßigen Untergrunds.

$$C = \frac{H - H_o}{H_o} \qquad (1.106)$$

Die Helligfkeit ist proportional zu der Strahlintensität I, also dem Betragsquadrat der Elektronenwellenfunktion $I = |\psi|^2 = \psi\,\psi^*$.
Erste Voraussetzung einer vernünftigen Interpretation des Bildinhalts ist Kenntnis des *kontrasterzeugenden* Mechanismus. Bei der Elektronenmikroskopie hat man es mit zwei Haupttypen von Kontrasten zu tun: mit dem *Defizienzkontrast* und dem *Phasenkontrast.*

Der *Defizienzkontrast* beruht darauf, daß eine Blende in der hinteren Brennebene des Objektivs diejenigen Elektronen aus dem Strahlengang wegfängt, deren Bahn einen gewissen Grenzwert α_{Bl} des Neigungswinkels zur optischen Achse überschreitet ("Defizienz" deutet auf das Fehlen dieser Elektronen im Bild hin). Der Winkel α_{Bl} ergibt sich aus dem gewählten Blendenradius r_{Bl} und der Objektivbrennweite f : $\alpha_{Bl} = r_{Bl}/f$. Objektbereiche, in denen mehr Elektronen genügend stark abgelenkt werden als anderswo, erscheinen im Bild dunkler. Dabei kann der Prozeß, durch welchen die Elektronen abgelenkt werden, verschiedener Natur sein.
Beim *Streukontrast* handelt es sich um die Auswirkung der verschiedenen (elastischen und inelastischen) Streuprozesse, die unter 1.4 behandelt wurden.
Wird der Streukontrast von *elastischen* Streuprozessen an den *geordneten* Atomen eines *kristallinen* Objekts erzeugt, nimmt er die Form der *Beugung* an (vgl. 1.4.3) und wird deshalb als *Beugungskontrast* bezeichnet. Hier fängt man mittels der Objektivblende entweder die Braggreflexe jenseits α_{Bl} weg (Hellfeldabbildung) oder aber man läßt nur einen bestimmten Braggreflex passieren (Dunkelfeldabbildung) (vgl. den zweiten Hauptteil).
Beim *Phasenkontrast* spielt die Objektiv-Blende keine kontrasterzeugende Rolle. Vielmehr führt man hier Elektronen aus einem möglichst großen Winkelbereich in der Bildebene zusammen (vgl. 1.1.1). Bei sehr dünnen Objekten überwiegen die Phasenschiebungen, welche die Elektronenwellen im Objekt erfahren haben, die Streuverluste. Deshalb muß man - in Analogie zur Phasenkontrast-Lichtmikroskopie, vgl. 1.1.3 - diese Phasenunterschiede zu einem Phaenwinkel π ergänzen, um Amplitudenkontrast zu erzielen. Phasenkontrast dominiert in der *hochauflösenden Elektronenmikroskopie* und wird im dritten Hauptteil behandelt. Er kann selbstverständlich von einem Anteil Streukontrast überlagert sein.
Im folgenden führen wir die formale Behandlung des *Streukontrastes* zu Ende. Er erklärt die Bildentstehung bei amorphen Proben, d. h. der Mehrzahl biologischer Objekte, bei Trägerfilmen aus Kohlenstoff oder Polymeren, Oberflächenabdrücken aus den gleichen Materialien etc.. Man benutzt die Begriffe des *effektiven Streuquerschnitts* σ und der *freien Weglänge* Λ (zwischen zwei Streuprozessen). Überlagerung mehrerer unabhängiger Streuprozesse führt zur Addition der zugehörigen Streuquerschnitte (wie die Überlagerung mehrerer Mechanismen der Elektronenstreuung im Festkörper durch Addition der entspechenden spezifischen elektrischen Widerstandswerte berücksichtigt wird):

$$\sigma = \sigma_{el}(\alpha_B) + \sigma_{in}(\alpha_B) \quad (1.107)$$

Die Intensität I des Elektronenstrahls wird längs des Wegs durch das Objekt durch Streuprozesse exponentiell geschwächt:

$$dI = I(z)\ N\ \sigma\ dz$$

(1.108) $$I(z) = I_o \exp(-N\sigma z) = I_o \exp(-z/\Lambda)$$

(N ist die Zahl der Atome pro Volumeneinheit, Λ die *freie Weglänge* der Elektronen).
Man muß im Auge behalten, daß der Wert der Streuquerschnitte σ_i vom Radius der gewählten Objektivblende abhängt:

(1.109) $$\sigma_{Bl} = 2\pi \int_{\alpha_{Bl}}^{\pi} d\sigma/d\Omega \sin\Theta \, d\Theta$$

Man definiert die (lokale) *Transparenz T* des Objekts als Quotienten der von der Objektivblende durchgelassenen Elektronen und der Intensität I_o des beleuchtenden Strahls:

$$T = \frac{I_o - I_{Bl}}{I_o}$$

(I_{Bl}: Intensität, die von der Blende weggefangen wird).
Die Volumendichte der Atome aus Gl. (1.108) wird durch handlichere Größen ersetzt: N ist das Produkt aus der Loschmidtzahl (oder Avogadrozahl) $L = 6\ 10^{23}\ \mathrm{Mol}^{-1}$ und dem Quotienten aus Dichte ρ und relativer Atommasse A:

$$N = L \rho / A.$$

Ist t die (lokale) Probendicke, so ergibt sich aus Gl. (1.108):

(1.110) $$I = I_o \exp\left(-\frac{L}{A} \sigma \rho t\right)$$

Demnach stellt die Kombination $\{A/(L \sigma \rho)\}$ die *freie Weglänge* Λ für den betreffenden Fall dar.
Oft faßt man das (lokale) Produkt aus Dichte und Probendicke ρt zu der sog. *Massendicke* (Dimension kg/m^2) t_M zusammen. Dann ist

(1.111) $$I = I_o \exp\left(-\frac{L}{A} \sigma t_M\right)$$

Die zugehörige freie Weglänge $\Lambda' = A/(L\sigma)$ heißt dann *"Kontrastdicke"* (engl. contrast thickness) mit der Dimension kg/m^2.
Die (lokale) Transparenz eines Objekts hängt danach von folgenden Einflußgrößen ab:
1) der Massendicke ρt
2) dem Material (A, Z)
3) der Apertur ($\sigma = \sigma(\alpha_{Bl})$)
4) der Beschleunigungsspannung ($\sigma = \sigma(U)$).
Die freie Weglänge ist ein sehr bequemer Begriff für den Vergleich der Elektronentransparenz verschiedener Materialien. So findet man in der Literatur die Angabe, daß die Kontrastdicke Λ' für 100 kV-Elektronen bei einer Apertur von α_{Bl} von 10 mrad (= 10^{-2}) für Kohlenstoff 4 10^{-4} kg/m^2 beträgt, für Platin aber 1,8 10^{-4} kg/m^2. Daraus berechnet man (Gl.(1.111)),

daß die (effektiven) Streuquerschnitte für die genannten Bedingungen 5 10^{-5} bzw. 1,8 10^{-3} nm^2 sind. Multipliziert man die Λ'-Werte mit den jeweiligen Dichten, erhält man die freien Weglängen Λ (285 bzw. 8,4 nm).

Vergleicht man die effektiven Streuquerschnitte, bemerkt man, daß ihr Verhältnis viel näher an $Z^{4/3}$ liegt als an $Z^{1/3}$, also viel besser mit den Verhältnissen bei elastischer Streuung übereinstimmt als bei inelastischer, obwohl doch bei Kohlenstoff die Zahl der inelastisch gestreuten Elektronen überwiegt (vgl. Abschnitt 1.4.4). Der Grund liegt in der relativ großen gewählten Apertur: die inelatische Streuung ist so sehr Vorwärtsstreuung, daß die inelastisch gestreuten Elektronen nur bei wesentlich kleinerer Blende zum Kontrast beitragen würden.
Ist das Objekt sehr dünn oder streut es außergewöhnlich schwach, ist es günstiger, statt der Hellfeldbeobachtung die *Dunkelfeldabbildung* zu wählen. Die Transparenz T muß mindestens um 5% von eins abweichen, um eine Abbildung mit brauchbaren Kontrasten zu erhalten. Ist dies nicht zu erreichen, blendet man den unabgelenkten Strahl aus und benutzt *nur* die gestreuten Elektronen für den Bildaufbau. Nun bezieht sich die 5%-Grenze auf den Unterschied zwischen den *vom Objekt* gestreuten Elekronen und dem unvermeidbaren, unabhängig vom Objekt entstehenden Streuuntergrund, den man gering halten kann. Allerdings bedingt Dunkelfeldabbildung aus Intensitätsgründen immer eine höhere Strahlenbelastung des Objekts.
Bei der Mikroskopie organischer Objekte wird die Streufähigkeit oft durch eine Behandlung mit Schwermetallen verstärkt, die die interessierenden Strukturen hervorheben sollte. Das Auflösungsvermögen einer Abbildung bei Streukontrast wird von der Abbeschen Beziehung (vgl. 1.1.1) bestimmt. Je kleiner die Aperturblende gewählt wird, umso besser wird zwar der Kontrast sein, umso gröber sind aber die feinsten erkennbaren Details des Objekts.

1.6 Probenpräparation, Durchstrahlbarkeit, Hochspannungs-Elektronenmikroskopie

1.6.1 Probenpräparation und Durchstrahlbarkeit

Die Objekte der Transmissions-Elektronenmikroskopie müssen in Form dünner Scheiben ("Folien", engl. thin foils) vorliegen. Gründe hierfür sind einmal die geringe Transparenz der Materie für Elektronen der üblichen Energie (100 keV bis 1MeV), andererseits aber auch das Projektionsproblem: werden die interessierenden Strukturen aus einer zu dicken Probe auf die Bildebene projiziert, dann überlappen die Bilder und es ist keine klare Unterscheidung der Einzelheiten aus verschiedenen Tiefen möglich.
Eine *optimale* oder eine *maximale Probendicke* kann nicht allgemein definiert werden, weil zu viele Parameter zu berücksichtigen sind. Die wichtigsten sind die folgenden: das *Material* der Probe (Dichte ρ, relative

Atommasse bzw. Molekulargewicht A, Ordnungszahl Z), die *Beschleunigungsspannung* U und der wirkende *Kontrastmechanismus*. Zu dem zuletztgenannten Einfluß können folgende Anhaltspunkte gegeben werden: benutzt man Streukontrast, wird der nutzbare Bereich der Probendicken praktisch begrenzt durch den chromatischen Fehler der Objektivlinse, weil ein großer Anteil der die Aperturblende passierenden Elektronen inelastisch gestreut ist. Erfahrungswerte für die zulässige Probendicke sind (je nach Material) bei U = 100 kV: 0,1 bis 0,3 µm, bei 1MV 1 bis 10 µm. Neuerdings stehen Transmissions-Elektronenmikroskope mit einem *Energiefilter* zur Verfügung. Mit ihnen können alle Elektronen, die einen Energieverlust erlitten haben, vom weiteren Strahlengang ausgeschlossen werden. Auf diese Weise (engl. zero-loss filtering) kann der Kontrast dicker organischer Präparate entscheidend verbessert werden. In vielen Fällen ist es noch günstiger, nur die Elektronen zu benutzen, welche einen *bestimmten* Energieverlust erlitten haben, weil in diesem Energiebereich die Trägerfolie ein Minimum der inelastischen Streuung hat (electron spectroscopic imaging, ESI, auch als energy selecting imaging gedeutet). Abb. 4 zeigt als Beispiel das Beugungsdiagramm eines CoNiAl-Quasikristalls ohne bzw. mit Energiefilterung nach der Probe. Die Verbesserung von Schärfe und Klarheit ("Brillianz") des Punktmusters bei Ausschluß aller Elektronen, die mit der Probe Energie ausgetauscht haben, springt ins Auge.

Bei kristallinen Objekten[38] tritt an die Stelle des Streukontrastes der Beugungskontrast. Hier ist man auf eine hinreichende Intensität der unabgelenkten Elektronenwelle (bei Hellfeldbeobachtung) bzw. des benutzten Braggreflexes (bei Dunkelfeldbeobachtung) angewiesen. Die jeweilige Transmission hängt sehr von der Probenorientierung ab.

Hat man eine in dieser Hinsicht beonders günstige Situation, wird man auch hier schließlich durch den zunehmenden Anteil der inelastisch gestreuten Elektronen und den chromatischen Fehler eingeschränkt, sodaß die nutzbaren Dicken klein sind: bei U = 100 kV etwa 50 nm bis (bei leichten Elementen) 1 µm. Wesentlich höher sind die Ansprüche an die Dünnung der Probe, wenn man im Bereich der Hochauflösenden Elektronenmikroskopie (aufgelöste Strukturdetails kleiner als 0,5 nm) Phasenkontrast benutzt. Hier ist eine direkte Bildinterpretation in der Regel nur möglich, wenn die Probendicke 10 nm nicht übersteigt. Phasenkontrast dikkerer Proben muß durch umfangreiche Simulationsrechnungen ausgewertet werden (vgl. den dritten Hauptteil).

Man könnte hoffen, die Begrenzung der zulässigen Probendicke durch den chromatischen Fehler des Objektivs bei Defizienzkontrast-Beobachtung um-

---

[38] Da Beugung an einer periodischen Struktur eine Mittelung der Information über den kohärent beleuchteten Bereich darstellt, ist die für eine bestimmte Auflösung erforderliche Elektronendosis für kristallisierte biologische Substanz (z. B. bestimmte Bakterienmembranen) viel kleiner als für nichtkristalline (50 Elektronen/nm^2 gegen 10^4) Als sog. kritische Dosis, bei der biologische Präparate gegebenenfalls ihre Krisatllinität verlieren, wird angegeben: 200 El./nm^2 bei U = 100 kV und 900 El./nm^2 bei 1MV.

gehen zu können, indem man zur Raster-Transmissions-Elektronenmikroskopie (STEM) übergeht, weil hier die entscheidende Linse *vor* dem Objekt angeordnet ist. Leider tritt nun als neues Problem die Aufweitung des abrasternden Strahls durch Vielfachstreuung in der Probe auf, sodaß in dieser Hinsicht kein großer Gewinn erzielt wird.
Das oben erwähnte Projektionsproblem muß in jedem Einzelfall berücksichtigt werden, indem man sich die interessierenden Objekte innerhalb der Probe in eine Ebene projiziert denkt und abschätzt, wie dick die Probe sein muß, damit noch genügend viele Objekte im Bild erscheinen, und wie dick sie höchstens sein darf, bevor die Objekte sich gegenseitig verdecken.

Aus den oben mitgeteilten Grenzen nutzbarer Probendicken folgt, daß Proben aus festen Stoffen meist nur in relativ kleinen Bereichen gut durchstrahlbar sein können, weil eine großflächige Probe entsprechender Dicke zu empfindlich gegen Bruch oder plastische Verformung wäre. Eine sehr bewährte Probenform besteht aus einer runden Scheibe, die am Rand (etwa 0,5 mm) dick ist und zur Mitte hin dünner wird, wo sich ein Loch befindet (Fig. 47). Der Rand des Lochs stellt einen mehr oder weniger breiten, durch das angrenzende dickere Material stabilisierten, durchstrahlbaren Bereich dar. Der äußere Durchmesser der Scheibe wird durch den Probenhalter des Mikroskops (meist 3,2 mm) bestimmt.

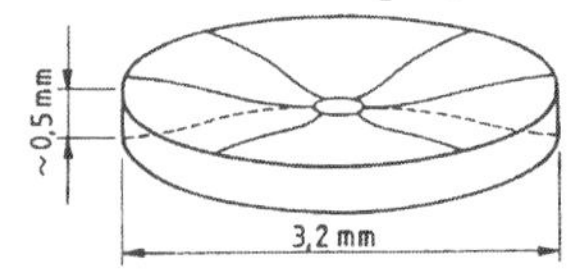

Fig. 47. Perforiertes Präparat; die Lochränder sind durchstrahlbar.

Im folgenden kann der Weg von einem makroskopischen Festkörper bis zur durchstrahlbaren Probe nur in einer generellen Skizze dargestellt werden, für den konkreten Einzelfall ist eine der Rezeptsammlungen heranzuziehen (z. B. P. B. Hirsch et al. Electron Microscopy of Thin Crystals, 1971, H. Bethge and J. Heydenreich Electron Microscopy in Solid Stae Physics, 1987).
1. Man beginnt mit dem Heraustrennen (engl. slicing) einer Scheibe von ca. 0,5 mm Dicke aus dem Material, wofür je nach der Natur des Materials Spalten (in Sonderfällen, z.B. bei Schichtstrukturen), mechanische Sägen (z.B. Diamanttrennscheibe), Säuresägen, Ultraschallschleifen oder Lichtbogentrennen (engl. spark erosion) zur Verfügung stehen. Die Auswahl wird sich danach zu richten haben, daß das Material durch den Trennvorgang höchstens in einer oberflächennahen Schicht verändert (z. B. plastisch verformt) werden darf. Ist dies bei spröden Stoffen (Keramik, einigen Halbleitern) mit einer mechanischen Säge durchaus zu garantieren, so benötigt man bei weichen Stoffen die zeitaufwendigere Säuresäge, bei der ein säuregetränkter Faden eine Lage des Materials herauslöst, ohne mechanischen Druck auszuüben.

Nach dem Heraustrennen wird gegebenenfalls die gestörte Oberflächenschicht durch Läppen (mit Korund- oder Diamantpulver) und (chemisches) Polieren beseitigt.
2. Aus der so präparierten Scheibe trennt man die 3 mm - Probe aus. Dies kann mit einem Ultraschall-Rohrbohrer oder dadurch geschehen, daß man aufgeklebte Schablonen entsprechender Größe mit dem Sandstrahlgebläse umschneidet. Bei Metallen empfiehlt sich auch vorsichtiges Herausschneiden mit einer Juweliersäge oder dem Skalpell.
In vielen Fällen ist es günstig, in diesem Stadium auf der Scheibe eine zentrale Vertiefung anzubringen, in der dann beim Dünnen das Loch durchbrechen wird (engl. dishing) - offenbar liegt hier auch eine Möglichkeit der Zielpräparation auf ein besonders interessantes Gebiet der Probe. Die Vertiefung kann mechanisch mit Hilfe eines "dimplers" oder mit Hilfe eines elektrolytischen Strahls (vgl. unter 3a) angebracht werden.
3. Nun beginnt der eigentliche Dünnungsprozeß, auch er meist ein Mehrstufen-Verfahren. Um die oben beschriebene Querschnittsform mit dickem Rand zu erhalten, hindert man das abtragende Medium daran, die Scheibe am Rand anzugreifen, indem man diesen mit einer Schablone oder mit Lack bedeckt. Der Materialabtrag kann sich folgender Effekte bedienen:
a) der *Elektrolyse* (vor allem bei Metallen). Die Probe wird in einem Elektrolyten anodisch aufgelöst (Rate 1 - 5 μm/min). Die elektrolytische Dünnung kann auch mit Hilfe eines über die Probe rasternden Elektrolyt-Strahls erfolgen (engl. jet-polishing).
b) der *chemischen Politur* (vor allem bei Halbleitern und Keramik, Rate 50 -500 μm/min). Das Prinzip ist meist kontinuierliche Oxidation und Lösung des Oxids in einem flüssigen, sauren Medium. Dabei ist inhomogener Angriff, d. h. Ätzen, zu vermeiden.
c) des *Ionenbeschusses* (engl. ion bombardment oder ion milling). Sehr allgemein anwendbares, aber wegen seiner Langsamkeit meist nur nach Vordünnung auf anderem Weg praktikables Verfahren. Im Vakuum werden Ionen (oft Argon) mit einer Beschleunigungsspannung von etwa 5 kV unter einem flachen Winkel auf die Probenoberfläche geschossen, aus der sie Atome herausschlagen, wodurch die Probe mit einer typischen Rate von 0,1 μm/h dünner wird. Manchmal erzeugt die Ionendünnung eine amorphe Oberflächenschicht, die durch chemisches Polieren beseitigt werden kann.
d) Bei organischen Präparaten und Polymeren können mit dem *Ultramikrotom* in einem Schritt durchstrahlbare Folien hergestellt werden. Das Präparat wird von einem beweglichen Arm an einem feststehenden Messer aus Glas oder Diamant vorbeigeführt, der abgeschnittene Film auf einer Flüssigkeitsoberfläche aufgefangen. Die Foliendicke beträgt zwischen 20 und 50 nm. Es besteht die Gefahr der Verformung des Präparats, eventl. ist vorherige chemische Stabilisierung (Fixierung) oder Einbettung in ein Harz erforderlich.

Das zentrale Problem der Präparation ist die Vermeidung von Artefakten, d.h. von Veränderungen des zu untersuchenden Materials. Die Hauptgefah-

ren liegen in plastischer Verformung, unzulässiger Erwärmung oder der Injektion von chemischen Verunreinigungen. In dieser Hinsicht gibt es für jede Stoffklasse einen Erfahrungsschatz, aber auch eine nie abzuschliessende Diskussion. Aktuell sind Bestrebungen, die chemische Unversehrtheit von Proben für die analytische TEM dadurch zu verbessern, daß der *gesamte* Dünnungsprozß auf mechanisches Polieren beschränkt wird. Bei harten Halbleitern hat es sich bewährt, die 3-mm-Scheibe auf die Achse einer rotierenden Drehbank zu montieren und die Probenoberfläche über eine Kugel aus Holz mit einer Aufschwemmung von Diamantpulver in Glyzerin zu bearbeiten (die unvermeidlichen Diamantkörner in der Probe können leicht identifiziert werden). Weichere Materialien sollten mit einer Stahlkugel behandelt werden.
Spezielle Techniken sind angebracht, wenn *ganz bestimmte dünne Schichten* eines makroskopischen Objekts zu analysieren sind. Dabei kann es sich um Deckschichten an der Oberfläche handeln oder um die aktiven Schichten in Halbleiterbauelementen, wie Transistoren, Leuchtdioden, Lasern oder sog. many-valley-Strukturen; desweiteren fallen alle Epitaxiesysteme unter diese Rubrik. Man kann versuchen, durch Dünnen von der Seite der massiven Unterlage (des Substrats) her die dünne Schicht und vor allem ihre Grenzflächen in die durchstrahlbare Folie zu positionieren (sog. plane view- Orientierung der Schicht). In vielen Fällen, vor allem wenn es sich um Schicht*systeme* handelt, ist es aussichtsreicher, einen Querschnitt durch die Schicht(en) zu präparieren (cross section-Orientierung). Man zerteilt das Untersuchungsobjekt und klebt zwei Teile mit ihren Schichtseiten aufeinander (Fig. 48). Dann folgt eines der Standard-Dünnungsverfahren, wobei man dafür sorgt, daß die dünnste Stelle (bzw. das Loch) in das Gebiet der interessierenden Schichten zu liegen kommt. In Abb. 5 wird ein Ergebnis dieser Präparations-Technik zu sehen. In der Halbleitertechnik werden Dotierungen dünner, oberflächennaher Schichten von Wafern häufig durch Hineinschießen der ionisierten Dotierungsatome mit hoher Energie hergestellt (Implantation). Eine Analyse der dabei entstehenden Kristalldefekte interessiert sich für deren Tiefenverteilung unter der Waferoberfläche. Sie ist nur auf Querschnitten möglich, die bis zur ursprünglichen Oberfläche reichen.
Aus der Frühzeit der Elektronenmikroskopie stammt das *Abdruckverfahren* zur Untersuchung des Oberflächenreliefsm assiver Objekte. Durch Aufdampfen von Kohlenstoff oder SiO_2 im Vakuum oder durch Eintauchen in eine Formvar-Lösung stellt man eine dünne Matrize (engl. replica) her, die nach Ablösen von dem Objekt dessen Oberflächenprofil reproduziert. Schrägbeschatten der Matrize mit einem Schwermetall verstärkt die Kontraste und ermöglicht bei bekanntem Beschattungswinkel ein Ausmessen der Höhenunterschiede.

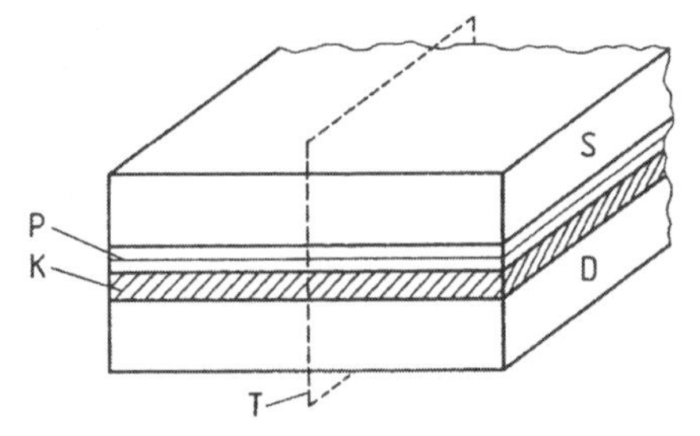

Fig. 48 Herstellung eines Querschnitt-Präparats. Auf das Substrat S sind mehrere dünne Schichten (P) aufgebracht. Mit dem Kleber K wird ein Gegenstück D aus dem gleichen Material wie das Substrat aufgeklebt. T bezeichnet die Ebene des herauszutrennenden Präparats, in dessen Zentrum das Schichtpaket durchstrahlbar gemacht werden kann.

Mit ähnlichen Verfahren werden die *Trägerfilme* hergestellt, die man bei der Untersuchung von nicht zusammenhängenden Objekten braucht (einzelne Atome oder Moleküle, Stäube, Bakterien und Viren etc.) Für geringe Vergrößerungen benutzt man 10 bis 20 nm dicke Formvar- oder Kollodium-Filme. Bei höheren Vergrößerungen und Hochauflösung werden in der Regel amorphe Kohlenstoffilme von etwa 3 bis 5 nm Dicke eingesetzt. Die statistischen Schwankungen ihrer Massendicke erzeugen einen störenden Phasenkontrast, sodaß auch Versuche mit amorphem Al_2O_3 oder einkristallinen Trägerfilmen (Graphit) lohnend sind.

Betreffend die Präparation biologischer und medizinischer Objekte für die Elektronenmikroskopie existiert ein ausgedehntes Schrifttum, das hier mangels eigener Erfahrung nicht referiert werden soll.

1.6.2 Hochspannungs-Elektronenmikroskopie

Wegen der verschiedenen Technik der Erzeugung der Beschleunigungsspannung U grenzt man Elektronenmikroskope mit U ≥ 500 kV als Hochspannungs-Elektronenmikroskope (HVEM) von den konventionellen und den "Mittelspannungs"-Geräten (U um 400 kV) ab.
Wenn man etwas vereinfacht, gibt es drei Fragestellungen, die zum Bau von HVEM Anlaß gaben und geben. 1) Zunächst nimmt die (elastische und inelastische) Streufähigkeit der Materie für Elektronen mit deren kinetischer Energie ab (Tab. 1.3). Daher werden für höherenergetische Elektronen dickere Präparate durchstrahlbar. Das schien in den Anfangszeiten der Elektronenmikroskopie für eine praktische Anwendung dieser neuen Technik unverzichtbar, da man noch keine leistungsfähigen Methoden zur Herstellung dünner Folien hatte. Deshalb entwarf Le Poole schon 1941 ein Mikroskop für U = 1 MV. In der Mitte der Fünfzigerjahre entfiel die Not-

wendigkeit, dicke Präparate zu durchstrahlen, weil der Mangel durch die Einführung des Ultramikrotoms für biologische Objekte und der elektrolytischen Dünnung von Metallen behoben war. Auf der anderen Seite ist mit der Verbesserung der mechanischen und elektrischen Stabilität von HVEM das Interesse an der Durchstrahlung dickerer Proben heute wieder sehr aktuell, weil diese ganz allgemein repräsentativer für das massive Material sein sollten als sehr dünne. Das liegt einmal an der Destabilisierung vieler Systeme von Gitterbaufehlern (Versetzungen, Punktfehler) durch die Nähe der Folienoberflächen, zum anderen ist man daran interessiert, dreidimensionale Halbleiterstrukturen (prozessierte Bauelemente, Mehrschichtsysteme) unzerteilt untersuchen zu können.

2) Der zweite Anlaß zu einer relativ frühzeitigen Beschäftigung mit HVEM war die Idee der sog. *Umgebungszelle.* Bei der Untersuchung biologischer Gewebe und Zellen bewirkt das Vakuum in einem konventionellen Elektronenmikroskop eine Entwässerung, die neben der Strahlenschädigung zu starken Objektveränderungen führt. Wenn es gelingt, um die Probe eine Atmosphäre - möglicherweise mit einem gewissen Wasserdampfdruck - zu erhalten, sollten diese Schädigungen geringer ausfallen und im optimalen Fall vielleicht sogar die Beobachtung lebender Zellen möglich werden. Da eine derartige Probenkammer zwei dünne Fenster haben muß[39], durch die der Strahl ein- bzw. austritt, und weil an den Gasmolekülen Elektronenstreuung eintritt, müssen die Elektronen eine hohe kinetische Energie haben. Die Umgebungszelle findet heute Anwendung bei der in-situ-Analyse von Oberflächenreaktionen von Festkörpern mit Gasen (Oxidation, Keimbildung bei Epitaxie, Katalyse etc.).

In Bezug auf die Manipulierbarkeit des Objekts im Mikroskop gibt es im HVEM eine weitere Option: weil die Elektronenlinsen dieser Instrumente größere Abmessungen haben, entsteht ein wesentlich größerer Raum um die Probe, der benutzt werden kann, um miniaturisierte Experimentiereinrichtungen einzubauen, in denen die Probe z. B. *unter Beobachtung (in situ)* plastisch verformt werden kann, um die Bewegung, Multiplikation und Wechselwirkung der Versetzungen zu analysiern. In Heizpatronen kann Keimbildung und Wachstum von Festkörperreaktions-Produkten, z. B. der Rekristallisation von metallischen Gefügen studiert werden. Derartigen Arbeiten kommt die größere Probendicke im Vergleich zum konventionellen Elektronenmikroskop besonders zugute, weil gerade diese kinetischen Effekte bei allzu großer Nähe freier Oberflächen ihren Charakter ändern.

3) Der dritte Grund, immer wieder über die HVEM nachzudenken, ist die Verbesserung des Auflösungsvermögens durch Verkleinerung der Elektronen-Wellenlänge. Zunächst blieb dies ohne Erfolg, weil die Technik zur erforderlichen Stabilisierung von Beschleunigungsspannung und Linsenströmen nicht in der Lage war (1978 war ein Punktauflösungsvermögen von 0,3 nm garantiert). Bei den neuesten HVEM sind diese Probleme gelöst und eine

---

[39] Man kann die Fenster ersetzen durch zwei sehr enge Differentialblenden, durch die ein dynamischer Druckunterschied zwischen dem Zellinneren und der restlichen Mikroskopsäule aufrechterhalten wird.

Steigerung des Punktauflösungsvermögens auf 0,105 nm erreicht (JEOL-JEM - ARM 1250 in Stuttgart).

Die Erhöhung der kinetischen Energie der Elektronen im HVEM bringt unvermeidlich eine Zunahme der Strahlenschädigung durch Verlagerungsstöße (vgl. Gl. (1.66)) mit sich. Ohne Zweifel liegt hier für einige Materialien eine starke Einschränkung der Anwendbarkeit der HVEM, aber Tests zeigen, daß in typischen Fällen bei geschicktem Arbeiten (Justierungsarbeiten nicht an dem später untersuchten Objektbereich, rasche Bildaufnahme) die Zeitspanne bis zum Auftreten *sichtbarer* Objektveränderungen genügend lang ist. Übrigens bildet umgekehrt die Strahlenschädigung von Metallen im HVEM einen wichtigen Forschungszweig, stellt doch die Elektronenmikroskopie die einzige Technik dar, bei der diese Schäden *während* ihrer Entstehung (in situ) visuell beobachtet werden können. Sie führen bis zur Bildung von Löchern (engl. voids) in den Werkstoffen und spielen für die Einsatzmöglichkeit von Metallegierungen in Reaktoren (sowohl Fissions- wie Fusions-Reaktoren) eine entscheidende Rolle.

Im Unterschied zu den Verlagerungsschäden nehmen die sog. *Anregungsschäden*, d.h. die Störung der Bindungsverhältnisse in Molekülen durch Anregung oder Ionisierung der beteiligten Atome, mit zunehmender kinetischer Energie eU der Elektronen *ab*. Diese Schädigungsart ist besonders bei organischen (schwach gebundenen) Materialien wichtig. Die zu vergleichbaren Schäden führende Elektronendosis (in C/cm^2) wird bei U = 1MV drei- bis fünfmal höher angesetzt als bei U = 100kV, wobei aber der Hauptgewinn schon unterhalb 500 kV erzielt wird.

Zusammenfassend ist festzustellen, daß die Hochspannung-Elektronenmikroskopie nur dort eingesetzt werden sollte, wo sie unersetzbar ist. Der hohe Aufwand und die ab einer Spannung von 1 MV langsamer zunehmenden Vorteile haben dazu geführt, daß es nur zwei HVEM mit U = 3MV gibt (in Toulouse bzw. Osaka) und daß sich die Zahl der jeweils aktiven HVEM seit langem bei etwa 50 weltweit eingependelt hat.

2 Dynamische Theorie der Beugungskontraste

2.1 Problemstellung

In Abschnitt 1.4.3 wurde die Beugung einer ebenen Elektronenwelle an einem perfekten Kristall in *kinematischer Näherung behandelt,* bei der angenommen wird, daß die einmal gestreute Welle nicht wieder Anlaß gibt zu einer zweimal gestreuten Welle und diese zu einer dreimal gestreuten usw. und daß die primäre Welle durch das Anwerfen sekundärer (Streu-)Wellen nicht geschwächt wird. Der für die Elektronenmikroskopie typische Fall der Beugung an einer dünnen Kristallfolie (Dicke t) wird durch Kombination der Gln. (1.79) und (1.80) beschrieben:

$$\psi_g = \psi_o \, i \, \lambda \, F_g \, V_Z^{-1} \, t \, \frac{\sin(s_z t \, \pi)}{s_z t \, \pi} \tag{2.1}$$

ψ_g ist die Amplitude der durch Beugung der einfallenden Welle (Amplitude ψ_o) an den Ebenen zu dem Vektor $\underline{g}$ des Reziproken Gitters (RG) entstehenden Welle. F_g ist der Strukturfaktor dieser Ebenenschar, V_Z das Volumen der Elementarzelle des Kristalls und s_z der *Abweichungsparameter,* der im RG den Abstand zwischen dem die reflektierende Ebenenschar repräsentierenden Punkt G und der Ewaldkugel angibt. s_z kann nur in Richtung der Foliennormalen (der z-Richtung) deutlich von null abweichen und wird deshalb im folgenden ohne den Index z gebraucht.

An Gl. (2.1) ist eine quantitativ nicht sehr bedeutende Ergänzung anzubringen: der Geometrie der Braggreflexion (Fig. 49) entsprechend ist die Ausdehnung BC der auslaufenden Wellenfront um den Faktor $(\cos \vartheta_B)$ kleiner als die von der anregenden Welle bestrahlte Fläche AB. Die Fresnelsche Zonenkonstruktion ist über die Fläche der auslaufenden Welle zu erstrecken. Das hat zur Folge, daß der Ausdruck für ψ_g in Gl. (2.1) mit $(\cos \vartheta_B)^{-1}$ zu multiplizieren ist. Bei der Kleinheit der Braggwinkel liegt dieser Faktor nahe bei eins und wird oft weggelassen.

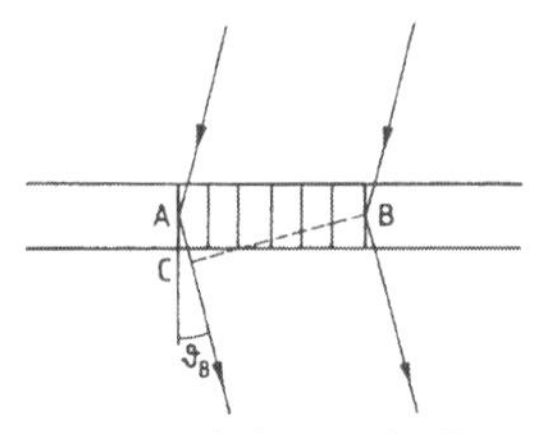

Fig. 49. Reflektierende Ebenen parallel zur Foliennormalen. Exakte Braggorientierung. ϑ_B: Braggwinkel. BC: Spur der Ebene, in der die Fresnelsche Zonenkonstruktion durchzuführen ist.

Betrachten wir einen Kristall, dessen Ebenen G sich exakt in Braggorientierung (relativ zur einfallenden Welle) befinden, ist s gleich null und die Spaltfunktion $\sin\alpha/\alpha$ in Gl. (2.1) nimmt den Wert eins an. Die Amplitude ψ_g erscheint dann proportional zur Kristalldicke t. Das hätte die überraschende Folge, daß die Amplitude der gebeugten Welle ab einer gewissen Dicke $t_c = V_Z \cos\vartheta_B/(\lambda F_g)$ diejenige der anregenden Welle überträfe, und dies ohne daß die anregende Welle geschwächt wäre.

Es braucht nicht weiter ausgeführt zu werden, daß dieses Ergebnis dem Satz von der Erhaltung des Energieflusses (der Intensität) widerspricht, und es bleibt nur zu erörtern, unter welchen Bedingungen die kinematische Näherung als solche brauchbar ist. Eine qualitative Antwort kann sofort gegeben werden: Die Annahmen der kinematischen Näherung werden umso besser erfüllt sein, je kleiner der Strukturfaktor F_g und/oder je größer der Abweichungsparameter s ist. Wegen der schwächeren Wechselwirkung der Röntgenstrahlung mit Materie (vgl. die Diskussion nach Gl. (1.60)) ist der Strukturfaktor für Röntgenstrahlen viel kleiner als für Elektronen, weshalb die kinematische Näherung für viele Probleme der Röntgenbeugung praktisch befriedigt. In der Elektronenoptik beschreibt die kinematische Näherung die experimentellen Ergebnisse nur dann gut, wenn *alle* Ebenenscharen weit von der Braggorientierung entfernt sind. Die kinematische Näherung hat allerdings vor der nun zu besprechenden *dynamischen Theorie* den Vorteil der größeren Anschaulichkeit; sie wird von jedem Elektronenmikroskopiker als erste Orientierung benutzt.

Die realistische Betrachtung der Wechselwirkung einer ebenen Welle mit einem (zunächst als perfekt angenommenen) Kristall unter Berücksichtigung der Mehrfachstreuung wurde zuerst (1914) von C.G. Darwin für elektromagnetische Wellen durchgeführt. Bildlich gesprochen, stellt man sich die Welle als zwischen den beugenden Ebenen hin- und herreflektiert vor, wobei man Reflexionskoeffizienten für die Vorder-und Rückseite der Ebenen und Phasenfaktoren für die Reflexionen einführt. Im Ergebnis koexistieren im Kristall zwei völlig gleichberechtigte Wellen, deren eine die Richtung der einfallenden Welle hat, während die andere in Richtung des Braggreflexes läuft. Für die Elektronenbeugung kann dieses Ergebnis übernommen werden (A. Howie und M.J. Whelan 1960, 61), allerdings liegt die Rechtfertigung für die hier angenommene Analogie zwischen elektromagnetischen und Materiewellen letztlich in der Übereinstimmung der Ergebnisse mit der rigorosen Theorie auf dem Boden der *Wellenmechanik*, die von H. Bethe (1928) stammt. Wir wollen aus Platzmangel nur den zweiten Weg beschreiben. (Für den ersten vgl. z. B. die ausführliche Darstellung in Hirsch et al. 1965).

Die zeitunabhängige Schrödingergleichung (1.26) beschreibt Teilchen einer konstanten Gesamtenergie E, die sich durch Gebiete ortsabhängiger potentieller Energie $V(\underline{r})$ bewegen. Als Ergebnis erscheint die Wellenfunktion $\psi(\underline{r})$, deren Betragsquadrat $|\psi(\underline{r})|^2 = \psi(\underline{r})\psi(\underline{r})^*$ ein Maß für die Aufenthaltswahrscheinlichkeit eines Teilchens (Elektrons) am Ort $\underline{r}$ ist, oder anders ausgedrückt: ein Maß für die Elektronendichte $n(\underline{r})$.

Offenbar werden nur stationäre (zeitunabhängige) Zustände erfaßt, für die Elektronenmikroskopie keine wesentliche Einschränkung. Man muß allerdings im Auge behalten, daß wegen der Annahme konstanter Gesamtenergie ($E = eU$) nur elastische Streuprozesse, also Braggreflexionen zugelassen sind. Die Auswirkungen von *inelastischen Streuprozessen* werden nachträglich in das Ergebnis eingearbeitet.

2.2 Die dynamische Theorie der Elektronenbeugung

2.2.1 Das Konzept

Wie in Abschnitt 1.2.2 erläutert wurde, verändert sich die Elektronen-Wellenlänge λ gemäß dem lokalen *elektrostatischen Potential* $\Phi(\underline{r})$. Wegen des Zusammenhangs der kinetischen Energie der Elektronen mit ihrer Wellenlänge führt der Eintritt in ein Gebiet erhöhter potentieller Energie $V = -e\Phi$ (also negativen Potentials Φ) zu einer Vergrößerung der Wellenlänge. Wir folgern daraus, daß die Elektronen den Kristall als eine (räumlich periodische) Potentialverteilung "sehen". Die räumliche Periodizität erscheint mathematisch als *Translations-Invarianz* in Bezug auf die Translationsvektoren des Gitters: bezeichnen wir die Gesamtheit aller Linearkombinationen der drei Basisvektoren $\underline{a}$, $\underline{b}$, $\underline{c}$ mit $\underline{t}$, so muß gelten:

(2.2) $$\Phi(\underline{r}) = \Phi(\underline{r} + \underline{t}).$$

Wir haben die Schrödingergleichung[1] (1.26)

(2.3) $$\Delta\psi(\underline{r}) + \frac{8\pi^2 me}{h^2}\left[\Phi(\underline{r}) + U\right]\psi(\underline{r}) = 0$$

für den Spezialfall dieses Gitterpotentials zu lösen.
(U ist die von den Elektronen durchlaufene Beschleunigungsspannung).[2]

Ist Φ gitterperiodisch, muß auch das physikalisch relevante Betragsquadrat der Wellenfunktion ψ translationsinvariant sein:

---

[1] Unsere Betrachtung bezieht sich auf den relativistischen Geschwindigkeitsbereich. Im Prinzip müßte also an Stelle der Schrödinger-Gleichung die Dirac-Gleichung zur Anwendung kommen. Es wurde aber gezeigt, daß die zu erwartenden Effekte des Elektronen-Spins in der Elektronenmikroskopie unter der Nachweisgrenze liegen. Es genügt deshalb, in der Schrödinger-Gleichung die Masse ($m/m_o = 1 + E_{kin}/E_o$) und das Impulsquadrat 2meU (vgl. Gl. 1.33) relativistisch zu korrigieren. ($E_o = m_oc^2 = 511$ keV ist die Ruhenergie des Elektrons). Die vollständige Form der Gl. (2.3) lautet dann:

(2.3') $$\Delta\psi + 8\pi^2 m_o e/h^2 \left[\Phi(\underline{r})\ (1 + eU/E_o) + U\ (1 + eU/(2E_o)\right]\psi = 0.$$

[2] Viele Autoren gebrauchen statt Φ den Buchstaben V.

$$|\psi(\underline{r})|^2 = |\psi(\underline{r} + \underline{t})|^2$$

Das bedeutet: $\psi(\underline{r} + \underline{t}) = C\ \psi(\underline{r})$, wo C eine (komplexe) Konstante vom Betrag eins sein muß. Diese Wellenfunktionen haben die allgemeine Form

(2.4) $$\psi(\underline{r}) = \varphi(\underline{r}) \exp\,(-\ i\ 2\pi\ \underline{k}\ \underline{r})$$

d. h. sie sind ebene Wellen mit einem Wellenvektor $\underline{k}$ (der hier noch offen bleibt) und einer mit der (auf die Richtung von $\underline{k}$ bezogenen) Gitterperiode modulierten Amplitude. Die Amplitudenfunktion $\varphi(\underline{r})$ nennt man *Blochfunktion* (F. Bloch, Nobelpreis 1952). Es muß also gelten: $\varphi(\underline{r} + \underline{t}) = \varphi(\underline{r})$.

Bilden wir zur Veranschaulichung aus Gl. (2.4) $\psi(\underline{r} + \underline{t}) = \varphi(\underline{r} + \underline{t}) \exp(-i\ 2\pi\underline{k}(\underline{r} + \underline{t})) = \varphi(\underline{r}) \exp\,(-i\ 2\pi\ \underline{k}\ \underline{r}) \exp\,(-i\ 2\pi\ \underline{k}\ \underline{t}) = \psi(\underline{r})$ multipliziert mit einer Konstanten vom Betrag eins.

Elektronenwellen existieren in Kristallen also in Form von Blochwellen.

Wie jede räumlich periodische Funktion kann das Gitterpotential $\Phi(\underline{r})$ in eine (dreidimensionale) Fourierreihe entwickelt werden. Die Raumfrequenzen sind die Vektoren des Reziproken Gitters (RG) (vgl. 1.4.3.2).

(2.5) $$\Phi(\underline{r}) = \sum_{g} \Phi_g \exp\,(i\ 2\pi\ \underline{g}\ \underline{r})$$

(Die Reihe beginnt mit dem *mittleren Potential* im Kristall Φ_o).

Zur Verkürzung der Schreibweise nehmen wir einige Normierungen vor:

1) Im feldfreien Vakuum hat ein Elektron nach Durchlaufen der Spannung U die Wellenzahl χ mit

$$eU = (h\chi)^2/2m.$$

Wir ersetzen deshalb $(2me/h^2)$ U in Gl. (2.3) durch χ^2.

2) Statt des Potentials Φ benutzen wir im folgenden das *normierte Potential* $U(\underline{r})$ mit

(2.6) $$U(\underline{r}) = (2me/h^2)\ \Phi(\underline{r}) = \sum_{g} U_g \exp\,(\ i\ 2\pi\ \underline{g}\ \underline{r})$$

Die Summe aus $(2me/h^2)\ \Phi_o = U_o$ und χ^2 bezeichnen wir als K^2.

Die Einführung von K bedeutet physikalisch Berücksichtigung der Änderung der Wellenzahl beim Übertritt aus dem feldfreien Vakuum in einen Raum mit dem *mittleren* Potential im Kristall, also Berücksichtigung der *Brechung* der Elektronenwelle in dem "gemittelten" Kristall. Der Effekt ist klein (Gl. 1.38), weil das mittlere Kristallpotential von der Größenordnung 10 V ist.

Die Schrödinger-Gleichung (2.3) nimmt damit die Form an:

(2.7) $$\Delta\psi + 4\pi^2 \left[\sum_{g \neq o} U_g \exp(i\ 2\pi\ \underline{g}\ \underline{r}) + K^2\right] \psi = 0.$$

In die Gleichung sind die Fourierkoeffizienten U_g aller Ebenen g aufzunehmen, die sich relativ zur einfallenden Welle in oder nahe der Braggorientierung befinden.
Zur Lösung von Gl. (2.7) macht man einen Ansatz in Form einer Summe aus Blochwellen[3]

$$(2.8) \qquad \psi(\underline{r}) = \sum_g C_g \exp\left[i\, 2\pi\, (\underline{k} + \underline{g})\, \underline{r}\right]$$
$$= C_o \exp(\, i\, 2\pi\, \underline{k}\, \underline{r}\,) + \sum_{\substack{g\\ \neq g_o}} C_g \exp\left[i\, 2\pi\, (\, \underline{k} + \underline{g})\, \underline{r}\right]$$

Gesucht sind die Gewichtsfaktoren C_g.

2.2.2 Der Zweistrahlfall

2.2.2.1 Exakte Braggorientierung der reflektierenden Netzebenenschar

Wir spezialisieren uns zunächst auf einen für das Wesentliche der dyanmischen Theorie sehr lehrreichen Fall: wir nehmen an, daß auf der Rückseite des Objekts (also der Unterseite der kristallinen Folie im Mikroskop) *nur zwei* Strahlen (ebene Wellen) mit nennenswerter Intensität austreten, der sog. *Nullstrahl* (auch: *Primärstrahl*) ψ_o, eine zur einfallenden parallele Welle, und *eine* gebeugte Welle ψ_g. Der Ansatz (2.8) lautet dann:

$$(2.8') \qquad \psi(\underline{r}) = C_o \exp(i\, 2\pi\, \underline{k}\, \underline{r}) + C_g \exp\left[i\, 2\pi\, (\underline{k} + \underline{g})\, \underline{r}\right]$$

Bei dem Potential U dürfen wir nicht vergessen, daß sowohl die Vorder- wie die Rückseite der in Reflexionsstellung stehenden Netzebenenschar reflektieren, sodaß die Potentialkomponenten U_g und U_{-g} zu berücksichtigen sind.

$$(2.6') \qquad U(\underline{r}) = U_o + U_g \exp(i\, 2\pi\, \underline{g}\, \underline{r}) + U_{-g} \exp(-\, i\, 2\pi\, \underline{g}\, \underline{r})$$

Der Zweistrahlfall ist *experimentell* nicht in aller Strenge zu realisieren. Man kann aber - jedenfalls bei relativ niedriger Spannung U - die Kristallorientierung so wählen, daß die Ergebnisse der folgenden Rechnung als sehr gute Orientierungshilfe bei der Deutung der entstehenden Bilder dienen können.
Einsetzen von (2.6') und (2.8') in Gl. (2.7) ergibt:

$$-\, 4\pi^2\, k^2\, C_o \exp(i\, 2\pi\, \underline{k}\, \underline{r}) - 4\pi^2\, (\underline{k} + \underline{g})^2\, C_g \exp\left[i\, 2\pi\, (\underline{k} + \underline{g})\, \underline{r}\right] +$$

---

[3] Im Unterschied zum ersten Hauptteil bezeichnet $\underline{k}$ im folgenden den Wellenvektor der (ungebeugten) Welle in Vorwärtsrichtung. Da k nun immer = λ^{-1}, wird die kursive Schreibweise aufgegeben.

$$+ 4\pi^2 \left\{ U_g \exp(i\,2\pi\,\underline{g}\,\underline{r}) + U_{-g} \exp(-i\,2\pi\,\underline{g}\,\underline{r}) + K^2 \right\}$$
$$\left\{ C_o \exp(i\,2\pi\,\underline{k}\,\underline{r}) + C_g \exp\left[i\,2\pi\,(\underline{k} + \underline{g})\,\underline{r}\right] \right\} = 0.$$

Ausmultiplizieren ergibt eine Summe von Exponentialfunktionen mit verschiedenen Exponenten. Eine Gleichung zwischen derartigen Funktionen kann nur dann für laufendes $\underline{r}$ erfüllt sein, wenn die Summe der Exponentialfunktionen zu jedem Exponenten für sich gleich null ist. Wir sammeln also die Koeffizienten zu $\exp(i\,2\pi\,\underline{k}\,\underline{r})$ bzw. zu $\exp\left[i\,2\pi\,(\underline{k} + \underline{g})\,\underline{r}\right]$:

(2.9) $$-k^2 C_o + K^2 C_o + U_{-g} C_g = 0.$$

$$-(\underline{k} + \underline{g})^2 C_g + U_g C_o + K^2 C_g = 0.$$

Infolge der Periodizität des Potentials ist die Differentialgleichung zweiter Ordnung (2.7) in ein homogenes System von (beim Zweistrahlfall) zwei algebraischen Gleichungen zerfallen. Ein solches System hat nur dann nichttriviale Lösungen (C_o, C_g), wenn die Determinante der Koeffizienten gleich null ist.

(2.10) $$\begin{vmatrix} K^2 - k^2 & U_{-g} \\ U_g & K^2 - (\underline{k} + \underline{g})^2 \end{vmatrix} = 0$$

d. h.

(2 .11) $$(K^2 - k^2)\left[K^2 - (\underline{k} + \underline{g})^2\right] - U_g U_{-g} = 0.$$

Nun sind K, k und $|\,\underline{k} + \underline{g}\,|$ sehr groß im Vergleich zu ihren Differenzen, weil das Gitterpotential und der Braggwinkel klein sind. Deshalb kann man Gl. (2.11) vereinfachen zu:

(2.12) $$(K - k)\left[K - |\,\underline{k} + \underline{g}\,|\right] = \frac{U_g U_{-g}}{4 K^2} = \left[\frac{|U_g|}{2 K}\right]^2$$

(Da die potentielle Energie reell sein muß, gilt immer $U_g = U_{-g}^*$, also $U_{-g} = U_g^*$. Hat die Kristallstruktur im Ursprung ein Inversionszentrum, d. h. handelt es sich um einen *zentrosymmetrischen* Kristall, gilt darüber hinaus: $U_{-g} = U_g$).

Gl. (2.12) ist quadratisch in der Wellenzahl k. Es gibt also zwei Lösungen. Das ist das erste wichtige Ergebnis der dynamischen Theorie: Unter den gegebenen Umständen (Zweistrahlfall) wird es im Kristall zwei Wellen mit *unterschiedlicher Wellenlänge* geben. Das gilt sowohl für die "Vorwärtswelle" (den Nullstrahl) wie für die gebeugte Welle. Es wird also *Schwebungen* zwischen diesen Wellen, eine Amplitudenmodulation mit relativ langer Periode, geben.

Mit Blick auf die Gleichheit $k = |\underline{k} + \underline{g}|$ liegt es nahe, Gl. (2.12) symmetrisch aufzuteilen:

(2.13) $$K - k = |U_g|/(2\,K) \quad \text{und} \quad (K - |\underline{k} + \underline{g}|\,) = |U_g|/(2\,K)$$

Die rechten Seiten von Gl. (2.13) haben dabei entweder *beide* positives oder *beide* negatives Vorzeichen (entsprechend den zwei Lösungen $\psi^{(1)}$ bzw. $\psi^{(2)}$), also z. B.: $K - k^{(1)} = + |U_g|/(2K)$ und $K - k^{(2)} = - |U_g|/(2K)$. Damit liegt fest, daß der Längen*unterschied* $|k^{(1)} - k^{(2)}|$ der Wellenvektoren der beiden Lösungen von Gl.(2.12) gleich $|U_g|/K$ sein muß.

$$\Delta k = |\,k^{(1)} - k^{(2)}| = |U_g|/K = \frac{2me}{h^2 K}\,\Phi_g$$

Der Unterschied der Wellenvektoren der beiden Lösungen ist also proportional zu dem Beitrag der reflektierenden Netzebenen zum Kristallpotential. Wie üblich lassen wir im folgenden das Betragszeichen bei U_g weg, nehmen also Zentrosymmetrie des Kristalls an.
Φ_g und U_g stehen in Beziehung zu dem Strukturfaktor F_g des betr. Reflexes, denn die Streuwelle ist die Fouriertransformierte des Streupotentials (Gl.(1.41)) und F_g ist die zu g gehörende Fourierkomponente[4].

(2.14) $$F_g = \frac{2\pi\,m\,e}{h^2}\,V_Z\,\Phi_g = \pi\,V_Z\,U_g$$

Damit wird - unter Hinzufügung des oben begründeten Faktors $\cos\vartheta_B$ -

(2.15) $$\Delta k = \frac{2\,m\,e}{h^2\,K}\,\Phi_g = \frac{F_g}{\pi\,V_Z\,K}\,(\cos\vartheta_B)^{-1} = (\,\xi_g)^{-1}.$$

Damit ist eine Größe von zentraler Bedeutung in der dynamischen Theorie eingeführt: die *Extinktionsdistanz* ξ_g (zu dem Reflex g und für die durch U vorgegebene Wellenlänge K^{-1})

(2.15′) $$\xi_g = \frac{K}{U_g}\,(\cos\vartheta_B)$$

Für kubisch flächenzentrierte Metalle liegen die Werte von ξ_{111} bei U = 100 kV zwischen 15 und 55 nm. Vergleicht man die ξ_g für verschiedene Reflexe bei ein und demselben Metall, findet man Proportionalität zu dem Quadrat g^2 des Beugungsvektors, wie nach Gl. (1.56) zu erwarten ist. In der Zunahme von ξ_g mit g schlägt sich also die Winkelabhängigkeit des Atomformfaktors nieder. Bei den Alkalihalogeniden (z. B. LiF) liegen die $\xi_g(g^2)$-Werte auf zwei Geraden, je nachem, ob es sich um Strukturfaktoren mit $F = (f_1 + f_2)$ oder $F = (f_1 - f_2)$ handelt.
Die Extinktionsdistanzen der wichtigsten Substanzen sind für die Beschleunigungsspannung U = 100 kV tabelliert. Man kann sie für eine beliebige Spannung U berechnen, indem man den Wert ξ_g(100 kV) mit dem

[4] Dies gibt Anlaß zu der Bezeichnung der U_g als "dynamische Strukturfaktoren".

Verhältnis der Elektronengeschwindigkeiten $\{v(U)/v(100\ kV)\}$ multipliziert. (Gl. (1.56) zeigt: $f^{-1} \sim F^{-1} \sim a_B \sim m_o/m$ und Gl.(1.25): $\lambda^{-1} \sim mv$, also $\xi_g \sim v$).

Die Extinktionsdistanz bestimmt den Wellenlängenunterschied der zwei Lösungen der Wellengleichung im Zweistrahlfall bei exakter Braggorientierung.

Man kann leicht zeigen, daß ξ_g die Periode p der Schwebungen zwischen diesen beiden Wellen ist. Eine Schwebungsperiode umfasse m Wellenlängen der längerwelligen Komponente 1 und also (m + 1) Wellenlängen λ_2 der kürzerwelligen.

$$p = m\,\lambda_1 = (\,m + 1\,)\,\lambda_2, \quad \text{d. h.}\ \lambda_2^{-1} = (\,1 + m^{-1})\,\lambda_1^{-1}$$

Dann ist der Unterschied der Wellenzahlen

$$\Delta k = \lambda_2^{-1} - \lambda_1^{-1} = (\,m\,\lambda_1)^{-1} = p^{-1}.$$

Nun ist $\xi_g = \Delta k^{-1}$, also auch = p.

Die Extinktionsdistanzen ξ_g vieler Materialien liegen zwischen 10 und 100 nm. Ein Vergleich mit Elektronenwellenlängen vermittelt einen Eindruck von deren Kohärenz : eine Schwebungsperiode umfaßt zwischen einigen tausend und $5\ 10^4$ Wellenlängen.

Wir fassen unser bisheriges Ergebnis zusammen: bei exakter Braggorientierung genau einer Netzebenenschar mit dem RG-Vektor $\underline{g}$ erzeugt die auffallende ebene Welle im Kristall vier Wellen: zwei in Vorwärtsrichtung mit den Wellenvektoren $\underline{k}^{(1)}$ bzw. $\underline{k}^{(2)}$ und zwei in Richtung der Braggreflexion: $(\underline{k}^{(1)} + \underline{g})$ bzw. $(\underline{k}^{(2)} + \underline{g})$. Die beiden Vorwärtswellen (wie auch die beiden gebeugten) unterscheiden sich in ihrer *Richtung* minimal (weniger als eine Bogenminute). Man faßt sie zu "*Strahlen*" (oder *Reflexen*, engl. beams) zusammen: jeder Strahl enthält eine Komponente von jeder Blochwelle. Wegen der Kleinheit des Braggwinkels sind auch $\underline{k}^{(i)}$ und $(\underline{k}^{(i)} + \underline{g})$ in ihren Richtungen und beide von der reflektierenden Netzebene so wenig verschieden, daß wir parallel zu dieser Ebene die z-Achse eines cartesischen Koordinatensystems einrichten und Δk als Δk_z auffassen können.

Die vier Wellen kann man auf zwei verschiedene Arten sinnvoll zusammenfassen (Fig. 50). Entweder man addiert - wie eben beschrieben - die beiden (praktisch parallelen) Vorwärtswellen zu einer resultierenden *ebenen Welle* $\varphi_o(z)$ mit einer (innerhalb des Kristalls) periodisch veränderlichen Amplitude in Vorwärtsrichtung und entsprechend die beiden gebeugten Wellen zu $\varphi_g(z)$; dann werden die Schwebungen in $\varphi_o(z)$ (und in der resultierenden gebeugten Welle $\varphi_g(z)$) betont, die man experimentell als *Dickenkonturen (oder Dickeninterferenzen)* nachweist. Oder man addiert die beiden Komponenten gleicher Wellenlänge zu je einer *Blochwelle* $\psi^{(1)}(\underline{r})$ bzw. $\psi^{(2)}(\underline{r})$. Hier besteht das Resultat aus zwei *quermodulierten* Wellen, die sich entlang der Winkelhalbierenden zwischen $\underline{k}^{(i)}$ und $(\underline{k}^{(i)} + \underline{g})$ (also parallel zur z-Achse) fortpflanzen, und damit parallel zu den reflektierenden Netzebenen. Dieser andere Aspekt der gleichen Situation erklärt die sog. *anomale Absorption.* Im folgenden werden beide Aspekte behandelt.

a) Pendellösung, Dickenkonturen

Wir fassen die beiden Vorwärtswellen mit $\underline{k}^{(1)}$ bzw. $\underline{k}^{(2)}$ zu einer resultierenden Welle in Vorwärtsrichtung zusammen (die beiden k-Vektoren sind praktisch parallel zur z-Achse):

$$\varphi_o(z) = C_o^{(1)} \exp(i\ 2\pi\ k^{(1)} z) + C_o^{(2)} \exp(i\ 2\pi\ k^{(2)} z) \tag{2.16a}$$

und ebenso die gebeugten Wellen:

$$\varphi_g(z) = C_g^{(1)} \exp\left[i\ 2\pi\ (\underline{k}^{(1)} + \underline{g})_z z\right] + C_g^{(2)} \exp\left[i\ 2\pi (\underline{k}^{(2)} + \underline{g})_z z\right] \tag{2.16b}$$

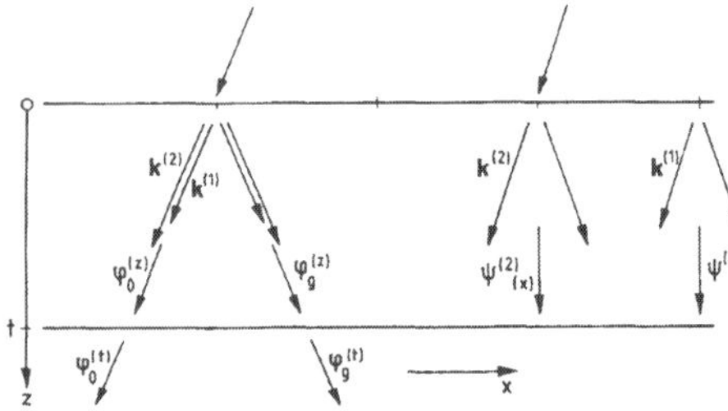

Fig. 50. Verschiedene Zusammenfassung der vier im Kristall koexistierenden Wellen: Links: zu je einer Welle in Vorwärts- bzw. Reflex-Richtung. Rechts: zu je einer Welle mit Wellenzahl $k^{(1)}$ bzw. $k^{(2)}$ parallel zu den beugenden Netzebenen.

Aus Gl. (2.9) folgt:

$$C_g/C_o = (k^2 - K^2)/U_g = (k - K)\ 2K/U_g \tag{2.17}$$

Nach Gl. (2.13) ist (k - K) entweder $U_g/(2K)$ oder $(- U_g/(2K))$, sodaß C_g/C_o in Braggorientierung die Werte (+ 1) und (- 1) annimmt.

Das bedeutet: bei exakter Braggorientierung der reflektierenden Netzebenen gehören in Vorwärtsrichtung und in Richtung des Braggreflexes je zwei Wellen von gleicher Amplitude zusammen; allerdings unterscheiden sich in einem Fall die Phasen um π. Wir untersuchen, welches dieser Fall ist: nach Gl. (2.13) ist bei $U_g/(2K) > 0$ die Wellenzahl k kleiner als K (U_g ist positiv !). Die Gl. (2.17) zeigt, daß dann C_g/C_o negativ ist, d. h. $C_g = (- C_o)$. Wir nennen diese Lösung "Welle 1."[5]

Entsprechend ist bei Welle 2: $k^{(2)} > K$ und $C_g^{(2)} = C_o^{(2)}$.

[5] Mit dieser Numerierung erhalten wir Vergleichbarkeit mit der klassichen Monographie von Hirsch et al. (1965).. Vor allem im Zusammenhang mit dem N-Strahl-Fall hat es sich eingebürgert, die Blochwellen nach *kürzerwerdendem Wellenvektor* zu numerieren, d. h. die hier behandelte Welle wird dann "Welle 2" genannt.

(2.18) $$C_o^{(1)} = - C_g^{(1)} . \qquad C_o^{(2)} = C_g^{(2)} .$$

Bei Welle 1 ist die kinetische Energie (~ k^2) im Vergleich zur kinetischen Energie im mittleren Kristallpotential (~ K^2) *herabgesetzt,* bei Welle 2 ist sie *größer.* Bei unserer Voraussetzung konstanter Gesamtenergie (eU) kann das nur bedeuten, daß die Elektronen der Welle 1 sich in Gebieten höherer *potentieller Energie* aufhalten (bewegen) als die Elektronen der Welle 2. Wir werden in Abschnitt b sehen, wie das möglich ist.

Wir setzen die eben gewonnenen Ausdrücke für die Vorfaktoren C in Gl. (2.16) ein und setzen wegen der Gleichwertigkeit beider Wellen $C_o^{(1)} = C_o^{(2)} = C_o$. Ferner ist $(\underline{k}^{(j)} + \underline{g})_z = k^{(j)}$.

(2.19) $$\varphi_o(z) = C_o \left\{\exp(i\, 2\pi\, k^{(1)} z) + \exp(i\, 2\pi\, k^{(2)} z) \right\}$$

$$\varphi_g(z) = C_o \left\{- \exp\left[i\, 2\pi\, k^{(1)} z\right] + \exp\left[i\, 2\pi\, k^{(2)} z\right]\right\}$$

Man ersetzt nun $k^{(2)}$ durch $(k^{(1)} + \Delta k)$ und benutzt: $k^{(1)} = K - (\Delta k/2)$ und $k^{(2)} = K + (\Delta k/2)$. So erhält man:

(2.20) $$\varphi_o(z) = 2\, C_o \exp(i\, 2\pi\, K\, z) \cos(\pi\, \Delta k\, z)$$

$$\varphi_g(z) = 2\, i\, C_o \exp(i\, 2\pi\, K\, z) \sin(\pi\, \Delta k\, z).$$

Wir geben die *Intensitäten* der zwei Strahlen für die Austrittsfläche aus der Kristallfolie (z = t) an:

(2.21) $$I_o(t) = 4\, C_o^2 \cos^2(\pi\, \Delta k\, t) = 4\, C_o^2 \cos^2\left(\frac{\pi}{\xi_g} t\right)$$

$$I_g(t) = 4\, C_o^2 \sin^2(\pi\, \Delta k\, t) = 4\, C_o^2 \sin^2\left(\frac{\pi}{\xi_g} t\right)$$

Gl. (2.21) bestätigt das erwartete Auftreten von Schwebungen zwischen den Wellen 1 und 2 mit der Periode ξ_g: die *gesamte* Intensität der einfallenden Welle pendelt mit zunehmender Tiefe z zwischen den beiden Wellen in Vorwärtsrichtung bzw. in Richtung des Braggreflexes hin und her.
Dieses Phänomen heißt *Pendellösung* der dynamischen Theorie Es hängt von der örtlichen Dicke t des Objekts ab, wie die Intensität auf die beiden Wellen verteilt ist.
Deshalb beobachtet man bei einer Folie mit keilförmig zunehmender Dicke sowohl im Hellfeld (I_o) wie im Dunkelfeld (I_g) helle und dunkle Streifen parallel zur Keilkante, die sog. *Dickenkonturen* oder *Dickeninterferenzen* (engl. Pendellösung fringes) (Abb. 6. Die Abhängigkeit von dem Parameter s wird im nächsten Abschnitt 2.2.2.2 verständlich).

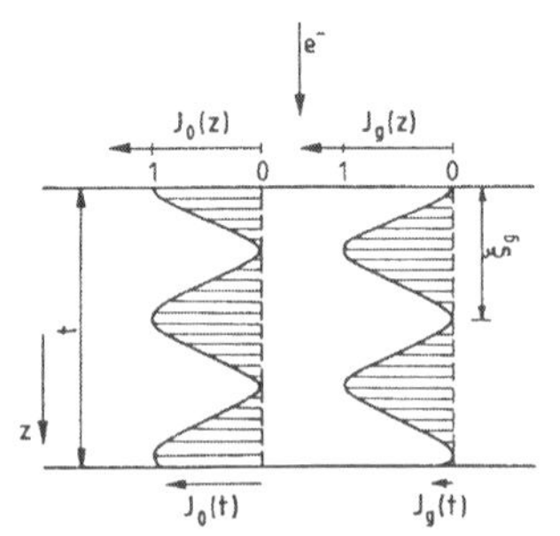

Fig. 51. Zweistrahlfall. Intensität (normiert auf $|\psi_o|^2$) des Primärstrahls und des Reflexes g in der Kristallfolie und beim Austritt aus derselben. ξ_g: Extinktionsdistanz

Die Gl. (2.20) ist bereits den Randbedingungen unseres Falles angepaßt: in der Eintrittsfläche in die Folie (z = 0) befindet sich die gesamte Intensität im Nullstrahl ($I_g(0) = 0$). Wir können die Normierungskonstante C_o der Intensität der einfallenden Welle ψ_o^2 anpassen: $C_o = \psi_o/2$.

b) Anomale Absorption

Indem wir die vier Teilwellen in anderer Weise zu zwei Blochwellen zusammenfassen, als es in Abschnitt a geschah, werden wir ein weiteres wichtiges, aus der dynamischen Theorie folgendes Phänomen kennenlernen. Wir addieren jetzt die jeweils nach ihrer Wellenlänge zusammengehörenden Wellen mit $\underline{k}^{(i)}$ bzw. $(\underline{k}^{(i)}+\underline{g})$. Dabei entstehen zwei resultierende Wellen, die sich parallel zu der Winkelhalbierenden zwischen den beiden Wellenvektoren, also zur z-Richtung und damit zu den reflektierenden Netzebenen fortpflanzen (Fig. 50).
Diese Wellen werden sich als (in Richtung von $\underline{g}$) *quermoduliert* erweisen. Wir richten parallel zu $\underline{g}$ die x-Achse unseres Koordinatensystems ein.

(2.22)
$$\psi^{(1)}(\underline{r}) = C_o^{(1)} \exp(i\, 2\pi\underline{k}^{(1)}\underline{r}) + C_g^{(1)} \exp\left[i\, 2\pi(\underline{k}^{(1)}+\underline{g})\,\underline{r}\right]$$
$$\psi^{(2)}(\underline{r}) = C_o^{(2)} \exp(i\, 2\pi\underline{k}^{(2)}\underline{r}) + C_g^{(2)} \exp\left[i\, 2\pi(\underline{k}^{(2)}+\underline{g})\,\underline{r}\right]$$

Mit Gl. (2.18) und $C_o^{(1)} = C_o^{(2)} = C_o$ ergibt sich:

(2.23)
$$\psi^{(1)}(\underline{r}) = C_o \exp(i\, 2\pi\, \underline{k}^{(1)}\underline{r}) \left[1 - \exp(\, i\, 2\pi\, \underline{g}\, \underline{r}\,)\right]$$
$$\psi^{(2)}(\underline{r}) = C_o \exp(i\, 2\pi\, \underline{k}^{(2)}\underline{r}) \left[1 + \exp(\, i\, 2\pi\, \underline{g}\, \underline{r})\right]$$

Wegen der Parallelität von $\underline{g}$ mit der x-Achse ist $\underline{g}\,\underline{r} = g\,x$. Man verfährt genauso wie in Abschnitt a und erhält:[6]

[6] Gl. 2.24 zeigt klar die Modulation der Amplitude von Blochwellen in Richtung der Normalen (x) auf den Gitterebenen mit der zugehörigen Gitterperiode.

$$(2.24) \qquad \psi^{(1)}(\underline{r}) = C_o \exp\left[i\, 2\pi\, (\underline{k}^{(1)} + \frac{\underline{g}}{2})\, \underline{r}\right](-2\,i)\, \sin(\pi\, g\, x)$$

$$\psi^{(2)}(\underline{r}) = C_o \exp\left[i\, 2\pi\, (\underline{k}^{(2)} + \frac{\underline{g}}{2})\, \underline{r}\right]\, 2 \cos(\pi\, g\, x)$$

Die zugehörigen Intensitäten sind (Fig. 52):

$$(2.25) \qquad |\psi^{(1)}(x)|^2 = 4\, C_o^2\, \sin^2(\pi\, g\, x) = \psi_o^2\, \sin^2(\pi\, g\, x)$$

$$|\psi^{(2)}(x)|^2 = 4\, C_o^2\, \cos^2(\pi\, g\, x) = \psi_o^2\, \cos^2(\pi\, g\, x)$$

Die Rechnung benutzte implizite, daß die dynamischen Strukturfaktoren U_g reell und positiv sein sollen. Das gilt dann, wenn der Kristall ein Inversionszentrum hat und der Ursprung des Koordinatensystems in ein Atom gelegt ist. Das hilft uns jetzt, die Bedeutung der Quermodulation (in x-Richtung) in Gl. (2.25) zu beurteilen: die Welle 1 hat die Maxima ihrer Aufenthaltswahrscheinlichkeit *zwischen* je zwei Atomreihen (d. h. zwei Netzebenen), während die Elektronen der Welle 2 sich mit größter Wahrscheinlichkeit *in* den Netzebenen aufhalten (Fig. 52). (Die Periode der Quermodulation ist g^{-1}, d.h. gleich dem Netzebenenabstand d). Die beiden Blochwellen haben verschiedene *Symmetrie* in Bezug auf das Gitter.
Im übrigen laufen beide Wellen, wie schon erwähnt, *parallel* zu den reflektierenden Ebenen!

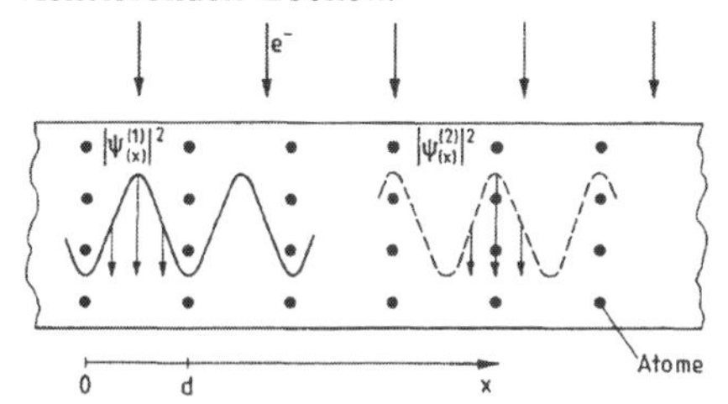

Fig. 52. Zweistrahlfall. Zwei quermodulierte Wellen mit verschiedener Wellenlänge in der Kristallfolie. Die Elektronen mit der kürzeren Wellenlänge haben ihre maximale Aufenthaltswahrscheinlichkeit in der Nähe der Atomrümpfe.

Jetzt wird klar, auf welche Weise die Elektronen der Welle 1 sich ständig in Gebieten *höherer potentieller Energie* (weniger negativen Potentials) aufhalten als die Elektronen der Welle 2: die letztgenannten bewegen sich näher an den positiven Atomrümpfen, was für die negativ geladenen Elektronen eine Absenkung ihrer potentiellen Energie bedeutet. Dieser Unterschied wird umso größer sein, je weiter die Netzebenen voneinander entfernt sind.
Man sollte nun fragen, ob diese Kombination der vier Wellen zu zweien ebenfalls zu beobachtbaren Effekten führt. Dies ist in der Tat der Fall: bei

der Aufnahme von Dickenkonturen an keilförmigen Kristallen fällt auf, daß nie mehr als etwa fünf Maxima bzw. Minima zu beobachten sind, die wir als (räumliche) Schwebungen zwischen den Wellen 1 und 2 erkannt haben. Dies trifft auch dann zu, wenn sdie Probe in Bereichen größerer Dicke als 5 ξ_g durchaus noch transparent ist. Diese Beobachtung erklärt sich dadurch, daß die Elektronen der Welle 2 mehr *inelastische* Wechselwirkungen mit den Atomrümpfen (z. B. deren thermischen Bewegung) erfahren als die Elektronen der Welle 1, die ja weiter von den Atomen entfernt bleiben. M.a.W.: die Welle 2 wird beim Eindringen in den Kristall schneller weggedämpft als Welle 1 und steht ab einer gewissen Tiefe (eben etwa 5 ξ_g) nicht mehr für Interferenzen (Schwebungen) zur Verfügung. Für die Welle 1 ist der Kristall transparenter als für Welle 2.

Man nennt diese Erscheinung, die von Borrmann zuerst bei der Röntgenbeugung erkannt wurde, *anomale Absorption.*

Abschließend sei klargestellt, daß die zwei in den Abschnitten a bzw. b abgeleiteten Phänomene Aspekte ein und desselben Gesamtwellenfeldes *im Kristall* darstellen. In der Austrittsfläche aus dem Kristall "sortiert" sich dieses Wellenfeld in die zwei Strahlen I_o und I_g auseinander, deren alleinige Existenz wir vorausgesetzt hatten.

2.2.2.2 Abweichungen von der Braggorientierung

Hier wurde zunächst der Fall der exakten Braggorientierung der reflektierenden Netzebenen gesondert behandelt, weil er dem Anfänger den leichtesten Zugang bietet und weil da die "dynamischen Effekte" am ausgeprägtesten auftreten.

Nun sollen Abweichungen der (nach wie vor einzigen) beugenden Netzebenenschar von der Braggorientierung zugelassen sein. Es soll also *nur ein* Punkt G des R.G. nahe bei der Ewaldkugel liegen, von dieser aber - gemessen in Richtung der Foliennormalen z - den Abstand s haben (vgl. 1.4.3.2) (Fig. 53). s heißt *Anregungsfehler* (engl. excitation error, manchmal deviation parameter).

Im Rahmen der kinematischen Näherung wird das in Fig. 53a dargestellte Verfahren zur Darstellung der durch die nicht genau erfüllte Braggbedingung gekoppelten Wellenvektoren gewählt. Man dreht den Vektor $\underline{k}$ der einfallenden Welle um den Winkel $\Delta\alpha$, wobei sich sein Anfang (der *Anregungspunkt D* der Welle) auf einer Kugel vom Radius $K = \lambda^{-1}$ um den Ursprung 0 des RG bewegt. Wir benutzen als Zeichenebene die von $\underline{k}$ und $\underline{g}$ aufgespannte Ebene, sodaß die Spur der Kugel als Kreis erscheint. Der Vektor $\underline{k}'$ geht ebenfalls von D aus und endet in der Entfernung s von dem Punkt G.

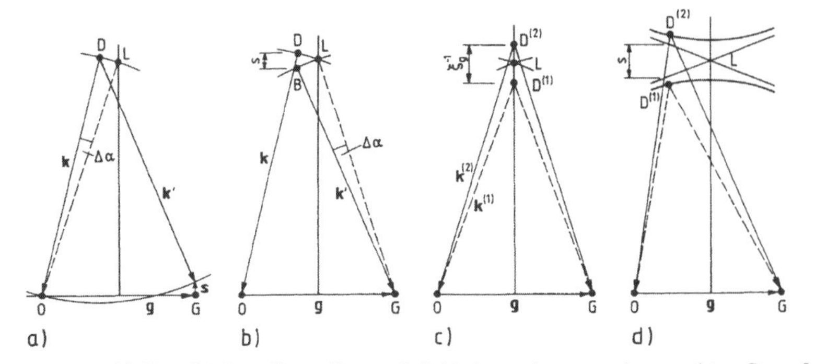

Fig. 53. a,b) Verschiedene Darstellungsmöglichkeiten einer von dem exakten Braggfall abweichenden Orientierung in der kinematischen Näherung..
c,d) Die Wellenvektoren im exakten Braggfall und bei davon abweichender Orientierung in der dynamischen Theorie.

Man kann Richtung und Länge des Vektors $\underline{k}'$ auch auf andere Weise bestimmen als es in Fig. 53a geschieht: man dreht auch diesen Vektor um seinen Endpunkt (G) um den Winkel $\Delta\alpha$ und erhält so[7] den neuen Anregungspunkt B, sodaß nach Konstruktion $\underline{BD} = \underline{s}$ (Fig. 53b). Dieses Vorgehen entspricht besser dem Wesen der dynamischen Theorie, in der die beiden Wellen im Inneren des Kristalls völlig gleichberechtigt sind.
Die dynamische Theorie (Fig. 53c) modifizierrt die Verhältnisse im Vergleich zu Fig. 53b. Es gibt zwei Wellen in Vorwärtsrichtung, eine mit einem längeren und eine mit einem kürzeren Wellenvektor als K (Gl. 2.13). Beide Wellen haben eine Komponente in Vorwärtsrichtung und eine in Richtung des Reflexes ($\underline{k} + \underline{g}$). Schon bei Braggorientierung (Fig. 53c) liegen die Anregungspunkte $D^{(j)}$ der Wellen nicht im Anregungspunkt L der kinematischen Näherung (L: *Lauepunkt*) sondern um die Distanz $\pm(2\xi_g)^{-1}$ in Richtung der Foliennormale aus L herausgerückt. Selbstverständlich gehen die Kurven, auf denen sich die Anregungspunkte bei Abweichung von der Braggorientierung bewegen (Fig. 53d), von hier aus. Man nennt diese Kurven *Zweige* der *Dispersionsfläche*. Wir werden im folgenden sehen, daß es sich um die Zweige einer Hyperbel handelt, solange wir uns auf die Nähe der Mittelsenkrechten auf $\underline{g}$ beschränken. In der gleichen Näherung entarten die Kreise mit Radius $\bar{K}$ um die Punkte 0 und G des RG zu Geraden, die sich in L unter dem Winkel $2\vartheta_B$ schneiden. Nach Konstruktion muß der Abstand dieser Geraden auf der Verbindungslinie der beiden Anregungspunkte gleich s sein.

[7] Verschiebt sich der Anregungspunkt infolge der Drehung *in Richtung* von $\underline{g}$, kommt der Punkt G *innerhalb* der Ewaldkugel zu liegen und der Vektor $\underline{s}$ ist i. w. *parallel* zu $\underline{k}$. Dann gibt man dem Parameter s *positives* Vorzeichen.

Wichtig ist: die beiden Anregungspunkte D müssen in Richtung der Foliennormalen (also z) übereinander liegen (Fig. 53b), weil die Elektronen beim Eintritt in das Objekt keine zur Oberfläche parallele Kraft erfahren können (die Tangentialkomponente ihres Impulses bleibt erhalten).[8]

Zur geometrischen Analyse der Dispersionsfläche gehen wir zurück zu Gl. (2.12). Sie besagt allgemein: das Produkt der Längenunterschiede (K - k) und (K - $|\underline{k} + \underline{g}|$) ist gleich einer Konstanten. Wir benutzen nun folgenden Satz über die *Hyperbel*: " Das Produkt der Abstände eines Hyperbel-Punktes von den beiden Asymptoten ist konstant."

Diese Konstante hat den Wert $c = (a \cos\alpha)^2$, wo a die reelle Halbachse ist und α der halbe Winkel zwischen den Asymptoten (Fig. 54).

Der Inhalt dieses Satzes ist bei Darstellung einer Hyperbel mit orthogonalen Asymptoten ($\alpha = \pi/4$) im Koordinatensystem z,x dieser Asymptoten

$$z\,x = c$$

leicht zu verifizieren (Fig. 54).. Er gilt aber allgemein.

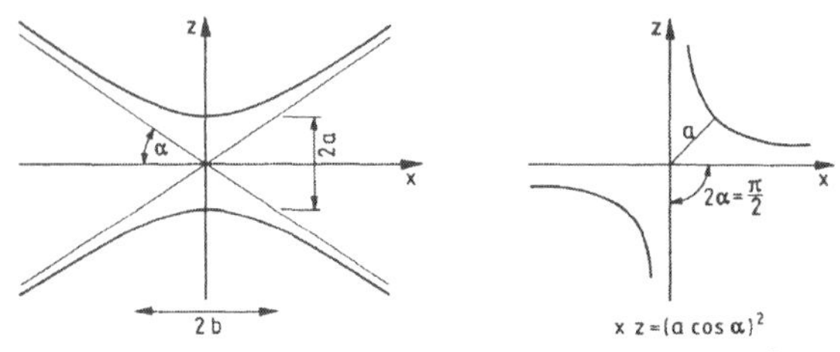

Fig. 54. Hyperbel im Hauptachsensystem: $(z/a)^2 - (x/b)^2 = 1$. Wo der Abstand der Asymptoten gleich 2a ist, ist $x = \pm b$.. Rechts:: Koordinatensystem der Asymptoten.

Vergleich mit Gl. (2.12) zeigt, daß die Anregungspunkte sich auf den zwei Ästen einer Hyperbel mit der reellen Halbachse

$$a = \frac{U_g}{2\,K\,\cos\vartheta_B}$$

bewegen. Nach Gl. (2.15′) ist a gleich $(2\,\xi_g)^{-1}$, sodaß wir feststellen: die Anregungspunkte $D^{(1)}$ und $D^{(2)}$ der beiden Wellen 1 bzw. 2 bewegen sich auf den zwei Ästen einer Hyperbel, deren reelle Achse $2a = (\xi_g)^{-1}$ ist und deren Asymptoten sich unter dem Winkel $\Theta = 2\vartheta_B$ schneiden (Fig. 55). Damit ist die Hyperbel vollständig festgelegt; insbesondere ist ihre imaginäre Halbachse

$$b = \frac{a}{\tan\alpha} = (2\,\xi_g \tan\vartheta_B)^{-1}$$

Die Asymptoten dieser Hyperbel sind die beiden zu Geraden entarteten Kreise mit Radius K um die Punkte 0 bzw. G des R.G..

[8] Die Folienoberfläche wird hier immer als senkrecht auf den reflektierenden Netzebenen angenommen.

Damit ist das Ergebnis von 2.2.2.1 reproduziert: bei exakter Braggorientierung ($s = 0$) liegen die beiden Anregungspunkte um die Distanz $2a = (\xi_g)^{-1}$ auseinander, beiderseits um $\pm (2\xi_g)^{-1}$ vom Lauepunkt entfernt.

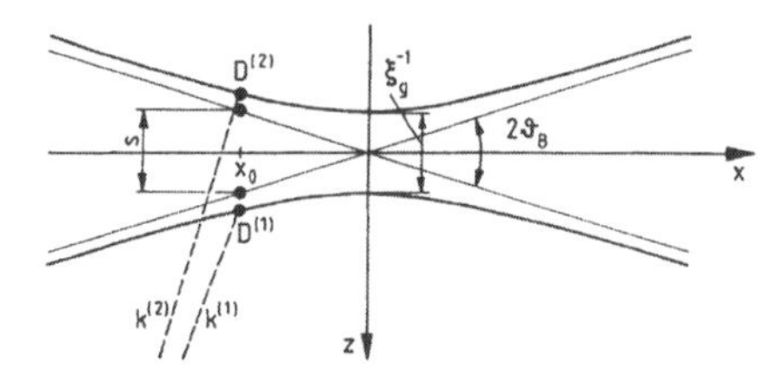

Fig. 55. Die Anregungspunkte $D^{(j)}$ bei Abweichung vom Braggfall. Wandern die Anregungspunkte nach $x < 0$, entspricht dies dem Fall $s < 0$ (vgl. Fig. 53a).

Wir interessieren uns nun für den entsprechenden Abstand im allg. Fall $s \neq 0$. In die Sprache der Analytischen Geometrie übersetzt heißt das: wir suchen den Abstand der beiden Hyperbelpunkte mit gleicher x-Koordinate an der Stelle, wo die Asymptoten den Abstand s haben (Fig. 55). Die Gleichung der Hyperbel im Koordinatensystem (z,x) lautet:

$$(z^2/a^2) - (x^2/b^2) = 1.$$

mit den oben bestimmten Werten für a und b.
Der Abstand der Asymptoten für einen bestimmten Wert der Koordinate $x = x_o$ ist: $2\, x_o \tan \vartheta_B = s$; d. h. $x_o = s/(2 \tan\vartheta_B)$.

Nun können wir die zu diesem Abstand gehörenden Werte von $z_{1,2}$ ausrechnen:

$$z_{1,2} = \pm \; a\sqrt{1 + (s/(2\tan\vartheta_B)^2/b^2}$$

$$= \pm \; (2\,\xi_g)^{-1} \sqrt{1 + (s\,\xi_g)^2}$$

Zurückübersetzt in den Reziproken Raum heißt das: der Unterschied der Wellenzahlen $(k^{(2)} - k^{(1)}) = \Delta k$ ist - entsprechend $(z_2 - z_1)$ -:

$$\Delta k = \frac{1}{\xi_g}\sqrt{1 + (s\,\xi_g)^2} = \frac{1}{\xi_g}\sqrt{1 + w^2} \tag{2.26}$$

Für das vielbenutzte Produkt $(s\xi_g)$ wurde damit die Bezeichnung w eingeführt:
Das (dimensionslose!) Produkt

$s\,\xi_g = w$ heißt ebenfalls *Abweichungsparameter.*

Gl. (2.26) zeigt: der Unterschied der Wellenzahlen von Welle 1 bzw. 2 nimmt in exakter Braggorientierung den *minimalen* Wert an, wird mit Abweichung w größer, um schließlich bei sehr großer Abweichung in die kinematische Näherung ($\Delta k = s$) einzumünden.

Um nun die Modifikation der Aufteilung des Wellenfeldes in Vorwärtswelle φ_o und gebeugte Welle φ_g durch Abweichung aus der Braggorientierung zu untersuchen, müssen wir wieder auf Gl. (2.9) für C_g/C_o zurückgreifen, d. h. wir müssen (k -K) berechnen. Inspektion von Fig. 56 zeigt: bei Welle 1 ist K auf jeden Fall größer als k, bei Welle 2 ist es umgekehrt. Betrachten wir z. B. Welle 1 auf der Seite des Diagramms, auf der s > 0 ist: der Unterschied (K - k) ist hier gleich der Hälfte des Abstands der Anregungspunkte abzüglich der Hälfte des Abstands der Asymptoten:

$$K - k^{(1)} = 1/2 \; (\Delta k - s)$$

Mit Bezug auf Fig. 56 konstatieren wir folgende Beziehungen:

$$(2.27) \qquad k^{(1)} - K = 1/2 \left(s - \frac{\sqrt{1 + w^2}}{\xi_g} \right)$$

$$k^{(2)} - K = 1/2 \left(s + \frac{\sqrt{1 + w^2}}{\xi_g} \right)$$

wobei s jeweils *mit seinem Vorzeichen* einzusetzen ist !

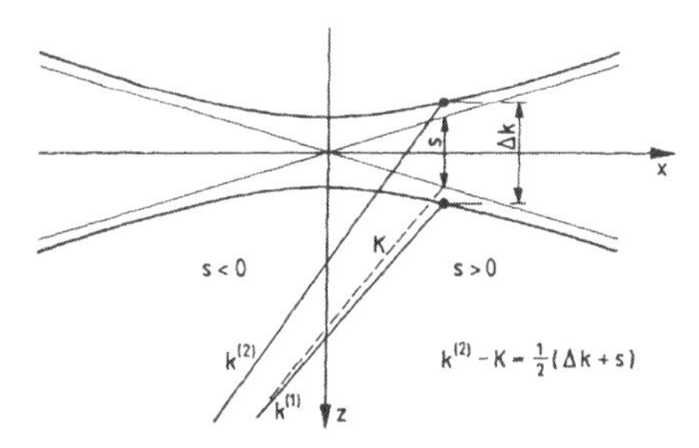

Fig. 56. Geometrie zu Gl. (2.27)

Damit ergibt sich für das Verhältnis C_g/C_o (Gl. 2.17) für die beiden Wellen in Abhängigkeit von w:

$$(2.28) \qquad C_g^{(1)}/C_o^{(1)} = (k^{(1)} - K) \; 2 \; K/U_g = w - \sqrt{1 + w^2} = m_-$$

$$C_g^{(2)}/C_o^{(2)} = (k^{(2)} - K) \; 2 \; K/U_g = w + \sqrt{1 + w^2} = m_+$$

(w ist mit Vorzeichen zu nehmen! m_- und m_+ sind Abkürzungen).
(Man erkennt das einfache Ergebnis (- 1) bzw. (+ 1) für die Braggorientierung wieder.).

a) Pendellösung, Dickenkonturen

Bisher haben wir die *allgemeinen* Lösungen φ_o und φ_g der Schrödinger-Gleichung für den Zweistrahlfall bestimmt. Im nächsten Schritt gehen wir zu der unserem Problem angemessenen *speziellen* Lösung über, indem wir eine Linearkombination der beiden allgemeinen Lösungen den gegebenen *Randbedingungen* anpassen. Wir benutzen im Prinzip die Gln. (2.16 a und b), behandeln die C_o und C_g aber als von w abhängige Größen.

(2.29) $$\varphi_o(z) = C_o^{(1)}(w)\exp(i\,2\pi\,k^{(1)}z) + C_o^{(2)}(w)\exp(i\,2\pi\,k^{(2)}z)$$

(2.30) $$\varphi_g(z) = C_g^{(1)}(w)\exp\left[i\,2\pi\,(\underline{k}^{(1)}+\underline{g}+\underline{s})_z z\right] + C_g^{(2)}(w)\exp\left[i\,2\pi\,(\underline{k}^{(2)}+\underline{g}+\underline{s})_z\,z\right]$$

Die Randbedingung lautet:

$$\varphi_o(0) = C_o^{(1)} + C_o^{(2)} = 1; \quad \varphi_g(0) = C_g^{(1)} + C_g^{(2)} = 0.$$

Mit Gl. (2.28) ergibt sich folgendes Gleichungssytem für die C:

$$C_o^{(1)} + C_o^{(2)} = 1.$$

$$m_-\,C_o^{(1)} + m_+\,C_o^{(2)} = 0.$$

Die Lösung lautet:

(2.31) $$C_o^{(1)} = m_+/(m_+ - m_-) = \frac{1}{2} + \frac{w}{2\sqrt{1+w^2}}$$

$$C_o^{(2)} = -m_-/(m_+ - m_-) = \frac{1}{2} - \frac{w}{2\sqrt{1+w^2}}$$

Dieses Ergebnis setzen wir in Gl. (2.29) ein:

(2.32) $$\varphi_o(z) = \frac{1}{2\sqrt{1+w^2}}\left\{m_+\exp(i\,2\pi\,k^{(1)}z) - m_-\exp(i\,2\pi\,k^{(2)}z)\right\}$$

Die Intensität der Vorwärtswelle $\varphi_o(z)\,\varphi_o^*(z)$ wird in der Austrittsfläche (z =t):

$$I_o(t) = \frac{1}{4\,(1+w^2)}\left[m_+^2 + m_-^2 - 2\,m_+m_-\cos(2\pi\,\Delta k\,t)\right]$$

(2.33) $$I_o(t) = \frac{w^2}{1+w^2} + \frac{1}{1+w^2}\cos^2\left(\pi\,\frac{\sqrt{1+w^2}}{\xi_g}\,t\right)$$

(Δk wurde aus Gl. (2.26) entnommen). Die Intensität des Braggreflexes $I_g(z)$ kann man auf analoge Weise ausrechnen. Sie ergibt sich aber (ohne Absorption) viel einfacher aus dem Prinzip der Erhaltung der Intensität:

$$(2.34) \qquad I_g(t) = 1 - I_o(t) = \frac{1}{1+w^2} \sin^2 \left(\pi \frac{\sqrt{1+w^2}}{\xi_g} t \right)$$

Die Gln. (2.33) und (2.34) stellen die Pendellösung[9] der dynamischen Theorie für beliebige Abweichung w von der Braggorientierung dar (Fig. 57)

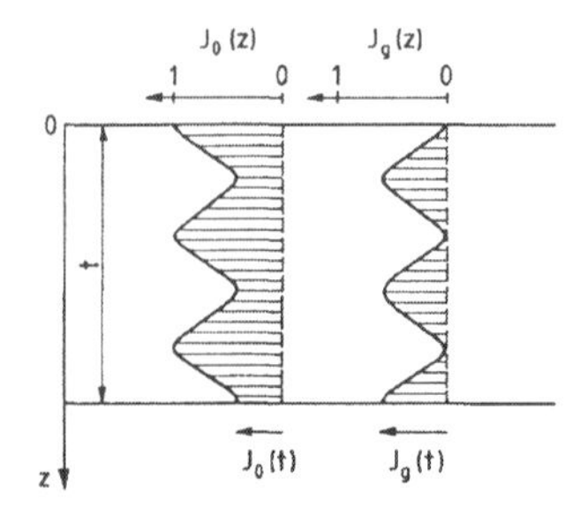

Fig. 57. Zweistrahlfall, dynamische Theorie. Auf $|\psi_o|^2$ normierte Intensität des Primär strahls bzw. des Reflexes g in der Kristallfolie als Funktion der Tiefe.. Der Parameter w ist 0,8.

Vergleichen wir das Ergebnis mit dem entsprechenden für die exakte Braggorientierung (Gl. 2.21 und Fig. 51), so fallen einige wichtige Unterschiede auf:

1) Die maximale Intensität des Braggreflexes ist kleiner als diejenige des Nullstrahls.

2) Während der gebeugte Strahl voll mit t durchmoduliert bleibt, ist von dem Nullstrahl nur ein der Stärke des gebeugten Strahls entsprechender Anteil moduliert. Das erklärt, auf welche Weise sich bei starker Abweichung von der Braggorientierung der Übergang zur kinematischen Näherung vollzieht. (Die Gl. 2.1 zeigt ja auch Dickenkonturen an, aber nur für den Fall $s \neq 0$; die Tiefenperiode dieser Dickenkonturen ergibt sich dort zu $\Delta t = s^{-1}$ in Übereinstimmung mit dem Grenzwert von Δt für große w aus Gl. (2.34)).

3) Die Tiefen-Periode der Schwebungen ($\Delta t = \xi_g/\sqrt{(1+w^2)}$) wird mit zunehmendem w kürzer. Das muß beachtet werden, wenn mit Hilfe der Dikkenkonturen der Keilwinkel einer Probe in der Nähe ihres Randes bestimmt werden soll (vgl. Abb. 6).

---

[9] Man erkennt die Analogie der (räumlichen) Schwebung zwischen I_o und I_g mit der (zeitlichen) Schwebung der Ausschläge zweier *gekoppelter Pendel*:: der Fall $w = 0$ entspricht zwei identischen Pendeln, während $w \neq 0$ sein Analogon in Pendeln mit verschiedenen Massen findet. Dort kommt die schwerere Masse nie ganz zur Ruhe.

Zum Abschluß dieses Abschnitts werden noch zwei allgemein gebräuchliche Abkürzungen eingeführt. Man nennt die Tiefenperiode der Schwebungen von $I_o(z)$ bzw. $I_g(z)$ *effektive Extinktionsdistanz* ξ_g^w:

$$\xi_g^w = \frac{\xi_g}{\sqrt{1 + w^2}}$$

und die reziproke Größe *effektiven Abweichungsparameter* s_{eff}:

$$s_{eff} = \frac{\sqrt{1 + w^2}}{\xi_g} = \sqrt{s^2 + \frac{1}{\xi_g^2}}$$

Gl. (2.34) geht dann über in

$$(2.34') \qquad I_g(t) = \frac{1}{\xi_g^2} \frac{\sin^2(\pi\, s_{eff}\, t)}{s_{eff}^2}$$

Erweiterung des Bruchs mit $(\pi t)^2$ betont die Analogie zu Gl. (2.1); wichtig ist aber der grundlegende Unterschied: s_{eff} sorgt dafür, daß die Intensität des gebeugten (und ebenso des durchgehenden) Strahls auch bei exakter Braggorientierung ($s = 0$) periodisch mit der Dicke t bleibt. Damit entfällt auch das unsinnige Wachstum von I_g über alle Grenzen mit der Dicke, eine Schwäche der kinematischen Theorie.

b) Biegekonturen (Extinktionskonturen), Rocking curve

Verbiegt man eine Kristallfolie konstanter Dicke t, bedeutet dies, daß die Orientierung des Objekts zum Strahl - und damit der Abweichungsparameter w *-ortsabhängig* wird . Damit werden, ähnlich wie bei den Dickenkonturen, die Intensitäten $I_o(t)$ und $I_g(t)$ ortsabhängig. Man wird also sowohl im Hellfeld (I_o) wie im Dunkelfeld (I_g) hellere und dunklere Gebiete finden. Man spricht dann von *Biege-* oder *Extinktions-Konturen* (Abb. 7) Der einfachste Fall liegt vor, wenn die Kristallfolie um eine Achse gebogen ist; dann wird im Hellfeld überall da, wo das Glied mit Cosinus-Quadrat in Gl. (2.33) den Wert eins durchläuft, ein heller Streifen ($I_o = 1$) und im Dunkelfeld Intensität null zu finden sein. Zwischen je zwei solcher Streifen geht I_o durch ein Minimum. Die Minima - und damit der Hellfeld-Kontrast der Biegekonturen - werden mit wachsendem w flacher.

Biegekonturen bewegen sich schon bei einer kleinen Verkippung der Probe, während Dickenkonturen praktisch liegen bleiben. Das kann in Zweifelsfällen zur Unterscheidung benutzt werden.

Die Aufzeichnung von $I_o(w)$ bzw. $I_g(w)$ bei konstanter Dicke (Fig. 58) wird mit dem englischen Terminus *rocking curve* bezeichnet (rocking chair = Schaukelstuhl).

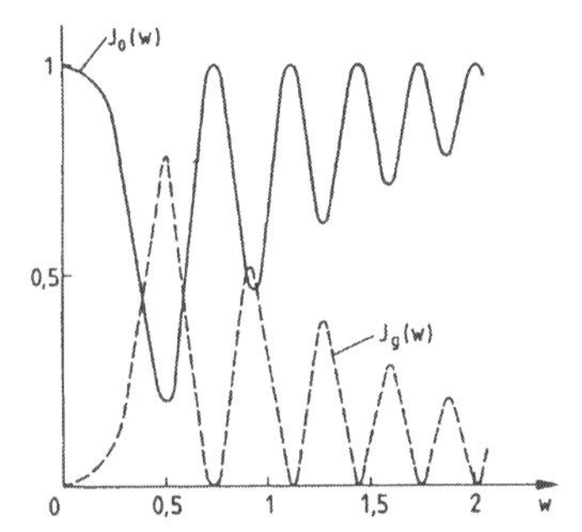

Fig. 58. Rocking curve (Zweistrahlfall). Intensität des Primärstrahls und des Braggreflexes als Funktion des Abweichungsparameters w.. Die Objektdicke $t = 4\xi_g$ (weil t/ξ_g eine ganze Zahl ist, ist $I_o(w=0) = 1$.) Beide Intensitäten hängen nur von w^2 ab.

c) Anomale Absorption.

Die Unterscheidung der Wellen 1 und 2 (Gl.(2.22)) bleibt auch bei $w \neq 0$ sinnvoll, wenn auch die Umformung zu (2.24) wegen der Ungleichheit der Amplituden $|C_o^{(j)}|$ bzw. $|C_g^{(j)}|$ nicht mehr funktioniert. Inspektion der Gln. (2.28) und (2.31) zeigt, daß

$$(- C_g^{(1)}) = C_g^{(2)} = \sqrt{(C_o^{(1)} C_o^{(2)})}.$$

Man kann also aus den Summen von Gl. (2.22) die Faktoren $\sqrt{C_o^{(1)}}$ bzw. $\sqrt{C_o^{(2)}}$ herausziehen und als Amplituden Ψ der Blochwellen 1 bzw. 2 auffassen:

$$\psi^{(1)}(\underline{r}) = \Psi^{(1)} \left[\sqrt{C_o^{(1)}} \exp(i\, 2\pi\, \underline{k}^{(1)}\underline{r}) - \sqrt{C_o^{(2)}} \exp(i\, 2\pi\, (\underline{k}^{(1)}+\underline{g})\, \underline{r}\right] \tag{2.35}$$

$$\psi^{(2)}(\underline{r}) = \Psi^{(2)} \left[\sqrt{C_o^{(2)}} \exp(i\, 2\pi\, \underline{k}^{(2)}\underline{r}) + \sqrt{C_o^{(1)}} \exp(i\, 2\pi\, (\underline{k}^{(2)}+\underline{g})\, \underline{r}\right]$$

mit $\Psi^{(1)2} = C_o^{(1)} = \frac{1}{2} + \frac{w}{2\sqrt{1+w^2}}$ (vgl. Gl. (2.31))

und $\Psi^{(2)2} = 1 - \Psi^{(1)2} = C_o^{(2)}$ entsprechend aus Gl. (2.31).

Fig. 59 zeigt diese Größen in ihrer Abhängigkeit von w.
Das interessante und praktisch wichtige Ergebnis: in dem Orientierungs-Bereich $w > 0$ (d. h. $s > 0$) *dominiert Welle 1*, für die der Kristall aufgrund der anomalen Absorption transparenter ist als für Welle 2. Bei der praktischen Arbeit wird man also immer darauf achten, die Probe so zu verkippen, daß sich der Reflex G des R. G., den man zur Kontrasterzeugung benutzt, *innerhalb* der Ewaldkugel befindet (vgl. Abschnitt 1.4.7).

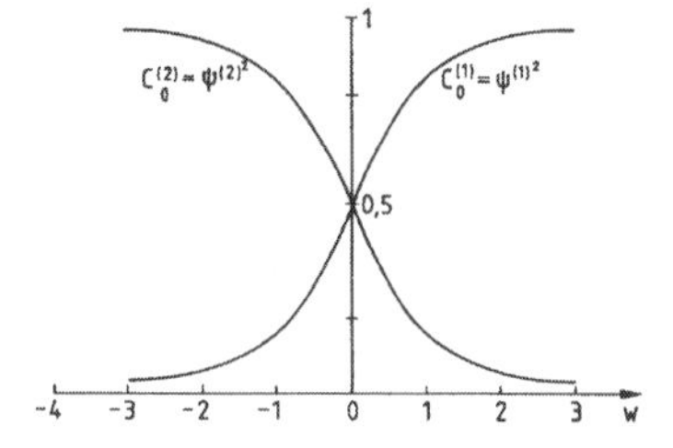

Fig. 59. Intensität der Blochwellen 1 bzw. 2 als Funktion des Abweichungsparameters w

2.2.2.3 Formulierung der dynamischen Theorie als Eigenwertproblem (Vorbereitung des Vielstrahl-Falls)

Eine Erweiterung der dynamischen Theorie auf den Fall, daß mehr als ein Reflex stark angeregt ist (den *N-Strahl-Fall* oder *Vielstrahl-Fall*, engl. many beam case) bedarf der Formalisierung des Verfahrens bei der Lösung der Schrödinger-Gleichung (2.7). Die zeitunabhängige Schrödinger-Gleichung ist eine *Eigenwert-Gleichung*, d. h. sie kann in die Form

(2.36) $\quad ((A))\ (C) = \gamma\ (C)$

gebracht werden (s. unten), in der ((A)) eine Matrix bedeutet, (C) einen Vektor und γ eine Konstante. Ihre Lösung erfolgt dann durch Diagonalisieren der Matrix ((A)), wofür es Standard-Verfahren und -Programme gibt[10].
Hat man N starke Reflexe (*einschließlich des Nullstrahls!*), ist ((A)) eine NxN -Matrix, (C) hat N Komponenten und es gibt N (eventl. entartete) Lösungen. Eine Lösung besteht aus einem *Eigenvektor* $(C)^{(j)}$ und dem zugehörigen *Eigenwert* $\gamma^{(j)}$.
Zur Herleitung einer Gleichung von der Form (2.36) gehen wir von Gl. (2.12) aus. In dem Ausdruck $(K - k)\,[K - |\underline{k} + \underline{g}|]$ geht es praktisch nur um die z-Komponenten der Vektoren. Wir ersetzen den Ausdruck also durch

$$(K_z - k_z)\,[K_z - (k_z + g_z)]$$

Die Ewald-Konstruktion veranschaulicht die Identität $|\underline{k} + \underline{g} + s\hat{\underline{z}}| = k$.
Also ist $(k_z + g_z) + s = k_z$. Damit wird $(K_z - (k_z + g_z)) = K_z - k_z + s$.

Nun benennen wir die Differenz $(k_z - K_z)$ neu, nämlich als γ.

Damit können wir Gl. (2.9) zu der gewünschten Form hin entwickeln (wir bleiben zur Veranschaulichung beim Zweistrahlfall mit g = 0, g):

---

[10] Die diagonalisierte Matrix enthält als Elemente die Eigenwerte.

(2.37)
$$\begin{vmatrix} 2K(-\gamma) & U_{-g} \\ U_g & 2K(-\gamma+s) \end{vmatrix} \begin{vmatrix} C_1 \\ C_2 \end{vmatrix} = 0.$$

(C) = (C_1, C_2) - früher war das (C_o, C_g) - ist der gesuchte Eigenvektor. Die Matrix auf der linken Seite von Gl. (2.37) heißt *Dispersionsmatrix.*
Bringt man die Diagonalmatrix mit den Gliedern ($-\gamma$) auf die rechte Seite, entsteht die Matrix-Gleichung in Form von Gl. (2.36):

(2.38)
$$((A))\,(C) = \gamma\,(C)$$

Dabei ist die *Struktur-Matrix*

$$((A)) = \begin{vmatrix} 0 & U_g/2K \\ U_g/2K & s \end{vmatrix} .$$

Im Zweistrahlfall ist es eine Sache von zwei Zeilen, die Eigenwerte und das Verhältnis der Eigenvektor-Komponenten C_1/C_2 zu berechnen und damit den Inhalt der Gln. (2.27) und (2.28) wiederzugewinnen.
Die Komponenten $C_1^{(j)}$ bzw. $C_2^{(j)}$ selbst kann man mit Hilfe der Orthogonalitäts-Beziehungen (2.40) zwischen den Eigenvektoren ebenfalls aus Gl. (2.38) berechnen. Führt man dies aus, gelangt man z. B. für $C_1^{(1)}$ zu einem Ausdruck, der gleich der *Quadrat-Wurzel* aus Gl. (2.31) ist. Diese scheinbare Diskrepanz erklärt sich daraus, daß wir früher mit $C_o^{(1)}(w)$ die Amplitude der Welle 1 in Vorwärtsrichtung bezeichnet haben, wie sie sich *mit* den Randbedingungen ergab, während man dafür in der verallgemeinerten Schreibweise das Produkt $\varepsilon^{(1)}C_1^{(1)}$ setzt. Da $\varepsilon^{(1)} = C_1^{(1)}$ (vgl. Gl. (2..46)) , ist $C_o^{(1)}(w) = \left[C_1^{(1)}\right]^2$

Gl. (2.38) hat hier zwei (i. a. N) Lösungen, die man durch das Superscript (j) unterscheidet. Jede Lösung besteht aus einem Eigenwert $\gamma^{(j)}$ und einem Eigenvektor $(C)^{(j)}$. Jede Lösung (j) beschreibt eine *Blochwelle.*

(2.39)
$$\psi^{(j)}(\underline{r}) = \sum_g C_g^{(j)} \exp\left(2\pi i\,(\underline{k}^{(j)} + \underline{g})\,\underline{r}\right)$$

Man kann die N Eigenvektoren $(C)^{(j)}$ mit je N Komponenten zu einer NxN-Matrix zusammenfassen, deren N Spalten je eine Blochwelle $(C)^{(j)}$ enthalten und deren Zeilen je einen *Reflex* (beam) beschreiben.
Ist der beleuchtende Elektronenstrahl parallel zu einer Zonenachse (hochsymmetrischen Richtung) des Kristalls, kann die Symmetrie um diese Achse dazu benutzt werden, die Matrix ((A)) zu *reduzieren,* was die Rechenarbeit beim Diagonalisieren beträchtlich vermindert.
Eine wichtige Eigenschaft der verschiedenen Eigenvektoren eines Eigenwert-Problems ist ihre *Orthogonalität.* D. h. zwischen den Komponenten der $(C)^{(j)}$ bestehen Beziehungen, wie:

(2.40) $$C_1^{(1)} C_1^{(1)} + C_1^{(2)} C_1^{(2)} = 1 \qquad \text{allg.} \sum_j C_m^{(j)} C_n^{(j)} = \delta_{mn}$$

$$C_1^{(1)} C_2^{(1)} + C_1^{(2)} C_2^{(2)} = 0.$$

$$C_2^{(1)} C_2^{(1)} + C_2^{(2)} C_2^{(2)} = 1.$$

Die Matrix ((C)) ist demnach orthogonal und das hat zur Folge, daß die reziproke Matrix $((C))^{-1}$ gleich der transponierten Matrix ist, die durch Vertauschen des Gliedes mn mit dem Glied nm entsteht. Das wird im folgenden von Bedeutung.

Auch die Anpassung der allgemeinen Lösung an die Randbedingungen ($\varphi_1(0) = \varphi_o(0) = 1$; $\varphi_2(0) = \varphi_g(0) = 0$)) kann nun in der verkürzenden Matrix-Schreibweise erfolgen. Die Amplitude $\varphi_g(t)$ irgend eines Reflexes g - einschließlich g = 0 - in der Austrittsfläche aus dem Objekt kann durch Summation über alle N Blochwellen gewonnen werden, wobei die Anregungsstärke $\varepsilon^{(j)}$ der j. Blochwelle ($0 \le \varepsilon \le 1$) aus den Randbedingungen gewonnen werden muß.

(2.41) $$\varphi_g(t) = \sum_j \varepsilon^{(j)} C_g^{(j)} \exp\left\{2\pi i\,(\underline{k}^{(j)} + \underline{g})_z t\right\}$$

Wir ersetzen $(\underline{k} + \underline{g})_z$ durch k_z und dieses durch $\gamma + K_z$; schließlich lassen wir den gemeinsamen Phasenfaktor $\exp(2\pi i K_z t)$ weg und erhalten:

(2.41') $$\varphi_g(t) = \sum_j \varepsilon^{(j)} C_g^{(j)} \exp(2\pi i \gamma^{(j)} t)$$

Im Zweistrahlfall sieht Gl. (2.41') aus, wie folgt:

(2.42) $$\varphi_o(t) = \varepsilon^{(1)} C_1^{(1)} \exp(2\pi i \gamma^{(1)} t) + \varepsilon^{(2)} C_1^{(2)} \exp(2\pi i \gamma^{(2)} t)$$

$$\varphi_g(t) = \varepsilon^{(1)} C_2^{(1)} \exp(2\pi i \gamma^{(1)} t) + \varepsilon^{(2)} C_2^{(2)} \exp(2\pi i \gamma^{(2)} t)$$

Die Randbedingung lautet:

$$\varphi_o(0) = \varepsilon^{(1)} C_1^{(1)} + \varepsilon^{(2)} C_1^{(2)} = 1.$$

$$\varphi_g(0) = \varepsilon^{(1)} C_2^{(1)} + \varepsilon^{(2)} C_2^{(2)} = 0.$$

Zusammenfassung der Gl. (2.42) zu einer Matrix-Gleichung ergibt:

(2.43) $$(\boldsymbol{\varphi}(t)) = ((\mathbf{C}))\,((\,D(t)\,))\,(\boldsymbol{\varepsilon}) \qquad \text{mit } (\boldsymbol{\varphi}(t)) = \begin{vmatrix} \varphi_o(t) \\ \varphi_g(t) \end{vmatrix}$$

wo ((D(t))) die Diagonal-Matrix mit $d_{j\,j} = \exp\{2\pi i \gamma^{(j)} t\}$ ist

Die Randbedingung lautet:

(2.44) $$(\varphi(0)) = ((C))\ (\varepsilon)$$

Wir multiplizieren Gl. (2.44) *von links* mit der reziproken Matrix $((C))^{-1}$und erhalten

(2.45) $$((C))^{-1}\ (\varphi(0)) = ((C))^{-1}((C))\ (\varepsilon) = (\varepsilon)$$

Wie oben festgestellt, hat die reziproke Matrix zu ((C)) die Form: $\begin{vmatrix} C_1^{(1)} & C_2^{(1)} \\ C_1^{(2)} & C_2^{(2)} \end{vmatrix}$

Gehen wir damit in Gl. (2.45), erhalten wir:

$$C_1^{(1)}\ \varphi_o(0) + C_2^{(1)}\ \varphi_{\mathbf{g}}(0) = \varepsilon^{(1)}$$

Da $\varphi_{\mathbf{g}}(0) = 0$, ist das Resultat:

(2.46) $$\varepsilon^{(1)} = C_1^{(1)}\ , \quad \text{entsprechend: } \varepsilon^{(2)} = C_1^{(2)}$$

Wir fassen Gln. (2.43) und (2.45) zusammen:

(2.47) $$(\varphi(t)) = ((C))\ ((D(t)))\ ((C))^{-1}\ (\varphi(0)).$$

Das Produkt aus drei Matrizen auf der rechten Seite von Gl. (2.47) nennt man die *Streumatrix* ((S (t))) (L. Sturkey, 1957, 1961).[11] Sie gestattet es, die Amplituden aller Reflexe, einschließlich des Nullstrahls, beim Austritt aus einer Objektfolie der Dicke t zu berechnen. Dieses Verfahren ist besonders attraktiv, wenn es sinnvoll erscheint, das Objekt in mehrere zum einfallenden Strahl senkrechte Schichten (engl. slices) zu unterteilen, zwischen denen eine Grenzfläche - z. B. ein Stapelfehler[12] - liegt, oder deren eine Baufehler enthält. Man berechnet dann die Beugung am Objekt durch Multiplikation der Streumatrizen der einzelnen Schichten *(Matrix-Multiplikations-Methode).*

2.2.2.4 Formale Berücksichtigung von inelastischen Streuvorgängen ("Absorption")

Die dynamische Beugungstheorie ging bislang von der Annahme einer konstanten Gesamtenergie der Elektronen (E = eU) aus. Die verschiedenen in den Abschnitten 1.4.4 und 1.4.6 behandelten inelastischen Streuvorgänge scheiden einen Teil der Elektronen aus dem Strom der Elektronen aus, für die diese Voraussetzung gilt. Man kann zeigen, daß der Einfluß der inelastischen Streuvorgänge formal dadurch in die Schrödinger-Gleichung eingebaut werden kann, daß

---

[11] Ohne Herleitung: Es gilt folgender Zusammenhang zwischen der Streumatrix ((S(t))) und der Strukturmatrix ((**A**)) aus Gl. (2.38): $((S(t))) = \exp\{2\pi i\ ((\mathbf{A}))t\}$.

[12] Man wird dann $U_{\mathbf{g}}$ in Gl. (2.37) für den durch den Stapelfehler verlagerten Kristallteil durch $[U_{\mathbf{g}} \exp(2\pi i \mathbf{g} \underline{R})]$ ersetzen.

man das reelle Potential $\Phi(\underline{r})$ durch ein komplexes Potential $\Phi(\underline{r}) + i\,\Phi'(\underline{r})$ ersetzt. Dadurch werden auch die Fourierkomponenten Φ_g und die daraus abgeleiteten Komponenten U_g des normierten Potentials U komplex: $U_g + iU_g'$.
Das wiederum bedingt die Einführung von *komplexen Extinktionsdistanzen:*

$$\xi_g^{-1} \text{ geht über in } \left(1/\xi_g + i/\xi_g' \right)$$

Bezeichnet man den Einfluß der Brechung, d. h. den Unterschied zwischen χ und K durch eine Extinktionsdistanz ξ_o, ergibt sich:

$$K - \chi = (K^2 - \chi^2)/(2K) = U_o/(2K) = (2\,\xi_o)^{-1}$$

d. h. $\xi_o^{-1} = U_o/K$. Es ist ersichtlich, daß ein *komplexes mittleres Potential* auch ein komplexes ξ_o^{-1} zur Folge hat. In diesem Term sind dann "normale Absorptionsvorgänge" subsumiert, die beide Blochwellen 1 und 2 gleich betreffen. Dagegen sind die ξ_g' durch Effekte der anomalen Absorption bedingt, weshalb sich diese Größe auf Welle 1 anders auswirkt als auf Welle 2.
Da die Imaginärteile der Φ_g etwa eine Größenordnung kleiner sind als die Realteile, kann man den Einfluß der "Absorption" auf die Lösungen der Schrödinger-Gleichung mit den Mitteln der Störungsrechnung behandeln. Das bedeutet: an den Wellenfunktionen (und den Koeffizienten C_i) ändert sich nichts, nur die Energien der Blochwellen ändern sich etwas (die $k^{(i)}$ werden kleiner und außerdem komplex).
Das Ergebnis der wellenmechanischen Störungsrechnung besteht in einem exponentiellen Vorfaktor vor den Ausdrücken (2.22) für die Blochwellen 1 bzw. 2:

$$(2.48) \qquad \psi^{(1)}(z) \sim \exp\left[-\frac{\pi}{\xi_o'} z + \frac{\pi}{\xi_g'\sqrt{1 + w^2}} z\right]$$

$$\psi^{(2)}(z) \sim \exp\left[-\frac{\pi}{\xi_o'} z - \frac{\pi}{\xi_g'\sqrt{(1 + w^2)}} z\right]$$

Um den Einfluß dieser Dämpfungsfaktoren auf den gebeugten Strahl I_g als Funktion der Probendicke t zu untersuchen, gehen wir von den Beiträgen in der entsprechenden Richtung in Gl. (2.35) aus und fügen die Faktoren aus Gl. (2.48) hinzu. Wir kürzen ab:

$$\alpha = \pi/\xi_o' \quad \text{und} \quad \beta = \pi/\left[\xi_g'\sqrt{(1 + w^2)}\right].$$

$$(2.49) \qquad \psi_g(t) = e^{-\alpha t}\left\{\Psi^{(1)}\left(-\sqrt{C_o^{(2)}}\right) \exp(\beta t) \exp\left[i\,2\pi\,(k^{(1)} + g)\,t\right] + \right.$$

$$\left. + \Psi^{(2)} \sqrt{C_o^{(1)}} \exp(-\beta t) \exp\left[i\,2\pi\,(k^{(2)} + g)\,t\right]\right\}$$

$$\text{mit} \qquad \Psi^{(1)} = \sqrt{C_o^{(1)}} \quad \text{und} \quad \Psi^{(2)} = \sqrt{C_o^{(2)}}.$$

Die Intensität $I_g = \psi_g \psi_g^*$ ergibt sich über leichte Algebra zu:

$$(2.50) \qquad I_g(t) = e^{-2\alpha t}\left[\frac{\text{Cosh}\,(2\beta t) - 1}{2(1 + w^2)} + \frac{1}{1 + w^2}\sin^2\left(\frac{\pi\sqrt{1 + w^2}}{\xi_g}\,t\right)\right]$$

Man erkennt zwei Unterschiede zu Gl.(2.34):

1) die Intensität nimmt gemäß exp (- 2αt) ab (normale Absorption)

2) Es gibt einen mit der Dicke nicht modulierten Anteil, den es ohne *anomale* Absorption nicht gäbe, und der mit zunehmender Dicke größer wird. Wegen β(w) ist dieser Anteil umso größer, je stärker die Abweichung von der Braggorientierung ist.

Die Berechnung der Intensität des durchgehenden Strahls $I_o(t)$ folgt den gleichen Linien, ist aber mühsamer. Deshalb sei nur das Ergebnis mitgeteilt:

$$(2.51) \qquad I_o(t) = e^{-2\alpha t}\left[\frac{1 + 2w^2}{2(1 + w^2)}\,\text{Cosh}\,(2\beta t) + \frac{w}{\sqrt{1 + w^2}}\,\text{Sinh}(2\beta t) - \frac{1}{2(1 + w^2)} + \frac{1}{1 + w^2}\cos^2\left(\frac{\pi\sqrt{1 + w^2}}{\xi_g}\,t\right)\right]$$

Es überrascht nicht, daß beim Vorliegen von Absorption die Summe aus $I_o(t)$ und $I_g(t)$ nicht mehr gleich der einfallenden Intensität (die gleich eins angenommen wird) ist.

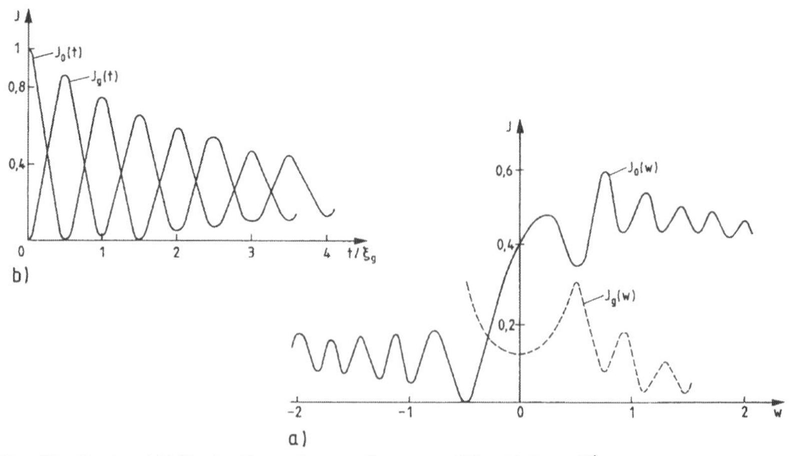

Fig. 60 Zweistrahlfall mit Absorption. Parameter: $\xi_g' = 20\,\xi_g = \xi_o'$.
(a): Biegekonturen für t = $4\xi_g$. die Intensität I_g des Reflexes ist symmetrisch zu w = 0.
(b): Dickenkonturen für w = 0, beide Intensitäten symmetrisch zu w = 0.

Nicht unbedingt zu erwarten war aber folgende Beobachtung: I_g hängt nur von w^2 ab, ändert sich also symmetrisch zu w = 0 für positives w genauso wie für negatives. Diese Symmetrie gilt für I_o wegen des in w linearen Glieds in Gl. (2.51) nicht! Der Nullstrahl ist für w > 0 stärker als für gleichgroßes, aber negatives w .
Dieses Phänomen führt zu einer ausgeprägten Unsymmetrie in Bezug auf die Braggorientierung bei den Biegekonturen (w variabel) (Fig. 60a) , während die Dickenkonturen (w konstant) die schon früher erklärte Abnahme der Modulation mit zunehmender Dicke zeigen. Hell- und Dunkelfeld bleiben hier komplementär (Fig. 60b)

2..3 Beugung an Kristallen mit Baufehlern (Zweistrahlfall)

2.3.1 Gitterbaufehler

Bisher wurde die Wechselwirkung einer ebenen Welle schneller Elektronen mit einem *perfekten* Kristall betrachtet, d. h. es wurde angenommen, daß die Lage aller Atome mit den von der Kristallstruktur vorgesehenen Plätzen übereinstimmt. (Die Wirkung der temperaturbedingten Schwingungen der Atome um diese Ideal-("Ruhe")-Lagen wurde in Abschnitt 1.4.6 untersucht).
Dem Begriff Ideal entsprechend ist der perfekte Kristall, jedenfalls bei endlicher Temperatur, nicht realisierbar. Die Einführung eines gewissen Prozentsatzes (in der Nähe der Schmelztemperatur von der Größenordnung 10^{-4}) von unbesetzten Gitterplätzen (*Leerstellen*, engl. vacancies) erhöht die Entropie so stark, daß trotz des damit verbundenen Aufwandes an Enthalpie die *freie Enthalpie* minimalisiert wird. Leerstellen sind die einzigen Baufehler im thermodynamischen Gleichgewicht. Da sich Kristalle nur in den seltensten Fällen in diesem Gleichgewicht befinden, haben wir mit weiteren Typen von Gitterbaufehlern (*Defekten)* zu rechnen. Man teilt diese nach ihrer Dimensionalität D ein: D = 0 (*Punktfehler):* Leerstellen, *Zwischengitteratome* ((interstitials) d. h. Atome, die auf Plätzen sitzen, die in der Idealstruktur nicht vorkommen), *Fremdatome* (impurities), *Antisite*-Defekte (Atome, die in einer binären Verbindung auf einem Platz des falschen Untergitters sitzen), und kleine Gruppen (clusters) von Punktfehlern. D = 1: *Versetzungen* (dislocations). D = 2: *Stapelfehler* (stacking faults), (Flächen, in deren Nachbarschaft die Reihenfolge dicht gepackter Netzebenen gestört ist), *Zwillingsgrenzen* (twin boundaries), *Domänengrenzen* (Phasensprung bei der Besetzung von Untergittern in Verbindungen bzw. geordneten Mischkristallen oder magnetisch geordneten Kristallen), schließlich die allgemeinen Korngrenzen. Ob man (D =3) Ausscheidungen einer zweiten Phase und ihre Vorstufen unter die Baufehler rechnen will, hängt von den Umständen (Größe, Kohärenz der Grenzflächen) ab.

2.3.2 Beugungskontrast

Eines der größten Arbeitsgebiete der Elektronenmikroskopie ist dem Nachweis und der Analyse derartiger Baufehler gewidmet, deren Art und Zahl den Schlüssel zum Verständnis sehr vieler Stoffeigenschaften enthält.
Dabei hat man verschiedene Mechanismen zu unterscheiden, über die der gestörte Kristallbau auf die Elektronen im Kristall wirken kann. Zum einen sollte die lokal geänderte Elektronendichte die Streuung der einfallenden Welle ändern. Diese Änderung besteht zunächst in einer zusätzlichen Phasenschiebung; sie wird in der Hochauflösenden Elektronenmikroskopie (HREM) zur Abbildung gebracht (vgl. den 3. Hauptteil). (Man kann auch die Änderung der inelastischen Streuung durch den Fehler ausnutzen (sog. Z-Kontrast)). Zum anderen - und damit werden wir uns im folgenden beschäftigen - bewirken viele Gitterbaufehler eine Verlagerung $\underline{R}(\underline{r})$ der Atome in einer weiteren Umgebung (dem sog. Fernfeld) aus ihren Ideallagen $\underline{r}$. Dadurch werden die Netzebenen "verbogen", ihre Reflexionsfähigkeit wird lokal geändert. Meist orientiert man den Kristall so, daß ungestörte Gebiete relativ weit von der Braggorientierung entfernt sind und Verzerrungen eine gewisse Umgebung um die Defekte in die Braggorientierung drehen. Dann wird der Defekt im Hellfeld (I_o) begleitet sein von einem dunklen Schatten, jedenfalls innerhalb des Anwendungsbereichs der kinematischen Näherung (*Beugungskontrast,* vgl. auch 1.4.3.8).
Versetzungen sind linienförmige Baufehler, die ein ausgeprägtes Verzerrungs-Fernfeld besitzen; sie sind deshalb bevorzugte Objekte der Beugungs-Kontrast-Mikroskopie. Ein anderer für diese Methode besonders geeigneter Baufehler ist der Stapelfehler. Er erzeugt zwar kein Spannungsfeld, aber er bedeutet eine abrupte Singularität des Verlagerungsvektors $\underline{R}$, sodaß die Elektronenwellen auf das Durchdringen der Stapelfehler-Ebene wie auf den Übertritt in einen neuen Kristall reagieren.
Wir beginnen mit Beugungskontrasten, die durch Gitter-Verzerrungen entstehen. In diesem Fall gibt es in der Umgebung des Defektes Atome, die aus ihrer Ideallage $\underline{r}_i$ um einen Vektor $\underline{R}$ verrückt sind. $\underline{R}$ hängt von der Lage relativ zum Kern des Defekts und damit vom Ort im Gitter $\underline{r}_i$ ab. Im allg. ist $R \ll r$ (klein gegen alle regulären Atomabstände).

(2.52) $\underline{r}_i' = \underline{r}_i + \underline{R}\,(\underline{r}_i)$

Durch die Verlagerung eines Teils der Atome wird nun auch das *Kristallpotential $\Phi(\underline{r})$* verändert, denn $\Phi(\underline{r})$ in einem Punkt $\underline{r}$ hängt vom Ort aller Atome in der Nähe ab: $\Phi(\underline{r}) = \Sigma\, \Phi(\underline{r} - \underline{r}_i')$:

$$\Phi(\underline{r}) = \Sigma\, \Phi\left\{\underline{r} - \underline{r}_i - \underline{R}(\underline{r}_i)\right\} \tag{2.53}$$

Man muß also in den Betrachtungen der Abschnitte 2.1 und 2.2 $\Phi(\underline{r})$ ersetzen durch $\Phi(\underline{r} - \underline{R}(\underline{r}))$. Die Fourierentwicklung des (normierten) Potentials lautet dann:

$$\frac{2me}{h^2}\,\Phi(\underline{r}) = U(\underline{r}) = \Sigma\left[U_g \exp(-i\, 2\pi\, \underline{g}\, \underline{R}(\underline{r})\right] \exp(i\, 2\pi\, \underline{g}\, \underline{r}) \tag{2.54}$$

Die Fourierkoeffizienten des Potentials sind nun Ortsfunktionen !
Wir reagieren darauf, indem wir auch den Ansatz für die Wellenfunktion,die Lösung der Schrödinger-Gleichung mit dem Potential (2.54) sein soll, durch die Einführung ortsabhängiger Teilwellen-Amplituden $\varphi(\underline{r})$ modifizieren. Im Zweistrahlfall:

(2.55) $$\psi(\underline{r}) = \varphi_o(\underline{r}) \exp(i\, 2\pi\, \underline{k}\, \underline{r}) + \varphi_g(\underline{r}) \exp\left[i\, 2\pi\, (\underline{k} + \underline{g} + \underline{s})\, \underline{r}\right]$$

Die Schrödingergleichung lautet nun :

(2.56) $$\Delta\psi + 4\pi^2 \Big\{ K^2 + U_g \exp(-2\pi i\, \underline{g}\, \underline{R}) \exp(i\, 2\pi\, \underline{g}\, \underline{r}) + U_{-g} \exp(2\pi i\, \underline{g}\, \underline{R}) \exp(-i\, 2\pi\, \underline{g}\, \underline{r}) \Big\} \psi(\underline{r}) = 0.$$

mit $\psi(\underline{r})$ aus (2.55).
Der Laplaceoperator Δ ist ein Kürzel für die Vektor-Differential-Operation div grad = $\nabla\nabla$. Wir führen diese Kombination von Differentiationen schrittweise durch:

$$\text{grad}\, \psi = \nabla\psi = (\nabla\varphi_o + 2\pi i\, \underline{k}\, \varphi_o) \exp(i\, 2\pi\, \underline{k}\, \underline{r}) + (\nabla\varphi_g + 2\pi i\, (\underline{k} + \underline{g} + \underline{s})\, \varphi_g) \exp\left[i\, 2\pi\, (\underline{k} + \underline{g} + \underline{s})\, \underline{r}\right]$$

$$\text{div grad}\, \psi = \Delta\psi = (\Delta\varphi_o + 4\pi i\, \underline{k}\, \nabla\varphi_o - 4\pi^2 k^2 \varphi_o) \exp(i\, 2\pi\, \underline{k}\, \underline{r}) + (\Delta\varphi_g + 4\pi i\, (\underline{k}+\underline{g}+\underline{s})\, \nabla\varphi_g - 4\pi^2 |\underline{k}+\underline{g}+\underline{s}|^2 \varphi_g) \exp\left[i 2\pi (\underline{k}+\underline{g}+\underline{s}) \underline{r}\right]$$

Wir setzen diesen Ausdruck in die (durch $4\pi^2$ dividierte) Gl.(2.56) ein und sortieren wie früher nach den Gliedern mit $\exp(i\, 2\pi\, \underline{k}\, \underline{r})$ bzw. $\exp[i\, 2\pi\, (\underline{k} + \underline{g} + \underline{s})\, \underline{r}]$. Vorausgesetzt, die Verzerrungen variieren nicht sehr schnell mit dem Ort, können wir die zweiten Ableitungen der Koeffizienten φ_i vernachlässigen.

(2.57a) $$(i/\pi)\, \underline{k}\, \nabla\varphi_o - k^2 \varphi_o + K^2 \varphi_o + U_{-g}\, \varphi_g \exp 2\pi i\, (\underline{g}\, \underline{R} + sz) = 0.$$

Der Vektor $\nabla\varphi$ = grad φ enthält zwei Komponenten: neben $\delta\varphi/\delta z$ die Ableitung von φ *in* der Objektebene (parallel zur Richtung von $\underline{g}$). (Entsprechend müßte das Skalarprodukt ($\underline{k}\, \nabla\varphi$) behandelt werden). In mehreren Arbeiten wurde gezeigt, daß man diese Komponente in der Regel vernachlässigen kann, sodaß auf der linken Seite von Gl. (2.57a) - und entsprechend bei Gl. (2.57b) - ($k\, d\varphi/dz$) gesetzt werden kann.

Mit $(K^2 - k^2) = U_o$ und $k \approx K$ wird $(K^2 - k^2)/k$ durch ξ_o^{-1} ersetzt:

(2.58a) $$d\varphi_o/dz = (i\pi/\xi_o)\, \varphi_o + (i\pi/\xi_g)\, \varphi_g \exp 2\pi i (\underline{g}\, \underline{R} + sz)$$

Koeffizienten zu $\exp\left[2\pi i\, (\underline{k} + \underline{g} + \underline{s})\, \underline{r}\right]$:

(2.57b) $$(i/\pi)\,(\underline{k}+\underline{g}+\underline{s})\,\nabla\varphi_g - |\underline{k}+\underline{g}+\underline{s}|^2\,\varphi_g + K^2\,\varphi_g + U_g \exp(-2\pi i\,\underline{g}\,\underline{R})\,\varphi_o \exp(-2\pi i\,sz) = 0$$

(2.58b) $$d\varphi_g/dz = (i\pi/\xi_o)\,\varphi_g + (i\pi/\xi_g)\,\varphi_o \exp\left[-2\pi i\,(\underline{g}\,\underline{R} + sz)\right]$$

(Der Faktor exp(-2πisz) muß in Gl. (2.57b) hinzugefügt werden, weil er mit positivem Vorzeichen in der ausgeklammerten Exponentialfunktion enthalten ist).

Das System (2.58) von zwei gekoppelten Differentialgleichungen für die Ortsfunktionen φ_o und φ_g wurde 1962 von *S. Takagi* aufgestellt. (Es ist übrigens identisch mit dem Gleichungssystem, das für den entsprechenden Fall aus der Darwinschen Theorie folgt. Bezieht man die Gleichungen auf den perfekten Kristall (R = 0), handelt es sich um die *Howie-Whelanschen Gleichungen,* vgl. 2.1). Kennt man das Verlagerungsfeld $\underline{R}(\underline{r})$ des Defektes, kann man durch Integration von $\delta\varphi_i/\delta z$ die Amplitude der durchgehenden bzw. der gebeugten Welle an der Unterseite des Objekts (z = t) bestimmen. Hierzu sind noch folgende Überlegungen wichtig.

1) Das Verlagerungsfeld $\underline{R}(\underline{r})$ hängt in einer bestimmten Tiefe z natürlich vom Ort (x,y) in der Folienebene ab (Fig. 61).

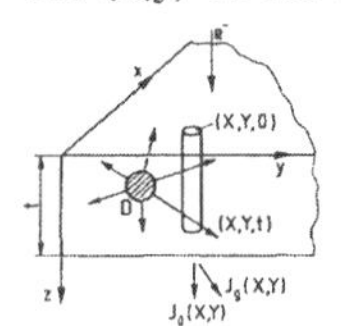

Fig. 61. Zur Säulennäherung.. D: Defekt mit Verzerrungsfeld.

Es ist durchaus nicht trivial, daß die Wellenamplituden in der Austrittsfläche für das Flächenelement bei (X,Y) nur abhängen von den Verlagerungen in einer Säule über diesem Flächenelement mit den gleichen Ortskoordinaten (X,Y) (sog. *Säulennäherung).* Eine anschauliche Begründung argumentiert mit der Fresnelschen Zonenkonstruktion. Wir haben in Abschnitt (1.4.3.7) gesehen, daß die Intensität einer Welle in einer Entfernung r vor einer Wellenfront im wesentlichen durch die erste Fresnelsche Zone bestimmt wird; diese hat einen Radius von $\rho_1 = \sqrt{(\lambda r)}$. Betrachten wir einen Punkt P in der Austrittsfläche der Wellen aus der Kristallfolie (z = t), so hat die erste Zone einen Radius ρ_1, der von der Tiefenlage in der Folie abhängt; den größten Wert hat ρ_1 in der Eintrittsfläche: $\rho_1 max = \sqrt{(\lambda t)}$, also bei **U** = 100 kV und t = 100 nm: ρ_1 = 0,6 nm. Selbst, wenn man fünf Fresnelsche Zonen mitwirken läßt, ändert sich an der prinzipiellen Aussage nicht viel: die Realstruktur in einer Säule von ganz wenigen Gitterkonstanten Durchmesser bestimmt die Amplituden ψ_o und ψ_g im Punkt (X,Y) der Austrittsfläche aus der Folie. (Die Näherung wird noch verbessert, wenn man die Säule parallel zum gebeugten Strahl ausrichtet).

2) Man kann das Gleichungssystem (2.58) für die Integration durch die Transformation

(2.59)
$$\hat{\varphi}_o(z) = \varphi_o(z) \exp\left(- \frac{i \pi z}{\xi_o} \right)$$
$$\hat{\varphi}_g(z) = \varphi_g(z) \exp\left[- \frac{i \pi z}{\xi_o} + 2\pi i \,(s\, z + \underline{g}\underline{R}\,)\right]$$

vereinfachen (man bildet $d\hat{\varphi}_i/dz$ und setzt in den entstehenden Ausdruck Gl. (2.58) ein):

(2.60)
$$d\hat{\varphi}_o/dz = \frac{\pi i}{\xi_g} \hat{\varphi}_g$$
$$d\hat{\varphi}_g/dz = \frac{\pi i}{\xi_g} \hat{\varphi}_o + 2\pi i \left(s + g \frac{dR_g}{dz} \right) \hat{\varphi}_g$$

(Von dem Differentialquotienten d/dz ($\underline{g}\ \underline{R}$) ist nur der Anteil g dR_g/dz wichtig (R_g ist die Komponente von $\underline{R}$ in Richtung von $\underline{g}$); er beinhaltet neben der Änderung von R mit z die Änderung des Winkels zwischen $\underline{g}$ und $\underline{R}$. Vernachlässigt werden dabei Änderungen der *Länge* von $\underline{g}$, m. a. W. also eine Änderung des *Abstandes* der beugenden Netzebenen durch die Verzerrung. Weil der Abweichungsvektor $\underline{s}$ praktisch senkrecht auf $\underline{g}$ steht, ändert dieser Beitrag die Länge s kaum.)
Aus diesen Erörterungen folgt: man kann die Wirkung des Verzerrungsfeldes eines Gitterfehlers auffassen als eine lokale Änderung des Abweichungs-Parameters s; und zwar ist diese Änderung proportional zu der Änderung der *zu $\underline{g}$ parallelen Komponente* des Verlagerungsvektors $\underline{R}$ mit der Tiefe in der Kristallfolie.
Auf dieser Erkenntnis beruht ein Standardverfahren zur Bestimmung der Richtung (zunächst ohne Vorzeichen) des Verlagerungsvektors $\underline{R}$. Bekanntestes Beispiel ist die Bestimmung der (Linien-)Richtung des *Burgers-Vektors $\underline{b}$* von *Schraubenversetzungen.*

2.3.3 Versetzungen

Eine Versetzung ist eine Linie im Kristall, die ein Gebiet in einer Fläche (z. B. Ebene) begrenzt, innerhalb dessen das eine Ufer dieser Fläche gegenüber dem anderen um einen Translationsvektor des Gitters, eben den Burgersvektor $\underline{b}$, verschoben ist. Bildet die Versetzung einen ebenen Ring und ist der Burgersvektor parallel zur Ebene des Rings, dann muß es Abschnitte auf diesem Ring geben, wo $\underline{b}$ parallel zur Versetzungslinie ist (Fig. 62). In diesen Abschnitten hat die Versetzung Schraubencharakter bzw. sie ist eine Schraubenversetzung (engl. screw dislocaction). Hier ist das Verlagerungsfeld überall parallel zu $\underline{b}$. Demzufolge verschwindet der Beugungskontrast der Schraubenversetzung *quantitativ*, wenn man einen Reflex g mit $\underline{g}\underline{b}$ = 0 wählt. Wie Abb. 8 zeigt, ist die Auslöschung auch bei einem Winkel von 30° zwischen Burgersvektor und Versetzungslinie noch praktisch vollständig.

Da wo b orthogonal zur Versetzungslinie ist, nennt man die Versetzung *Stufen*-Versetzung (engl. edge d.). Ihr Verlagerungsfeld hat auch eine Komponente parallel zu b x d (d ist ein Vektor parallel zur Versetzungslinie). Eine Stufenversetzung erzeugt also keinen Kontrast, wenn g parallel zu d gewählt wird[12].
Versetzungssegmente (*"gemischte"* Versetzungen), die weder parallel noch senkrecht zu ihrem Burgersvektor verlaufen, können linear aus einem Schrauben- und einem Stufenanteil zusamengesetzt gedacht werden. Daraus folgt, daß es nicht möglich sein wird, den Kontrast einer gemischten Versetzung durch richtige Wahl des Beugungsvektors g vollständig zu beseitigen: Parallelität von g und d (Auslöschung des Stufenkontrastes) macht den Schraubenkontrast stark. Man wähle dann gb = 0 und minimiere den durch b x d erzeugten *Querkontrast*, indem man g (b x d) möglichst klein macht.
Allgemein wird bei (vollständigen) Versetzungen das Skalarprodukt (g b) eine (kleine) ganze Zahl n sein, weil das Produkt aus einem Gittervektor mit einem Vektor des RG nach Konstruktion eine Zahl ist (vgl. 1.4.3.1). Das Kontrastprofil quer zur Versetzungslinie hat i. a. n Maxima und Minima. Diese Kontrastprofile hängen im übrigen - außer vom Charakter der Versetzung - von ihrer Tiefenlage in der Folie ab; das hängt zusammen mit der Pendellösung (Gln. 2.33 und 2.34) und führt bei Versetzungen, die zur Folienebene geneigt verlaufen, zu

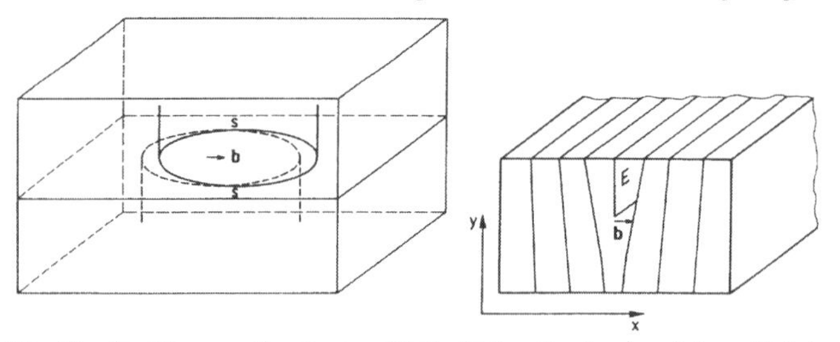

Fig. 62. Geschlossene Versetzungsschleife (dislocation loop) auf ihrer Gleitebene. b: Burgersvektor. Bei S hat die Versetzung Schraubencharakter. Rechts Kern einer Stufenversetzung (schem.); Alle Atomverlagerungen in der (xy)-Ebene..

einem oszillierenden Kontrast (Abb. 9). Des weiteren spielt der Abweichungsparameter w im ungestörten Kristall eine wichtige Rolle für den entstehenden Kontrast.
Betrachtet man das Ergebnis von Kontrastberechnungen für viele spezielle Situationen mit Versetzungen mit Hilfe der Gln. (2.60), so findet man parallel zu der Versetzung eine dunkle Linie im Hellfeld (die i. a. seitlich verschoben ist relativ zum wahren Ort der Versetzung) und entsprechend eine helle Linie im Dunkelfeld. Eine interessante Größe ist die "natürliche Breite" dieser Linien. Es ergibt sich je nach Situation 0,2 bis 0,4 ξ_g, also eine Kontrastbreite von der

12 Das wird nur dann einfach praktikabel sein, wenn die Versetzung nicht stark geneigt zur Folienebene verläuft.

Größenordnung 10 nm. Diese Zahl gibt einen Anhaltspunkt für das *Auflösungsvermögen* der Beugungskontrast-Mikroskopie von Versetzungen. In dieser Hinsicht brachte das 1969 von Cockayne, Ray und Whelan eingeführte *weak-beam*-Verfahren eine entscheidende Verbesserung.

2.3.4 Die weak-beam-Technik

Die zugrundeliegende Idee ist leicht zu verstehen: in Abschnitt 2.3.2 wurde als Prinzip der Beugungskontrast-Mikroskopie definiert, daß das Verzerrungsfeld des Defektes das Gitter *lokal* in die Braggorientierung dreht. Die Breite des Gebietes, in dem der Defekt dies erreicht, bestimmt die Bildbreite, also das Auflösungsvermögen. Arbeitet man nun bei einer Orientierung, bei der ungestörte Bereiche des Kristalls *weit* von der Braggorientierung entfernt sind (also s und w groß), dann können nur *stark* verzerrte Bereiche die notwendige Verkippung der reflektierenden Ebenen bewerkstelligen. Die Verzerrung wird natürlicherweise vom Kern des Defektes nach außen hin abnehmen, d. h. die stark verzerrten Bereiche sind auf die unmittelbare Nähe des Defektkerns (bei der Versetzung: der Versetzungslinie) beschränkt. Das Bild einer Versetzung ist dann (größenordnungsmäßig) nicht mehr 10 nm breit sondern 1,5 nm (Abb. 10).

Die geschilderte Idee wird folgendermaßen verwirklicht (Fig. 63a). Man benutzt wie bei der gewöhnlichen Beugungskontrast-Mikroskopie (die nun "strong beam-Verfahren" genannt wird) einen niedrig-indizierten Reflex g nahe bei dem Nullstrahl, z. B. bei einem kubisch flächenzentrierten Kristall den g = (2,2,0)-Reflex. Um nun den benötigten großen Wert von s einzustellen, orientiert man den Kristall so, daß die Ewaldkugel die Reihe der systematischen Reflexe (n g) bei einem relativ großen Wert von n schneidet[13]. Dieser Reflex (ng) wird also stark angeregt und bestimmt damit die Intensität des Nullstrahls (in Gebieten, wo die Probe viel Intensität in diesen Reflex streut, ist der Nullstrahl schwach). Das bedeutet: will man das Bild im Lichte des schwach angeregten Reflexes g machen, darf man nicht den Nullstrahl benutzen, sondern muß ein *Dunkelfeldbild* mit diesem Reflex g entwerfen. Es ist naturgemäß von geringer Intensität, weshalb man zum Justieren einen Bildverstärker und für photographische Registrierung lange Belichtungszeit benötigt.
Sehr wichtig ist bei jeder Dunkelfeldmikroskopie die Beachtung folgender Vorschrift: der zur Abbildung benutzte Strahl - also hier der Reflex g - muß wegen der Abbildungsfehler *achsenparallel* durch die Objektivlinse gehen. Das wird dadurch erreicht, daß man den beleuchtenden Strahl und die Probe um $2\vartheta_B$ im Vergleich zum Standard-("strong beam")-Verfahren verkippt (Fig. 63b).
Die hier gegebene qualitative Beschreibung der weak-beam-Technik zeigt schon, daß es sich nicht um einen Zweistrahlfall handelt: neben dem Nullstrahl sind mindestens die beiden Reflexe g und (ng) beteiligt. Kontrastberechnungen werden meist unter Mitnahme aller systematischen Reflexe durchgeführt, die sich in der Nähe der Ewaldkugel finden (z. B. Sechsstrahlfall).

---

[13] n braucht nicht ganzzahlig zu sein.

Eine weitere Komplikation im Vergleich zu den hier ausführlich behandelten Grundlagen tritt dadurch auf, daß die Säulennäherung angesichts der starken Neigung des starken Reflexes (ng) zu den reflektierenden Netzebenen nicht mehr gut ist.

Die Vielstrahl-Rechnung führt zu dem Ergebnis, daß gute weak-beam-Bedingungen herrschen, wenn zugleich $s \geq 0{,}2\ nm^{-1}$ und $w \geq 5$ ist. Daraus kann man den oben noch offen gebliebenen Faktor n berechnen. Das Ergebnis ist:

$$| n - 1 | = 2\, s/(\lambda g^2) .$$

Benutzt man 100 kV-Elektronen ($\lambda = 3{,}7\ 10^{-3}$ nm) und den (220)-Reflex (d.h. $g = d^{-1} = \sqrt{(8)}/a$), so ergibt sich für Silizium (a = 0,54 nm) : $|n-1| = 4$ d. h. n = 5 oder n = (- 3). D. h. man wird einen der Reflexe (10, 10, 0) oder (-6, -6, 0) stark anregen.

Die weak-beam-Technik ist vielseitig einsetzbar, aber die größten Erfolge hatte sie bei der Analyse der Aufspaltung von vollständigen Versetzungen in *Teilversetzungen* (engl. partial dislocations). Eine Teilversetzung unterscheidet sich von den bisher besprochenen vollständigen Versetzungen dadurch, daß ihr Burgersvektor kein Translationsvektor des Gitters ist. Infolgedessen hinterläßt eine Teilversetzung bei ihrer Bewegung durch das Gitter eine Störung der Struktur in Form eines Stapelfehlers (Fig. 64) (vgl. den folgenden Abschnitt 2.3.5). .

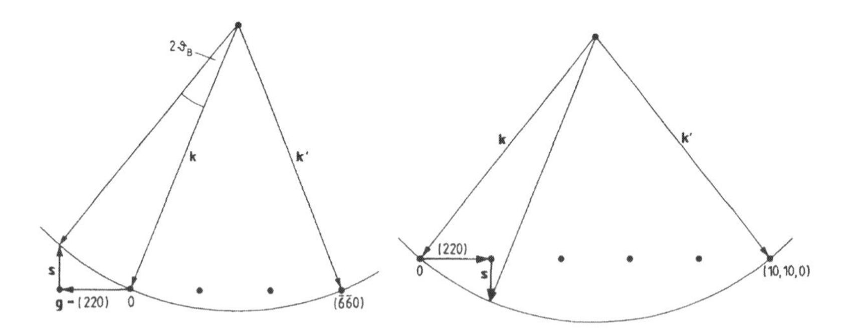

Fig. 63a. Lage der Ewaldkugel zum Reziproken Giter bei dem weak beam-Verfahren

Diese gestörte Fläche ist Sitz einer Störungs-Energie (der sog. Stapelfehler-Energie). Die Fläche kann also nicht beliebig breit werden: jeder Teilversetzung folgt in einem gewissen Abstand eine zweite, deren Burgersvektor $\underline{b}_2$ den Burgersvektor $\underline{b}_1$ der ersten zu einem Translationsvektor ergänzt. In einem kubisch flächenzentrierten Gitter lautet eine Aufspaltungs-Beziehung z. B. in der (1, 1, 1)-Ebene:

$$\underline{b} = a/2\,[1,-1,0] = \underline{b}_1 + \underline{b}_2 = a/6\,[1,-2,1] + a/6\,[2,-1,-1]$$

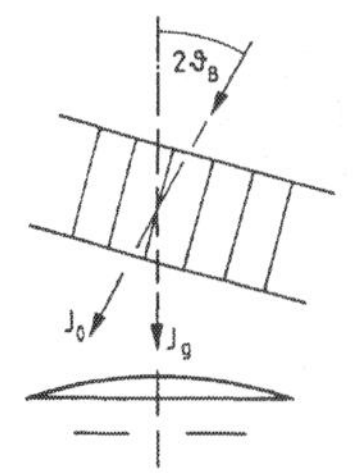

Fig 63 b. Relative Orientierung von Strahl, Kristallfolie und optischer Achse bei dem weak beam-Verfahren.

Der Abstand zwischen den beiden zusammengehörenden Teilversetzungen hängt von der materialspezifischen Stapelfehler-Energie ab und liegt oft in der Grössenordnung einiger Nanometer. Eine getrennte Abbildung der beiden Teilversetzungen ist dann mit der weak-beam-Technik möglich, nicht jedoch mit der konventionellen strong-beam-Technik. So war der erste große Erfolg des weak-beam-Verfahrens der endgültige Nachweis, daß die meisten Versetzungen in wichtigen Halbleitern, wie Si und Ge, in Teilversetzungen aufgespalten sind. (Abb. 10). Diese Erkenntnis revolutionierte die theoretischen Vorstellungen über die elektrischen Eigenschaften des Versetzungskerns in Halbleitern.

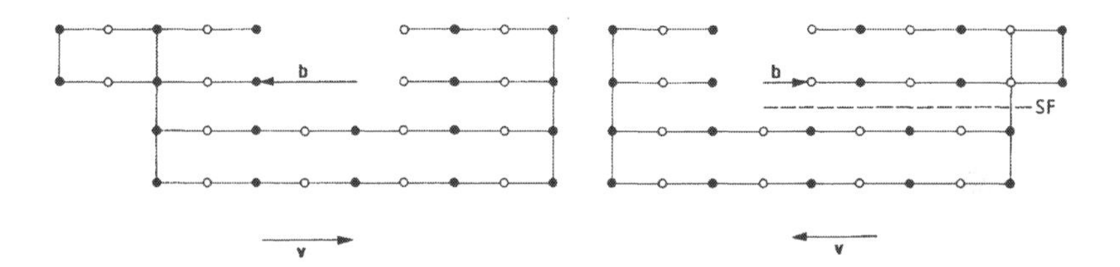

Fig. 64. Während eine vollständigen Versetzung (links) die Ufer ihrer Gleitebene korrekt wieder zusammenfügt, hinterläßt eine Teilversetzung (rechts) einen Stapelfehler (SF). v: Bewegungsrichtung der Versetzung.

2.3.5 Stapelfehler

Als Schlüssel zur Behandlung der Wechselwirkung einer Elektronenwelle mit einem Kristall hat sich die Beschreibung des Kristalls als Stapel von zueinander parallelen Gitterebenen (oder Netzebenen) erwiesen. In Abschnitt 1.4.3.1 wurde darauf hingewiesen, daß es unter den unendlich vielen Typen von Ebenen, aus denen man sich den betrachteten Kristall aufgebaut denken kann, eine ganz bestimmte gibt, die am dichtesten mit Atomen belegt ist. Diese dichtest gepackten Gitterebenen sind z. B. bei kubisch dichtgepackten (engl. face centred cubic, fcc) Kristallen die Ebenen vom Typ {1 1 1 }. (Die geschweifte Klammer deutet an, daß alle Permutationen von positiven und negativen Vorzeichen der Miller-Indizes zugelassen sind). Betrachtet man die fcc Struktur, findet man, daß parallele (1 1 1)-Ebenen in einer ganz bestimmten Reihenfolge *(Stapelung)* aufeinanderfolgen, die man oft mit Buchstaben ABCABC.... kennzeichnet (Fig. 65).

Ein *Stapelfehler* (SF) liegt vor, wenn diese Reihenfolge gestört ist. Die Störung kann in dem Fehlen einer Ebene bestehen (z. B. AB|ABC...) (sog. *intrinsischer Stapelfehler)* oder in einer unrichtig eingefügten Ebene (z. B. AB|A|CAB..) (*extrinsischer Stapelfehler)*.. Eine anschauliche Vorstellung von den geometrischen Verhältnissen liefert ein Modell der Struktur aus gleichgroßen Kugeln, z. B. Tischtennisbällen. Es macht klar, daß unmittelbare Nachbarschaft zweier Ebenen mit gleicher Stapelposition (also z.B. AA) energetisch unmöglich ist.

Andere Strukturen haben andere Stapelfolgen und demzufolge auch andere Typem von SF; zur Entwicklung der Prinzipien der elektronenmikroskopischen Abbildung von SF genügt die Betrachtung von SF in den verbreiteten fcc Strukturen.

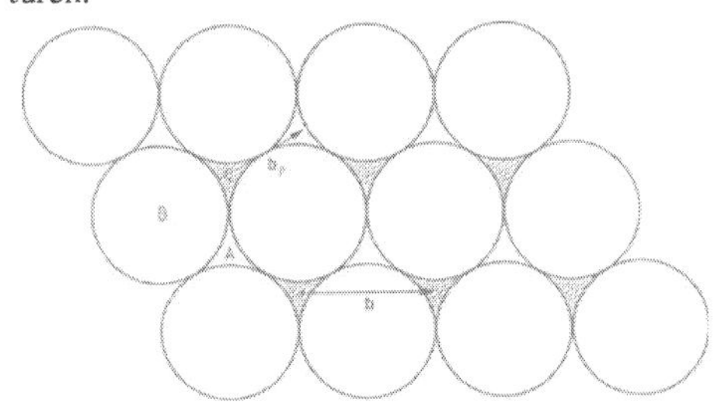

Fig. 65 Zum Begriff des Stapelfehlers. Die Zeichnung zeigt die Atomanordnung in einer dicht gepackten (111)-Ebene eines kubisch flächenzentrierten Kristalls .Die Atome in den benachbarten Ebenen sind genauso angeordnet, aber sie liegen über den ge schwärzten (Position C) bzw. unter den ungeschwärzten Lücken (Position A) der gezeichneten Ebene (Position B). So kommt die ungestörte Stapelfolge ABC zustande.. Eine unvollständige Versetzung (Burgersvektor b_p schiebt z. B. eine C-Ebene in eine A-Position (niemals in eine B-Position.). Der ganze Kristallteil über der Verschiebungsebene wird dabei starr mitgenommen.

Die Frage nach der richtigen geometrischen Beschreibung eines SF hängt eng mit seiner *Entstehung* zusammen. Wenn wir einmal von dem Einbau "versehentlich" falsch gestapelter Ebenen beim Kristallwachstum absehen, kann ein SF in einem perfekten Kristall auf zweierlei Weise entstehen: erstens hinterläßt eine Teilversetzung (Partialversetzung) bei der Bewegung in ihrer Gleitebene einen SF (Fig. 64) (Da SF nur in dicht gepackten Gitterebenen existieren können, sind Teilversetzungen stärker als vollständige Versetzungen an Be-

wegung in diesen Ebenen (*Gleitebenen)* gebunden). Zweitens kann die flächenmäßige *Kondensation von Punktfehlern*, z. B. in bestrahlten Kristallen, einen SF erzeugen: dabei bedeutet Kondensation von Leerstellen Nukleation eines intrinsischen SF, während Zwischengitter-Atome eine Extraebene, d. h. einen extrinsischen SF aufbauen.
Eine Teilversetzung verschiebt den von ihr passierten Bereich der Gleitebene um ihren Burgersvektor, also z. B. um a/6 [1,- 2, 1]. (Man muß sich vorstellen, daß zugleich der ganze Kristall auf dem einen Ufer der Gleitebene diese Bewegung mitmacht). Andererseits kann man die Kondensation von Leerstellen in einer (1, 1, 1)-Ebene auffassen als Verschiebung der einen Hälfte des Kristalls um einen Ebenen-Abstand a/3 [1,1,1] . Da das Ergebniss *physikalisch* identisch ist (nämlich ein intrinsischer SF), kann auch mathematisch kein wesentlicher Unterschied existieren. In der Tat ist a/3 [1, 1, 1] + a/6 [1, -2, 1] = a/2 [1, 0, 1]. Wie in Abschnitt 1.4.3.3 dargelegt wurde, ist a/2 [1, 0, 1] ein Translationsvektor der fcc-Struktur, sodaß eine Verschiebung eines Kristallteils gegenüber einem anderen um diesen Vektor keine Störung des Kristallbaus bedeutet und keinen Beugungskontrast erzeugt. Man kann also einen (intrinsischen) SF in einem fcc Kristall adäquat beschreiben, indem man das eine Ufer der SF-Ebene relativ zum anderen *entweder* um einen Vektor vom Typ a/6 <1,1,2> *parallel* zu der SF-Ebene (1,1,1) verschiebt *oder* um den Vektor a/3 [1,1,1] senkrecht zur SF-Ebene. Wir denken uns für die folgende Betrachtung den SF auf einer zur Folienebene geneigten (1,1,1)-Ebene von der Oberseite einer relativ dicken Folie bis zur Unterseite reichend (Fig. 66), sodaß keine den SF berandenden Teilversetzungen erscheinen.

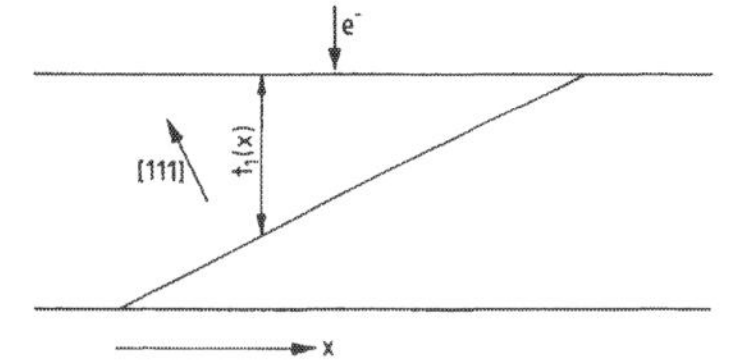

Fig. 66. Die Kristallfolie wird von einem Stapelfehler auf einer zur Folienebene schräg liegenden Ebene durchschnitten.

Der im Zweistrahlfall für den soeben eingeführten schräg die Kristallfolie durchschneidenden SF zu erwartende Kontrast kann zunächst in *kinematischer Näherung* berechnet werden, indem man auf der rechten Seite von Gl. (2.58 b) das Glied mit φ_g gegen das Glied mit φ_o vernachlässigt und φ_o als Konstante (= 1) behandelt. Kürzt man den Phasenwinkel $2\pi(\underline{g}\ \underline{R})$ mit $\underline{g} = a^{-1}$ (h, k, l) und $\underline{R}$ = a/3 [1,1,1] als α ab ($\alpha = (2\pi/3)(h+k+l)$), so hat man

(2.61) $$\varphi_g(t) = i\pi/\xi_g \left\{\int_0^{t_1} \exp(-2\pi isz)\, dz + \int_{t_1}^{t} e^{-i\alpha} \exp(-2\pi sz)\, dz\right\}$$

Dabei ist t_1 die lokale (von x abhängige) Tiefe der SF-Ebene unter der Oberseite der Folie (Fig. 66). Die Berechnung des Integrals (2.61) als Funktion von x (d.h. in der Säulennäherung) ergibt ein System von hellen und dunken Streifen parallel zu der Schnittkante der SF-Ebene mit der Folien-Ober- bzw. Unterseite. Diese Streifen findet man im Experiment[14] (Abb. 11a), jedoch entspricht ihr Abstand und das Verhältnis von Dunkelfeld zu Hellfeld nicht dem Ergebnis der dynamischen Theorie.

Eine korrekte Lösung erhält man, wenn man unter Verwendung des Apparates der dynamischen Theorie die an der SF-Ebene ankommenden Strahlen der Intensität $I_o(t_1)$ bzw. $I_g(t_1)$ berechnet und als einfallende Strahlen durch den Kristallteil unterhalb des SF verfolgt. Zur Durchführung dieses Programms stehen Matrix-Multiplikations-Methoden zur Verfügung (vgl. 2.2.2.3). Für das physikalische Verständnis ist dieses Vorgehen relativ unergiebig.

Deshalb wird hier eine qualitative Argumentation gewählt, die von der Erkenntnis ausgeht, daß Elektronenwellen beim Auftreffen auf die SF-Ebene neue Wellen anwerfen müssen, um die Randbedingung stetiger Tangentialkomponente des Elektronen-Impulses erfüllen zu können. Das hat zur Folge, daß zu den beiden Wellen (1 und 2) neue Wellen (1′ und 2′) entstehen, deren Anregungspunkte in der Richtung *senkrecht auf der SF Grenzfläche* über den ursprünglichen Anregungspunkten liegen (Fig. 67). Da die neuen Anregungspunkte $D'^{(1)}$ und $D'^{(2)}$ auf jeweils dem anderen Zweig der Dispersionsfläche - also in einem anderen Band von Elektronenzuständen - liegen, nennt man derartige Streuprozesse *Interband-Streuung* (engl. inter-band scattering)

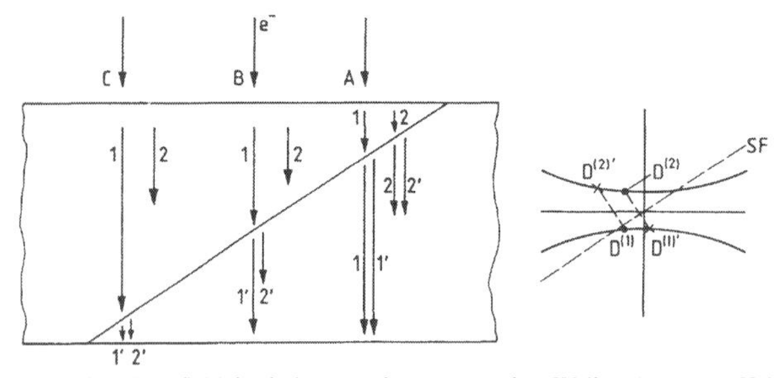

Fig. 67 Das Schicksal der vier koexistierenden Wellen in einem Kristall mit schräglie gendnem Stapelfehler. Näheres siehe Text.

Nehmen wir nun die Wirkung der anomalen Absorption hinzu, so können wir drei wesentlich verschiedene Bereiche unterscheiden: das Gebiet A, in dem die SF-Ebene flach unter der Eintrittsfläche der Welle in den Kristall liegt, und entsprechend das Gebiet C, in dem der SF sich der Unterseite nähert. Dazwischen liegt B, wo der SF etwa die Folienmitte passiert.

---

14 Liegt ein Stapelfehler parallel zur Folienebene, also in konstanter Tiefe, wird er in der dieser Tiefe entsprechenden Helligkeit ohne Streifen erscheinen. Abb. 11b zeigt einen solchen Fall. Offenbar ändert sich an den Enden des hellen Bereichs die Foliendicke und damit der Abstand zwischen SF und Folienoberflächen.

Am einfachsten liegen die Verhältnisse in C: infolge der anomalen Absorption erreicht hier nur Welle 1 die tief in der Folie liegende SF-Ebene; dort erzeugt sie zusätzlich eine neue Welle 2'. Diese erreicht zusammen mit Welle 1 die Unterseite der Folie und erzeugt Dickeninterferenzen, bei denen Hell-und Dunkelfeld komplementär sind. Im Mittelteil B ist Welle 2 ebenfalls bei Erreichen der SF-Ebenen weggedämpft und Welle 1 erzeugt eine Welle 2', die aber den hier dickeren zweiten Bereich unter dem SF nicht durchdringen kann. Das bedeutet: an der Unterseite der Folie kommt nur Welle 1 an: im Bereich B gibt es *keine Interferenzen (kein Streifensystem).*
In Bereich A erreichen Welle 1 und Welle 2 die SF-Ebene und erzeugen jede eine neue Welle, also 1' und 2'. Auf dem langen Weg durch den Rest der Folie werden die Wellen 2 und 2' durch die anomale Absorption "verschluckt", sodaß an der Unterseite der Folie zwei Wellen ankommen, die aber nun beide vom Typ 1 (Wellenzahl $k^{(1)}$) sind. Das dort entstehende Streifensytem, kann also nicht eine Schwebung sein wie in Bereich C. Es handelt sich vielmehr um eine Auswirkung von Dickenkonturen (d. h. Schwebungen zwischen $k^{(1)}$ und $k^{(2)}$) in dem dünnen Bereich (Dicke t_1) *oberhalb* der SF-Ebene. An der SF-Ebene entsteht durch Interband-Streuung *aus der Welle 2* der Beitrag 1' zur Welle 1. Mit welcher Phasenbeziehung 1' zu 1 addiert wird, hängt von der Phasenlage von Welle 2 in der Tiefe t_1 ab; mit zunehmendem t_1 durchläuft die relative Phasenlage von Welle 1 und Welle 1' also einen Zyklus mit der Tiefenperiode $\Delta t_1 = (\Delta k)^{-1}$. Dies gilt sowohl für die Vorwärtswelle, wie für die an der Unterseite der Folie entstehende gebeugte Welle, weshalb diese beiden ihre Maxima und Minima an den *gleichen* Stellen x haben.

2.4 Vielstrahleffekte

Bei der Einführung des Zweistrahlfalles wurde betont, daß es wegen der schwachen Krümmung der Ewaldkugel praktisch unmöglich ist, einen Reflex *allein* anzuregen. Bei optimaler Annäherung an den Zweistrahlfall mit dem Reflex $\underline{g}$ liegen immer noch die sog. *systematischen Reflexe*, d. h. die zu $\underline{g}$ benachbarten Punkte des RG mit den RG-Vektoren $(n\underline{g})$, nahe bei der Ewaldkugel (Fig. 68). (Andere Punktereihen des RG kann man durch Drehen des Kristalls um die Achse $\underline{g}$ von der Ewaldkugel genügend weit entfernen).
Analysieren wir zunächst die Bedeutung dieser Erkenntnis für die Beugungskontrast-Mikroskopie. Für die Arbeit mit dem Hellfeld wird man schon im Rahmen der kinematischen Näherung damit rechnen, daß die Helligkeitsverteilung im Bild durch die (lokale) Reflektionsfähigkeit *aller* Ebenenscharen determiniert sein wird, die sich in oder nahe bei der Braggorientierung befinden. Aber auch bei Ausblendung *eines einzigen* der angeregten Reflexe zur Herstellung eines Dunkelfeldbildes wird dessen Intensität durch die Existenz aller anderen angeregten Wellen *im Kristall* mitbestimmt.

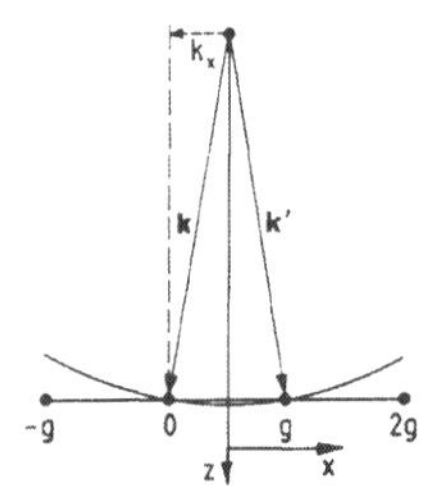

Fig. 68. Die Reihe der systematischen Reflexe bei exakter Braggorientierung.

Zwei Tendenzen der modernen Entwicklung bewirken, daß man sich bei der Interpretation von Beugungskontrasten immer stärker darauf angewiesen sieht, Vielstrahl-Effekte zu berücksichtigen: einmal bringt der Übergang zu mittlerer (300 - 400 kV) bzw. hoher Strahl-Spannung (bis 1 MV) eine Abflachung der Ewaldkugel mit sich, zum anderen sind die g-Vektoren bei komplexeren Kristallen mit größeren Elementarzellen kürzer als bei den einfachen Metallen und Halbleitern; damit sind ihre Beugungsdiagramme komprimierter.
Ganz unverzichtbar ist die Berücksichtigung des Zusammenwirkens mehrerer gebeugter Wellen (und der Vorwärtswelle) im Kristall bei der *Hochauflösenden Elektronenmikroskopie (HREM* = High Resolution Electron Microscopy). Hier müssen - anders als bei Beugungskontrast-Mikroskopie - möglichst viele Beugungsordnungen (sprich: gebeugte Wellen) zum Bildaufbau herangezogen werden, wie in Abschnitt 1.1 begründet wurde.
Die Berechnung der aus dem Objekt austretenden unabgelenkten und der (N - 1) gebeugten Wellen im N-Strahlenfall ist i. a. Sache numerischer Behandlung. Es lohnt sich aber, das Problem anhand einiger Spezialfälle zu diskutieren, um zu übersehen, was zu erwarten ist.
Wir betrachten zuerst die Situation der Fig. 68: der Kristall ist so orientiert, daß der Reflex g voll angeregt ist (Braggorientierung). Wir fragen nach dem Abweichungsparameter s für die nächsten beiden systematischen Reflexe (-g und 2g). Einfache Geometrie ergibt $-s/g = g/k$, d.h. $s = (-g^2/k)$. Den dimensionslosen Abweichungsparameter $w = s\,\xi_g$ finden wir damit als $w = -g^2/(U_g)$. Mit Hinweis auf den Übergang der dynamischen Theorie bei großen w in die kinematische Näherung können wir eine (großzügig gesetzte) Grenze einführen, innerhalb derer auf jeden Fall mit dynamischen Wechselwirkungen zwischen den angeregten Reflexen zu rechnen ist: alle Reflexe, für die $|w|$ kleiner oder gleich eins ist, sind in die dynamische Rechnung einzubeziehen. Die angegebene Beziehung zwischen w, g und U_g lehrt uns also, daß dynamische Effekte umso mehr zu beachten sind, je niedriger indiziert der Hauptreflex g ist und je höher die Ordnungszahl des Objektmaterials ist, mit der i. a. das Profil des Gitterpotentials wächst.
Wir skizzieren das Verfahren für den Fall, daß der Kristall für den Reflex g genau in Braggorientierung steht, und 4 *systematische Reflexe* (außer 0

und g noch (- g) und (2g)) als angeregt behandelt werden sollen (Vier-Strahl-Fall) (Fig. 68). Wir stellen das Gl. (2.9) entsprechende Gleichungssystem auf und schreiben es in Matrixform:

$$((\mathrm{B}))\ (\mathrm{C}) = 0.$$

Wir nennen die Potentialkomponente U_g nun U_1 und entsprechend ist $U_{-1} = U_{-g}$ usw.. Die gleiche Regelung gelte für die Komponenten des Vektors (C); $(\mathrm{C}) = (C_o, C_1, C_{-1}, C_2)$. Die Matrix ((B)) hat die Diagonalglieder

$$b_{11} = K^2 - k^2 = K^2 - (k_z^2 + k_x^2) = K^2 - k_z^2 - (g/2)^2.$$

Für den Reflex g ergibt sich mit $k_x = (-g/2)$ (vgl. Fig. 69):

$$b_{22} = K^2 - (\underline{k} + \underline{g})^2 = K^2 - \{k_z^2 + (k_x + g)^2\} = K^2 - k_z^2 - (g/2)^2 = b_{11}.$$

und für $\underline{g} = (-g)\ \hat{\underline{g}}$:

$$b_{33} = K^2 - (\underline{k} + \underline{g})^2 = K^2 - \{k_z^2 + (-3/2\ g)^2\} = K^2 - k_z^2 - (3g/2)^2 = b_{44}.$$

Die Anordnung der Kristall-Potential-Komponenten U_g ist entsprechend dem bei Gl. (2.9) erklärten Sortier-Verfahren auf die Reihenfolge der Komponenten des Vektors (C) abzustimmen. So erhalten wir:

$$((\mathrm{B})) = \begin{vmatrix} b_{11} & U_{-1} & U_1 & U_{-2} \\ U_1 & b_{22} & U_2 & U_{-1} \\ U_{-1} & U_{-2} & b_{33} & U_{-3} \\ U_2 & U_1 & U_3 & b_{44} \end{vmatrix}$$

Mit den unter 2.2.2.3 eingeführten Methoden kann aus der Matrix ((B)) die Dispersions-Matrix ((A)) bestimmt werden; jeder Reflex g hat nun natürlich sein eigenes s_g. Sind die Potential-Komponenten U_g bekannt, folgen aus Gl. (2.38) die vier Eigenwerte $\gamma^{(j)} = (k_z^{(j)} - K_z)$ und die je vier Komponenten C_n der vier Blochwellen j = 1,2,3,4. (Ein analoger Sechs-Strahl-Fall ist in Hirsch et al. (1965) quantitativ durchgeführt).
Man wird sich zuerst für die Koeffizienten C_o der vier Blochwellen interessieren, weil diese die Anregung der einzelnen Blochwellen angeben (Gl. 2.46). Bei der hier behandelten Orientierung sind die beiden Wellen j = 1,2 stärker angeregt als die übrigen. Innerhalb dieser dominierenden Wellen sind wiederum die Komponenten am stärksten, die zu dem Nullstrahl bzw. dem Reflex g beitragen. (Dies überrascht nicht, denn es liegt ja in erster Näherung ein Zweistrahlfall vor).
Für jede Blochwelle hat die Dispersionsfläche einen *Zweig* (Abb. 69). Die Differenz der γ-Werte zweier Blochwellen mit benachbarten Wellenzahlen

k_z beschreibt den Abstand der zugehörigen Zweige der Dispersionsfläche in der Symmetrielinie $k_x = (-\ g/2)$ der exakten Bragg-Orientierung:

$$| \underline{k}^{(i)} - \underline{k}^{(j)} | = (\xi_g^{(ij)})^{-1}$$

In unserem Fall, wo zwei Blochwellen eindeutig dominieren, wird die zugehörige Extinktionsdistanz $|\underline{k}^{(1)} - \underline{k}^{(2)}|$ als $\xi_{g\,eff}^{-1}$ die Kontraste bestimmen. Es muß aber beachtet werden, daß die Wechselwirkung der systematischen Reflexe im Kristall die Größe der effektiven Extinktionsdistanz im Vergleich zum idealen Zweistrahlfall um 10 bis 25% reduziert.

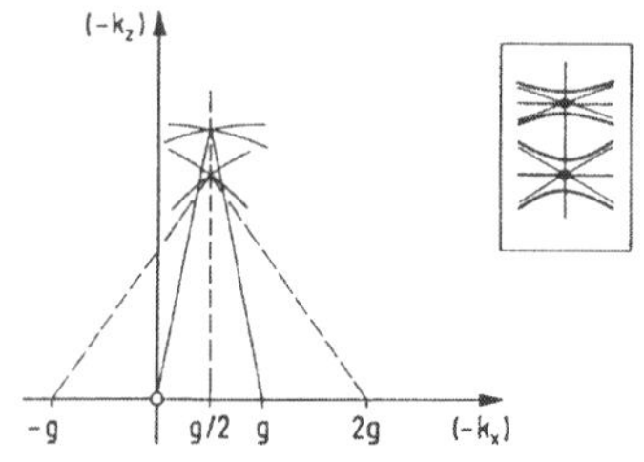

Fig. 69. Dispersionsfläche des im Text behandelten Vierstrahlfalls

Häufig - vor allem bei hochauflösender Elektronenmikroskopie - erfolgt die Einstrahlung parallel zu einer niedrig indizierten Kristall-Achse (Fig. 70), einer sog. *Zonen-Achse* (sog. *symmetrische Oreintierung).* Der Kristall hat dann eine hohe Drehsymmetrie um den Strahl, keine Ebenenschar ist exakt in Bragg-Orientierung. Beschränken wir uns zunächst wieder auf eine einzige Reihe von *systematischen* Reflexen, handelt es sich um einen Mehr-

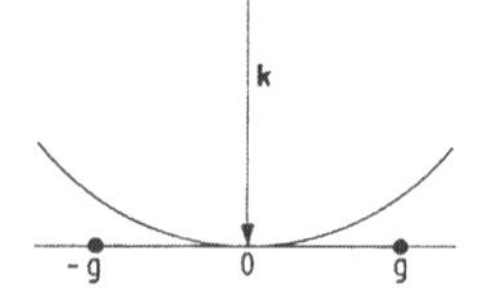

Fig. 70. Symmetrische Orientierung (eindimensional)

strahlfall mit *ungerader* Zahl von Reflexen (einschließlich des Nullstrahls). Betrachten wir nur die beiden innersten Reflexe als stark angeregt, ergibt sich eine Dispersionsmatrix der Form

$$((A)) = \begin{vmatrix} 0 & U_1' & U_1' \\ U_1' & s & U_2' \\ U_1' & U_2' & s \end{vmatrix}$$

Dabei bedeutet $U' = U/(2K)$ und s ist nach Geometrie $s = -\ g^2/(2K)$.

In der Regel wird bei symmetrischer Einstrahlung nicht nur eine Reihe von systematischen Reflexen angeregt sein sondern Reflexe aus der ebenen nullten Lauezone. Als Beispiel denken wir uns einen kubisch flächenzentrierten Kristall parallel zu seiner [1,0,0]-Achse bestrahlt (Fig. 71). Die niedrigst indizierten Reflexe in der (1,0,0)-Ebene des Reziproken Gitters sind die Reflexe g = (0,2,0), (0,0,2), (0,-2, 0) und (0,0,-2). Es handelt sich also um einen Fünfstrahlfall, wenn wir weiter entfernte Reflexe vernachlässigen; alle vier Reflexe sind gleichweit vom Primärstrahl entfernt, ihr s = - $g^2/(2K)$.

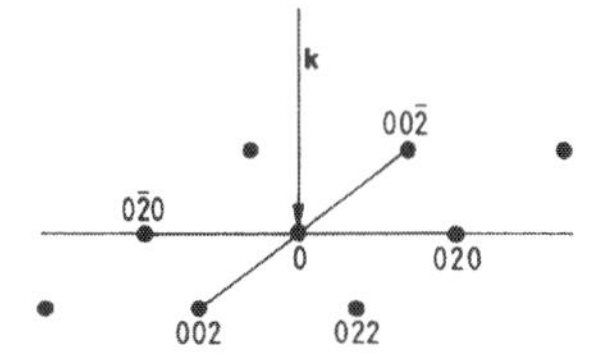

Fig. 71. Symmetrische Orientierung (zweidimensional). kub. flz. Kristall, Strahl parallel zu [1 0 0].

Bei den Entwicklungskoeffizienten des Potentials muß auch U_{220} berücksichtigt werden. Man wird nun (vgl. Hirsch et al. 1965) die vierzählige Dreh-Symmetrie um die Einstrahlrichtung benutzen, um Vertauschungs-Relationen für die Komponenten C_i der einzelnen Blochwellen aufzustellen. Dabei stellt sich heraus, daß nur zwei von den fünf prinzipiell möglichen Blochwellen von null verschiedene Anregungskoeffizienten $\varepsilon^{(j)}$ haben, d. h. im Kristall existenzfähig sind.
Dieser sog. *Zwei-Wellen-Fall* (zu unterscheiden vom Zwei-Strahl-Fall !) wird bei sog. Zonenachsen-Orientierungen oft gefunden. Er führt zu einem leicht zu interpretierenden Hin-und Herpendeln der Intensität zwischen dem Primärstrahl und den stärksten Reflexen, das in Analogie zur Pendellösung des Zwei-Strahl-Falls durch eine *effektive Extinktionsdistanz* ξ_o beschrieben wird (vgl. Abschnitt 3.2.2.3, Fig.79b). Allerdings führt die starke Wechselwirkung der Blochwellen entlang hochsymmetrischer Kristallachsen dazu,. daß ξ_o viel kleiner ist als ξ_g, wenn man unter g den im hochsymmetrsichen Fall wirksamen Hauptreflex versteht: bei Germanium ist ξ_{111} = 43 nm, während ξ_o bei Einstrahlung parallel zu einer <1 1 0>-Achse (mit Hauptreflexen vom Typ (1 1 1)) gleich 10,3 nm ist.

Wir beschließen diesen Abschnitt mit einem Hinweis auf den Zusammenhang zwischen der Blochwellen-Darstellung der Elektronen im Kristall und der in der Festkörperphysik geläufigen Konstruktion von Energie-Bändern und Brillouin-Zonen (BZ). Die Grenzen der BZ werden von den Mittelsenkrechten-Ebenen auf den vom Ursprung ausgehenden Vektoren $\underline{g}$ des Reziproken Gitters (RG) gebildet. Alle Wellen mit $\underline{k}$-Vektoren, die auf einer BZ-Grenze beginnen und im Ursprung des reziproken Gitters (RG) enden, werden braggreflektiert, weil ($\underline{k}$ + $\underline{g}$) = $\underline{k}'$ gleichbedeutend mit der Braggbedingung ist (vgl. 1.4.3.3) (Fig. 72).

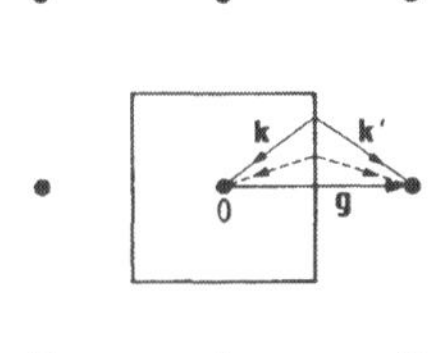

Fig. 72. Die erste Brillouinzone in einem quadratischen Reziproken Gitter.

Schlägt man auf einem ebenen Schnitt durch das RG Kreise mit dem Radius k = λ^{-1} um den Ursprung und einen benachbarten Punkt des RG, erhält man zwei zugehörige Lauepunkte L auf der BZ-Grenze, d. h. mögliche Ausgangspunkte von braggreflektierten Wellen der vorgegegbenen Wellenlänge. Läßt man Reflexe höherer Ordnung m (vgl. 1.4.3.3) zu, muß man Kreise des gleichen Radius auch um weiter entfernte Punkte des RG (2g, 3g...) schlagen und erhält weitere Lauepunkte (Fig. 73).
Nun ist es ein Hauptergebnis der dynamischen Theorie, daß die Flächen konstanter kinetischer Energie (die Fermi-Flächen) keine sich schneidenden Kugeln sind sondern Flächen, die in der Nähe der BZ-Grenzen in *Zweige* aufspalten, die sich in unmittelbarer Nähe der BZ-Grenzen durch Hyperboloide annähern lassen. Offensichtlich sind die Spuren dieser Flächen konstanter Energie die Hyperbeln unserer Rechnung aus Abschnitt 2.2.2.2, die wir in Erinnerung an ihre dreidimensionale Natur *Dispersionsflächen* genannt haben.

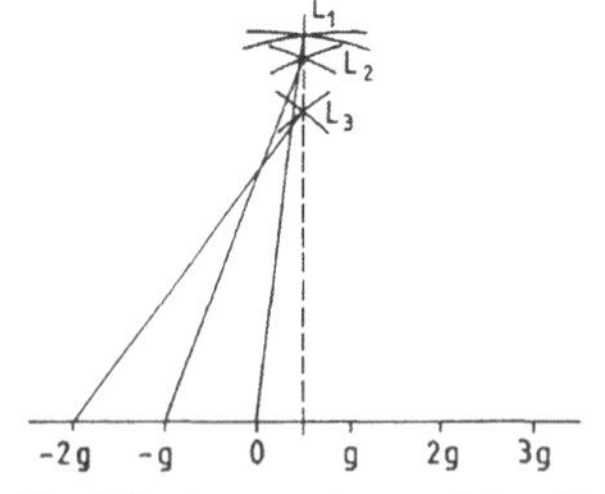

Fig. 73. Lauepunkte auf der Grenze zwischen zwei Brllouinzonen

Betrachten wir das Schema der BZ eines eindimensionalen Kollektivs von *quasifreien*[15] Elektronen, so endet die erste BZ auf der k-Skala bei ± $(2a)^{-1}$, wo a die Gitterkonstante des linearen Kristalls ist (Fig. 74). (In der

---

[15] Quasifrei bedeutet: die betrachteten Elektronen sind im Kristall delokalisiert ("frei"), aber sie werden von einem *schwachen* periodischen Kristallpotential beeinflußt.

Festkörperphysik wird meist der mit dem Faktor (2π) gestreckte RR benutzt; dort steht also $\pm(\pi/a)$). Die Dispersionskurve $E = \text{const} = h^2k^2/2m$ wird hier durch einen Energiesprung ΔE unterbrochen, um sich nach einem kurzen Übergangsstück als Parabel in der zweiten BZ fortzusetzen.

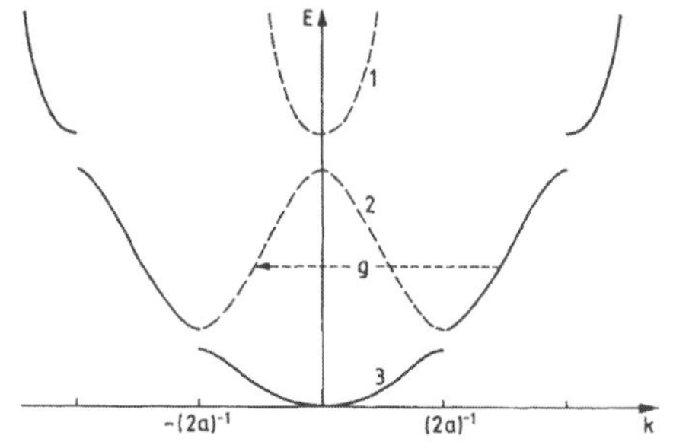

Fig. 74. Eindimensionales Bandschema eines quasifreien Elektronengases. Gestrichelt: reduziertes Bandschema (in der ersten Brillouin-Zone).

Wegen der Äquivalenz jedes Vektors $\underline{k}$ im RR mit den Vektoren ($\underline{k} + \underline{g}$), wo $\underline{g}$ irgend ein Vektor des RG ist, kann man die Abschnitte der Kurve $E(\underline{k})$ aus den höheren BZ in die erste BZ zurückverschieben (Fig. 74) und gelangt so zu dem *reduzierten Zonenschema*, in dem nun auch die Gerade $\underline{k} = 0$ eine BZ-Grenze repräsentiert.

Ein Vergleich der Fign. 69 und 74 zeigt, daß beide das gleiche Phänomen darstellen: die *Energie-Bänder* der Festkörperphysik heißen in der dynamischen Theorie *Zweige der Dispersionsfläche* (beim Übergang vom eindimensionalen zum dreidimensionalen RR wird aus der Dispersionskurve eine Fläche). Allerdings bevölkern die hochenergetischen Strahl-Elektronen der Elektronenmikroskopie viel höher indizierte Bänder als die Kristall-elektronen mit $E \leq 10$ eV. Die Koordinate k der Abszisse von Fig. 74 meint - genau wie das k_x in Fig. 69 - die zu $\underline{g}$ parallele Komponente von $\underline{k}$. $k = (2a)^{-1}$ und $k_x = \pm g/2$ bezeichnen deshalb die Braggorientierung.

Fig. 74 demonstriert, daß es zwei Typen von BZ-Grenzen gibt: numerieren wir die Zweige der Dispersionsfläche (die Bänder), z. B. von oben nach unten, und nähern sich bei symmetrischer Orientierung z. B. die Zweige 1 und 2, so kommen sich bei exakter Braggorientierung die Zweige 2 und 3 nahe usw.. Es handelt sich aber immer um Paare von Blochwellen mit verschiedener *Symmetrie* (vgl. Fig. 52), also einer Energielücke.

Numerierung der Eigenwerte ($j = 1, 2$ ..) und Angabe des Index j bei einer Blochwelle $\psi^{(j)}(\underline{k}, \underline{r})$ bedeutet demnach physikalisch: die Blochwelle wird einem bestimmten (Energie-)Band zugeordnet; erst dadurch ist sie voll bestimmt.

Wir können nun die in Hauptteil 1 behandelten *Streuvorgänge* unter einem neuen Gesichtspunkt betrachten, wenn sie *im Kristall* ablaufen. Handelt es sich um *elastische* Streuung einer Blochwelle $\psi^{(j)}(\underline{k}, \underline{r})$ in eine andere

$\psi^{(m)}$ ($\underline{k}'$, $\underline{r}$), so hat man zu unterscheiden: (elast.) *Intraband-Streuung* (j = m) von (elast.) *Interband-Streuung* (j ≠ m).
Ändert das Elektron bei der Streuung seine Energie um ΔE, liegt also *inelastische* Streuung vor, ist die gesamte Bandstruktur des Endzustands gegenüber derjenigen des Ausgangszustandes um ΔE verschoben (Fig. 75). (Weil ΔE immer klein gegen E ist, kann man *starre* Verschiebung annehmen). Auch bei der inelastischen Streuung unterscheidet man Intraband-Streuung von Interband-Streuung.

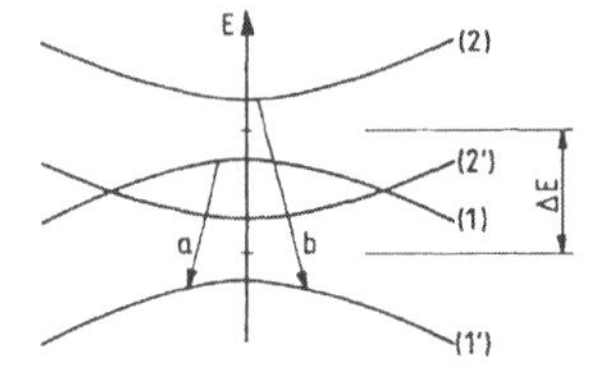

Fig. 75. Inelastische Streuung. a: Intraband-Streuung; b: Interband-Streuung.

Diese Klassifizierung der Streuprozesse gewinnt besonderes Interesse für das Verständnis der Beugungskontraste von Gitterbaufehlern. Wie in 2.3.5 am Beispiel des Stapelfehlers dargetan wurde, entstehen Beugungskontraste durch eine Umverteilung des Elektronenflusses am Defekt zwischen den Zweigen der Dispersionsfläche, d. h. zwischen den Blochwellen, und damit durch Interband-Streuung. Da es sich um Braggreflexe handelt, geht es um *elastische* Interbandstreuung.
Dagegen kann *in*elastische Streuung *um kleine Winkel* keinen Beugungskontrast verursachen, denn Interbandübergänge sind im Kristall mit Braggreflexion (großen Streuwinkeln) verbunden. Das schließt nicht aus, daß inelastische Streuung *um große Winkel*, die mit einer Braggreflexion gekoppelt ist, zum Beugungskontrast beiträgt.

3 Hochauflösende Elektronenmikroskopie

3.1 Übersicht

Während die im zweiten Hauptteil besprochene Beugungskontrast-Mikroskopie kein Gegenstück in der Lichtmikroskopie hat, kehren wir nun zu der abbildenden Mikroskopie zurück, wie sie in Abschnitt 1.1 eingeführt wurde. Um das Prinzip kurz zu wiederholen: Das für Elektronen transparente Objekt wird mit einer nahezu kohärenten[1] (d. h. ebenen und monochromatischen) Welle beleuchtet; die Elektronen erfahren im Objekt Streuung an dem elektrostatischen Potential. (Vorerst wird nur elastische Streuung betrachtet). Nach Austritt aus dem Objekt sind die Elektronen auf den Winkelraum (den Reziproken Raum RR) so verteilt, wie es einer Fourier-Transfomation des Potentials entspricht. Die Objektivlinse legt die Fourier-Transformierte in ihre hintere Brennebene, wo sie als Beugungs-Muster erscheint. Im weiteren Strahlengang kommt in der Ebene des (ersten) Zwischenbildes eine Rücktransfomation des Beugungsmusters zustande, d. h. die vergrößerte Reproduktion der Potentialverteilung des Objekts.
Diesem idealen Schema stellen sich nun etliche Probleme entgegen. Man kann sie zwanglos in zwei Gruppen unterteilen: die erste Gruppe entsteht um die Frage, ob und wann die aus dem Objekt austretende Wellenfunktion das Potential in der Probe direkt wiedergibt, oder allgemeiner ausgedrückt: man muß diese Wellenfunktion berechnen können. Wie Hauptteil 2 gezeigt hat, bringt die *dynamische Wechselwirkung* der Elektronenwellen im Objekt Wirkungen hervor, die nicht ohne Rechnung vorherzusehen sind.
Die zweite Gruppe von Problemen erwächst aus dem Abbildungsvorgang durch das Objektiv. Früher wurde darauf hingewiesen, daß die Objekte der Transmissions-Elektronenmikroskopie immer dünn sind. Das gilt für die Hochauflösende Elektronenmikroskopie[2] in besonderem Maße: hier liegt die optimale Dicke meist unter 10 nm. Deshalb sind die Objekte in erster Näherung *Phasenobjekte*; man steht also vor der Notwendigkeit, durch eine Modifikation des Abbildungsvorgangs die Phasenschiebung der gestreuten Elektronen um $\pi/2$ in eine solche um π zu verwandeln, um in der Bildebene einen Intensitäts- (hell - dunkel)-Kontrast zu erhalten (vgl. 1.1.3). Ein schwieriges Problem stellt der notorisch große *Öffnungsfehler* der Elektronenlinsen dar (vgl. 1.2.1). Er verbietet es, den nach dem Abbeschen Prinzip nächstliegenden Weg zur Steigerung des Auflösungsvermögens zu gehen, nämlich die gestreuten Elektronen aus einem weiten Bereich des Winkelraums zu erfassen. Wir werden sehen, daß man diese beiden Probleme simultan angeht, indem man die Objektivlinse um ein sorgfältig gewähltes Maß *defokussiert.*

---

[1] Diese Annahme wird später zu präzisieren sein.

[2] Im folgenden wird Hochauflösende Elektronenmikroskopie dem internationalen Brauch folgend als HREM (High Resolution Electron Microscopy) abgekürzt.

Im folgenden Abschnitt 3.2 werden wir die Berechnung der Wellenfunktion $\psi(\underline{k}, x,y, t)$ in der Austrittsfläche aus dem Objekt (Dicke t) referieren. Sie ist unverzichtbar, weil die Beziehung zwischen dieser Funktion und der Objektstruktur von zahlreichen Parametern abhängt und keineswegs trivial ist. Ein zweites Motiv ergibt sich aus der Tatsache, daß man die gewünschte hohe Auflösung nur dadurch erreichen kann, daß man die Objektivlinse so weit öffnet, daß das entstehende Bild durch den Öffnungsfehler stark beeinflußt ist. Man geht dann so vor, daß man für eine angenommene Objektstruktur (das "Modell") die Wellenfunktion und ihre Abbildung mit den gegebenen Daten der Linse berechnet und das Ergebnis der Rechnung mit dem experimentellen Bild vergleicht. Noch bestehende Diskrepanzen minimalisiert man durch Veränderung des Modells. Diese *Simulation* des Bildes (welches streng genommen nur ein Interferogramm ist) gehört in der HREM zum täglichen Geschäft (engl. image matching).
Die bisher aufgelisteten Themen sind für die Elektronenmikroskopie von kristalliner Materie ganz allgemein typisch. Sie werden aber umso anspruchsvoller, je mehr man danach strebt, immer kleinere Details des Objekts aufzulösen und zuverlässig zu interpretieren. Im Laufe der Jahre wurde das Auflösungsvermögen der Elektronenmikroskope immer weiter verbessert; seit einigen Jahren sind atomare Dimensionen erreicht in dem Sinn, daß es in vielen Fällen gelingt, die Struktur eines Kristalls und lokaler Abweichungen von der Idealstruktur unter Darstellung der einzelnen Atome (genauer: Atomsäulen parallel zum Strahl) abzubilden. Man sollte nun den Begriff HREM eigentlich für Fälle reservieren, bei denen das *Punkt-Auflösungsvermögen* d_P besser als 0,2 nm ist. Da es aber keinen allgemein akzeptierten Begriff für das gibt, was hier "abbildende Mikroskopie" genannt wird, und weil die angewandten Methoden nicht auf extrem hohes Auflösungsvermögen beschränkt sind, soll hier HREM in einem weiteren Sinn verwandt werden.
Noch vor einem Jahrzehnt umfaßte eine Definition der HREM den Hinweis, daß es sich um die Darstellung der *Lage* der Atome handele, nicht ihrer *chemischen Spezies*. In dieser Hinsicht hat es große Fortschritte gegeben und sind weitere Bemühungen im Gang. Die Erweiterung der Elektronenmikroskopie zur elementspezifischen HREM wird in Kapitel 3.7 und im 4. Hauptteil behandelt.
Zum Abschluß dieser Einleitung sei die manchmal gehörte Frage nach der Begründung des Aufwands für die HREM im Vergleich zu den etablierten und sehr genauen Röntgenbeugungs-Methoden beantwortet. Jedes Beugungsmuster kommt durch Mittelung über einen gewissen Objektbereich zustande. Lokale Abweichungen von der mittleren Struktur werden zwar die Qualität des Beugungsbildes beeinträchtigen, aber sie sind demselben nicht eindeutig zu entnehmen. Überall, wo es auf lokale Abweichungen von der langreichweitigen Periodizität ankommt, ist die *Abbildung* angebracht. Deshalb sind bevorzugte Objekte der HREM die atomare Struktur von Kri-

stalldefekten[3], von Grenzflächen (engl. interfaces, z. B. Korngrenzen, Phasengrenzen, Epitaxie-Grenzflächen), und von Ausscheidungskeimen. Ausgedehnte Anwendung findet die HREM bei der Analyse komplizierter Kristallstrukturen mit in gewissen Grenzen variabler Stöchiometrie, wie sie in der Mineralogie gängig sind; andere Beispiele für variable Strukturen bieten die modernen keramischen Hochtemperatur-Supraleiter.
Es darf nicht unerwähnt bleiben, daß eine wichtige Domäne der HREM die Untersuchung großer Moleküle bzw. von Viren in der Biologie/Medizin darstellt. Soweit diese Objekte in eine kristalline Ordnung gebracht werden können, sind sie den hier besprochenen Methoden zugänglich. In den übrigen Fällen finden Methoden Anwendung, auf die mangels eigener Erfahrung hier nur am Rande eingegangen wird. Die Mikroskpie des soz. "elementaren" Objekts der HREM, des einzelnen Atoms, ist nicht nur Gegenstand von Forschungsarbeiten, sondern findet Anwendung bei der Markierung von Molekülteilen durch sehr stabile cluster von z. B. 11 Gold- oder 12 Wolfram-Atomen.

3.2 Die Berechnung der Wellenfunktion in der Austrittsfläche aus dem Objekt

In diesem Abschnitt werden Verfahren besprochen, mit deren Hilfe die Wellenfunktion $\psi(\underline{k}, \underline{r})$ der Elektronen berechnet werden kann, welche das Objekt passiert haben. Die Übertragung dieser Wellenfunktion durch die Objektivlinse in das Beugungsmuster wird in Abschnitt 3.3 dargestellt.
Bevor die beiden wichtigsten Methoden zur Berechnung der aus dem Objekt austretenden Wellenfunktion (engl. exit function) vorgestellt werden, sei das Konzept der *Transmissionsfunktion* erwähnt: hier wird auf das Objekt fallenden Welle ein vom Ort in der Objektfläche abhängiger Faktor T(x,y) aufmultipliziert, eine (komplexe) "Durchlässigkeit". Ein solcher Ansatz ist nur für extrem dünne Objekte aus leichten Elementen realistisch (vgl. die Diskussion bei Gl. (3.3)). Er hat aber vor der Verbreitung leistungsfähiger Rechner eine bedeutende Rolle gespielt und wird jetzt als Modellsystem für die Diskussion der Linsenwirkung benutzt.

3.2.1 Die Blochwellen-Methode

Die Berechnung der aus dem Objekt austretenden Wellenfunktion kann mit Hilfe der in Hauptteil 2 dargestellten Lösung der Schrödingergleichung nach Bethe erfolgen, die man allgemeiner als Blochwellen-Methode bezeichnet.
Selbstverständlich arbeitet man bei der abbildenden Mikroskopie im Vielstrahlfall im Unterschied zur Beugungskontrast-Mikroskopie, wo eine möglichst gute Verwirklichung des Zweistrahl-Falls häufig von Vorteil ist. Sehr

---

[3] Im Unterschied zur Beugungskontrast-Mikroskopie, die z. B. nichts aussagt über die Atomanordnung im *Kern* einer Versetzung.

häufig wird man für die HREM das Objekt so orientieren, daß die beleuchtende, fast ebene Welle parallel zu einer niedrig indizierten Gittergeraden einfällt (sog. Zonenachsen-Orientierung), weil diese Richtungen notwendig parallel sind zu relativ dicht besetzten Gittergeraden. Das bedeutet, daß der Kristall in diesen Richtungen "durchsichtiger" ist als in anderen: die Projektion der Kristallstruktur parallel zum einfallenden Primärstrahl ist "offen", zwischen den Atomsäulen liegen weite Kanäle, weil die Atomsäulen besonders dicht besetzt sind. Die hohe Dreh-Symmetrie um den Strahl bei diesen Orientierungen kann man ausnutzen, um den Aufwand bei der Diagonalisierung der Matrizen vom Typ (2.38) zu reduzieren (vgl. z. B. Hirsch et al. 1970). Hier wird darauf nicht eingegangen, weil für den praktischen Gebrauch die Multislice-Methode modernen Array-Rechnern besser angepaßt ist, weshalb sie fast ausschließlich benutzt wird.
Ein wichtiger Gesichtspunkt wird aber hier besonders deutlich, nämlich die zentrale Bedeutung einer genauen Kenntnis der *Probendicke t* für die HREM. Die Pendellösung der dynamischen Theorie (für den Zweistrahlfall Gln. (2.33) und (2.34)) bedeutet, daß für bestimmte Probendicken ein Reflex quantitativ verschwindet, der für andere Dicken stark ist (Fig. 79b). Im Vielstrahlfall wird jeder Reflex entsprechend seiner jeweiligen Extinktionsdistanz ξ_g (die von allen angeregten Reflexen beeinflußt wird) seine eigene Tiefenmodulation aufweisen. Das zustandekommende elektronenmikroskopische Bild hängt dann entscheidend davon ab, welche Reflexe in dem abgebildeten Bereich stark sind. Bei der im folgenden zu besprechenden Multislice-Methode trifft man auf den gleichen Sachverhalt; dort hängt die Zahl der durchzuführenden Iterationen von der aktuellen Probendicke ab.
Es ist also wichtig zu wissen, wie ein zuverlässiger Wert für t zu gewinnen ist. Eine Methode, die sich der konvergenten Beleuchtung bedient, wird in Abschnitt 4.2 besprochen.

3.2.2 Die multislice-Methode

3.2.2.1 Phasenobjekte

In Abschnitt 1.2.2 wurde gezeigt, daß die Wellenlänge einer Elektronenwelle sich nach dem Potential $\Phi(\underline{r})$ in dem Volumenelement bei $\underline{r}$ richtet. (Eintritt in ein Gebiet positiveren Potentials beschleunigt die Elektronen und λ wird kleiner). Die Abhängigkeit der Elektronenwellenlänge λ vom elektrischen Potential Φ führen wir in der Näherung ein, die in der Fußnote bei Gl. (1.38) angegeben wurde:

$$\lambda_o/\lambda = 1 + (\Phi/U)\,\frac{m_oc^2 + eU}{2m_oc^2 + eU} = 1 + (\Phi/U)\,A$$

(λ_o ist die relativistisch korrigierte Wellenlänge im potentialfreien Raum, A wird als Kürzel für den Bruch benutzt).

Infolge dieses Zusammenhangs zwischen Wellenlänge und lokalem Potential hängt die Phasenlage α einer Elektronenwelle nach Durchlaufen des Objekts von dem Wegintegral über das Potential ab (t: Probendicke):

$$(3.1) \qquad \alpha = 2\pi \int_0^t \lambda^{-1}\, dz = \frac{2\pi}{\lambda_o}\left[t + \frac{A}{U}\int_0^t \Phi(z)\, dz\right]$$

Wichtig wird nur die *Phasendifferenz* $\delta\alpha$, welche das Objekt der Welle im Vergleich zu einer gedachten Welle aufprägt, die die gleiche Strecke im potentialfreien Raum zurücklegt:

$$(3.2) \qquad \delta\alpha = \frac{2\pi\, A}{\lambda_o U} \int_0^t \Phi(z)\, dz = \sigma\, \Phi_P$$

mit

$$\sigma = \frac{2\pi\, A}{\lambda_o U} = \frac{2\pi\, e\, m}{h^2}\, \lambda_o$$

Die letzte Umrechnung kann mit Hilfe der Gln. (1.37), (1.36) und (1.31) verifiziert werden. m ist die relativistisch korrigierte Masse.

Die *Wechselwirkungs-Konstante* σ (engl. interaction constant) ist keine echte Konstante: sie nimmt über λ_o mit wachsender Beschleunigungsspannung U ab, allerdings wird die Abnahme gebremst durch die relativistische Massenzunahme. Bei U = 100 kV ist $\sigma = 9{,}24\ 10^6\ (\mathrm{V\ m})^{-1}$. Durchlaufen einer Strecke von t = 10 nm mit Φ = 10 V (ein für das Festkörper-Innere typischer Wert) bringt dann eine Phasenverschiebung $\delta\alpha = 0{,}3\ \pi$ mit sich. Bei U = 1MV ist der Grenzwert $\sigma_\infty = 2\pi e/(hc)$ praktisch erreicht.

Φ_P in Gl. (3.2) ist das *projizierte Potential*; es hat die Dimension (V m). Man stellt sich vor, ein in der (x,y)-Ebene ausgedehntes Objekt stelle für die Elektronen eine "Landschaft" von mehr oder weniger großen Werten des projizierten Potentials $\Phi_P(x,y)$ dar, welches über die Phasenlage der austretenden Elektronenwelle als Funktion des Ortes (x,y) entscheidet.

Wird ein solches Objekt mit einer ebenen Welle $\psi = \psi_o \exp(-\,i2\pi kz)$ beleuchtet, tritt aus dem Objekt die modifizierte Welle

$$(3.3) \qquad \psi_e(x,y) = \psi_o \exp\left[-\, i\, \sigma\, \Phi_P(x,y)\right] \exp(-i2\pi kt)$$

aus. Gl. (3.3) ist ein Spezialfall des Konzeptes der *Transmissionsfunktion*. Es geht von der Vorstellung aus, der Einfluß des Objekts auf die beleuchtende Welle sei durch multiplikative Kombination der ursprünglichen Wellenfunktion mit der Transmissionsfunktion zu berücksichtigen. In Kenntnis der dynamischen Beugungstheorie überrascht es nicht, daß dieses Konzept nur für sehr dünne Proben trägt: obwohl ein gewisser Anteil an Mehrfachstreuung pauschal berücksichtigt ist (s. unten), enthält die Näherung nicht die dynamische Kopplung der Wellenfelder im Kristall. Wir kommen in 3.3.4 auf die Verwendung von Transmissionsfunktionen zurück.

Gl. (3.3) beschreibt die Näherung des *Phasenobjekts* (POA: phase object approximation) (der Verlust von Elektronen durch elastische zentrale Stöße

und durch inelastische Stöße ist hier vernachlässigt; er ließe sich durch einen Faktor exp (- μ (x,y)t) formal einarbeiten). Diese Näherung beruht auf der Annahme, daß die Elektronen innerhalb des Objekts nicht sehr von der Projektionsrichtung - also der Einfallsrichtung - abweichen. Bei den für elastische Elektronenstreuung typischen Werten für den Streuwinkel und die freie Weglänge ($\leq 1°$ bzw. einige bis einige zehn nm) bedeutet das Beschränkung auf Probendicken von 1 bis 2 nm. Zu einer ähnlichen Abschätzung kommt man, wenn man berücksichtigt, daß die POA die Fresnel-Beugung vernachlässigt; im folgenden Abschnitt 3.2.2.2 wird gezeigt, daß bei Ausbreitung einer Wellenfront über eine Distanz D die Phasenlage der unter dem Winkel Θ gebeugten Welle verglichen mit der Phase des Primärstrahls sich um $\Delta\chi = \pi D\Theta^2/\lambda$ verschiebt. Sollen Objektdetails der Größe d aufgelöst werden, muß $\Theta \geq 2\vartheta_B = \lambda/d$ sein. Für eine realistische Näherung sollte die vernachlässigte Phasenschiebung $\Delta\chi$ höchstens $\pi/2$ werden, sodaß $D_{max} = d^2/2\lambda$ ist. Bei einem angestrebten Auflösungsvermögen von 0,15 nm und U = 100 kV entspricht das D = 3 nm.
Die Näherung des PO ist eine *Projektions-Näherung*, d. h. mit ihr berechnete Bilder enthalten keine Information über die *Verteilung* des Potentials (und damit der Atome) *über die Objektdicke* in z-Richtung (parallel zum Strahl).
Die Näherung des Phasenobjekts ist realistisch nur auf sehr dünne (t < 5 nm) Objekte aus leichten Elementen anwendbar, also z. B. organische Moleküle. Sie gewinnt aber große Bedeutung bei dem *Multislice-Verfahren,* bei dem dickere Objekte rechnerisch zerlegt werden in Stapel aus vielen parallelen dünnen Schichten (engl. slices) (Dicke zwischen 0,3 und 0,5 nm), deren jede auf die Welle als Phasenobjekt wirkt. Bei dem Multislice-Verfahren wird die mangelnde Berücksichtigung der Fresnelbeugung in der POA korrigiert (vgl. 3.2.2.3).

Der Vollständigkeit halber sei hier die Näherung des *schwachen Phasenobjekts* (engl. weak phase object WPO) angeschlossen. Hier nimmt man an: $\sigma\Phi_P \ll 1$ und erhält (da Dickeninhomogenitäten in dem projizierten Potential berücksichtigt sind, ist der Faktor exp(-i2πkt) uninteressant):

(3.4) $$\psi_e(x,y) = \psi_o \left[1 - i\,\sigma\,\Phi_P(x,y)\right]$$

Diese Formulierung bietet ersichtlich große Vereinfachung für folgende Rechnungen, ist aber in ihrer praktischen Brauchbarkeit noch weiter eingeschränkt als die Näherung des Phasenobjekts.
Interessant ist der Gesichtspunkt, daß der Ausdruck (3.4) den Annahmen der *kinematischen Näherung* des Beugungsproblems entspricht: Die Eins in der Klammer repräsentiert den *ungeschwächten* Primärstrahl und die imaginäre Einheit (- i) = exp (-iπ/2) den Phasenwinkel der einmal gestreuten Welle im Vergleich zur primären. Die WPO-Näherung beschreibt also den Fall der *(schwachen) Einfach-Streuung*; daraus kann geschlossen werden, daß die Näherung des Phasenobjekts (Gl. (3.3)) einen Anteil von Mehrfachstreuung umfaßt.

3.2.2.2 Fresnelbeugung

Die Elektronenwelle wird innerhalb des Objekts durch zwei Effekte modifiziert: zum einen durch die wiederholt besprochene Streuung an dem durch die Kristallelektronen abgeschirmten Potential der Atomkerne, zum anderen aber auch durch die bloße Ausbreitung der Welle längs der Koordinate z. Dieser zweite Effekt könnte leicht übersehen werden, gehört aber zu den Grundphänomenen in der Optik: wie groß ist die Amplitude einer Welle in einem Punkt P (im stationären Zustand) in einem Abstand D vor einer Wellenfront? Als erster hat Chr. Huygens diese Frage 1678 mit seinem berühmten Prinzip qualitativ beantwortet. Am Beginn des 19. Jahrhunderts gab A. J. Fresnel dem Problem eine schärfere Fassung und in Form seiner Zonen-Konstruktion (vgl. 1.4.3.7) eine erste quantitative (geometrische) Lösung. Schließlich entwickelte G. Kirchhoff eine sehr allgemeine Theorie der Beugung einer Lichtwelle durch allgemeine Berandungen der Ausbreitung (1891). (Diese Theorie betrachtet ein skalares Feld und ist insofern der Elektronenoptik sogar besser angepaßt als der Lichtoptik). Kirchhoffs Untersuchungen führen zu folgendem Ergebnis: Amplitude und Phase einer Welle in einem Punkt P können berechnet werden, wenn diese Größen samt ihrer Ableitung in Richtung der äußeren Normalen auf einer den Punkt P umgebenden Fläche bekannt sind. Mit Hilfe des Greenschen Satzes wurde folgender Ausdruck abgeleitet (vgl. jedes Lehrbuch der Theoret. Optik):

$$\psi(P) = -\frac{1}{4\pi}\int_S \left[\psi \frac{\delta}{\delta n}\left(\frac{e^{-i2\pi kr}}{r}\right) - \frac{e^{-i2\pi kr}}{r}\frac{\delta\psi}{\delta n}\right] d\sigma \qquad (3.5)$$

Dabei ist S eine geschlossene Fläche um P; ψ und seine Ableitung nach der von P wegweisenden Normalen sind auf S zu nehmen (Fig. 76).

Wir behandeln ein Beispiel, das später gebraucht werden wird: wir betrachten eine in z-Richtung laufende Welle, deren Amplitude in einer zu z senkrechten Ebene bei z = 0 die Werte T(x,y) habe (Fig. 76): $\psi(z) = T(x,y)\exp(-i2\pi kz)$.

Gefragt ist nach dem Wert der Amplitude im Punkt P, dessen z-Koordinate z(P) = D ist. Die äußere Normale ist nach Def. die negative z-Richtung. d. h. bei z = 0 ist $\delta\psi/\delta n = i2\pi k\, T(x,y)$. Für die Ableitung der Exponentialfunktion $\exp(-i2\pi kr)$ ist wichtig, daß r in Richtung der äußeren Normalen von S zeigt, also von P zu dem Flächenelement $d\sigma$ (Fig. 76); $\delta/\delta n\left[\exp(-i2\pi kr)/r\right]$ ist also gleich $\delta/\delta r\left[\cdots\right] = \exp(-i\,2\pi kr)\left(-r^{-2} - i\,2\pi k/r\right) T(x,y)$, sodaß

$$\psi(P) = -(4\pi)^{-1}\int T(x,y)\exp(-i2\pi kr)\left[-r^{-2} - i\,4\pi k/r\right] dx\,dy$$

Wir vernachlässigen r^{-2} gegen k/r (d. h. wir nehmen an: $r \gg \lambda$) und erhalten:

$$\psi(P) = i\,k\int T(x,y)\frac{\exp(-i2\pi kr)}{r}\,dx\,dy. \qquad (3..6)$$

Man kann nun durch Wahl von T(x,y) und der Begrenzung des Integrationsgebiets in der (x,y)-Ebene (d. h. durch die Wahl von Blenden) spezielle Beugungsprobleme behandeln.

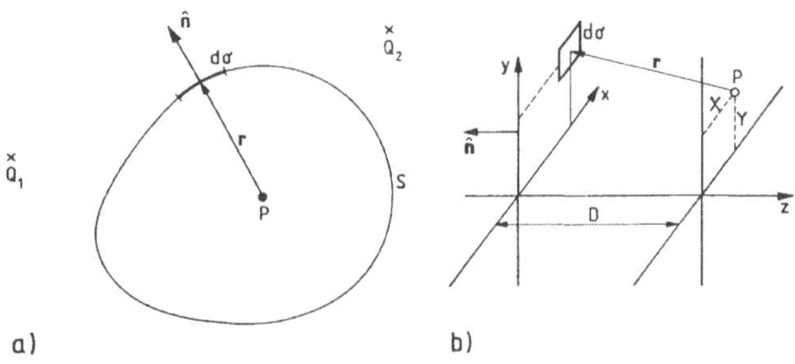

Fig. 76. a: Geometrie der Kirchhoffschen Beugungstheorie. b: Spezialfall der Fortpflanzung einer ebenen Welle über die Distanz D (Kleinwinkelnäherung), Q Quellen.

Im Rahmen der Elektronenoptik mit ihrer starken Bevorzugung der Vorwärtsstreuung ist die *Kleinwinkelnäherung* angebracht: man nimmt an, daß die Welle in P mit den Koordinaten (X,Y) nur von einem Gebiet der Wellenfront beeinflußt wird, dessen (x, y)-Koordinaten sich nicht sehr von den entsprechenden Koordinaten von P unterscheiden. Man kann dann r im Nenner des Integrals in (3..6) konstant gleich D nehmen; im Exponenten ist $r = \sqrt{[D^2 + (x - X)^2 + (y - Y)^2]} \approx D + 1/2\,[(x - X)^2/D + (y - Y)^2/D]$, sodaß das Ergebnis nun lautet:

(3.7) $$\psi(P) = \frac{i}{\lambda D} \exp(-i\, 2\pi kD) \int T(x,y) \exp\left[-i\, 2\pi k \frac{(x - X)^2 + (y - Y)^2}{2D}\right] dx\, dy$$

Vom mathematischen Standpunkt aus handelt es sich bei (3.7) um eine *Faltung* (engl. convolution) der Funktion T(x,y) mit der Funktion

(3. 8) $$P_D(x,y) = \frac{i}{\lambda D} \exp\left(-i\pi \frac{x^2 + y^2}{\lambda D}\right)$$

$P_D(x, y)$ heißt *Fresnel-Propagator* für die Distanz D .

(3 .9) $$\psi(X, Y) = T(x, y) * P(x, y)$$ Faltung(sprodukt) zweier Funktionen

Um die Bedeutung dieses Formalismus zu beleuchten, behandeln wir das einfachste denkbare Beispiel : es handele sich bei T(x,y) um eine *ebene Welle* $\psi_o \exp(-i2\pi kz)$, also bei $z = 0$ ist $T = \psi_o$. Wir wenden einen oft gebrauchten Kunstgriff an, indem wir die geschlossene Fläche um P ersetzen durch die bis ins Unendliche erstreckte Grenze des Halbraums bei z = 0.

$$\psi(P) = \frac{i}{\lambda D} \psi_o \exp(-i2\pi kD) \int_{-\infty}^{\infty} \exp(-a^2\xi^2)\, d\xi \int_{\infty}^{\infty} \exp(-a^2\eta^2)\, d\eta$$

mit $\xi = (x - X)$ und $\eta = (y - Y)$ und $a = \sqrt{(i\pi k/D)}$

Das Ergebnis lautet:

$$\psi(P) = \frac{i}{\lambda D} \psi_o \exp(-i2\pi kD)\, (\sqrt{\pi}/a)^2 = \psi_o \exp(-i2\pi kD)$$

Also hat die *seitlich unbegrenzte ebene Welle*, wie erwartet, ihre Phase um $(2\pi D/\lambda)$ weitergeführt und ihre Amplitude beibehalten.

Die Berechnung eines Faltungsproduktes zweier Funktionen ist in der Regel mühsam und kann durch Anwendung des *Faltungstheorems* umgangen werden. Es besagt: Die Fourier-Transformierte des Faltungsproduktes zweier Funktionen ist gleich dem Produkt der Fourier-Transfomierten der beiden Funktionen.

(3.10) $$F\left\{f(x,y) * g(x,y)\right\} = F\, f(x,y) \cdot F\, g(x,y)$$

Man wird also sowohl die Funktion $T(x,y)$ wie den Fresnel-Propagator $P(x,y)$ fouriertransformieren und die beiden Funktionen miteinander multiplizieren. Die Rücktransformation des Ergebnisses ist dann die Wellenfunktion bei $z = D$. Was die Fouriertransformation des Fresnel-Propagators anbelangt, so findet man in Tabellen:

$$F\,(e^{-ax^2}) = \sqrt{(\pi/a)}\ \exp\,(-\pi^2u^2/a)$$

Es gilt also

(3.11) $$F\,P_D(x,y) = \mathcal{P}_D(u,v) = \frac{i}{\lambda D}\, F \exp\left(-\frac{i\pi\,(x^2+y^2)}{\lambda D}\right)$$
$$= \exp\left[i\,\pi\,\lambda D\,(u^2+v^2)\right]$$

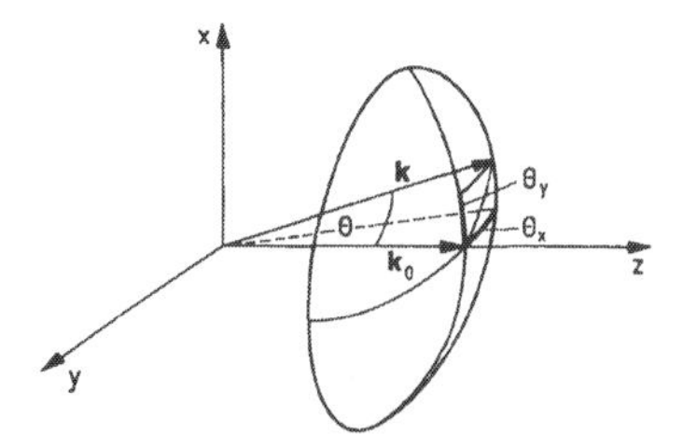

Fig. 77. Definition der Koordinatten u, v im Reziproken Raum

u und v sind die Koordinaten in der zur (x,y)-Ebene parallelen Ebene des Reziproken Raums R.R.; ein Strahl $\underline{k}$, der mit dem Primärstrahl $\underline{k}_o$ den Winkel Θ bildet (Fig. 77), spannt mit dem Primärstrahl auf der Ewaldkugel den Bogen (Θ/λ) auf. Projiziert man das Zweibein $(\underline{k}, \underline{k}_o)$ auf die (x,z) bzw. die (y,z)-Ebene, dann entstehen dort die Winkel Θ_x bzw. Θ_y. Diese Winkel multipliziert mit dem Radius $(1/\lambda)$ der Ewaldkugel nennt man u bzw. v. $u = \Theta_x/\lambda$. $v = \Theta_y/\lambda$.

Mit Hilfe des Satzes des Pythagoras folgt: $(\Theta/\lambda)^2 = u^2 + v^2$.

Man sollte sich mit der Bedeutung von Gl. (3.11) vertraut machen: beim Durchlaufen der Strecke D in der durch (u,v) gegebenen Richtung verschiebt sich die Phase[4] um $\Delta\chi = [\pi D\lambda(u^2+v^2)] = (\pi\ D\ \Theta^2/\lambda)$.

Wann kann man die Fresnelbeugung (engl. auch Fr. propagation und Fr. broadening genannt) vernachlässigen? Wir nehmen an, man sei an Objektdetails der Größe d interessiert. Dann muß die unter dem doppelten Braggwinkel $2\vartheta_B = \lambda/d = \Theta$ gebeugte Welle einigermaßen phasengerecht in der hinteren Brennebene des Objektivs ankommen. Die Phasenschiebung $\Delta\chi$ durch Fresnelbeugung ist unter den angenommenen Bedingungen für eine Objektdicke t gleich $(\pi\ t\ \lambda/d^2)$. Lassen wir dafür höchstens π zu, dann bedeutet das, daß das Objekt höchstens d^2/λ dick sein darf, also für d = 0,2 nm und U = 200 kV höchstens 16 nm dick. Für amorphe Objekte genügt diese Betrachtung, bei Kristallen spielt auch die Richtung eine Rolle.

Eine andere Betrachtung der oben aufgeworfenen Frage führt zu der Einsicht, daß Vernachlässigen der Fresnelbeugung äquivalent ist zum Ersatz der Ewaldkugel durch eine zum Primärstrahl orthogonalen Ebene. In Abschnuitt 1.4.3.7 wurde gezeigt, daß (im Rahmen der kinematischen Beugungstheorie) die Punkte des Reziproken Gitters (R.G.) in Richtung der Normalen einer dünnen Folie stabförmig ausgedehnt sind, sodaß die Ewaldkugel den Punkt *effektiv* noch trifft, wenn sie in einem Abstand von $\leq (\pm t^{-1})$ an dem Punkt vorbeiläuft (Fig. 78).

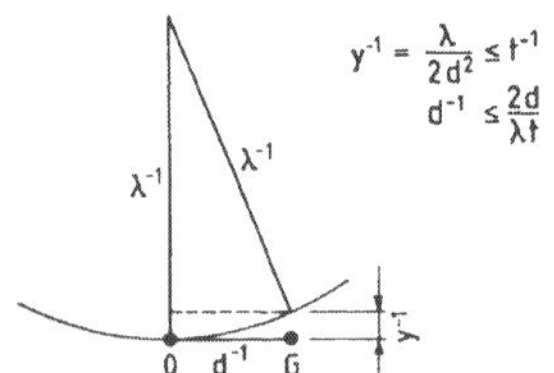

Fig. 78. Zur Berechnung des größten zulässigen Abstandes der Ewaldkugel von einem Punkt des Reziproken Gitters

Man kann das so beschreiben: in der Ebene des R.G. senkrecht auf dem Primärstrahl sind alle Reflexe innerhalb eines Radius $d^{-1} = 2d/(t\lambda)$ brauchbar. Dieses Ergebnis ($t = 2d^2/\lambda$) unterscheidet sich von dem des vorigen Abschnitts, in dem die gerade noch zulässige Vernachlässigung der Fresnelbeugung abgeleietet wurde, durch den Faktor zwei. In der Tat wäre die Phasenschiebung $\Delta\chi$ durch Fresnelbeugung bei *dieser* Objektdicke t gleich 2π, d. h. die Phaseninformation wäre ganz verloren..

[4] Das gleiche Ergebnis erhält man einfacher, indem man den Abstand zwischen der Wellenfront einer Kugelwelle und der zu ihr tangentialen ebenen Welle nach einer Distanz D unter dem Winkel Θ zum Zentralstrahl in linearer (d. h. Kleinwinkel-)Näherung ausrechnet und in eine Phasendifferenz verwandelt.

Schließlich soll noch einmal betont werden, daß die Näherung des Phasenobjekts zur Klasse der Projektionsnäherungen gehört, in denen keine Information über die Verteilung des Potentials (und damit der Atome des Objekts) in z-Richtung (Strahlrichtung) enthalten ist. Wir können diese Aussage nun präzisieren: Information über diese Tiefendimension ist nur bei Berücksichtigung der Fresnelbeugung bzw. der Krümmung der Ewaldkugel zu erhalten.

3.2.2.3 Die Multislice-Methode

Diese Methode zur Berechnung der Wellenfunktion $\psi(\underline{k}, \underline{r})$ in der Austrittsfläche aus dem Objekt beruht auf einer Einteilung der Objektfolie in parallele Schichten (slices) der Dicke Δz, die so dünn sein müssen, daß in jeder Schicht die Näherung des Phasenobjekts (Gl. (3.3)) eine gute Näherung ist. Man projiziert das Potential innerhalb jeder Schicht auf die Eintrittsfläche dieser Schicht und berücksichtigt die Fresnel-Beugung innerhalb der Schicht durch Faltung mit dem Fresnel-Propagator für die Schichtdicke Δz. Man benutzt die aus der (n - 1). Schicht austretende Wellenfunktion ψ_{n-1} als auf die n. Schicht auftreffende Wellenfunktion. Dieses iterative Verfahren wird bis zur Austrittsfläche bei $z = t = N\,\Delta z$ fortgesetzt (Fig. 79).
Es wurde gezeigt, daß das Ergebnis dieser Rechnung im Limes ($N \to \infty$, $\Delta z \to 0$) mit der nach der Blochwellen-Methode berechneten Wellenfunktion übereinstimmt. Die Multislice-Iteration eignet sich gut für die Bearbeitung mit modernen Computern; fertige Programme sind am Markt.

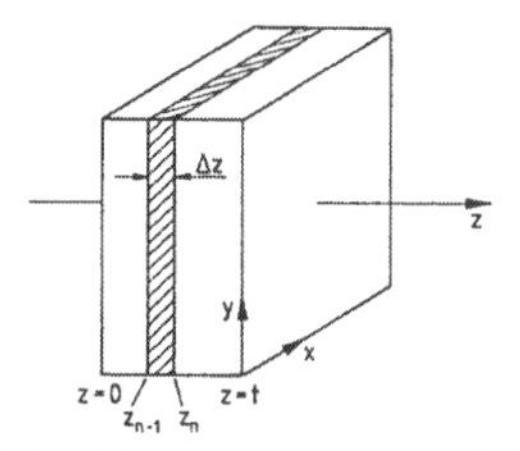

Fig. 79a. Schema des Multislice-Verfahrens

Betrachten wir die Schicht zwischen z_{n-1} und z_n, so lautet der Multislice-Ansatz:

$$\psi_n(x,y) = \left\{\psi_{n-1}(x,y) * P_{\Delta z}(x,y)\right\} \cdot q_n(x,y) \tag{3.12}$$

wo ψ_{n-1} die in die Schicht eintretende und ψ_n die aus ihr austretende Wellenfunktion sind, P der Fresnel-Propagator und q die Transmissions-Funktion des Phasengitters in der Schicht. (Für die erste Schicht wird ψ_{n-1} von der beleuchtenden Welle vertreten).
Gemäß Gl. (3.3) setzen wir für $q_n(x,y)$:

$$q_n(x,y) = \exp(-i\,\sigma\,\Phi_{Pn}(x,y))$$

wo Φ_{Pn} das projizierte Potential der Scheibe n ist.
Soweit es sich um ein kristallines Objekt (engl. phase grating) handelt, kann man die Fourierkomponenten des Potentials aus den Strukturfaktoren berechnen. Wir hatten Gl. (2.5):

$$\Phi(x,y,z) = \sum \Phi_{h,k,l} \exp(i\,2\pi\,\underline{g}\,\underline{r})$$

mit (Gl. 2.14): $\Phi_{h,k,l} = \dfrac{h^2}{2\pi m e V_z} F_{h,k,l}$

Ist der Kristall orthorhombisch mit den (orthogonalen) Basisvektoren $\underline{a}$, $\underline{b}$, $\underline{c}$, ist $\underline{g} = [h/a,\ k/b,\ l/c]$. Daraus berechnet sich das projizierte Potential Φ_P durch Integration über z, wobei angenommen ist, daß die c-Achse des Kristalls parallel zu z liege.

$$\Phi_P(x,y) = \sum \Phi_{h,k,l} \exp[i\,2\pi\,(hx/a+ky/b)] \int_{z_o-\Delta z/2}^{z_o+\Delta z/2} \exp(i2\pi\, l\, z/c)\, dz$$

$$= \sum \Phi_{h,k,l} \exp[i2\pi(hx/a + ky/b)] \exp(i2\pi\, l\, z_o/c)\, \frac{\sin\alpha}{\alpha}\, \Delta z$$

mit $\alpha = (\pi\, l\, \Delta z)/c$.
(z_o ist die Mitte der betrachteten Schicht, Δz ihre Dicke).

Bei Bedarf kann die Dicke der Schichten ungleich gewählt werden und die z-Achse braucht nicht parallel zu einer Kristallachse ausgerichtet zu werden. Sehr wichtig für die praktische Anwendung ist die Möglichkeit, die Kristallstruktur von einer Schicht zur anderen zu ändern, sodaß Beugungsmuster und Bild auch von gestörten Strukturen berechenbar sind.

Bei kristallinen Objekten ist es bequemer, die Berechnung von Gl. (3.12) in den RR zu verlegen, weil die Beugung nur in diskrete Richtungen erfolgt:

$$\psi_n(u,v) = \{\psi_{n-1}(u,v) \cdot P_{\Delta z}(u,v)\} * F\, q_n(x,y) \tag{3.13}$$

(Zu $P_{\Delta z}(u,v)$ vgl. Gl. (3.11)).

Es gibt übrigens die Möglichkeit, diese Methode auch auf nichtperiodische (Defekt-)Strukturen anzuwenden, indem man einen Kristall konstruiert, in dem sich der Defekt mit einer genügend großen Umgebung (einer sog. *Super-Zelle)* periodisch wiederholt.
Fig. 79b zeigt als Ergebnis einer Multislice-Rechnung die Intensitäten des Primärstrahls und der innersten gebeugten Strahlen, die aus dünnen Siliziumfolien austreten, die mit Strahlelektronen von 300 keV Energie parallel

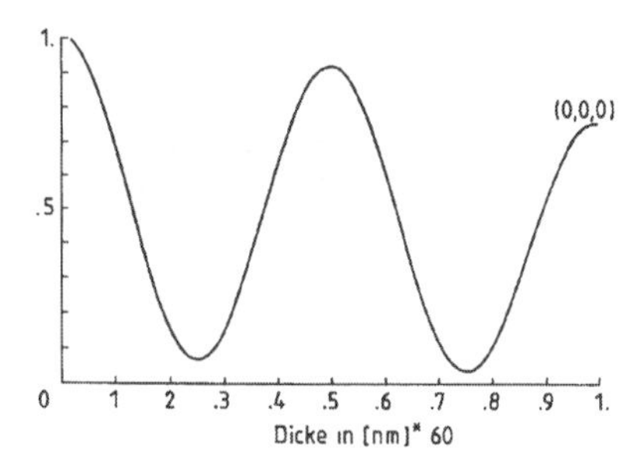

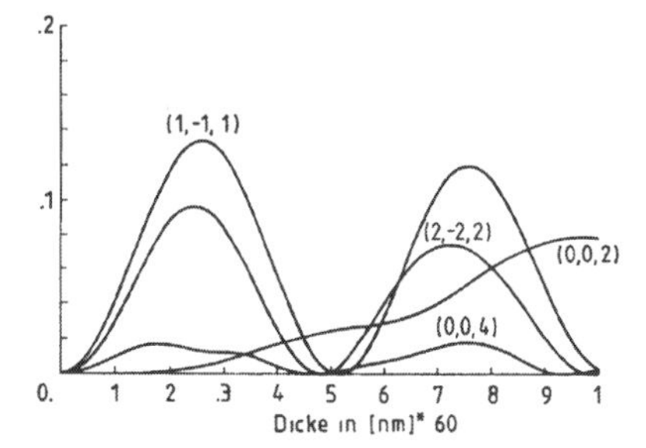

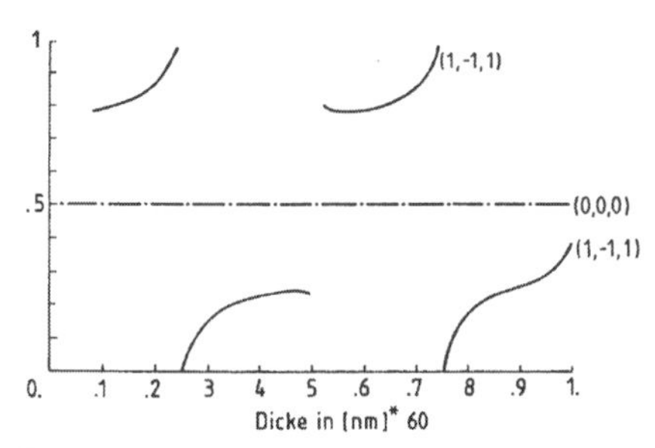

Fig. 79b. Mit der Multislice-Methode berechnete Intensitäten des Primärstrahls (0,0,0), der innersten Reflexe (1,-1, 1), (2,-2, 0), (0,0,4) und des kinematisch verbotenen Reflexes (0,0,2) in Abhängigkeit von der Objektdicke für eine Siliziumfolie (ohne Absorption). Einstrahlrichtung $\left[1,1,0\right]$, Strahlspannung 300 kV. Die Abszisse ist in Einheiten 60 nm = 2 ξ_o geteilt.
Darunter: Phasenlage $\Delta\alpha(t) = \alpha_{hkl}(t) - \alpha_{ooo}(t)$ der an (1,-1,1) gebeugten Welle relativ zur Welle in Vorwärtsrichtung. Die Ordinate geht von $(-\pi)$ (bei 0) bis π (bei 1).. Rechnung: B. Freitag.

zu einer <1,1,0>-Achse beleuchtet werden. In eine solche Rechnung sind viel mehr Strahlen (Reflexe) einzubeziehen als hier ausgedruckt sind. Auf den ersten Blick erinnert das Ergebnis an die Pendellösung (Fig. 57) des dynamischen Zweistrahlfalls: die Intensität des Primärstrahls erreicht periodisch fast den Wert null, wo die Intensitäten der Hauptreflexe Maxima durchlaufen. Diese einfachen Verhältnisse sind eine Folge der hochsymmetrischen Orientierung des Primärstrahls und nicht allgemein verwirklicht. Liegen derartige Verhältnisse vor, nennt man den Abstand zwischen zwei Minima des Primärstrahls (hier 30 nm) die *effektive Extinktionsdistanz des Primärstrahls* ξ_o. Interesanterweise tritt auch der kinematisch verbotene (vgl. Gl. (1.76)) Reflex (0,0,2) mit nennenswerter Intensität auf; wegen der geringeren Wechselwirkung der Elektronenwellen mit den (0,0,2)-Ebenen ist die zugehörige Extinktionsdistanz viel größer als bei den anderen Reflexen. Dieser Unterschied wird bei der Methode des Chemical Lattice Imaging (Abschnitt 3.7.3) ausgenutzt.
Die Multislice-Rechnung ergibt auch den Phasenunterschied zwischen den einzelnen Reflexen und dem Primärstrahl als Funktion der Objektdicke. In Fig. 79b ist der Übersichtlichkeit halber nur die relative Phasenlage des (1,-1,1)-Reflexes gezeigt.

3.3 Die Wirkung der Objektivlinse

3.3.1 Der Öffnungsfehler

Die Wellenfunktion ψ ($\underline{k}$, $\underline{r}$), die aus dem Objekt austritt, fällt auf die Objektivlinse. Diese zeigt in ihrer hinteren Brennebene die Fouriertransformierte F ψ in Form des Beugungsmusters ("Beugungsbildes") des Objekts. Dabei unterscheiden sich gestreute Elektronen von den nicht gestreuten nur durch eine Phasenverschiebung (jedenfalls in der Näherung des Phasen-Objekts; Hinzunahme einer effektiven "Absorption" durch Großwinkel- und inelastische Streuung spielt in der HREM eine untergeordnete Rolle). Man muß also vor der Rücktransformation zum ersten Zwischenbild einen Weg finden, aus dem Phasenkontrast einen Amplitudenkontrast zu machen. Ein größeres Problem stellt aber der starke *Öffnungsfehler* der Elektronenlinse dar, der den Elektronen eine zusätzliche Phasenverschiebung aufprägt, die umso größer ausfällt, je weiter von der Achse entfernt ihre Bahn verläuft.
Es wird sich zeigen, daß beide Probleme dadurch bis zu einem gewissen Grad beseitigt werden können, daß man die Linse nicht auf die Austrittsfläche der Welle aus dem Objekt fokussiert.
Zunächst soll die Phasenverschiebung der Elektronenwelle berechnet werden, die durch den Öffnungsfehler entsteht. Eine Linse mit der Öffnungsfehler-Konstante C_s erzeugt von einem Achsenpunkt anstelle eines Bildpunktes ein Bildscheibchen vom Radius r_i (der Index i steht für Bildraum, engl. image).

Projiziert man diese Scheibe zurück in den Objektraum, entsteht ein Scheibchen mit dem Radius $r_o = M^{-1} r_i = (a/b)\, r_i$ (vgl. Fig. 80). (M = Vergrößerung, magnification).
Aufgrund der Theorie der Bildfehler gilt folgender Zusammenhang zwischen r_o und dem Winkel Θ_o, den der äußerste benutzte Strahl mit der Achse bildet:

(3.14) $$r_o = C_s\ \Theta_o^3$$

Bei einer idealen (Gaußschen) Abbildung wären die optischen Wege aller Strahlen von einem Objektpunkt bis zum zugehörigen Bildpunkt gleich. Das bedeutet: die auf verschiedenen Wegen durch die Linse laufenden Teile der vom Objektpunkt ausgehenden Kugelwelle kämen im Bildpunkt mit gleicher Phasenlage an. Im Wellenbild äußert sich der Öffnungsfehler dadurch, daß die achsenferneren Bereiche der konvergierenden Wellenfront-stärker gekrümmt sind als die inneren (Fig.80). Dadurch entsteht in der Bildebene ein Phasenunterschied $\Delta\chi$ zwischen den in A bzw. in B ankommenden Wellen, der sich aus dem Wegunterschied (C A - C B) berechnen läßt:

$$\Delta\chi = (2\pi/\lambda)\ (c - d) = (2\pi/\lambda)\ (c^2 - d^2)/(2c).$$

$$= (2\pi/\lambda)\ r_i^2/(2c) = (2\pi/\lambda)\ (r_i/2)\sin\Theta_i.$$

Wegen $r_i \sin\Theta_i \approx r_o \sin\Theta_o$ folgt: $\Delta\chi = (\pi/\lambda)\ r_o \sin\Theta_o = (\pi/\lambda)\ C_s\Theta_o^3 \sin\Theta_o$

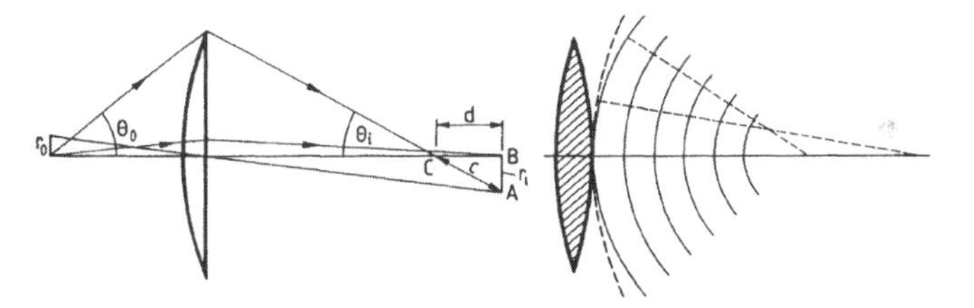

fig. 80. Phasenschiebung durch den Öffnungsfehler einer Linse. Näheres im Text.

Wegen der Kleinheit der Öffnungswinkel der Elektronenlinsen kann der Sinus in dem letzten Ausdruck sicher durch das Argument ersetzt werden. Außerdem muß aber der Phasenunterschied über das Bildscheibchen gemittelt, d. h. ein Faktor 1/2 hinzugefügt werden, sodaß die durch den Öffnungsfehler der Linse erzeugte (mittlere) Phasendifferenz zu dem Achsenstrahl in der Bildebene angesetzt werden kann als:

(3.14) $$\Delta\chi = (\pi/2\lambda)\ C_s\ \Theta_o^4 = (2\pi/\lambda)\ \frac{C_s}{4}\ \Theta^4$$

3.3.2 Der Defokus

Will man die scharf abzubildende Objektebene nicht in die Austrittsfläche der Elektronenwelle aus dem Objekt legen sondern um eine Strecke Δa vor oder hinter diese Fläche, so muß man die Brennweite f der Linse um eine Strecke Δf verändern. Man "defokussiert" (Fig. 81), die Strecke Δf nennt man den *Defokus.*
Aus der Linsenformel $1/a + 1/b = 1/f$ ergibt sich (bei festgehaltener Bildweite b): $\Delta a/\Delta f = (a/f)^2$; im Fall des Mikroskop-Objektivs ist $a \approx f$, sodaß man eine Fläche scharf abbildet, die um Δf in Strahlrichtung *vor* (dann ist *Δf negativ)* bzw. *hinter (Δf positiv)* dem Objekt liegt. Offenbar muß bei negativem Δf die Erregung der Linse abgeschwächt, d. h. die *Brennweite verlängert* werden.

Eine ideale Linse bestimmter Brennweite ordnet jeder Ebene im Objektraum eine *konjugierte Ebene* im Bildraum zu. Dabei ist der optische Weg von jedem Objektpunkt zu dem konjugierten Bildpunkt gleich. Dieser optische Weg hängt aber von der Brennweite ab. Deshalb ändert sich die Phasenlage der in der Bildebene ankommenden Wellen, wenn man durch Ändern der Brennweite eine andere Objektebene scharf abbildet.

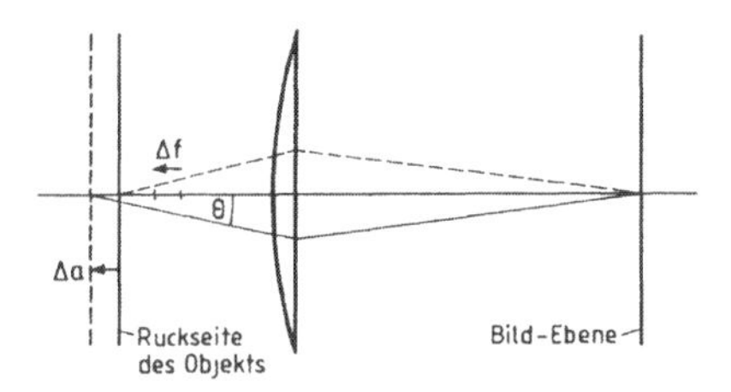

Fig. 81. Phasenschiebung durch Defokussieren der Objektivlinse. (Δf ist hier negativ).

Diese Phasenänderung infolge des Durchlaufens der Strecke Δf haben wir bereits in anderem Zusammenhang berechnet: es handelt sich nämlich um einen Fall von Fresnel-Beugung (hier im Raum zwischen der Ebene, auf die fokussiert wird, und der Austrittsfläche aus dem Objekt). Drücken wir die zugehörige Phasenschiebung wie im Fall des Öffnungsfehlers im Richtungsraum aus, haben wir die Fourier-Transformierte des Fresnel-Propagators (Gl.3.8) zu benutzen[5] (Gl. 3.11), wobei die Strecke D nun gleich dem Defokus Δf ist:

$$(3.15) \qquad \Delta\chi = \pi\,\lambda\,\Delta f\,\Theta^2/\lambda^2 = (2\pi/\lambda)\,(\Delta f/2)\,\Theta^2$$

[5] Es ist üblich, die Zuordnung der (x,y)-Ebene zu der (u,v)-Ebene nur eindimensional zu formulieren (x <-> u) und darüberhinaus die Bild-Rotation durch die magnetische Linse um die Achse der Übersichtlichkeit wegen unerwähnt zu lassen.

Offenbar kann man dieser Phasendifferenz zwischen dem äußersten verwendeten Strahl (Öffnungswinkel Θ) und dem achsialen Strahl durch Wahl des Vorzeichens von Δf positives oder negatives Vorzeichen geben.

3.3.3 Die Kontrast-Transfer-Funktion (CTF)

Die Linse verändert die Fourier-Transformierte der aus dem Objekt kommenden Wellenfunktion (d. h. das Beugungsmuster), indem sie ihr die sog. Kontrast-Transfer-Funktion exp $(i\chi)$ aufprägt. χ ist die kombinierte Phasenverschiebung durch den Öffnungsfehler (vgl. 3.3.1) und den Defokus (3.3.2).

$$\text{(3.16)} \qquad CTF(u) = \exp(i\chi) = \exp i(2\pi/\lambda) \left\{ \frac{\Delta f}{2} (\lambda u)^2 + \frac{C_s}{4} (\lambda u)^4 \right\}$$

Die Kontrast-Transfer-Funktion ist dem Beugungsmuster aufzumultiplizieren. Hinzu kommt dann noch eine kastenförmige Blendenfunktion $A(u_B)$, die innerhalb des Winkelbereichs $u \le u_B$ der Aperturblende den Wert eins hat und außerhalb gleich null ist. Alle drei Beiträge zur CTF können jeder für sich den Phasenkontrast in einen Amplitudenkontrast umwandeln. Es gilt vor allem, die beiden in Gl.(3.16) berücksichtigten Beiträge optimal aufeinander abzustimmen.
Das bei der Berechnung der mikroskopischen Abbildung zu verfolgende Schema sieht demnach so aus: die aus der Probe austretende Wellenfunktion $\psi_e(x)$ (vgl. Abschnitt 3.2) ergibt durch Fourier-Transformation das (ideale) Beugungsmuster:

$$\text{(3.17)} \qquad Q(u) = F\, \psi_e(x)$$

Dieses wird durch die Kontrast-Transfer-Funktion und die Blendenfunktion modifiziert:

$$\text{(3.18)} \qquad Q'(u) = Q(u)\, CTF(u)\, A(u_B)$$

Die Rücktransformation ergibt die Wellenfunktion in der Bildebene:

$$\text{(3.19)} \qquad F^{-1}\, Q'(u) = \psi_i(x) = \psi_e(x) * F^{-1} \left\{ CTF(u)\, A(u_B) \right\}$$

Das Betragsquadrat von $\psi_i(x)$, also $\psi_i(x)\, \psi_i^*(x)$, ist die beobachtbare Intensitätsverteilung des Bildes $I_i(x)$.

Ist das Objekt ein Kristall, stellt sich die Wellenfunktion an der Rückseite der Objektfolie in der Form dar:

$$\psi_e(\underline{r}) = \sum_{\underline{g}} \varphi_{\underline{g}}(t) \exp(2\pi i\, \underline{g}\, \underline{r})$$

(g einschließlich g = 0) . Hier ist die Zweidimensionalität von Objekt- und Bildebene durch Benutzung des Vektors $\underline{r} = [x, y]$ betont. Zu den *komplexen* $\varphi_g(t)$ vgl. z. B. die Gln. (2.16) und (3.47) .
Soweit die Bildintensität $I_i(\underline{r})$ von $\psi_e(\underline{r})$ bestimmt wird, erscheint eine Doppelsumme.:

$$I_i(\underline{r}) = \sum_g \varphi_g \exp(2\pi i \underline{g}\,\underline{r}) \sum_h \varphi_h^* \exp-(2\pi i \underline{h}\,\underline{r})$$

$$= \sum_g \sum_h \varphi_g \varphi_h^* \exp\left[2\pi i\,(\underline{g} - \underline{h})\,\underline{r}\right]$$

Sind die Reflexe g , h ≠ 0 so schwach, daß für $I_i(\underline{r})$ nur Glieder wichtig sind, bei denen einer der beiden Faktoren φ_g, φ_h^* der Nullstrahl φ_o ist, dann spricht man von *linearer Abbildung.* Im allgemeineren - *nichtlinearen* - Fall formuliert man die Fourier-Zerlegung von $I_i(\underline{r}) = \sum I_g \exp(2\pi i\,\underline{g}\,\underline{r})$ mit

$$I_g = \sum_{g'} \varphi_{g+g'}\, \varphi_{g'}^*\, \tau\,(g + g', g')$$

wo über alle mit genügender Intensität anfallenden Reflexe zu summieren ist. Die τ sind die transmission cross-coefficients (vgl. Abschnitt 3. 4. 2)

3.3.4 Erörterung der elektronenmikroskopischen Abbildung im Rahmen des Konzepts der Transmissionsfunktion. Die Näherung des Schwachen Phasenobjekts, Scherzer-Fokus und Punkt-Auflösungsvermögen

Um ein Gefühl für die Bedeutung der Kontrast-Transfer-Funktion und die richtige Wahl des Defokus zu bekommen, ersetzen wir die Berechnung der aus dem Objekt austretenden Welle $\psi_e(x)$ mit Hilfe eines der aufwendigen Verfahren aus den Abschnitten 3.2.1 bzw. 3.2.2 durch Multiplikation der beleuchtenden ebenen Welle mit einer Transmissionsfunktion (vgl. 3.2.2.1) und behandeln dabei das Objekt als ein schwaches Phasenobjekt; die für diesen Fall zuständige Gl. (3.4) sei in eindimensionaler Form wiederholt:

$$\psi_e(x) = \psi_o\left[1 - i\sigma\,\Phi_P(x)\right] \tag{3.20}$$

wo Φ_P das längs des Strahls projizierte Potential meint.

Daraus ergibt sich für das modifizierte Beugungsmuster (ohne Erwähnung der Blendenfunktion $A(u_B)$):

$$Q'(u) = \psi_o\left\{\int\left[1 - i\sigma\,\Phi_P(x)\right]\exp(i\,2\pi\,ux)\,dx\right\}\exp\left[i\chi(u)\right] \tag{3.21}$$

$$= \psi_o\left[\delta(u) - i\sigma\,F(\Phi_P(x))\right]\exp\left[i\chi(u)\right]$$

Das Bild entsteht durch Rücktransformation[6] von Q´(u):

---

[6] Wir machen Gebrauch von dem Faltungstheorem: **F** (f g) = **F** (f) ∗ **F** (g)

$$(3.22)\qquad \psi_i(x)/\psi_o = 1 - i\sigma\,\Phi_P(x) * \left[F^{-1}\cos\chi(u) + i\,F^{-1}\sin\chi(u)\right]$$

$$= 1 + \sigma\,\Phi_P(x) * F^{-1}\sin\chi(u) - i\sigma\,\Phi_P(x) * F^{-1}\cos\chi(u)$$

Die Bildintensität I_i enthält wegen der Voraussetzung $\sigma\Phi_P \ll 1$ und des Hinzutretens der Primärwelle (repräsentiert durch die Eins) zum Realteil von ψ_i nur noch den Imaginärteil der CTF, der manchmal exakt als "Phasen-CTF" bezeichnet wird.

$$(3.23)\qquad I_i(x)/I_o = 1 + 2\,\sigma\,\Phi_P(x) * F^{-1}\sin\chi(u).$$

Die Fourier-Transformierte von $\sin\chi(u)$ nennt man *impulse response function* oder *spread function.* Sie zeigt an, wie die Darstellung eines Objektpunktes im Bild durch die kombinierte Wirkung von Öffnungsfehler der Linse und Defokus ausgeschmiert wird. Diese Funktion (Fig. 82) ist i. w. negativ: die Atome mit ihrem positiven Potential erscheinen dunkel auf hellerem Hintergrund.

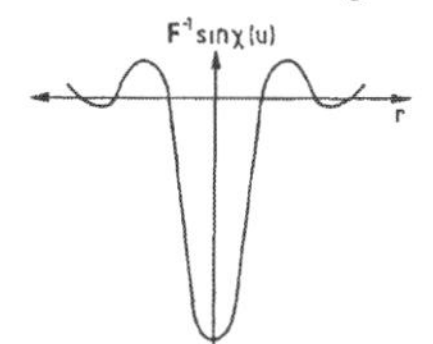

Fig. 82. Die Impuls-Response-Funktion $F^{-1}\sin\chi(u)$.

Gl. (3.23) beschreibt die Abbildung eines schwachen Phasenobjekts: zu der ungeschwächten ebenen Primärwelle (dargestellt durch die Eins) wird in der Bildebene das *projizierte Potential* Φ_P des Objekts dargestellt; allerdings ist jeder Bildpunkt mit der spread function ausgeschmiert. Man wird deshalb versuchen, diese Funktion im Ortsraum des Bildes möglichst eng zu machen. Das bedeutet dann wegen der Reziprozität von Winkel- und Ortsraum, daß man die Funktion $\sin\chi(u)$ möglichst breit ("kastenförmig") gestalten wird (Fig. 83). Aus Gl. (3.16) erhalten wir:

$$\sin\chi(u) = \sin\left\{(2\pi/\lambda)\left[\frac{\Delta f}{2}(\lambda u)^2 + \frac{C_s}{4}(\lambda u)^4\right]\right\}$$

Um dieser Funktion die erwünschte Form zu geben, muß auf jeden Fall der *Defokus negativ* gewählt werden (d.h. die Linse muß *unterfokussiert* werden) (Fig. 83a). Ein vernünftiges Maß für die Stärke dieser Unterfokussierung ergibt sich aus der folgenden Überlegung. Die Annahme eines schwachen Phasenobjekts ist gleichbedeutend (vgl. 3.2.2.1) mit der kinematischen Näherung bzw. der ersten Bornschen Näherung, bei der die Elektronen Einfachstreuung mit einer *Phasenverzögerung um* $(-\pi/2)$ der gestreuten Welle erfahren.

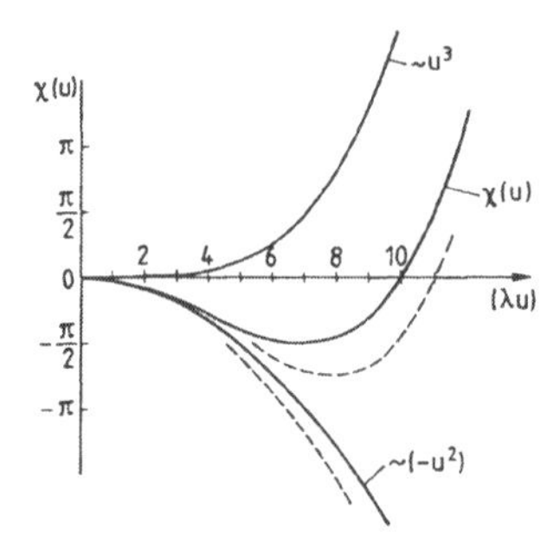

Fig. 83a, Das Argument $\chi(u)$ der Kontrast-Transfer-Funktion setzt sich aus einem ne gativen und einem positiven Summanden zusammen. Durchgezogene Linien: Scherzer-Fokus $\Delta f = -\sqrt{(\lambda C_s)}$; gestrichelte Linien: Optimaler Fokus $\Delta f = -\sqrt{(1{,}5\ \lambda C_s)}$. Benutzte Parameter: $\lambda = 2{,}5\ 10^{-12}$ m (200 kV), $C_s = 1$ mm. Die Abszisse zeigt (λu) in Vielfachen von 10^{-3}.

Es ist also sinnvoll, mit Hilfe einer geeigneten Wahl von Δf diese Phasenverzögerung auf $(-\pi)$ zu erhöhen und so aus Phasenkontrast Amplitudenkontrast zu machen. Man wird Δf so einstellen, daß das Minimum der Funktion $\chi(u)$ bei $(-\pi/2)$ liegt. Das wird erreicht mit

$$\Delta f = -\sqrt{\lambda\ C_s} \tag{3.24}$$

Diesen speziellen Wert des Defokus nennt man *Scherzer-Fokus.*

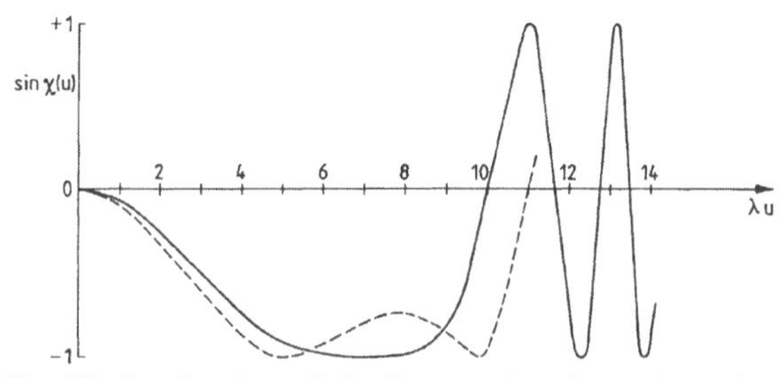

Fig. 83b. Der Imaginärteil der Kontrast-Transfer-Funktion (CTF) $\sin\chi(u)$.. Parameter und Fokussierung wie in Fig. 83a. Die erste Nullstelle ergibt als Punktauflösungsvermögen für Phasenkontrast $d_p = 0{,}25$ nm (Scherzerfokus) bzw. 0,227 nm (Optimaler Fokus)

Wie Fig. 83b zeigt, entsteht bei dieser Wahl ein relativ breiter Winkel-Bereich, in dem die gebeugten Wellen die gewünschte Phasenverschiebung erhalten[7]. Fordert man, daß alle Wellen, die zu einem vernünftigen Bild beitragen können, wenigstens das gleiche *Vorzeichen* der durch die Linse zustandekommenden Phasenverschiebung haben müssen, dann wird man die Aperturblende so wählen, daß sie den Winkelbereich bei der ersten Nullstelle von $\sin\chi(u)$ begrenzt. (Wie Fig. 83b zeigt, oszilliert die CTF jenseits der ersten Nullstelle zwischen +1 und -1, transferiert die Phasenlage der zugehörigen Raumfrequenzen also in ganz unübersichtlicher Weise). Die erste Nullstelle der CTF liegt bei

(3.25) $$u_o = \sqrt{2}\ \lambda^{-3/4}\ C_s^{-1/4}$$

Dies ist die höchste Raumfrequenz, die "vernünftig", d. h. in der richtigen Phasenlage, abgebildet wird. Der reziproke Wert ist dann das *Punktauflösungs-Vermögen* d_P des Objektivs und damit des Mikroskops.

(3.26) $$d_P = 0{,}7\ \lambda^{3/4}\ C_s^{1/4}$$

Die zugehörige Objektiv-Apertur ist $\alpha = \lambda u_o = \lambda/d_P = \sqrt{2}\,(\lambda/C_s)^{1/4}$. Wählen wir als Beispiel ein modernes Mikroskop mit C_s = 1 mm und U = 400 kV, d. h. λ = 1,64 10^{-3} nm, ergibt sich als Scherzerfokus Δf =- 40,5 nm und als Punktauflösungsvermögen d_P = 0,18 nm. Die optimale Apertur ist $\alpha = 10^{-2}$.
Man kann übrigens die erste Nullstelle von $\sin\chi(u)$ zu einer etwas höheren Raumfrequenz schieben und damit das nominelle Punktauflösungsvermögen etwas verbessern, indem man die Kastenform von $\sin\chi(u)$ durch eine Einsattelung im mittleren Bereich verschlechtert (Fig. 83). Legt man das Minimum von $\chi(u)$ z. B. nach $(-3\pi/4)$ statt nach $(-\pi/2)$, (das bedeutet $\Delta f = -\sqrt{[1{,}5\ \lambda C_s]}$, sog. *optimaler Fokus*), dann erhält man ein Punktauflösungsvermögen

$$d_P = 0{,}64\ \lambda^{3/4} C_s^{1/4}\ .$$

Wellenlänge und Öffnungsfehlerkonstante für die benutzte Probenlage im Objektiv dürfen als bekannt vorausgesetzt werden. Damit ist der Scherzerfokus und das dafür definierte Punktauflösungsvermögen problemlos berechenbar. Es hat sich eingebürgert, mit dem Scherzerfokus aufgenommene Bilder als "direkt interpretierbar" zu bezeichnen in dem Sinn, daß die dunklen Kontraste die Atomsäulen (Gebiete hohen Potentials) in der richtigen relativen Position zueinander abbilden. Dabei muß aber daran erinnert werden, daß diese Interpretation nur für schwache Phasenobjekte als hergeleitet gelten kann. Diese Voraussetzung ist manchmal erfüllt, so z. B. bei isolierten biologischen Molekülen. In anderen Fällen versucht man sich ihr möglichst zu nähern, indem man z. B. von Kristallen aus leichten Atomen ultradünne Folien herstellt. Ganz allgemein hat die Wahl des Scherzerfokus für die Aufnahme den Vorteil, daß die Wirkung der Objektivlinse auf

---

[7] Allerdings werden die niedrigen Ortsfrequenzen (relativ grobe Objektstrukturen) stark gedämpft. Glücklicherweise sorgt hier häufig Streukontrast für Amplituden-Kontrast.

das Bild leicht zu übersehen ist; die Eingangswellenfunktion sollte im allgemeinen Fall durch Multislice-Rechnungen bestimmt werden.
Als Beispiel für ein im Scherzerfokus aufgenommenes Bild (auf dem also die Atomsäulen dunkel, die Tunnels dazwischen hell erscheinen) zeigt Abb. 12 eine Cu_3Si-Ausscheidung in einem Silizium-Kristall. Aufgrund der epitaktischen Orientierungs-Beziehung der beiden Kristalle liegen in beiden zugleich Atomsäulen parallel zum Primärstrahl. Die Ausschnittsvergrößerung zeigt sehr klar in dem Silizid Atomsäulen in den richtigen Abständen. Wenn auch entsprechend dem begrenzten Auflösungsvermögen (d_P = 0,19 nm) nicht alle Atomsäulen zu sehen sind, handelt es sich doch um ein Strukturbild im Sinn der Definition in Abschnitt 3.5.
Abb. 13 stellt - ebenfalls im Scherzerfokus - die [1,1,0]-Projektion eines der z. Zt. im Mittelpunkt des Interesses der Materialphyiker stehenden Hochtemperatur-Supraleiter (HTSl) dar.
Die HTSl bilden Schicht-Strukturen, die für die Supraleitung (Sl) verantwortliche CuO_2-Ebenen enthalten. In der rechten unteren Ecke von Abb. 13 ist die Anordnung der Kationen in einer Elementarzelle eingezeichnet. Man sieht drei Kupfer-Ionen enthaltende Ebenen, von denen aber nur die beiden äußeren Sauerstoff enthalten und Träger der Sl sind. Die Sauerstoff-Ionen sind nicht sichtbar, müssen aber für eine optimale Bildsimulation (rechts unten neben dem Strukturmodell) berücksichtigt werden.

3.3.5 Die Näherung des starken Phasenobjekts

In diesem Abschnitt gehen wir über den Rahmen der kinematischen Näherung - der Annahme von Einfachstreuung - hinaus. Wir tun dies in zwei Schritten. Zuerst (Abschnitt 3.3.5.1) beschränken wir das Auflösungsvermögen durch Anbringen einer relativ kleinen Aperturblende, deren Wahl sich im Verlauf der Rechnung ergeben wird, und finden eine einfache Deutung der Helligkeitsverteilung im Bild eines starken Phasenobjekts als eine Wiedergabe der projizierten Ladungsdichte im Objekt. Dann (Abschnitt 3.3.5.2) geben wir diese Beschränkung auf; nun beeinflussen *Real-und Imaginärteil* der CTF das Bild.[8]
Die Näherung des Phasenobjekts (ohne Beschränkung auf kleine Phasenwinkel) beschreibt das praktische Ergebnis gut, solange ein kristallines Objekt bei U = 100 kV nicht dicker als 1 bis 2 nm ist; bei hohen Spannungen wird die Näherung besser.

3.3.5.1 Abbildung der projizierten Ladungsdichte

Zunächst beschränken wir uns auf einen mäßigen Öffnungswinkel, d.h. wir erwarten kein hohes Auflösungsvermögen. Dann wird nicht mehr das projizierte Potential des Objekts abgebildet sondern die *projizierte Ladungsdichte.* Dies wird im folgenden gezeigt.
Die Austrittswellenfunktion ist

$$\psi_e(x) = \psi_o \exp(-i\, \sigma\, \Phi_P(x)) \qquad (3.27)$$

[8] Vergleiche hierzu die Bemerkung über *Strukturbilder* in Abschnitt 3.5.

Das *ideale* Beugungsmuster wird

(3.28) $$Q(u) = \psi_o \int \exp(-i\sigma\Phi_P(x)) \exp(i\,2\pi\,ux)\,dx$$

Das modifizierte Beugungsmuster entsteht aus Q(u) durch Multiplikation mit der CTF, die nun bei *Vernachlässigung des Öffnungsfehlers* der Linse vereinfacht ist zu

$$\exp(i\chi(u)) = \exp\left[(i2\pi/\lambda)(\Delta f/2)(\lambda u)^2\right] \approx \left[1 + i\pi\,\Delta f\,\lambda\,u^2\right].$$

(Die letzte Beziehung gilt, wenn $u^2 \ll (\lambda\pi\,\Delta f)^{-1}$. D. h. die Apertur muß auf $\alpha = u\lambda \ll \sqrt{\lambda/(\pi\,\Delta f)}$ beschränkt werden. Bei 200 kV-Elektronen und C_s = 1 mm bedeutet das ein Punktauflösungsvermögen von 0,6 nm.)

(3.29) $$Q'(u) = Q(u)\left[1 + i\,\pi\,\Delta f\,\lambda\,u^2\right]$$

Die Bildamplitude wird

(3.30) $$\psi_i(x) = F^{-1}\,Q(u) + i\pi\,\Delta f\,\lambda\,F^{-1}\left\{u^2\,Q(u)\right\}$$

Der erste Term auf der rechten Seite von Gl. (3.30) ist die Austrittswellenfunktion $\psi_e(x)$. Der zweite Term läßt sich mit Hilfe der Beziehung

$$F\,d^2/dx^2\,\psi_e(x) = -4\pi^2 u^2\,F\,\psi_e(x) = -4\pi^2 u^2\,Q(u)$$

berechnen: $$F^{-1}\left\{u^2\,Q(u)\right\} = -\frac{1}{4\pi^2}\,d^2/dx^2\,\psi_e(x) =$$
$$= \frac{1}{4\pi^2}\left\{\sigma^2\,\Phi'^2(x) + i\,\sigma\,\Phi''(x)\right\}\psi_e(x)$$

Dabei sind Φ' und Φ'' die erste bzw. zweite Ableitung von $\Phi_P(x)$ nach x. Dieses Ergebnis in Gl. (3.30) einsetzend erhält man:

(3.31) $$\psi_i(x) = \psi_o \exp(-i\sigma\Phi_P(x))\left\{1 - \frac{\sigma\,\Delta f\,\lambda}{4\pi}\,\Phi''(x) + i\,\frac{\sigma^2\,\Delta f\,\lambda}{4\pi}\,\Phi'^2(x)\right\}$$

Wegen der Kleinheit von σ dominieren bei einem für Festkörper typischen Profil des projizierten Potentials die ersten beiden Glieder in der Klammer:

$$I_i(x) = \psi_o^2\left\{1 - \frac{\sigma\,\Delta f\,\lambda}{2\pi}\,\Phi_P''(x)\right\}$$

Zwischen der zweiten Ableitung des (projizierten) Potentials nach dem Ort ($\Delta\Phi_P$) und der (projizierten) Ladungsdichte $\rho_P(x)$ besteht die Poisson-Beziehung:

$$\Delta\Phi_P = -\frac{\rho_P}{\varepsilon\,\varepsilon_o}$$

Damit wird die Bildintensität

(3.32) $$I_i(x) = \psi_o^2 \left\{1 + \frac{\sigma\,\Delta f\,\lambda}{2\pi\,\varepsilon\,\varepsilon_o}\,\rho_P(x)\right\}$$

(Es sei daran erinnert, daß dieses Ergebnis nur für relativ kleine Objektivapertur gilt).
Wählt man den Defokus wieder negativ, erscheinen die Atomsäulen - genau wie bei der Näherung des schwachen Phasenobjekts - dunkel auf hellerem Hintergrund.
Man erkennt an diesem Beispiel sehr gut, daß der Defokus die Rolle der Phasenplatte in der Lichtmikroskopie spielen und den Phasenkontrast in einen Amplitudenkontrast verwandeln kann.

3.3.5.2 Phasenobjekte ohne Beschränkung des Phasenwinkels und des Auflösungsvermögens

Nun geben wir die Beschränkung auf kleine Öffnungswinkel auf. Das Ergebnis wird sein, daß nun sowohl der Realteil wie der Imaginärteil der CTF wichtig werden.
Rechnung und Ergebnis werden durchsichtiger, wenn man den Nullstrahl (die beleuchtende Welle) von vornherein abspaltet:

(3.33) $$\psi_e(x) = \psi_o \left[1 + \exp(-i\sigma\Phi_P(x)) - 1\right]$$

Die Bild-Amplitude ψ_i wird

(3.34) $$\psi_i(x) = \psi_o \left[1 + \exp(-i\sigma\Phi_P(x)) - 1\right] * F^{-1} \exp(i\chi(u))$$

Die Rolle der spread function übernimmt nun die Rücktransformierte der *komplexen CTF* (selbstverständlich unter Einschluß des Öffnungsfehler-Gliedes, vgl. Gl. 3.16)). Wir nennen sie t(x):

(3.35) $$t(x) = F^{-1} \cos\chi(u) + i\, F^{-1} \sin\chi(u) = c(x) + i\, s(x)$$

Damit wird[9] aus Gl. (3.34) (Φ steht für $\Phi_P(x)$):

(3.36) $$\begin{aligned}\psi_i(x)/\psi_o &= \left\{1 + \cos(\sigma\Phi) - 1 - i\sin(\sigma\Phi)\right\} * \left\{c(x) + i\, s(x)\right\} \\ &= \left\{1 + \left[\cos(\sigma\Phi) - 1\right] * c(x) + \sin(\sigma\Phi) * s(x)\right\} \\ &\quad + i\left\{\left[\cos(\sigma\Phi) - 1\right] * s(x) - \sin(\sigma\Phi) * c(x)\right\}\end{aligned}$$

9: Die Faltung der Eins mit t(x) ergibt wieder Eins.. Wir können das Faltungsprodukt ersetzen durch das Produkt aus einer Deltafunktion $\delta(u)$ mit der Fouriertransformierten von t(x), also der CTF (vgl. Gl 3. 35).. Dieses Produkt ist gleich der Deltafunktion, ihre Rücktransformation ist wieder die Eins (vgl. Anhang A1).

Aus der in Gl.(3.36) gegebenen Darstellung der Bildwellenfunktion als komplexe Zahl (a + ib) kann leicht die Aufteilung in Amplituden-und Phasen-Bild (eines reinen Phasen-Objekts !) gewonnen werden:

$$\psi_i/\psi_o = \sqrt{a^2 + b^2} \exp\left[i \arctan (b/a)\right] \tag{3.36a}$$

Zur Probe gehen wir nachträglich zur Näherung des *schwachen* Phasenobjekts zurück. Hier ist: $\sin(\sigma\Phi) \approx \sigma\Phi$ und $\cos(\sigma\Phi) \approx 1$. Damit wird

$$\psi_i(x) = \psi_o \left\{ 1 + \sigma\Phi * s(x) - i\, \sigma\Phi * c(x) \right\}$$

identisch mit Gl. (3.22).

3.4 Teilweise kohärente Beleuchtung

3.4.1 Lineare Abbildung, longitudinale und transversale Kohärenz, die Informations-Übertragungsgrenze

Die Betrachtungen in den Abschnitten 3.1 bis 3.3 beruhten auf der Annahme, das Objekt werde kohärent beleuchtet, d. h. von einer ebenen und monochromatischen Welle. Von dieser Annahme wurde überall da implizite Gebrauch gemacht, wo das Beugungsmuster und die Wellenfunktion ψ_i in der Bildebene des Objektivs als phasengerechte Aufsummierung von Teilwellen (also als Interferenzerscheinung) behandelt wurde. Die hier vorgestellte Interpretation der Bilder wäre sinnlos, wenn die Beleuchtung inkohärent wäre. (In besonderem Maße gilt das für die Abbildung periodischer Objekte).
Auf der anderen Seite wurde in Abschnitt 1.1.4 dargestellt, daß *vollständig* kohärente Beleuchtung nicht realisierbar ist: die Beleuchtung jedes Objektpunktes erfolgt aus einem Kegel mit einem endlichen Öffnungswinkel, und die Welle kann nicht ideal monochromatisch sein. Man führt entsprechend die Begriffe der *räumlichen (transversalen)* und *zeitlichen (longitudinalen)* Kohärenz ein. Zu dieser begrenzten Kohärenz der *Beleuchtung* treten andere Effekte, die sich ebenso auswirken wie sie: zeitliche Schwankungen der Brennweite der Objektivlinse und die Energieverluste eines Teils der Elektronen durch inelastische Stöße in der Probe. Man betrachtet deshalb eine beschränkte Kohärenz des gesamten *Abbildungsvorgangs.* Man kann die Feststellung treffen, daß mangelhafte Kohärenz nur an den Grenzen des gegenwärtig erreichten Auflösungsvermögens eine ernsthafte Begrenzung des Möglichen darstellt. Auch wurden gerade auf diesem Gebiet wichtige Verbesserungen erzielt, so bei der Beleuchtung durch die Feldemissions-Quellen (vgl. Abschnitt 1.3) und im Hinblick auf die inelastisch gestoßenen Elektronen durch die Energiefilter (vgl. den 4. Hauptteil). Für

die HREM ist meist die Begrenzung der longitudinalen Kohärenz ernster als die der transversalen.
Es gibt eine strenge Theorie der *teilweisen Kohärenz,* die ein quantitatives Maß der Kohärenz einführt. Für die Zwecke der praktischen Elektronenmikroskopie ist ein empirisches Vorgehen üblich, das im folgenden dargestellt wird.
Betrachtet man die Wirkung einer Elektronenquelle, deren Durchmesser größer ist als nach der räumlichen Kohärenzbedingung (Gl. (1.12)) für die beleuchtete Fläche zulässig ist, muß man die Quelle in Bereiche aufgeteilt behandeln, die die Kohärenzbedingung erfüllen, und muß die Beiträge dieser Bereiche an der Probe *intensitätsmäßig* addieren. Für die Kontrasttransfer-Funktion der Linse bedeutet das eine Überlagerung vieler gleicher Funktionen mit gegeneinander verschobenem Nullpunkt, entsprechend dem Bereich von Neigungswinkeln, aus denen der Nullstrahl kommt. Die Folge ist besonders anschaulich im Fall des WPO, wo CTF = $\sin\chi(u)$ ist (vgl. 3.3.4). Im inneren Bereich kleiner u-Werte verläuft $\sin\chi(u)$ flach und die Überlagerung ändert nicht viel. In der Nähe und jenseits des Scherzerfokus findet aber eine Verschmierung der (hier steilen) sich überlagernden CTF-Kurven statt und die Information wird verwischt. Ähnliche Betrachtungen kann man für die anderen inkohärenten Prozesse durchführen. Man kommt zu dem Ergebnis, daß diese Prozesse befriedigend dadurch in die Rechnung eingeführt werden können, daß man für die longitudinale und die transversale Inkohärenz je eine Dämpfungsfunktion in Form einer Exponentialfunktion auf die CTF aufmultipliziert. Dies gilt allerdings nur, solange der Nullstrahl stärker ist als alle anderen (sog.*lineare Abbildung,* linear imaging); zu nichtlinearen Abbildungsbedingungen siehe unter 3.4.2.
Der Ansatz lautet dann:

(3.37) $$\mathrm{CTF}(u) = \exp\left[-\, i\chi(u)\right] E_\Delta(u)\, E_S(u)$$

In Gl (3.37) steht E_Δ für die Dämpfungseinhüllende infolge des sog. chromatischen Fehlers, d. h. der zeitlichen (longitudinalen) Inkohärenz (s. unten) und E_S für die Dämpfungseinhüllende infolge der räumlichen (transversalen) Inkohärenz (der Index S erinnert an source = Quelle, weil die Divergenz der Beleuchtung die transversale Inkohärenz bestimmt).
Für die beiden Einhüllenden stehen die Exponentialfunktionen (3.38) und (3.39).

(3.38) $$E_\Delta(u) = \exp\left\{-\,(\Delta^2/2)\,(\delta\chi/\delta\Delta f)^2\right\} = \exp\left\{-(\pi\,\lambda\,\Delta\,u^2)^2/2\right\}$$

wo $$\Delta = C_c \sqrt{\frac{\sigma^2(U)}{U^2} + 4\,\frac{\sigma^2(J)}{J^2} + \frac{\sigma^2(E)}{E^2}}$$

(C_c ist die Konstante des Farbfehlers der Objektivlinse, eine Länge). Zu dem Ausdruck Δ vgl. Gl. (1.24); er enthält die statistischen Schwankungen der Brennweite infolge der Schwankungen (σ^2: Varianz) der Beschleunigungsspannung, des Linsenstroms und der Energie der aus der Quelle austretenden Elektronen. Δ nennt man auch *Chromatischen Defokus.*

$$(3.39) \qquad E_S(u) = \exp\left\{-(\pi\alpha/\lambda)^2\,(\delta\chi/\delta u)^2\right\} = \exp\left\{-(\pi\alpha)^2(\Delta f\,u + C_s\lambda^2u^3)^2\right\}$$

In (3.39) ist die entscheidende Größe der (halbe) Öffnungswinkel α der Beleuchtung.

Bei Inspektion der Gln. (3.38) und (3.39) fällt ein wesentlicher Unterschied ins Auge: die Lage der Dämpfungsfunktion der transversalen Inkohärenz (3.39) auf der u-Skala kann durch Wahl eines entsprechend großen negativen Defokus zu beliebig großen Winkeln geschoben werden; die Lage der Dämpfungsfunktion der longitudinalen Inkohärenz ist dagegen eine Eigenschaft des Instrumentes. Deshalb bezeichnet man den Wert u_i, bei dem die Dämpfungseinhüllende (3.38) die Kontrast-Transferfunktion auf e^{-2} = 13% herabgedrückt hat, als größte Ortsfrequenz, auf die das Instrument reagiert, bzw. das Reziproke davon als *Informations-Übertragungsgrenze* oder *instrumentelles Auflösungsvermögen:*

$$(3.40) \qquad d_i = \sqrt{\frac{\pi\,\lambda\,\Delta}{2}}$$

Es wäre unsinnig, ein Objektiv zu konstruieren, dessen Informations-Übertragungsgrenze so eng wäre, daß das Punktauflösungsvermögen (Gl. (3.26)) nicht ausgenutzt werden könnte. Es muß also immer $d_i \leq d_P$.
d_i hängt bei gegebener Wellenlänge von der Stabilität der Strom- und Spannungs-Versorgung und von der Energiebreite der von der Quelle emittierten Elektronen ab. Hierzu wurde bei der Diskussion von Gl. (1.24) einiges Quantitative mitgeteilt. Die Energiebreite verschiedener Quellentypen wurde in Kap. (1.3.2) besprochen; geht man von 2 10^{-6} für die Standardabweichung von U und J aus, so wird die Energiebreite der Elektronen an der Quelle dominierend, sobald $\Delta E/E$ größer als 4.5 10^{-6} ist, also z. B. $\Delta E > 0.9$ eV bei U = 200 kV. Ein Blick in Tab. 1.2 zeigt, daß bei Verwendung von Feldemissionsquellen (und eventl. guter LaB_6-Kathoden) die elektrische Stabilität das instrumentelle Auflösungsvermögen begrenzt.
Eine überzeugende Demonstration der Verbesserung des Auflösungsvermögens durch die kombinierte Wirkung einer Vergrößerung der Strahlspannung (d. h. Verkürzung der Elektronenwellenlänge) und einer Erweiterung der Informations-Übertragungs-Grenze sehen wir in Abb. 14. Sie zeigt ein Oxid ($Nb_{12}O_{29}$) mit großer Elementarzelle aufgenommen (bei gleicher Vergrößerung) einmal (links) mit 100 kV, zum anderen (rechts) mit 1 MV Strahlspannung. Die Einhüllende der CTF wegen Energiebreite der Quelle (B) bzw. Strahldivergenz (C) und deren Kombination (D) zeigt das Diagramm am Fuß der Abbildung.

Wenn die inelastisch gestreuten Elektronen einen nennenswerten Anteil der in die Objektivapertur fallenden Elektronen ausmachen, muß ihre Energiebreite sich ebenfalls auf Δ auswirken. Diese Situation liegt vor allem bei der Elektronenmikroskopie von Objekten aus leichten Atomen in der Biologie/Medizin vor. Dann bewirken *abbildende Energiefilter* eine bedeutende Verbesserung der Bilder und Beugungsdiagramme (Abb. 4).
Abschließend muß die *mechanische Stabilität* und Freiheit von elektromagnetischen *Störfeldern* als Voraussetzung für erfolgreiche Nutzung des instrumentellen Auflösungsvermögens genannt werden.

3.4.2 Nichtlineare Abbildung

Sobald die Dicke kristalliner Objekte so groß ist, daß *intensitätsreiche* Braggreflexe entstehen, muß der im vorigen Abschnitt benutzte Ansatz modifiziert werden. Unter diesen Bedingungen (dynamische Beugung) hängt es von der lokalen Probendicke ab, welche Strahlen (einschließlich des Nullstrahls) zu der Interferenz in der Bildebene beitragen. Für die Abschätzung des Einflusses von (longitudinaler und transversaler) Inkohärenz muß man die miteinander interferierenden Strahlen nach ihrem Winkel mit der Achse, d. h. nach ihrem u-Wert unterscheiden: interferieren z. B. der an $\underline{g}$ = (-1, 1, 1) gebeugte Strahl mit dem (1, -1, 1)-Strahl bei einem kubischen Kristall mit [1, 1, 0]- Achsenorientierung, dann bilden beide Beugungsordnungen gleiche Winkel mit der optischen Achse und werden von den zugehörigen Dämpfungsfunktionen in gleicher Weise betroffen, d. h. *ihre* Interferenz wird wesentlich weniger von Δ abhängen als die Interferenz zwischen Nullstrahl und den Beugungsordnungen. Man nennt diese Klassifizierung der interferierenden Strahlpaare nach ihrem Winkelabstand von der Achse und ihrer Extinktionslänge Berücksichtigung der *Transmissions-Kreuz-Korrelation* (engl. transmission cross coefficients TCC). Im Prinzip ermöglicht die ausschließliche Benutzung von Beugungsreflexen aus einer Winkelzone eine Verbesserung des Punkt- und des instrumentellen Auflösungsvermögens, aber die Gefahr der Fehldeutung der entstehenden Bilder ist sehr groß. Es gibt "berühmte" Beispiele dafür in der Literatur.

3.5 Jenseits des Scherzer-Fokus

Bleibt zwischen u_o (Gl. (3.25)) und u_i (= d_i^{-1}) genügend Abstand, kann man die zwischen diesen Marken liegenden Ortsfrequenzen bereichsweise mit einheitlicher Phasenverschiebung (- π/2) übertragen, indem man den Betrag des Defokus |Δf| größer als bei dem Scherzerfokus ($|\Delta f|_s = \surd(C_s\lambda)$) wählt. Wie Fig. 83a verdeutlicht, schiebt man damit das Minimum der Kurve χ(u) zu einer größeren Frequenz u_m; wählt man |Δf| so, daß $\sin\chi(u_m)$ wieder in der Nähe von (-1) liegt[10], wird ein relativ breites Frequenzband um u_m mit einheitlicher Phasenschiebung ≈ (-π/2) übertragen; man spricht von einem ***höheren Paßband.***

10: Genau bei $\sin(-3\pi/4) = -1/\surd 2$.

Weil nach (Gl. (3.16)) das Minimum von $\chi(u)$ bei $\lambda u_m = \sqrt{(|\Delta f|/C_s)}$ liegt, lautet die entsprechende Forderung ($|\Delta f| = -\Delta f$):

$$\chi(u_m) = -(\pi/2)\,|\Delta f_n|^2/(C_s\lambda) = -\left(\frac{4n+1}{2} + 1/4\right)\pi$$

mit n = 0 , ± 1, ± 2 ....(hier ist $\chi = (-3\pi/4 \bmod 2\pi)$)

Der zugehörige Defokus des n. Paßbandes Δf_n ist dann

$$\Delta f_n = -\sqrt{(4n + 3/2)\,C_s\lambda}$$

n = 0 ergibt den unter 3.3.4 besprochenen optimalen Fokus .

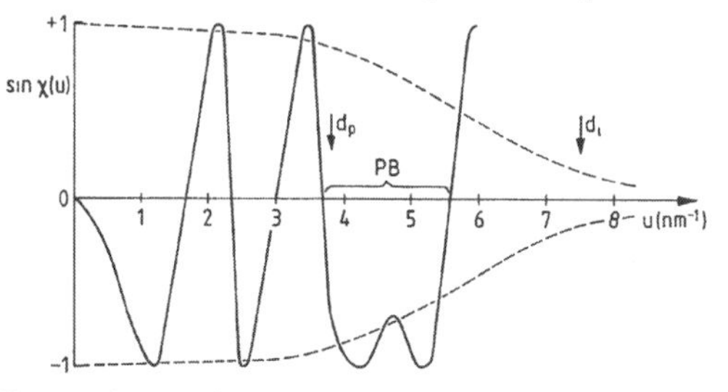

Fig. 84. (Phasen-)Kontrasttransfer-Funktion $\sin\chi(u)$ für das Paßband n = 2. Die gestri chelte Kurve ist die Dämpfungsfunktion (3.38) für die longitudinale Inkohärenz der Quelle mit Δ = 4,5 nm. Informationsgrenze: $d_ı$ = 0,13 nm. (λ =2,5 pm, C_s=1,2 mm).

Aufnahmen mit höheren Paßbändern können nur im Rahmen einer *Bild-Synthese* gebraucht werden. Man digitalisiert die Bilder zu einer Serie von richtig gewählten Defokus-Werten (bzw. man zeichnet die Bilder von vornherein digital auf), fouriertransformiert sie und speist aus jedem Bild nur den Frequenzbereich in die rechnerische Synthese des Bildes ein, der in das zugehörige Paßband fällt. Wieweit dieses aufwendige Verfahren der *Fokusserie* in Zukunft durch die demnächst kommerziell erhältlichen Objektivlinsen mit besserer Korrektur des Öffnungsfehlers überflüssig werden wird, muß die Zukunft zeigen.

Ein besonders elegantes Verfahren steht für den praktisch leider nicht sehr interessanten Fall eines *perfekten, periodischen* Objekts zur Verfügung. Bei einem solchen perfekten Kristall handelt es sich um die phasengerechte Übertragung nur weniger, genau definierter Ortsfrequenzen, nämlich der reziproken Abstände der niedrigst indizierten Netzebenen, die zur Zone der Einfallsrichtung des Strahls gehören. Wählt man $|\Delta f|$ so (*aberrationsfreier Defokus)*, daß $\sin\chi(u)$ für alle diese Frequenzen zugleich den Wert (-1) hat, sollte ein direkt interpretierbares Bild der Kristallstruktur entstehen.

Die praktische Durchführung (z. B. J. L. Hutchinson u. a. JEOL News 24E (1986) 9) hängt von einer sehr exakten Einhaltung des Defokus ab und erfordert eine Probendicke, für die alle beteiligten Strahlen (dynamisch) vergleichbare Intensität haben. In Abb. 15 ist gezeigt, daß mit dieser Methode die beiden Atomsäulen eines Siliziumkristalls, die in der <1,1,,0>-Projektion einen Abstand von 0,136 nm haben, mit einem Mikroskop getrennt werden können, dessen Punktauflösungsvermögen bei d_p = 0,16 nm liegt.

Offenbar ist sowohl für den Vergleich hochauflösender TEM-Bilder mit Simulationsrechnungen wie auch für die Anwendung des soeben geschilderten Verfahrens des aberrationsfreien Defokus eine Vorweg-Vorstellung von der Struktur des Objekts erforderlich. Dies trifft nicht zu für die Auswertung von Bildern, die entweder im Scherzerfokus (genauer: bei Gültigkeit der Näherung des schwachen Phasenobjekts) oder bei Gültigkeit der in Abschnitt 3.3.5.1 genannten Voraussetzungen aufgenommen wurden. Im ersten Fall wird das projizierte Potential, im zweiten die projizierte Ladungsdichte des Objekts wiedergegeben. Man sollte deshalb, einem Vorschlag Cowleys folgend, die ohne Vorkenntnisse auswertbaren Aufnahmen auch begrifflich von den übrigen abgrenzen und sie z. B. *Strukturbilder (structure images)* nennen. Selbstverständlich können auch auf Strukturbildern nur Einzelheiten erkannt werden, die innerhalb des Punktauflösungsvermögens des Mikroskops liegen. Da diese Grenze in den letzten Jahren deutlich hinausgeschoben werden konnte, mehren sich die Fälle, in denen man schon mit Hilfe der relativ einfach auszuwertenden Strukturbilder die gesuchte Information erhält.

3.6 Die Abbildung periodischer Objekte

3.6.1 Zweistrahl-Gitterbilder, schräge Beleuchtung

Auch für die HREM bildet der in Abschnitt 2.2.2 besprochene Zweistrahlfall eine besonders günstige Situation: im Prinzip kommt nur eine einzige Ortsfrequenz $u_o = d^{-1}$ vor, es wird nur eine enge Zone der Objektivlinse genutzt. Man kann den für diese Zone optimalen Defokus wählen und den Öffnungsfehler der Linse damit so überkompensieren, daß die Phasendifferenz zwischen der Vorwärtswelle und der gebeugten Welle (-)π beträgt; noch größer ist der Gewinn im Hinblick auf die longitudinale Inkohärenz (die Fluktuationen der effektiven Brennweite).

Man bezeichnet elektronenmikroskopische Bilder, die die periodische Struktur des Objekts auf atomarer Skala wiedergeben, als *Gitterbilder* (engl. lattice images). Gitterbilder können von sehr verschiedener Aussagekraft sein; das hängt zunächst davon ab, wieviele verschiedene Beugungsordnungen zum Aufbau des Bildes herangezogen wurden. In diesem Sinn spricht man von Zweistrahl-, Dreistrahl- bis zu Vielstrahl-Gitterbildern. Ferner können alle benutzten Braggreflexe einer Serie systematischer Reflexe angehören; dann erhält man ein *eindimensionales Gitterbild.* Benutzt man Reflexe aus mindestens zwei Ebenen des Reziproken Gitters, bekommt man zweidimensionale Gitterbilder.

Im folgenden werden Zweistrahl-Gitterbilder besprochen, bei denen neben der unabgelenkten Vorwärtswelle ein einziger Braggreflex $\underline{g}$ benutzt wird.

(Fig. 85a) Diese Aufnahmetechnik bot über Jahrzehnte den einzigen Zugang zu dem Bereich der HREM und trug viel zum Erhalt des Interesses an der Elektronenmikroskopie bei, soweit es sich auf die Klärung von Festkörperreaktionen auf atomarer Skala bezog (z. B. Modulation des Ebenenabstandes bei der Herausbildung von Überstrukturen, bei spinodaler Entmischung, Phasenseparationen etc.) Eindimensionale Gitterbilder der (220)-Ebenen von ungestörten Goldkristallen (Abstand 0,127 nm) wurden bereits 1965 präsentiert, zu einer Zeit als das Punkt-Auflösungsvermögen der besten Instrumente bei etwa 0,58 nm lag.

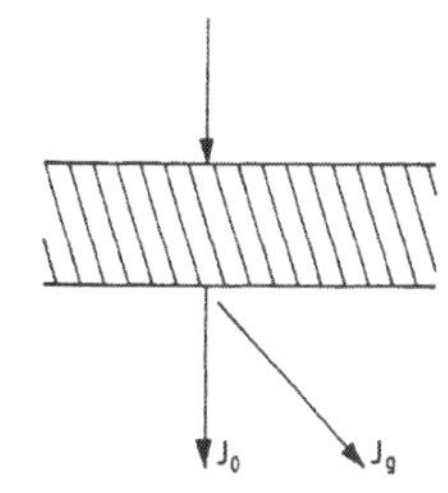

Fig. 85a. Aufnahme von Zweistrahl-Gitterbildern bei gerader Beleuchtung

Selbstverständlich kann von einer Abbildung, die nur eine einzige Ortsfrequenz des Objekts überträgt, nicht sehr viel Information über dieses erwartet werden (Abb. 16). In der Tat wurde erst im Laufe der Zeit klar, daß die Interpretation mit größter Vorsicht zu geschehen hat und daß insbesondere das Auflösungsvermögen für eine Periode d (das *Gitter-Auflösungsvermögen*[11] d_g) zu unterscheiden ist vom Punkt-Auflösungsvermögen.

Man wird bei der Zweistrahl-Technik die Probendicke t so wählen, daß die beiden interferierenden Wellen, die unabgelenkte und die gebeugte, gleiche Intensität haben; nach Gl. (2.21) ist das für $t = [(2n+1)/4]\ \xi_g$ der Fall.

Wir wollen das Gitter-Auflösungsvermögen abschätzen. Bei der Überlagerung der Vorwärtswelle mit der gebeugten in der Bildebene des Objektivs erzeugt eine Verschiebung der Phase der gebeugten Welle um 2π eine Verschiebung des Gitterbildes in der Richtung senkrecht zu den Gitterstäben um die Gitterkonstante d. Folglich erzeugt eine Verschiebung der Phase um χ eine Verlagerung des Bildes um $(\chi\ d/2\pi)$. Denken wir uns nun die Phasenlage der gebeugten Welle während der Aufnahme fluktuierend, dann erhalten wir eine Überlagerung der Bilder zu den verschiedenen Phasenlagen. Erfüllt die fluktuierende Phase einen Bereich der Breite π, so wird sich in der Überlagerung der Bilder immer noch die Gitterkonstante d abzeichnen, wenn auch mit vermindertem Kontrast. Aus dieser Überlegung leiten wir das Kriterium für die zulässige Breite der vorkommenden Phasen ab: es muß

11: Manchmal mißverständlich als "Linienauflösungs-Vermögen" bezeichnet.

(3.41) $\delta\chi \leq \pi$.

Eine Phasenverschiebung im Vergleich zu den Verhältnissen bei der idealen (Gaußschen) Abbildung kommt durch zwei Abbildungsfehler zustande: den Öffnungsfehler und den Farbfehler. Für die Phasendifferenz durch den Öffnungsfehler kann die Winkeldifferenz $\beta = 2\vartheta_B$ zwischen Nullstrahl und Braggreflex außer Betracht bleiben, weil sie dazu benutzt wird, die Phasenlage der gestreuten Elektronen $(-\pi/2)$ *exakt* zu $(-\pi)$ zu ergänzen. Einzig die endliche Winkel*breite* des Reflexes $(\delta\beta)$ bringt eine Verschmierung der Phasenlage des Reflexes mit sich. Aus Gl. (3.14) ergibt sich:

(3.42) $$\delta\chi = \frac{2\pi}{\lambda} C_s \beta^3 \delta\beta$$

$\delta\beta$ setzt sich zusammen aus der Winkelbreite der Beleuchtung Θ_c und der Breite des Reflexes infolge der beschränkten Größe des homogenen und kohärent beleuchteten Objektbereichs b:

(3.43) $$\delta\beta = \Theta_c + \lambda/b$$

Für β hat man den doppelten Braggwinkel λ/d zu setzen. Setzt man $\delta\chi$ in Gl. (3.42) gleich π, erhält man das Gitterauflösungsvermögen (für gerade Beleuchtung) im Zweistrahlfall:

(3.44) $$d_g = (2\, C_s\, \lambda^2\, \delta\beta)^{1/3}$$

Eine weitere Verbesserung, die vor allem die fast völlige Ausschaltung des Farbfehlers mit sich bringt, entsteht, wenn man Probe und Beleuchtung so verkippt, daß Nullstrahl und Braggreflex unter gleichem Winkel (nämlich dem Braggwinkel) symmetrisch zu der optischen Achse verlaufen (Fig. 85b).
Bei dieser *schrägen Beleuchtung* haben zwar *beide* Wellen über ihren Winkelbereich eine Phasenbreite (vgl. Gl. (3.42)) von $(2\pi\, C_s\, \beta^3\, \delta\beta/\lambda)$, was einen zusätzlichen Faktor zwei in Gl. (3.42) bringt, aber der Winkel β ist nur halb so groß wie bei gerader Beleuchtung. Das ergibt

(3.45) $$d_g = (C_s\, \lambda^2\, \delta\beta\, /2)^{1/3} \quad \text{(bei schräger Beleuchtung)}$$

Ein Zahlenbeispiel: bei einem 100 kV-Mikroskop sei die Beleuchtungsapertur $\Theta_c = 10^{-4}$, die Probengröße b = 100 nm, d. h. $\delta\beta = 1{,}37\ 10^{-4}$. Dann wird das Gitterauflösungsvermögen $d_g = 0{,}18$ nm bei gerader und $d_g = 0{,}11$ nm bei schräger Beleuchtung. Das Punktauflösungsvermögen des Mikroskops ist dabei $d_P = 0{,}4$ nm.
Die Ausdrücke (3.44) und (3.45) machen die Bedeutung der Beleuchtungsapertur für das Gitterauflösungsvermögen klar.

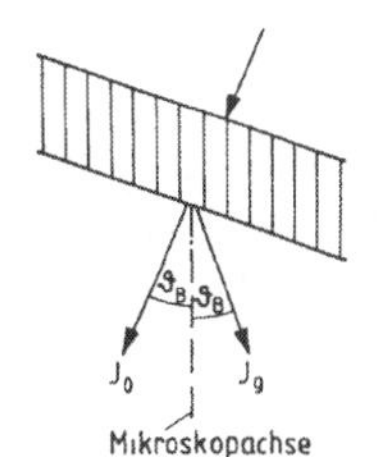

Fig. 85b. Aufnahme von Zweistrahl-Gitterbildern bei schräger Beleuchtung

Für die Untersuchung der Rolle des *Farbfehlers* (genauer der Fluktuation der Brennweite, Gl. (3.38)) für Zweistrahl-Gitterbilder, bildet Gl. (3.15) die Grundlage:

(3.15) $$\delta\chi = \frac{2\pi}{\lambda}\,\frac{\Delta f}{2}\,\beta^2 \qquad \text{mit } \Delta f = \Delta \text{ gemäß Gl. (3.38)}$$

Hier geht der volle Winkel β zwischen Nullstrahl und Reflex ein, weil Δ statistisch fluktuiert, die zugehörige Phasenfluktuation also nicht in das Phasenkontrast-Verfahren einbezogen werden kann. Mit $\beta = \lambda/d$ (gerader Beleuchtung) und dem Kriterium (3.41) ergibt sich:

(3.46) $$d_{g,c} = \sqrt{\lambda\ \Delta}$$

Hier ist nun der Übergang zur schrägen Beleuchtung besonders wichtig: weil die Phasenschiebung proportional zu β^2 ist (Gl. 3.15), werden nun *beide* Wellen durch die Brennweitenfluktuationen in gleicher Richtung um gleiche Beträge in der Phase springen, d. h. der Farbfehler ist im Ideal völlig ausgeschaltet. Allerdings wird dies wegen der großen Empfindlichkeit gegen die Justierung der Orientierung nicht völlig zu erreichen sein.
Daß auch bei schräger Beleuchtung Vorsicht am Platz ist, wenn man aus der Auszählung einer großen Anzahl von Gitterperioden im Bild auf die exakte lokale Gitterkonstante des Objekts schließen will, zeigt die folgende Rechnung. Für die Wellenamplitude $\psi_i(x)$ im Bild ergibt sich:

$$\psi_i(x) = \varphi_o \exp(\ i\pi g x) + \varphi_g \exp(-\ i\pi g x)$$

Die CTF spielt bei exakter Orientierung und scharfen Braggreflexen keine Rolle. φ_o und φ_g sind die *komplexen* (Phase und Amplitude) Wellenfunktionen in Vorwärts-bzw. Reflexrichtung, die von der Probendicke t und dem Abweichungsparameter w abhängen.
Aus Gl. (2.32) ergibt sich für den dynamischen Zwei-Blochwellen-Fall mit $K = (k^{(1)} + k^{(2)})/2$ und $\Delta k = k^{(2)} - k^{(1)} = \sqrt{1 + w^2}/\xi_g$:

(3.47) $$\varphi_o(t,w) = \exp\,(i2\pi\, Kt)\ \left\{\cos\,(\pi\,\Delta k\ t) - i\,\frac{w}{\sqrt{1+w^2}}\,\sin\,(\pi\,\Delta k\,t)\right\}$$

$$\varphi_g(t,w) = i \frac{1}{\sqrt{1+w^2}} \sin(\pi \Delta k\, t)$$

In Kurzfassung:

(3.48) $$\varphi_o(t,w) = |\varphi_o(t,w)| \exp(i\alpha)$$

mit $$\tan\alpha = \frac{-w}{\sqrt{1+w^2}} \tan\left(\pi \frac{\sqrt{1+w^2}}{\xi_g} t\right)$$

und $$\varphi_g(t,w) = i\, |\varphi_g(t,w)|$$

Damit wird $\psi_i(x, t, w) = |\varphi_o| \exp i(\alpha + \pi g x) + |\varphi_g| \exp i[(\pi/2) - \pi g x]$

und die Intensitätsverteilung im Bild ($g = d^{-1}$):

(3.49) $$I_i(x, t, w) = |\varphi_o|^2 + |\varphi_g|^2 + 2\, |\varphi_o|\, |\varphi_g| \sin\left[\frac{2\pi x}{d} + \alpha(t,w)\right]$$

Man erwartet also ein sinusförmig moduliertes Streifenmuster mit einer Periode, die gleich dem Netzebenenabstand d ist (die Vergrößerung durch die Linse ist hier nicht beachtet).

Die Amplitudenbeträge kann man Gl. (2.33) und (2.34) entnehmen. In unserem Zusammenhang ist der die Lage des Streifenmusters bestimmende Phasenwinkel α wichtig (vgl. Gl. (3.48)). Offensichtlich ändert sich die Periodenlänge des Streifenmusters überall da, wo sich w und/oder t ändert. Das geschieht z. B. dann, wenn die abzubildenden Netzebenen parallel zum Rand einer Folie in einem Gebiet liegen, in dem die Probendicke zunimmt. In den extrem dünnen Bereichen, in denen Gitterbilder gemacht werden sollten, beeinflußt elastische Verbiegung den Abweichungsparameter w.

Übrigens kommt die CTF $\chi(u)$ wieder ins Spiel, sobald das untersuchte Kristallgebiet keine einheitliche Gitterkonstante aufweist. Dann spaltet der Braggreflex nämlich in irgend einer Weise über einen Winkelbereich Δu auf und die *Variation* von $\chi(u)$ über den Bereich Δu wirkt sich u. U. überraschend stark aus. Unter diesen Umständen arbeitet man am besten mit dem *Fokus* Δf_{sp} *der stationären Phase* (stationary phase focus), wo $d\chi/du = 0$. Aus Gl. (3.16) ergibt sich $\Delta f_{sp} = - C_s (\lambda/d)^2$.

Hinzu kommt die praktische Schwierigkeit, bei Kristallen mit großer Elementarzelle (z. B. in der Mineralogie) den Zweistrahlfall mit hinreichender Reinheit zu verwirklichen.

Nach der entscheidenden Verbesserung des Punktauflösungsvermögens in den vergangenen zehn Jahren kann man in vielen Fällen auf Gitterbilder mit wenigen Strahlen (Reflexen) zugunsten von solchen unter Verwendung vieler gebeugter Wellen verzichten. Zweistrahl-Gitterbilder von homogenen Kristallen können zur *Eichung der Vergrößerung* benutzt werden, wobei man den wahren Wert der Gitterkonstanten d mit Elektronenbeugung feststellt. Zweistrahl-Gitterbilder finden auch Anwendung beim Nachweis der *Stabilität* des Mikroskops gegen externe Störeinflüsse.

3.6.2 Fourier-Bilder

Alle Vielstrahl-Bilder eines *fehlerfreien kristallinen* Objekts mit achsialer (symmetrischer) Beleuchtung wiederholen sich, wenn man die Brennweite (den "Fokus") um ein ganzes Vielfaches von $(2d^2/\lambda)$ ändert. Sie bilden die Serie der *Fourierbilder.* Dabei ist d bei einem eindimensionalen Gitter die Gitterkonstante. Bei einem zweidimensionalen Gitter muß $\delta f = \sqrt{(a^2+b^2)}/2$ gewählt werden. Diese Periodizität der Bilder in der HREM erleichtert die Arbeit der Bildsimulation, weil dort die Rechnung für eine ganze Serie von Defokuswerten Δf durchgeführt werden muß; es genügt, die gewählten Δf-Werte innerhalb einer Periode der Länge $(2d^2/\lambda)$ zu verteilen, um alle möglichen Bilder zu erfassen.
Allerdings darf man nicht die Beschränkung dieser Periodizität auf Objekte aus dem Auge verlieren, die in der Ebene senkrecht zum Strahl *periodisch* sind! Auch wenn ein Defekt in einem mit dem Scherzerfokus Δf_s aufgenommenen Bild erscheint, wird er in den Fourierbildern (mit $\Delta f = \Delta f_s \pm n\,(2d^2/\lambda)$) *nicht* scharf abgebildet. Man muß deshalb Wege finden, den Scherzerfokus von den anderen Einstellungen zu unterscheiden (z. B. durch Beobachtung der Fresnelsäume am Probenrand), bei denen Fourierbilder entworfen werden.
Wir wollen die Periodizität an dem einfachsten Beispiel studieren: dem achsialen Dreistrahlfall (Fig. 86) in kinematischer Näherung. Die Amplitude in der Bildebene ist dann:

(3.50)
$$\psi_i = \varphi_o + \varphi_g \exp i(2\pi gx + \varepsilon + \chi(u)) + $$
$$+ \varphi_{-g} \exp i(-2\pi gx + \varepsilon + \chi(-u))$$

ε ist der den Elektronenwellen durch Streuung aufgeprägte Phasenwinkel (bei Einfachstreuung $\varepsilon = -\pi/2$).

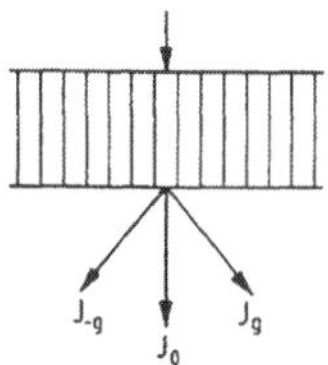

Fig.86. Gitterabbildung im achsialen (symmetrischen) Dreistrahlfall.

Die Intensität in der Bildebene ist:

(3.51)
$$I_i = |\varphi_o|^2 + 2\,|\varphi_g|^2 + 4\,|\varphi_o|\,|\varphi_g| \cos(2\pi x/d) \cos\{\chi(u) + \varepsilon\} +$$
$$+ 2\,|\varphi_g|\,|\varphi_{-g}| \cos(4\pi x/d)$$

(Bei dieser Rechnung wurden folgende Gleichsetzungen vorgenommen: $|\varphi_g| = |\varphi_{-g}|$ und $\chi(u) = \chi(-u)$).
Gl. (3.51) zeigt neben den zu erwartenden Streifen mit der Periode d mit i. a. kleinerer Intensität sog. *half space fringes*, d. h. Gitterstreifen mit der halben Periode d/2. Es ist elementar optisch verständlich, daß sie dominieren, wenn man durch Wahl der *Objektdicke* den Nullstrahl dynamisch schwach macht.
Gl. (3.51) entnimmt man, daß das gleiche aber auch durch Wahl des Defokus zu erreichen ist. Man muß dazu $\cos(\chi(u) + \varepsilon)$ gleich null, d. h. $(\chi + \varepsilon) = (2N + 1)\pi/2$ machen mit N = 0, ±1, ±2... Ist $\varepsilon = -\pi/2$, heißt das: $\chi(u) = M\pi$ mit M = 0, ±1, ±2....
Einsetzen in Gl. (3.16) ergibt:

$$\Delta f = (M/\lambda)\, d^2 - (C_s/2)(\lambda/d)^2.$$

Der Abstand zwischen zwei Defokuswerten mit half space fringes ist also $\delta\Delta f = d^2/\lambda$. Dabei tritt von einem Defokus zum nächsten *Kontrastumkehr* ein (dunkle Streifen werden durch helle ersetzt). (Man kann bei der einfachen harmonischen Modulation Kontrastumkehr durch *Verlagerung des Streifensystems um d/2* ersetzen).
Faßt man die Folge der *identischen* Gitterbilder im Abstand $\delta\Delta f = (2d^2/\lambda)$ zusammen, handelt es sich um einen Spezialfall der jetzt zu besprechenden *Fourierbilder.*
In Gl. (3.51) hängt nur das dritte Glied von der CTF ab. Das Bild wird also die Periodizität dieses Gliedes aufweisen: eine Änderung von $(\chi(u)+\varepsilon)$ und damit von $\chi(u)$ um 2π wird am Bild nichts ändern. Dies kann durch Änderung von Δf und/oder C_s geschehen. (Die letztgenannte Möglichkeit besteht nur in beschränktem Umfang, wenn die Probenlage in der Objektivlinse verändert werden kann). Eine Änderung des Defokus um

$$\delta\, \Delta f = \pm\, 2d^2/\lambda$$

ausgehend von jedem beliebigen Defokus führt zum nächsten (Fourier)Bild. Der Ebenenabstand d ist bei einfachen Metallen von der Größenordnung 0,1 nm, die Wellenlänge λ liegt zwischen $4\ 10^{-3}$ und $7\ 10^{-4}$ nm, sodaß die Fourierbild-Periode von der Größenordnung $\delta\Delta f =$ 5 bis 30 nm ist (bei Kristallen mit großer Elementarzelle entsprechend länger). Wegen der Beleuchtungsapertur Θ_c ist die Schärfentiefe begrenzt, sodaß nur eine begrenzte Anzahl von Fourierbildern realisierbar ist.

3.6.3 Dynamische Berechnung von nichtlinearen Gitterbildern bei partiell kohärenter Beleuchtung

In diesem Abschnitt wollen wir für eine besonders einfache Situation die Berechnung des zu erwartenden Bildes eines kristallinen Objektes durchführen, wie sie in praxi zum Vergleich mit experimentellen Aufnahmen (image matching) zur Anwendung kommt. Das Ergebnis werden wir in 3.7.1 zur Erklärung eines Verfahrens benutzen, bei dem eine Ortsabhängigkeit der chemischen Zusammensetzung des Objektes zur Abbildung kommt.

Die "einfache Situation" ist dadurch gekennzeichnet, daß außer dem Primärstrahl nur Reflexe g zur Abbildung herangezogen werden, die den gleichen Winkelabstand (u) zum Primärstrahl haben. Es kann sich also z. B. um einen Dreistrahlfall mit g und (-g) handeln oder um einen Fünfstrahlfall, bei dem ein kubischer Kristall parallel zur [1,1,0] - Achse bestrahlt wird und die Aperturblende die vier Reflexe g_1 = (-1, 1, 1), g_2=(1,-1, 1), $g_3 = - g_1$ und $g_4 = - g_2$ zuläßt. (Analoges gilt für die Bestrahlung parallel zu [1, 0, 0] und die Reflexe ± (0, 2, 2) und ± (0, 2, -2)).
Die Wellenfunktion ψ_i in der Bildebene wurde in Gl. (3.50) formuliert, nur geben wir die Annahme von Einfachstreuung auf und lassen für die Amplitudenfunktionen φ_o bzw. φ_g komplexe, von der Probendicke t abhängige Werte zu, wie sie für den Zwei-Blochwellen-Fall in den Gln. (3.47) und (3.48) angegeben wurden und im allgemeinen Fall mit Hilfe des Blochwellen- oder des Multi-slice-Verfahrens berechnet werden.

$$(3.52) \qquad I_i(\underline{r}) = \{\varphi_o + \varphi_g \exp i(2\pi \underline{g}\underline{r} + \chi(g)) + \varphi_{-g} \exp i(-2\pi \underline{g}\underline{r} + \chi(g)\}$$
$$\{\varphi_o^* + \varphi_g^* \exp - i(2\pi \underline{g}\underline{r} + \chi(g)) + \varphi_{-g}^* \exp - i(-2\pi \underline{g}\underline{r} + \chi(g)\}$$

$$= |\varphi_o|^2 + |\varphi_g|^2 + |\varphi_{-g}|^2 +$$
$$+ \varphi_o\varphi_g^* \exp - i(2\pi \underline{g}\underline{r} + \chi) + \varphi_o\varphi_{-g}^* \exp - i(-2\pi \underline{g}\underline{r} + \chi) +$$
$$+ \varphi_o^* \varphi_g \exp i(2\pi \underline{g}\underline{r} + \chi) + \varphi_o^* \varphi_{-g} \exp i(-2\pi \underline{g}\underline{r} + \chi) +$$
$$+ \varphi_g\varphi_{-g}^* \exp i(2\pi \underline{g}\underline{r} + \chi + 2\pi \underline{g}\underline{r} - \chi)$$
$$+ \varphi_g^* \varphi_{-g} \exp i(-2\pi \underline{g}\underline{r} - \chi - 2\pi \underline{g}\underline{r} + \chi)$$

Bei guter Justierung ist $\varphi_g = \varphi_{-g}$ und $\varphi_g^* = \varphi_{-g}^*$. Damit vereinfacht sich der Ausdruck zu :

$$(3.53) \qquad I_i(\underline{r}) = |\varphi_o|^2 + 2\,|\varphi_g|^2 + 2\,\varphi_o\varphi_g^* \exp(-i\chi) \cos(2\pi \underline{g}\underline{r}) +$$
$$+ 2\,\varphi_o^* \varphi_g \exp(i\chi) \cos(2\pi \underline{g}\underline{r}) + 2\,|\varphi_g|^2 \cos(4\pi \underline{g}\underline{r})$$

Das letzte Glied der Summe (3.53) berücksichtigt den *nichtlinearen* Anteil der Abbildung, nämlich die Interferenz der beiden Reflexe g bzw. (-g). Die Raumfrequenz dieses Beitrags ist doppelt so groß wie die des Objekts, d. h. seine Gitterkonstante ist halb so groß (engl. *half space fringes)* [12]

12: In nächster Näherung hätte man auch die nichtlinearen Interferenzen zwischen den Reflexen g_k und g_m zu berücksichtigen, für die *nicht* gilt: $g_k = - g_m$. Sie ergeben eine Modulation der Bildintensität in den Winkelhalbierenden zwischen den in Gl. (3.55) enthaltenen Modulationsrichtungen.

Berücksichtigung des komplexen Charakters der Amplitudenfunktionen φ:

$$\varphi_o = |\varphi_o| \exp(i\alpha); \quad \varphi_g = |\varphi_g| \exp(i\beta) \quad \text{ergibt:}$$

$$\varphi_o\varphi_g^* = |\varphi_o||\varphi_g| \exp i(\alpha - \beta); \quad \varphi_o^* \varphi_g = |\varphi_o||\varphi_g| \exp i(\beta - \alpha)$$

Damit kann man das dritte und das vierte Glied aus (3.53) zusammenfassen zu:

$$2\, |\varphi_o||\varphi_g| \cos(2\pi \underline{g}\underline{r}) \left\{\exp i\left[\chi-(\alpha-\beta)\right]+\exp i\left[-\chi+(\alpha - \beta)\right]\right\}$$

(3.54) $$= 4\, |\varphi_o||\varphi_g| \cos(2\pi \underline{g}\underline{r}) \cos(\beta - \alpha + \chi(g))$$

Bis hierher wurde die nur partielle Kohärenz der Beleuchtung unberücksichtigt gelassen. Um diesen Mangel zu beheben, sind der CTF die beiden Dämpfungseinhüllenden $E_\Delta(u)$ und $E_S(u)$ als Faktoren hinzuzufügen (Gln. (3.37) - (3.39)). Beide Exponentialfunktionen enthalten nur gerade Potenzen von u, sind also für u = g bzw. u = -g gleich. Bei dem durch Interferenz des Primärstrahls mit dem Reflex g zustandekommenden Beitrag zum Bild (Gl. (3.54)) erscheint das Produkt $E_\Delta(g)E_S(g)$, während bei dem Beitrag mit halber Gitterkonstante nur $E_S^2(g)$ steht, weil die statistischen Schwankungen der Brennweite beide Reflexe *simultan* betreffen (vgl. Abschnitt 3.6.1). Fassen wir alle Teilaspekte zum Gesamtergebnis zusammen:

(3.55) $$I_i(\underline{r}) = |\varphi_o|^2 + N\, |\varphi_g|^2 +$$

$$+ 4\, |\varphi_o|\, |\varphi_g| \cos\left[\beta - \alpha + \chi(g)\right] E_\Delta(g)\, E_S(g) \cos(2\pi \underline{g}\underline{r})$$

$$+ 2\, |\varphi_g|^2\, E_S^2(g) \cos(4\pi \underline{g}\underline{r}) = I_o + I_N + I_{g1} + I_{g2}$$

Der Faktor N bei dem zweiten Glied bezeichnet allgemein die Zahl der gleichberechtigten Reflexe (4 beim Fünfstrahlfall). Die durch das dritte und vierte Glied von Gl. (3.55) beschriebene Bildmodulation findet sich natürlich in den zwei Richtungen g_1 und g_2. α und β sind die dynamisch zu berechnenden Phasenlagen von Primärstrahl bzw. Reflex g beim Austritt aus dem Objekt. Sie sind ebenso wie die Amplituden φ_o und φ_g empfindlich von der Dicke des Objekts abhängig. Interessanterweise erweisen sich die Intensitäten des Primärstrahls und der Reflexe beim Zwei-Blochwellen-Fall in ähnlicher Weise dickenperiodisch wie beim Zweistrahl-Fall (der Pendellösung). Man bezeichnet die Periode als *effektive Extinktionsdistanz* ξ_o. Diese Distanz ist allerdings viel kürzer als die Extinktionsdistanz ξ_g im Zweistrahlfall mit dem gleichen Reflex g.

Gl. (3.55) kann aufgefaßt werden als Fourierzerlegung der Intensitätsverteilung in der Bildebene:

(3.56) $$I_i(\underline{r}) = \sum I_g \cos(2\pi \underline{g}\underline{r})$$

Die Fourierkoeffizienten I_g können durch Fouriertransformation des digitalen Bildes gewonnen werden.

3.6.4 Die Abbildung von Defekten

Als Defekt soll jede lokale Abweichung der Atomanordnung von der periodischen Idealstruktur eines Kristalls bezeichnet werden. In diesem Sinn gehören auch Grenzflächen, wie Korn- und Phasengrenzen, zu den Defekten.
Die Definition macht klar, daß Information über die Struktur von Defekten nicht in den Braggreflexen enthalten ist sondern in der elastischen, aber diffusen Streustrahlung, die in den Bereich des Reziproken Raums (des Beugungsdiagramms) *zwischen* den Reflexen fällt. Deshalb erfordert Untersuchung von Defekten die phasengerechte Verarbeitung der das Objekt verlassenden Wellenfunktion in einem möglichst großen Winkelbereich. Das Hauptproblem entsteht dabei durch Mehrfachstreuung: Elektronen, die inelastsich gestreut wurden, erfahren anschließend elastische Streuung um Braggwinkel aus dem Winkelbereich der diffusen Streuung heraus.
Einen leicht interpretierbaren Baufehler zeigt Abb. 17: den lokalen Einschub von zwei zusätzlichen Kupfer-Ebenen in einem Hochtemperatur-Supraleiter. Während die ungestörte Struktur eines solchen komplexen Kristalls mit Beugunsgmethoden bestimmt werden kann, bilden lokale Abweichungen, die für die Materialeigenschaften entscheidend sein können, die Domäne der Elektronemikroskopie.
Die elektrischen Eigenschaften von Metall-Kontakten auf Halbleitern werden durch die Morphologie der Kontaktfläche und eine eventl. dort vorhandene Oxidschicht mitbestimmt. Auch hier bietet die Elektronenmikroskopie das einzige Instrument für die ortsauflösende Analyse. Abb. 18 zeigt einen Goldkontakt auf einer (110)-Oberfläche von Gallium-Arsenid. Unter den gewählten Herstellungsbedingungen ist die Grenzfläche eben, aber mit starken Störungen (bestehend aus einer Verkippung der $(111)_{Au}$-Ebenen gegen die $(200)_{GaAs}$-Ebenen und periodisch angeordneten Abweichungen der Atomanordnung) dekoriert.

In der Regel ist es allerdings nicht möglich, aus dem Resultat der Mehrfachstreuung die Defektstruktur eindeutig abzuleiten.
Man muß vielmehr, (ähnlich wie bei der Kristallstrukturbestimmung mittels Beugungsmethoden), die Möglichkeit ausnutzen, das elektronenmikroskopische Bild eines Defekts *bekannter Struktur* zu *berechnen*. Der heutige Stand von Theorie und Computer-Technik macht diese Rechnungen sehr genau und zuverlässig. Vergleich des Ergebnisses derartiger Simulationsrechnungen mit (unter optimalen Abbildungsbedingungen hergestellten) Aufnahmen ermöglicht eine schrittweise Optimierung der angenommenen Defektstruktur (image matching).
Des weiteren muß man sich mit dem *Projektionsproblem* auseinandersetzen. Wie mehrfach betont, stellt das elektronenmikroskopische Bild be-

stenfalls eine zweidimensionale Projektion der dreidimensionalen Objektstruktur dar (wobei noch entschieden werden muß, welche Eigenschaft des Objekts im konkreten Fall projiziert wurde: Atomsäulen, Tunnels, Potential, Ladungsdichte etc.). Gute Aussicht auf Klärung der Defektstruktur hat man also nur, wenn diese Struktur längs der Einstrahlrichtung konstant oder mindestens periodisch ist, d. h. wenn sie in allen Ebenen senkrecht auf dieser Richtung die gleiche ist oder sich mit kurzer Periode wiederholt. Ist dies der Fall, kann man sinnvoll von (geraden) *Atomsäulen* und *Tunneln* dazwischen sprechen. Vollständige Bestimmung der Defektstruktur ist dann möglich, wenn der Defekt zwei solche Projektionsrichtungen hat. Die Chancen hierfür sind bei zweidimensionalen Defekten (Grenzflächen) besser als bei eindimensionalen (Versetzungen)[13]. Abb. 19 zeigt hochauflösende Aufnahmen ein und derselben Stelle einer Kipp-Korngrenze vom Typ $\Sigma3$,(111) in der geordneten Legierung NiAl mit zwei verschiedenen Orientierungen des Primärstrahls, beide parallel zur Korngrenze.

Die Kristallstruktur besteht aus zwei kubisch-primitiven Untergittern (je eines mit Ni bzw. Al besetzt)., die um den Vektor a/2[111] gegeneinander verschoben sind (B2- oder CsCl-Struktur). Die Korngrenze ist in beiden Körnern parallel zu einer (111)-Ebene, deren Spur in beiden Teilbildern vertikal liegt. In der Korngrenze stoßen die (002)-Ebenen der beiden Körner unter einem Winkel von 109,4° aufeinander.

Im linken Teilbild ist der Primärstrahl parallel zu der (beiden Körnern gemeinsamen) [1,-1,0]-Kristallachse orientiert. Die zum Strahl parallelen Atomsäulen bilden abwechselnd reine Al- bzw. Ni-Ebenen vom Typ (002); innerhalb dieser Ebenen haben benachbarte Atomsäulen einen Abstand von 0,2 nm, sodaß man sie deutlich erkennen kann. Auch benachbarte (abwechselnd helle und dunkle) (002)-Ebenen sind - bei einem Punktauflösungsvermögen von 0,1 nm - gut getrennt.

Eventl. relative Verschiebungen der Körner längs [1,-1,0] wären in diser Projektion nicht zu erkennen. Deshalb wurde an der gleichen Stelle nach Verkippung der Probe um 30° um die Korngrenzennormale [1,1,1] ein zweites Bild aufgenommen (rechtes Teilbild). Der Strahl ist nun in beiden Körnern wieder *parallel zu Atomsäulen*, diesmal in [1,-2,1]-Richtung. Sie liegen so nahe beieinander (0,08 nm), daß sie nicht aufgelöst werden. Sie bilden (1,0,-1)-Ebenen in einem Abstand von 0,2 nm. Die Hilfslinien am unteren Bildrand unterstreichen, daß diese (1,0,-1)-Ebenen in den beiden Körnern nicht exakt parallel sind.

Die Autoren haben umfangreiche, quantitative Simulationsrechnungen für Bilder in *mehreren* verschiedenen <1,1,0>-Projektionen durchgeführt und daraus ein Strukturmodell der Korngrenze abgeleitet, das optimale Übereinstimmung zwischen Rechnung und den Bildern ergab (K. Nadarzinski und F. Ernst, Phil. Mag. A74 (1996) 641).

13: Bei unperiodischen Objekten geringer Ausdehnung (isolierten Molekülen) kann das Projektionsproblem auch mit den klassischen Methoden der Tomographie angegangen werden (mehrere Projektionen aus verschiedenen Richtungen werden mathematisch entfaltet).

Das Ergebnis ist folgendes: die Korngrenze wird von einer Al-Ebene ohne Segregation oder Ordnungsbruch gebildet. Die Spiegelsymmetrie der Atomanordnung in den beiden Körnern ist *nur lokal* in unmittelbarer Nähe der Korngrenze durch Atomverschiebungen gestört. Eine Folge derselben ist ein "Extravolumen" in Form von Löchern, das möglicherweise zu der beobachteten Bruchempfindlichkeit des Materials beiträgt.
Unter 3.6.2 wurde darauf hingewiesen, daß Fourierbilder Abweichungen des Objekts von der Periodizität gar nicht oder nicht scharf wiedergeben, auch wenn sie perfekte Kristallbereiche optimal abbilden. Man muß also bei der Suche nach Defekten sicher sein, daß man im Scherzerfokus arbeitet.

3.7 Chemische Elektronenmikroskopie

Stenkamp und Jäger (Ultramicroscopy 50 (1993) 321) haben aufgrund von Gl. (3.55) ein Verfahren zur hochauflösenden Transmissions-Elektronenmikroskopie von Silizium-Germanium-Legierungen und Heterostrukturen aus Silizium und Germanium entwickelt, das die Bestimmung des Silizium-Gehaltes x der einzelnen Atomsäulen ($0 \le x \le 1$) bei Einstrahlung von 400 keV-Elektronen parallel zu einer <1,1,0> oder einer <1,0,0>-Zonenachse ermöglicht. Man kann dieses und ähnliche Verfahren der Analytischen Elektronenmikroskopie zurechnen, jedoch ist dies nicht allgemein üblich. Eine einprägsame Kurzbezeichnung für mikroskopische Abbildung mit Darstellung der chemischen Zusammensetzung ist *chemische Abbildung* (engl. *chemical lattice imaging)*; sie ist leider für ein spezielles Verfahren vergeben. Wir benutzen deshalb für die Gesamtheit einschlägiger Verfahren den Ausdruck *"Chemische Elektronen-Mikroskopie" (ChEM)*.
Entwicklung und Test dieser und ähnlicher Verfahren erfolgen immer nach folgender Methode: man berechnet ("simuliert") das Bild einer genau definierten Struktur (einschließlich der Verteilung der chemischen Elemente) unter den interessierenden Abbildungsbedingungen (U, Δf, C_s, Δ, α_B etc.), bestimmt aus diesem Bild mit dem zu testenden Verfahren die Objektstruktur und vergleicht das Ergebnis mit der eingegebenen Originalstruktur. Bei der erreichten Sicherheit und Geschwindigekit der Bildrechenverfahren ist dies ein ebenso mächtiges wie sicheres Werkzeug.

3.7.1 Das Verfahren von Stenkamp und Jäger

Die von Stenkamp und Jäger vorgeschlagene Methode nutzt die Tatsache aus, daß unter den behandelten Abbildungsbedingungen (Objektorientierung und Auswahl der zur Abbildung benutzten Strahlen) die Fourierkomponente I_{g1} (d. h. der Koeffizient zu $\cos\{2\pi \underline{g}\underline{r}\}$ in Gl. (3.55)) je nach ihrem *Vorzeichen* die Helligkeitsmaxima im Bild auf die Atomsäulen legt (sog. Säulen- oder column = C-Kontrast) oder aber zwischen diese in die *Tunnels* der Kristallstruktur (Tunnel = T-Kontrast). Das gilt solange, wie der Normalfall $I_{g1} > I_{g2}$ vorliegt. Ist I_{g1} klein oder null (weil entweder eine der

Amplituden φ oder der Term $\cos(\beta - \alpha + \chi)$ dies bewirkt), dominiert I_{g2}, d. h. die doppelte Raumfrequenz ("Halbperioden-HP-Kontrast").

Das Vorzeichen von I_{g1} wird von dem Vorzeichen von $p = \cos(\beta - \alpha + \chi(g))$ bestimmt. Die Phasendifferenz $(\beta - \alpha)$ hängt von der *Ordnungszahl Z* der den Kristall bildenden Atome und von der Probendicke t ab. Wie systematische Simulationsrechnungen - zunächst für das Legierungs-System Silizium-Germanium - zeigen, gibt es genügend breite Bereiche von t, in denen die Differenz $(\beta - \alpha)$ für Si z. B. bei ~ $(+\pi/4)$ und für Ge bei ~ $(-\pi/4)$ liegt. Man kann dann den Defokus-Wert Δf so abstimmen,[13], daß p für Si bzw. Ge den gleichen Betrag, aber verschiedenes Vorzeichen hat. Bildet man nun eine zum Strahl parallele Grenzfläche zwischen einer Ge- und einer Si-Schicht mit optimiertem Defokus Δf und geeigneter Objektdicke t ab, beobachtet man den Übergang von C- zu T-Kontrast[14] (Abb. 20). Die Autoren konnten zeigen, daß man so realistischen Aufschluß über die Breite und Feinstruktur des Übergangs von einem Halbleiter zum anderen gewinnen kann. Einschlägige Probleme treten in der modernen Halbleitertechnologie in großer Zahl auf (neben Übergittern aus abwechselnden dünnen Si- und Ge-Lagen: Epitaxieprobleme, Heterostrukturen Si_xGe_{1-x} auf Si, Quantum wells etc).

Germanium und Silizium bilden eine lückenlose Mischkristallreihe Si_xGe_{1-x}, d. h. die Atome dieser Elemente nehmen in jedem Mischungsverhältnis statistisch verteilt die Atomplätze eines gemeinsamen Diamantgitters ein. Berechnung von Fünf-Strahlbildern für beide Einstrahlrichtungen zeigen, daß bei solchen Mischkristallen eine recht gut lineare Beziehung zwischen dem normierten Betrag der ersten Fourierkomponente des Bildes

$$I_{n1} = [I_{g1} - I_{g1}(Ge)] / [I_{g1}(Si) - I_{g1}(Ge)]$$

und x besteht. Der Kontrast verändert sich kontinuierlich von C-Kontrast bei Ge über HP-Kontrast bei x = 0,5 zu T-Kontrast bei Si. Unter Berücksichtigung von Gitterverzerrungen und anderen Einflüssen geben die Autoren als erreichbare Genauigkeit der Konzentrationsbestimmung $\Delta x \leq \pm 0{,}1$ an.

Abb. 20 zeigt als Beispiel ein mit Molekularstrahl-Epitaxie (MBE) hergestelltes Übergitter aus abwechselnd (nominell) 9 Si-Ebenen und 6 Ge-Ebenen; am unteren Bildrand sieht man eine äquiatomare SiGe-Legierung als Substrat. An jeder Grenzfläche fällt - besonders in der Schrägprojektion in Abb. 20b - der Umschlag von T-Kontrast (Si) zu C-Kontrast (Ge) ins Auge. Das Substrat weist erwartungsgemäß HP-Kontrast auf. In Abb. 20 c ist das Ergebnis einer zellenweisen quantitaiven Auswertung des chemisch empfindlichen Fourierkoeffizienten dargestellt, wobei die Skala des Si-Ge-

---

13: χ muß wegen der Umwandlung von Phasen- in Amplituden-Kontrast in der Nähe von $(-\pi/2)$ bleiben.

14 Wegen des begrenzten Punktauflösungsvermögens des verwendeten Mikroskops (d_p = 0,17 nm) sind bei <110>- Einstrahlrichtung benachbarte Atomsäulen (Abstand 0,141 nm bei Ge) nicht auflösbar.. Es werden dann zwei benachbarte Atomsäulen als eine "effektive Atomsäule" dargestellt. Vgl. Abb. 15..

halts x von 0 (hell) bis 1 (dunkel) in 5 Graustufen unterteilt ist. Genauere Inspektion läßt viele interessante Details erkennen, z. B. daß die Grenzfläche chemisch und strukturell abrupter (glatter) ausfällt, wenn Ge auf Si aufwächst als im umgekehrten Fall.
Eine Ausweitung des Verfahrens auf andere Stoffsysteme sollte im Prinzip möglich und attraktiv sein.

3.7.2 QUANTITEM

Einen anderen Weg zum gleichen Ziel hat die Arbeitsgruppe um A. Ourmazd gewählt (P. Schwander et al. Phys. Rev. Lett. 71 (1993) 4150, Kisielowski et al. Ultramicroscopy 58 (1995) 131). Die Autoren haben ihrer Methode den Namen QUANTITEM (**Qu**antitative **An**alysis of **t**he **I**nformation from **TEM**) gegeben. Hier wird auf das konventionelle Verfahren der Bildanalyse (Berechnung der Wellenfunktion beim Austritt aus der Probe und Berücksichtigung des Einflusses der abbildenden Linse) verzichtet; stattdessen wird postuliert, daß (in richtig gewählten Fällen) der funktionelle Zusammenhang zwischen dem projizierten Potential $\Phi_P(x,y)$ der Probe und der Intensitätsverteilung in der Bildebene $I_i(x,y)$

(3.57) $\quad I_i(x,y) = \text{Funktion von } (\Phi_P(x,y)$

dem Bild selbst zu entnehmen sei, ohne daß die Abbildungsbedingungen (Δf, C_s, λ etc.) bekannt sein müssen. Ist dies tatsächlich möglich, kann das Bild eindeutig in eine Landkarte des projizierten Potentials umgerechnet werden. $\Phi_P(x,y)$ hängt dann allerdings sowohl von der lokalen Dicke t wie von der lokalen Zusammensetzung ab (Gl. 3.2). Um die letztgenannte zu bestimmen, muß die Dicke anderweitig gemessen werden.
An die Objekte für QUANTITEM müssen folgende Forderungen gestellt werden: alle Atome müssen auf Plätzen eines kohärenten Gitters sitzen, man kann also z. B. keine Versetzungen zulassen. Ferner darf die chemische Zusammensetzung der Atomsäulen in Strahlrichtung nicht variieren.
Andere wichtige Bedingungen ergeben sich aus der speziellen Auswertung der Bilder. Kurz gesagt, benutzt man wieder Gl. (3.55) (ohne die Dämpfungsterme). D. h. die Abbildung muß mit Zonenachsen-Einstrahlung in einem gewissen, vom Objekt abhängigen Probendicken-Bereich gemacht werden, sodaß nur zwei oder höchstens drei Blochwellen stark angeregt werden, und zur Abbildung werden nur wenige (im Idealfall fünf) Strahlen benutzt. Mit dieser Vorschrift kann QUANTITEM auf eine große Anzahl von Kristallen aus verschiedenen Stoffklassen angewandt werden; bei Perovskit gelingt es nicht, den Wenig-Blochwellen-Fall herzustellen, weshalb die Hochtemperatur-Supraleiter dem Verfahren z. Zt. nicht zugänglich sind.
Die in den (digitalen) Bildern enthaltene Information wird gewonnen, indem man das Bildfeld in Elementarzellen (EZ) einteilt, deren jede in der Regel eine oder wenige Atomsäule(n) enthält. In jeder EZ bestimmt man in N Punkten (pixeln) die Helligkeit (den Grauwert) (N ist z. B. 900 !). Diese N Zahlen kann man als N-dimensionalen Vektor auffassen. Die Hel-

ligkeitsverteilung in jeder EZ ist also als Vektor im N-dimensionalen Raum (R_N) gespeichert.
Systematische (keilförmiger Querschnitt) und unsystematische (Rauhigkeit der Oberflächen) Änderungen der Probendicke bewirken, daß die Endpunkte der Vektoren zu einem Bild einen Unterraum des R_N, z. B. ein Kurvenstück, erfüllen. Die Autoren zeigen, daß die Vektorspitzen im Zwei-Wellen-Fall bei Änderung der Objektdicke um eine effektive Extinktionsdistanz ξ_o eine Ellipse bilden.
Aus der Stellung der Spitze eines herausgegriffenen EZ-Vektors auf der Ellipse (gekennzeichnet durch den Polarwinkel Φ_e der Spitze) wird auf das projizierte Potential Φ_P der zugehörigen Zelle geschlossen, indem *in dem Bild* an einigen Stellen bekannter Zusammensetzung sog."template"-(Eich-) Vektoren bestimmt werden. Wesentlich für das Verfahren ist die Möglichkeit, die Länge der betr. Atomsäule vom Potential in der Säule zu trennen. Zunächst ist klar, daß man bei einer kristallinen Probe einheitlicher Zusammensetzung eine Karte der (relativen) Probendicke entwerfen kann. Das ist z. B. technisch interessant, wenn die Oberflächen-Rauhigkeit einer oxidierten Siliziumschicht zu bestimmen ist (das Oxid ist amorph und trägt zum Bild nur Rauschen bei). Sind beide Oberflächen einer dünnen Si-Schicht oxidiert, mißt die Probendicke die kombinierte Rauhigkeit beider Flächen.
Das Standard-Verfahren zur chemischen Analyse eines Objektbereichs variabler Dicke *und* Zusammensetzung benötigt in der Nachbarschaft des zu analysierenden Bereichs Gebiete von homogener Zusammensetzung. Man geht dann davon aus, daß das Dickenprofil der Gesamtprobe aus der Ortsabhängigkeit der Dicke in den homogenen Gebieten über das unbekannte Gebiet hinweg interpolierbar ist. Entsprechende Verhältnisse liegen z. B. bei der Querschnitt-Aufnahme einer Si_xGe_{1-x}-Schicht vor, die zwischen Si-Lagen eingebettet ist (Abb. 21). Bei $x = 0{,}75$ geben die Autoren eine (optimale) Empfindlichkeit des Verfahrens von 2,3 at% Ge an. Die Ortsauflösung richtet sich nach der Größe der gewählten Bild-Elementarzelle, die wiederum vom Rauschanteil der Aufnahme bestimmt wird.

3.7.3 Chemical Lattice Imaging (Mapping)

Das älteste und in gewissem Sinn eleganteste Verfahren der ChEM ist nur auf *geordnete Mischkristalle* und *Intermetallische Verbindungen* anwendbar, bei denen sog. *chemische Reflexe* auftreten (vgl. Abschnitt 1.4.3.3) (A. Ourmazd et al. Ultramicroscopy 34 (1990) 237). Chemical lattice imaging findet seine "Parade"-Systeme in den technisch wichtigen Verbindungen aus je einem Element der III. bzw. der V. Hauptgruppe des Periodischen Systems (PS), die in der kubischen Zinkblende-Struktur kristallisiseren. Diese Struktur stellt ein Derivat der Diamantstruktur dar mit unterschiedlicher Besetzung der beiden Untergitter A,B. Damit werden die bei Kristallen mit Diamantstruktur "verbotenen" Reflexe an den Ebenen (h, k, l) mit *geraden* Miller-Indizes, aber nicht durch vier teilbarer Summe (h + k + l) in dem Maße als *Überstruktur-Reflexe* (engl. superlattice reflections) auftreten, wie f_A sich von f_B unterscheidet (Gl. (1.78)). Weil dieser Unterschied i. w. von der Entfernung der beiden Elemente voneinander im P. S. abhängt, nennt man die Überstruktur-Reflexe hier chemische Reflexe. Für die Zinkblende-Struktur bildet der (2,0,0)-Reflex den innersten chemischen Reflex. Bei derartigen Intermetallischen Verbindungen und noch ausgeprägter bei geordneten Legierungen wird es immer Abweichungen von der idealen Ordnung geben: einmal werden in beiden Untergittern Fehlbesetzungen in Form von Leerstellen, Fremdatomen und Antisite-Defekten (vgl. 3.6.3) vorkommen, anderereseits braucht der Gehalt an A-Atomen nicht genau gleich dem an B-Atomen zu sein. Man kann alle diese Abweichungen von der Idealstruktur durch geeignete Definition eines *Ordnungsgrades* σ mit $0 \leq \sigma \leq 1$ erfassen. Die Theorie zeigt, daß die Intensität der chemischen Reflexe proportional zu σ^2 ist.

Chemical lattice imaging liegt die Idee zugrunde, Abbildungsbedingungen auszuwählen, unter denen ein chemischer Reflex beim Aufbau des Gitterbildes dominiert, sodaß sich das Aussehen dieses Bildes mit Änderung der lokalen Zusammensetzung der Probe ebenfalls ändert, wobei die Änderung quantifizierbar sein soll.

Ein besonders übersichtlicher Fall liegt vor, wenn ein GaAs-Kristall epitaktisch auf einen $Al_xGa_{1-x}As$ -Kristall aufgewachsen ist. Bei x = 0,4 ist die Gitterkonstante beider Schichten gleich (lattice matching), der einzige Unterschied liegt in der statistischen Substitution von 40% der Gallium-Atome auf *einem* Untergitter durch Aluminium-Atome. Damit wird der Unterschied der Ordnungszahlen Z der beiden Untergitter von $\Delta Z = 2$ bei GaAs auf $\Delta\langle Z\rangle = 9{,}2$ bei der ternären Verbindung erhöht. Das bedeutet: der chemische (2,0,0)-Reflex wird in dem Gebiet des (AlGa)As stärker sein als in dem Gebiet des GaAs. Um diesen Unterschied optimal zu nutzen geht man folgendermaßen vor: erstens sollte die Einstrahlrichtung so gewählt werden, daß der chemische Reflex (2,0,0) nicht durch Umweganregung entsteht; nach dem in Abschnitt (1.4.3.6) Gesagten sollte die [1,1,0] Zonenachse mit ihren {1,1,1}-Reflexen vermieden werden. Zweitens wird man sich den Verlauf der Intensität des (2,0,0)-Reflexes mit der Dicke t in den beiden zu unterscheidenden Legierungen verschaffen durch Berechnung der dynamischen Pendellösung. Man wird danach die Dicke der Probe so einrichten, daß der Unterschied von I_{200} auf den zwei Seiten einer Grenzfläche zwischen den beiden Legierungen möglichst groß ausfällt. Wählt man nun noch den Defokus Δf so, daß die CTF für die Ortsfrequenz $u = d_{200}^{-1}$ optimal ist, wird das elektronenmikroskopische Bild des Gebietes mit dem starken chemischen Reflex durch die (2,0,0)-Ebenen geprägt sein, während auf dem Gebiet der Legierung mit schwachen {2,0,0}-Reflexen die strukturellen {2,2,0}- Reflexe ein um 45° gedrehtes Muster erzeugen werden. Abb. 22 zeigt ein Beispiel, bei dem man einen Eindruck von der Grenzfläche zwischen den beiden Gebieten erhält. In der Literatur ist die quantitative Auswertung derartiger Bilder mit feinkörniger Digitalisierung der Intensitätsverteilung in jeder Bild-Zelle und einem Muster-Erkennungs-

Algorithmus wie bei QUANTITEM dargestellt.
Mit der hier skizzierten Technik konnte eine Rauhigkeit der Wände von quantum well-Strukturen nachgewiesen werden, die optischen Methoden verborgen geblieben war.

3.7.4 Z-Kontrast

Eine andere Technik, mit der es möglich ist, Unterschiede der chemischen Zusammensetzung im Objekt mit atomarer Auflösung zu mikroskopieren, wird als *Z-Kontrast-Mikroskopie* bezeichnet. Sie bedient sich der unter großen Winkeln elastisch gestreuten Elektronen in einem Raster-Durchstrahlungs-Mikroskop. Wir werden dort (in 3.9.3) auf das Verfahren zurückkommen.

3. 8 Elektronen-Holographie

3.8.1 Übersicht

Das vom Objektiv des Elektronenmikroskops entworfene Bild wird nach mehrstufiger Vergrößerung von Aufnahmemedien (Bildschirm, Photoplatte, Elektronen-Detektoren) sichtbar gemacht. Dabei wird stets nur das Betragsquadrat $|\psi_i(x,y)|^2$ der Elektronen-Wellenfunktion in der Bildebene (x,y) - im folgenden "Bildwelle" genannt - dargestellt. Das bedeutet Verlust der Information, die in der Phasenlage dieser Wellenfunktion

$$\psi_i(x,y) = A(x,y) \exp\left\{ i\ \gamma(x,y)\right\} \tag{3.58}$$

enthalten ist (A ist die Amplitude der Bildwellenfunktion).
D. Gabor (NP 1971) hat 1948 darauf hingewiesen, daß man jedes Wellenfeld nach Amplitude *und Phase* aufzeichnen kann, indem man die Interferenzfigur (das sog. *Interferogramm)* dieses Wellenfeldes und einer damit kohärenten bekannten Referenzwelle registriert. Nach der Kirchhoffschen Theorie der Beugung (vgl. 3.2.2.2) legt die komplexe Wellenfunktion in einer Fläche (nämlich der des Interferogramms) das Wellenfeld im ganzen Raum fest. Beleuchtet man also das Interferogramm mit der Referenzwelle, so entsteht als Ergänzung wieder das aufzuzeichnende Bildwellenfeld (*Rekonstruktion*). Man hat damit ein *zweistufiges Aufzeichnungsverfahren* für ein Wellenfeld, das *Holographie* genannt wurde (griech holos = vollständig). Das Ergebnis der ersten Stufe (das Interferogramm von unbekannter Bildwelle und Referenzwelle) heißt dementsprechend *Hologramm.*
Die Anwendung der Holographie in der Elektronenmikroskopie geschieht in der Weise, daß das mit Elektronen entworfene - und mit der vollen Vergrößerung des Mikroskops vergößerte - Hologramm mit einer *Lichtwelle*

als Referenzwelle rekonstruiert wird[16]. Es wird also eine Lichtwelle rekonstruiert, die nach Amplitude und Phase eine dem Wellenlängenverhältnis entsprechend vergrößerte Kopie der Bildwelle $\psi_i(x,y)$ darstellt. Ihr können mit bekannten Verfahren der Lichtoptik die Verteilung von Amplitude und Phase über die Bildebene entnommen werden.
Man unterscheidet eine ganze Reihe von Hologramm-Typen (und entsprechend viele Strahlengänge zur Aufnahme); hier soll nur die in der Elektronenmikroskopie bewährteste Form, die *Bildebenen-off-axis-Holographie* besprochen werden. Die Bezeichnung "off axis" (Gegensatz: "in line") deutet an, daß das Objekt nicht zentriert zur optischen Achse des Strahlengangs liegt; das Hologramm wird in in der Bildebene des Objektivs aufgenommen (Fig. 87) (Leith und Upatnieks 1962). Die Überlagerung der durch das Objekt gelaufenen Welle mit der Referenzwelle wird mit einem *Möllenstedtschen Biprisma*[17] (einem positiv geladenen Draht, 1954) erreicht, das die beiden Wellen aufeinander zu biegt. Das Potential des Biprismas (bis einige 100 Volt) bestimmt den Konvergenzwinkel β.

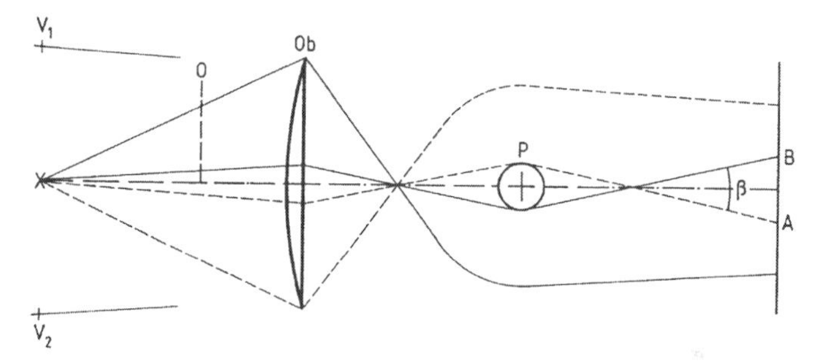

Fig. 87. Prinzip der Bildebenen-off axis-Holographie. P: Möllenstedtsches Biprisma, V_1,V_2: virtuelle Quellen, Ob: Objektivlinse, O: Objekt. Im Bereich AB entsteht das Hologramm.

Die Elektronenholographie konnte praktische Bedeutung erst erlangen, als die Feldemissions-Kathode (FEG, Crewe 1968, vgl. 1.3.2) als helle Elektronenquelle hoher Kohärenz zur Verfügung stand. (Analoges gilt in der lichtoptischen Holographie für die Einführung des Lasers 1960).

---

16 Neuerdings ist man bestrebt, die Rekonstruktion des digitalisierten Hologramms rechnerisch durchzuführen. Dies eröffnet die Möglichkeit, Abbildungsfehler der Objektivlinse zu kompensieren. Daneben ist die Trennung von Amplitude und Phase der rekonstruierten Welle leichter.

17 Die Bezeichnung "Biprisma" erinnert an einen der Fresnelschen Interferenzversuche in der Lichtoptik, bei dem mit Hilfe eines Biprismas aus einer Lichtquelle zwei kohärent leuchtende virtuelle Quellen erzeugt werden.

3.8.2 Das Hologramm

In der Bildebene des Objektivs überkreuzen sich die Bildwelle $\psi_i(x,y)$ und die ebene Referenzwelle unter dem Winkel β. Das Biprisma hat ψ_i den Wellenvektor $\underline{k}_1$ aufgeprägt und der Referenzwelle (Amplitude R) den Wellenvektor $\underline{k}_2$. Die Interferenz ergibt:

$$(3.59) \qquad \psi(x,y) = R \exp(-i\underline{k}_2\underline{r}) + A(x,y) \exp(i\gamma(x,y)) \exp(-i\underline{k}_1\underline{r})$$

Wie man sich z. B. an Hand einer Schablone leicht überzeugt, entsteht bei der Überlagerung zweier schräg zueinander laufender ebener Wellen gleicher Wellenlänge λ ein System von Ebenen gleicher Phase (also Wellenberge und Wellentäler) parallel zur Winkelhalbierenden zwischen den Fortpflanzungsrichtungen $\underline{k}_1$ bzw. $\underline{k}_2$ (Fig. 88). Auf einem Schirm senkrecht zu dieser Winkelhalbierenden entsteht ein stationäres System von Intensitäts-Maxima bzw. Minima mit einer Wellenlänge $\Lambda = \lambda/[2\sin(\beta/2)] = |\Delta\underline{k}|^{-1}$.

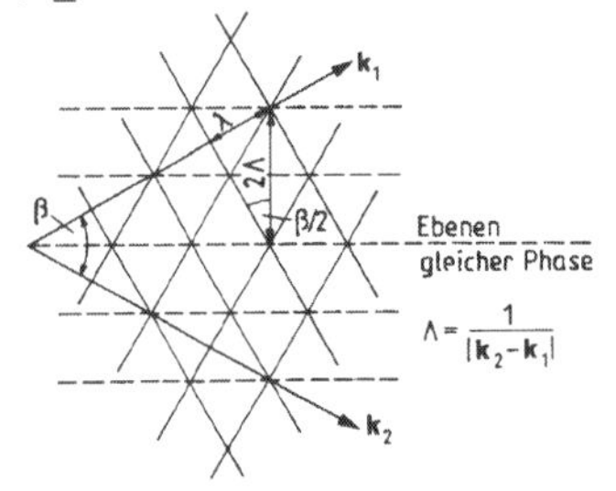

Fig. 88. Interferenz zweier sich unter dem Konvergenzwinkel β kreuzender ebener Wellen.

Wir berechnen die Intensitätsverteilung der Interfenzfigur $H(x,y) = \psi\,\psi^*$

$$(3.60) \qquad H(x,y) = R^2 + A^2(x,y) + 2\,R\,A(x,y) \cos\left[\gamma(x,y) + \Delta\underline{k}\;\underline{r}\right]$$

($\Delta\underline{k} = \underline{k}_2 - \underline{k}_1$). Das entstehende Streifensystem gibt in seinem Kontrast (über dem mit A^2 modulierten Untergrund) die Amplitude $A(x,y)$ der Bildwelle wieder und in seiner Lage deren lokale Phase $\gamma(x,y)$. Das wirkt sich so aus, daß das Streifensystem eine örtlich variierende Periode und Verbiegungen aufweist. Sie gilt es später auszuwerten. Man kann die reziproke Streifenperiode $1/\Lambda' = \Delta k_r/2\pi$ als räumliche Trägerfrequenz der Phaseninformation $\gamma(x,y)$ auffassen. Sie sollte im Sinn der Empfindlichkeit möglichst groß sein, was für einen großen Konvergenzwinkel β spricht; auf der anderen Seite wird dann der Bereich, in dem sich die beiden Wellen überlagern, also das effektive Bildfeld des Hologramms, klein. Der hier zu schließende Kompromiß bedingt die Grenzen der off-axis-Holographie.

3.8.3 Die Rekonstruktion der Bildwelle

Zur Rückgewinnung der Bildwelle aus dem Hologramm wird dieses mit einer ebenen *Licht*-Welle beleuchtet, die aus einem Laser stammt (Fig. 89). Die ebene Rekonstruktions-Welle wird an dem Streifensystem des Hologramms gebeugt, die Beugungsfigur wird von einer Linse in deren hinteren Brennebene entworfen.
Wie im Rahmen der Theorie der Abbildung durch eine Linse (vgl. Abschnitt 1.1) erläutert, bedeutet dies, daß in der Brennebene der Rekonstruktionslinse die Fourier-Transformierte b(u,v) der Intensitätsverteilung H(x,y) des Hologramms erscheint. Ihre Berechnung wird durchsichtiger,

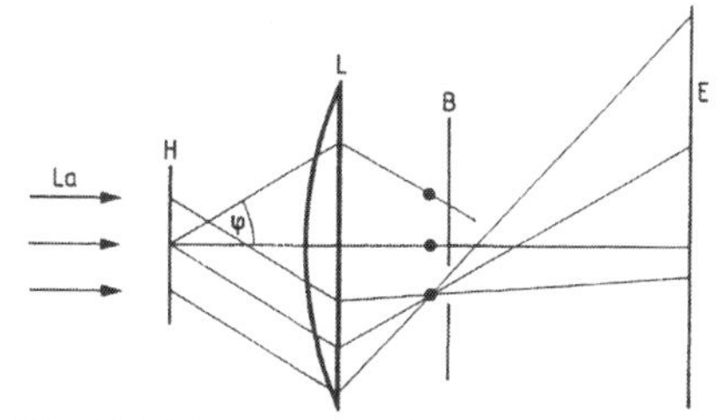

Fig. 89. Lichtoptische Rekonstruktion der Bildwelle durch Beugung einer ebenen Lichtwelle (La). am Hologramm (H). L: auf die Ebene E fokussierte Rekonstruktionslinse, B: Aperturblende, die nur eine Beugungsordnung passieren läßt.

wenn wir beim Übergang von Gl. (3.59) zu Gl. (3.60) die beiden gemischten Glieder mit Vorfaktor (R A) nicht zu einem Cosinus-Glied zusammenfassen.

$$(3.61)\qquad b(u,v) = R^2\,\delta(u,v) + \mathbf{F}\,A^2(x,y) + R\,\mathbf{F}\left\{A(x,y)\,\exp i\left[\gamma(x,y) + \Delta\underline{k}\,\underline{r}\right]\right\} + R\,\mathbf{F}\left\{A(x,y)\,\exp - i\left[\gamma(x,y) + \Delta\underline{k}\,\underline{r}\right]\right\}$$

Wir benutzen Gl. A1.13 aus Anhang 1 für die Fouriertransformation der Exponentialfunktionen exp ($\pm$ i Δk_r r). Mit der allgemeinen Koordinate U in der Reziproken Ebene erhalten wir:

$$\mathbf{F}\exp(\pm i\,\Delta k_r r) = \delta\,(U \mp \Lambda'^{-1}).$$

Wir benutzen das Faltungstheorem und finden:

$$(3.62)\qquad b(U) = R^2\delta(U) + F\,A^2(x,y) + R\,F\left\{A(x,y)\exp\left[i\gamma(x,y)\right]\right\} * \delta(U - \Lambda'^{-1}) + R\,F\left\{A/x,y)\exp\left[-i\gamma(x,y)\right]\right\} * \delta(U + \Lambda'^{-1})$$

Das erste Glied der Summe (3.62) bezeichnet den Nullstrahl des Beugungsdiagramms, das zweite die sog. Autokorrelationsfunktion der Amplitude der Bildwelle. Das dritte und vierte Glied bilden das erste bzw. minus erste *Seitenband* der Beugungsfigur. Sie liegen bei $U = \Lambda'^{-1}$ bzw. $U = -\Lambda'^{-1}$. Sie enthalten das Fourierspektrum der Bildwelle bzw. der konjugiert komplexen Bildwelle. Um ein Überlappen dieser Seitenbänder mit dem zweiten Glied zu vermeiden, soll Λ'^{-1} nicht kleiner sein als das Dreifache der maximalen Ortsfrequenz in der Bildwelle. Das bedeutet, daß der Konvergenzwinkel β genügend groß gewählt werden muß (siehe oben).
Sind die Seitenbänder gut isoliert, blendet man mittels einer Blende eines davon aus und erhält in der Bildebene der Rekonstruktionslinse die Fourier-Rücktransformation, mit der vollständigen Bild-Wellenfunktion $A(x,y)\exp[i\gamma(x,y)]$ als Ergebnis.

3.8.4 Extraktion der Phasen-Information aus der rekonstruierten Bildwelle

Es wäre nicht sinnvoll, das Ergebnis der Fourier-Rücktransformation, nämlich die in ein Lichtwellenfeld verwandelte Bildwelle $A(x,y)\exp[i\gamma(x,y)]\cdot$ zu photographieren, denn das Ergebnis wäre identisch mit der Photographie $A^2(x,y)$ des originalen Bildes im Elektronenmikroskop. Da man es aber nun mit Lichtwellen zu tun hat, stehen verschiedene bewährte Methoden aus der Lichtoptik bereit, um die Phasen-Information sichtbar zu machen. Man kann zunächst die Phasenverschiebung $\gamma(x,y)$ mit Hilfe eines $\lambda/4$-Plättchens im Primärstrahl zu etwa π zu ergänzen, um so den klassichen Phasenkontrast nach Zernicke zu erzeugen. Man kann auch - nun im lichtoptischen Bereich - einen zweiten Holographieschritt anschließen und das entstehende Streifenmuster analysieren. Eine dritte Möglichkeit stellt das sog. holographische Interferenzmikroskop dar: man überlagert die Bildwelle (apparativ z. B. mit einem Mach-Zehnder-Interferometer (Fig. 90) oder rechnerisch) mit einer ebenen Welle gleicher Wellenlänge. Man beobachtet dann ein System dunkler Streifen, wo Bidwelle und ebene Welle jeweils destruktiv interferieren; dieses Streifenmuster stellt also eine "Höhenlinienkarte" mit Linien konstanter Phase der Bildwelle dar.
Ein großer Teil dieser apparativen Verfahren zur Rekonstruktion der Bildwelle aus dem Hologramm wie auch zur Extraktion der Phaseninformation aus diesem erübrigt sich heute, weil die einzelnen Schritte (Fourier-Transformation, Separation eines Seitenbandes, Rücktransformation) mit Computern schneller und genauer durchzuführen sind, sobald das Hologramm in

digitalisierter Form vorliegt. Amplituden-A(x,y)- und Phasen-γ(x,y)-Bild liegen dann zum getrennten Ausdruck bereit. (Das schließt anschauliche Darstellung der Phasenverteilung in Form eines Interferogramms nicht aus).

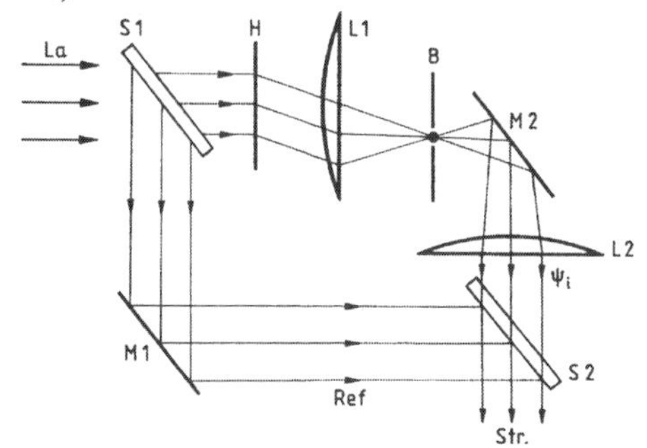

Fig. 90. Darstellung der Phasenverteilung eines Hologramms (H) mit Hilfe der Überlagerung der (optischen Kopie der) Bildwelle ψ_i mit einer Referenzwelle Ref in einem Mach-Zehnder-Interferometer (bestehend aus je zwei Strahlteilern S und Spiegeln M). Str.: System von Streifen gleicher Phase. Blende B läßt ein Seitenband (Beugungsordnung) durch. .

Vielversprechend scheint die Möglichkeit. bei der digitalen Rekonstruktion der Bildwelle aus dem Hologramm die Einflüsse der Objektivlinse (Öffnungsfehler, Farbfehler, Defokus) zu berücksichtigen und zu kompensieren. Formal bedeutet das, daß man die Fouriertransformierte der Bildwelle in Gl.(3.61) mit der Kontrast-Transferfunktion des Objektivs $\exp[-i\chi(u)]$ zu multiplizieren hat. Die Bestimmungsstücke von $\chi(u)$, nämlich C_s und Defokus müssen allerdings genau bekannt sein.
Zu den technischen Gesichtspunkten und der erreichbaren Auflösung (0,15 nm bei Objekten mit starkem Amplitudenbeitrag und 0,1 nm bei überwiegendem Phasencharakter) vgl. Lichte, Ultramicroscopy 20, (1986) 293.

3.8.5 Anwendung der Holographie

Für die Holographie wird jetzt allgemeine Anwendbarkeit proklamiert, sofern eine FEG zur Verfügung steht und das Mikroskop den hohen Anforderungen an eine stabile Aufstellung genügt. Dann sollte im Hologramm ein (auf die Objektebene zurückprojizierter) Streifenabstand von 0,03 nm (das entspricht $\lambda/8$) erreicht werden. (Bei einem Punktauflösungsvermögen des Mikroskkops von 0,33 nm). Das bedeutet mit einer Vergrößerung M = 850 000 des Mikroskops einen Streifenabstand im photographischen Bild des Hologramms von 25 µm, der problemlose Rekonstruktion mit Lichtwel-

len ermöglicht. In praxi ist die Charakteristik des zur Aufnahme des Hologramms verwendeten Photomaterials zu beachten.
Zwei Domänen für den Einsatz der Holographie fallen ins Auge: erstens ist die vollständige Erhaltung der in der Phase der Bildwelle enthaltenen Information besonders wichtig für (überwiegend) Phasenobjekte. Sie dominieren in der Biologie; in der Materialwissenschaft sieht man große Chancen bei der Darstellung elektrischer und magnetischer Felder bzw. Potentialverteilungen im Inneren und an Oberflächen bzw. Grenzflächen des Objekts. Vor allem permanentmagnetische Materialien und Supraleiter stehen im Mittelpunkt lebhafter Aktivität. - Zweitens bietet die Möglichkeit, die Linsenfehler der Objektivlinse bei der Rekonstruktion zu kompensieren, einen der drei z. Zt. verfolgten Wege, um das Punkt-Auflösungsvermögen der HREM deutlich zu verbessern. (Die beiden anderen Wege suchen die beiden Faktoren aus Gl. (3.26) zu verkleinern: hochauflösende Hochspannungs-Elektronenmikroskopie (λ) und Korrektur des Öffnungsfehlers der Objektivlinse (C_S) mit Multipol-Anordnungen).
Ein Beispiel für die holographische Analyse von magnetischen Mikrostrukturen soll diesen Abschnitt beschließen. Tonomura et al. (Appl. Phys. Lett. 42 (1983) 746) unternahmen es, den magnetischen Fluß in longitudinal aufmagnetsierten Speicherbändern elektronenmikroskopisch darzustellen. Die Magnetisierung der einzelnen Domänen (bits) ist hier kollinear, d. h. positiv bzw. negativ magnetisierte Bereiche sind durch 180°-Wände getrennt. Während die übliche *Lorentz-Mikroskopie* (Fresnel-Streifen infolge der Verkippung der Wellenfronten im Magnetfeld) nur die Domänen*grenzen* abbildet, erscheint im holographischen Interferogramm sowohl innerhalb der Domänen als auch über den Wänden eine Projektion des magnetischen Kraftlinienmusters (Abb. 23). Dies ist zumindest qualitativ leicht zu verstehen, wenn man sich überlegt, daß links bzw. rechts von einem magnetischen Kraftfluß-Bündel (parallel zu $\underline{B}$) das Objekt durchquerende Teile der Elektronenwelle relativ zueinander in der Phase verschoben werden, wobei die Phasendifferenz zum eingeschlossenen Fluß proportional ist (vgl. Abschnitt 1.2.2). Diese Situation ist parallel zu $\underline{B}$ translationsinvariant. Als Ergebnis dieser Untersuchung stellte sich heraus, daß die Domänengröße um eine Größenordnung verkleinert werden kann, ohne daß die Wände zuviel Einfluß gewinnen.
In Abb. 23 ist außerhalb des Kobalt-Speicherbandes das magnetische Streufeld deutlich zu erkennen. Dieses Streufeld wurde von der gleichen Forschergruppe benutzt, um die Flußlinien in supraleitendem Blei und ihre Bewegung darzustellen. (Jede Flußlinie trägt ein Flußquant - ein Fluxon - von h/(2e)).

3. 9 Raster-Transmissions-Elektronenmikroskopie

3.9.1 Übersicht

Am Beginn des Abschnitts 1.2.3 wurde auf die Möglichkeit hingewiesen, ein vergrößertes Bild eines Objekts *punktweise* ("seriell", auch "sequentiell" genannt) zeitlich nacheinander aufzubauen, indem man das Objekt mit einer möglichst feinen Sonde abrastert und ein von dem Objekt ausgehendes Signal von einem geeigneten Detektor auffangen läßt. Steuert dieses Signal die Strahl-Intensität einer Oszillographenröhre, erhält man ein Bild des Objekts "durch die Brille" des betr. Detektors. Das Verhältnis der Wege des Lichtflecks des Oszillographen bzw. der Sonde bezeichnet die Vergrößerung der Abbildung, der Durchmesser der Sonde wird dem räumlichen Auflösungsvermögen dieser speziellen Mikroskopie eine obere Grenze setzen.
Wir werden im folgenden die Raster-Transmissions-Elektronenmikroskopie (engl. Scanning Transmission Electron Microscopy, STEM) (Crewe 1970) besprechen, bei der die Sonde aus einem auf das Objekt fokussierten Elektronenstrahl (engl. probe) besteht und der vom Objekt durchgelassene Elektronenstrom das Signal bildet. Ein magnetisches Filter ermöglicht es, die elastisch gestreuten Elektronen von den Elektronen zu trennen, die im Objekt einen Energieverlust erlitten haben. Als Detektor dient ein scintillierender Kristall mit nachgeschaltetem Photomultiplier oder ein Halbleiter-Detektor. Separate Detektoren weisen die achsennah anfallenden Elektronen (sog. Hellfeld-Detektor, engl. bright field d. BFD) bzw. - als konzentrisch zur Achse angeordneter Ring (Großwinkel-Detektor, engl. high angle annular detector, HAAD) - die in den Bereich großer Winkel gestreuten Elektronen nach. Eine Stärke der STEM liegt in der Möglichkeit, Hell-und Dunkelfeld-Signal *simultan* zu empfangen.
Fig. 91 zeigt ein sog. dedicated STEM, d. h. es handelt sich um ein Instrument, mit dem nicht auch konventionelle Elektronenmikroskopie betrieben werden kann. Die allgemeine Anordnung der Konstruktionselemente ist hier umgekehrt wie beim konventionellen Mikroskop: Die Elektronenquelle befindet sich am unteren Ende der Mikroskop-Säule. Die Beschleunigungsspannung beträgt z. Zt. meist 100 kV, die Entwicklung geht aber zu höheren Spannungen (300 kV).
Der begriffliche Übergang von dem konventionellen Elektronenmikroskop (CTEM) zum Raster-Transmissions-Elektronenmikroskop (STEM) wird vermittelt durch das *Prinzip der Reziprozität.* Es stellt eine (nichttriviale) Erweiterung der Umkehrbarkeit von Strahlengängen in der geometrischen Optik auf die Wellenoptik dar.
Das Reziprozitäts-Prinzip besagt: die Amplitude einer Welle, deren Quelle im Punkt B liegt, ist in Punkt A gleich der Amplitude in B, wenn die Quelle nach A verlegt wird.

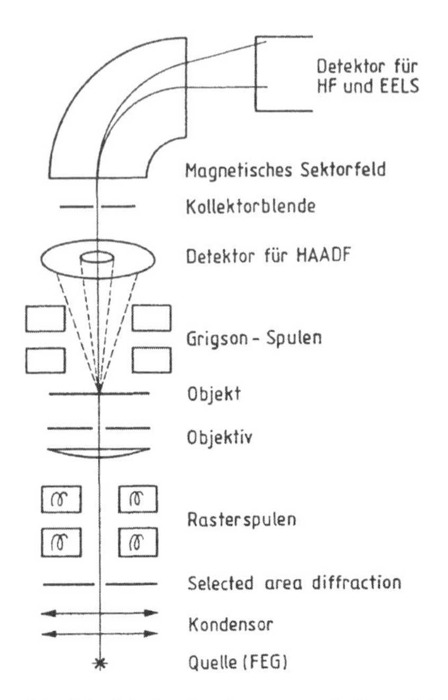

Fig. 91 Schnitt durch ein sog. dedicated (spezialisiertes) Transmissions-Raster-Elektronenmikroskop (STEM)

Sind magnetische Felder (Linsen) beteiligt, muß deren Richtung ebenfalls umgedreht werden. Man kann das Prinzip auf Intensitäten erweitern und dann auch inelastische Streuprozesse mit kleinen Energieänderungen einbeziehen. Schließlich erfordert der Übergang von Punkten im Strahlengang zu Flächenelementen eine Zusatzbedingung: die Emission und Absorption der Welle muß über diese Flächen *inkohärent* (ohne Phasenbeziehungen zwischen den Punkten der Flächen) erfolgen.
So gesehen, ist das STEM tatsächlich ein "umgekehrt betriebenes"CTEM (Fig. 92a). Genaue Betrachtung verdient ein Vergleich der Öffnungswinkel der Strahlenbündel an dem Objekt (Fig. 92b). Bei CTEM ist die Öffnung α_i der von der effektiven Quelle (dem kleinsten Bild des cross over im Kondensorsystem) auf dem Objekt erzeugten Beleuchtung in der Regel deutlich kleiner als die Objektiv-Apertur α_o (z. B. 10^{-4} gegen 5 10^{-3}). Bei STEM

sollte also bei genauer Reziprozität die Öffnung des Detektors α_D viel kleiner sein als diejenige des beleuchtenden Bündels α_P (diese letzte muß auf jeden Fall groß sein, wird ein kleiner Leuchtfleck angestrebt). Aus Intensitätsgründen macht man aber beide Aperturen in der Regel gleich groß ($\alpha_D = \alpha_P$).

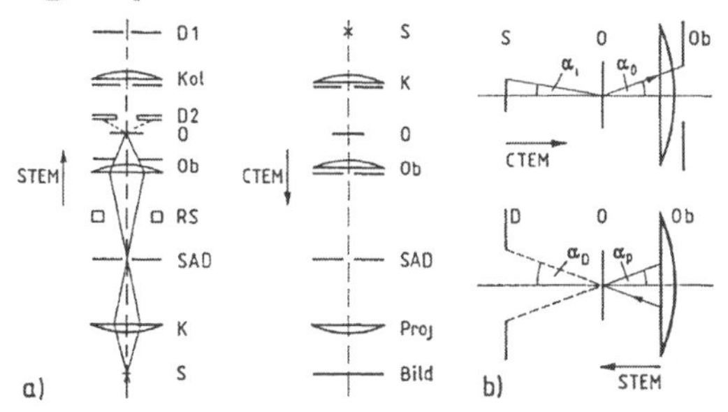

Fig. 92. a: Zur Reziprozität von CTEM und STEM. b: Vergleich der Öffnungswinklel am Objekt. α_p: vom Objektpunkt zum Objektiv hin, α_i: Beleuchtungsapertur beim CTEM, α_D: vom Objektpunkt zum Detektor (STEM)

Die Sonde wird im STEM mit Hilfe eines mehrlinsigen Kondensorsystems erzeugt, dessen letzte, probennächste Linse man "Objektiv" nennt. Vor dem Objektiv sitzen zwei Spulenpaare, die die Sonde über das Objekt rastern und damit im Sinn der Reziprozität die ausgedehnte Bildebene des CTEM ersetzen. Hinter der Probe sind zwei ähnliche Spulenpaare angeordnet, die sog. Grigsonspulen, die die vom Objekt in eine bestimmte Richtung gestreuten Elektronen auf den Hellfeld-Detektor lenken können.

Einige Vorteile des Raster-Prinzips liegen auf der Hand: im optischen Sinn *nach* dem Objekt befindet sich keine Linse, d. h. die Bildwelle wird nicht durch Linsenfehler beeinflußt. Anders ausgedrückt: man kann die von dem Objekt gestreuten Elektronen bis zu wesentlich größeren Streuwinkeln ausnutzen, als dies bei einer Objektivlinse mit großem Öffnungsfehler hinter dem Objekt zulässig wäre. Bis zu 90% der elastisch gestreuten Elektronen werden erfaßt, wenn man die innere Berandung des Ring-Detektors so wählt, daß gerade nur die von der Probe unbeeinflußten Elektronen nicht erfaßt werden. Das wiederum ermöglicht Reduktion der Strahlenbelastung im Vergleich zum CTEM. Bei ausgeprägter inelastischer Streuung der Elektronen innerhalb der Probe macht sich der Wegfall des chromatischen Fehlers[18] einer Linse nach dem Objekt besonders günstig bemerkbar. Ein weiterer praktischer Vorteil liegt in der digitalen Natur des anfallenden Signals, das in mannigfaltiger Weise verarbeitet werden kann. Sehr wertvoll ist die Möglichkeit, simultan mit dem Bild und mit gleicher Auflösung Sekundärstrahlungen zu empfangen, die eine chemische Analyse des Objekts ergeben.

---

18 Ein chromatischer Restfehler rührt daher, daß das Objekt im Feld der Objektivlinse liegt.

Von entscheidender Bedeutung für die Grenzen der Leistungsfähigkeit eines STEM ist eine Sonde (Leuchtfleck auf dem Objekt), die möglichst geringe Ausdehnung (erreicht wird 0,1 nm) mit hoher Stromstärke verbindet. Dies ist nur möglich, wenn schon die Elektronenquelle eine entsprechende Helligkeit β aufweist (vgl. 1.3). Deshalb ist das ideale STEM mit einer Feldemmissions-Kathode (FEG) ausgerüstet.

3.9.2 Betriebsarten des STEM

Abbildung

Elektronenmikroskopische Bilder werden mit dem STEM routinemäßig in einer der folgenden Betriebsmoden aufgenommen: a) konventioneller Hellfeld-oder Dunkelfeld-Kontrast; b) hochauflösender Hellfeld-Kontrast; c) Großwinkel-Streukontrast (Z-Kontrast).

a) Hellfeld-Kontraste entstehen, wenn das Objekt mit einem fein gebündelten Elektronenstrahl (Sonde) beleuchtet wird und die durchgelassenen Elektronen aus einem gewissen Winkelbereich $2\alpha_D$ um die optische Achse detektiert werden. Der Öffnungswinkel der Sonde $2\alpha_P$ wird von der Objektivblende bestimmt, während die Kollektorblende $2\alpha_D$ festlegt. Macht man α_D klein, liegt völlige Analogie zum Beugungskontrast-Hellfeld vor (vgl. 2.3.2) und in der Tat wird dieser Modus (sog. *konventionelle Hellfeld-Abbildung*) zur Untersuchung von strukturellen Defekten mit weitreichendem (einige nm) Verzerrungsfel in Kristallen benutzt. Durch geeignete Orientierung des Kristalls zur Achse der Beleuchtung kann (bei kleinem α_P) der Zweistrahlfall realisiert werden. Detektiert man statt der nicht abgelenkten Elektronen einen Braggreflex, entsteht ein (konventionelles) Dunkelfeld-Bild. (Die Rasterbewegung des Sonde wird hier nicht eigens erwähnt).

b) Will man atomares Auflösungsvermögen erreichen (*hochauflösende Hellfeld-Abbildung)*, muß man beide Blenden weiter öffnen, denn auch hier gilt das Grundprinzip, daß mindestens die erste Beugungsordnung einer aufzulösenden Struktur mit der unabgelenkten Welle interferieren muß. Das bedeutet, daß der (halbe) Öffnungswinkel α_P der Beleuchtung größer sein muß als der Braggwinkel ϑ_B. Dann überlappen die durch die konvergente Beleuchtung entstehenden Beugungsscheibchen (vgl. hierzu Abschnitt 4.2.2) (Fig. 93) und mit dem Zentral-Detektor in dem Überlapp-Bereich kann man Auflösung der beugenden Netzebenen erwarten. Das Signal-zu-Rausch-Verhältnis hochauflösender STEM-Mikroskopie ist allerdings nicht so gut wie das der CTEM.

c) Ein dritter Abbildungsmodus steht historisch in engem Zusammenhang mit der Konzeption des STEM: der sog. *Z-Kontrast*.

Wie unter 3.9.1 erwähnt, wurde das STEM entwickelt, um die unter großen Winkeln gestreuten Elektronen zur Abbildung heranziehen zu können. Diese Elektronen sind - als Partikel betrachtet - in ihrer großen Mehrzahl mit kleinem Stoßparameter (also durch Passieren eines Atomkerns in klei-

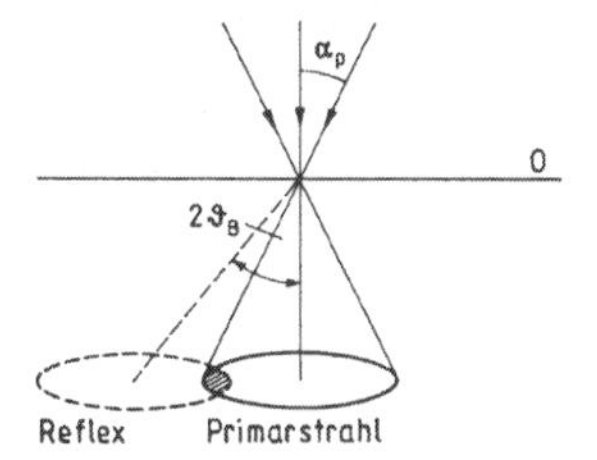

Fig. 93 Hochauflösende Hellfeld-Abbildung mit dem STEM. Der Detektor ist in dem Überlappbereich der Beugungsscheibchen zu plazieren.

nem Abstand) elastisch gestreut worden. Dadurch bildet die Rutherford-Streuformel (1.52), die von elastischer Streuung am nackten Kern ausgeht, eine erste Näherung für den Streuquerschnitt eines Atoms: danach wäre $\sigma_{el} \sim Z^2$ zu erwarten. Andererseits ergab die Betrachtung der elastischen Streuung am Gesamtatom (Gl. (1.65)): $\sigma_{el} \sim Z^{4/3}$. Man wird nicht weit von der Realität entfernt sein, wenn man für die unter großen Winkeln gestreuten Elektronen eine Zunahme des Streuquerschnitts mit $Z^{7/4}$ (oder als Näherung Z^2) ansetzt. Diese Abhängigkeit ausnutzend gelang es Crewe und Mitarbeitern 1970 erstmals, einzelne Atome hoher Ordnungszahl auf Trägerfolien aus leichten Elementen abzubilden[19].

Die Abbildung kristalliner Objekte im Z-Kontrast kann in den Bereich *hoher Auflösung* ausgedehnt werden. Seit 1988 ist es etablierte Technik, chemische Unterschiede zwischen einzelnen Atomsäulen als Kontraste darzustellen. Wegen seines bedeutenden Potentials wird dieser Abbildungsmodus unter 3.9.3 ausführlicher besprochen.

Beugung

Drei Standard-Beugungsverfahren sind in Gebrauch: a) Konvergente Elektronenbeugung (Convergent Beam Electron Diffraction CBED), b) Feinbereichsbeugung (Selected Area Diffraction SAD), und c) Mikrobeugung (Microdiffraction).

a) Hält man die Beleuchtungsapertur α_p kleiner als die Braggwinkel aller reflektierenden Netzebenen, erhält man auf einem über der Probe in den Strahlengang eingeschobenen Schirm ein normales CBED-Muster mit nicht überlappenden Beugungsscheibchen. (Man kann dieses Muster auch mit Hilfe der Grigsonspulen über den zentralen Detektor fahren). Dieses Beugungsmuster ermöglicht während der Aufnahme von Hellfeldbildern Kontrolle der Kristallorientierung etc.. Hält man die Rasterbewegung an, kann man das Gebiet, aus dem die Information stammt, auf weniger als 1 nm Durchmesser konzentrieren.

[19] Im Prinzip ist es möglich, Z-Kontrast über das Reziprozitäts-Prinzip mit einem konventionellen Elektronenmikroskop zu erzeugen. Man benutzt konische Beleuchtung mit einem auf einem Kegelmantel rotierenden Strahl (engl. hollow cone illumination).

b) Bei der SAD-Beugung wird die Beleuchtungsapertur klein gewählt (ähnlich wie bei der CTEM). Die Sonde bleibt auf einem bestimmten Objektbereich stehen, ihre Richtung wird mit Hilfe der Scan-Spulen über einen bestimmten Winkelbereich periodisch verkippt. Während dieser Kippbewegung wird der in Richtung auf den achsialen Detektor - also paralell zur optischen Achse des Mikroskops - fallende Elektronenstrom detektiert. (Offensichtlich handelt es sich um den zur Feinbereichsbeugung im CTEM (vgl. 1.2.3) reziproken Strahlengang).
Wegen Schwankungen bei der Verkippung und weil mit geringer Öffnung kein extrem kleiner Leuchtfleck erzeugt werden kann, stammt hier die Information aus einem größeren Bereich (etwa 200 nm) als bei der CBED.
c) Microdiffraction ist eine CBED, bei der das Beugungsmuster mit Hilfe der Grigson-Spulen sequentiell über den Detektor gezogen wird. Der Konvergenzwinkel α_P kann hier in weiten Grenzen variiert werden.

3.9.3 Z-Kontrast, Abbildung durch Weitwinkel-Streuung (HAADF)

Wie mehrfach betont, liegt die wichtigste Domäne des STEM-*Abbildung* bei der (quasi-)elastischen Großwinkelstreuung (engl. high angle annular dark field HAADF). Neben der bereits eingeführten starken Abhängigkeit ihrer Intensität von der Ordnungszahl Z der streuenden Atome hat diese Streuung eine zweite attraktive Eigenschaft: sie ist *inkohärent.* Das bedeutet: es gibt keine Phasenbeziehung zwischen den einzelnen Streuwellen, sodaß keine (bzw. sehr schwache) Braggreflexe und keine dynamischen Effekte auftreten, wie periodische Abhängigkeit der Streuintensität von der Probendicke und dem Defokus, Fresnelstreifen an inneren Grenzflächen; es gibt keine Kontrastumkehr: die Atomsäulen erscheinen hier immer hell, die Tunnels dazwischen dunkel. (Dies ist zunächst als experimenteller Befund zu akzeptieren). Infolgedessen sind die mit Z-Kontrast aufgenommenen Bilder direkter ("naiver") interpretierbar als die auf Phasenkontrast beruhenden. Man wird diese Vorteile der Großwinkelstreuung in "Reinkultur" ausnutzen können, wenn man die Mitwirkung von Braggreflexen durch angepaßte Wahl des inneren Randes (Θ_{in} im Winkelmaß) des Ringdetektors unterdrückt. Nach Gl. (1.98) werden die Braggreflexe durch die diffuse thermische Streuung gemäß exp(-2M) geschwächt. Strebt man 2M = 1 an, ergibt Gl. (1.97):
$\Theta_{in} = \lambda/(2\pi\sqrt{<\rho^2>})$. Mit $\sqrt{<\rho^2>} = 10^{-11}$ m (Tab. 1.4) erhält man $\Theta_{in} = 6\ 10^{-2}$.

Im übrigen unterdrückt man starke Braggreflexe aus der nullten Lauezone - wenigstens für die Achse der Sonde - dadurch, daß man das Objekt immer mit einer Zonenachse parallel zum Strahl orientiert, was auch eine einfache zweidimensionale Projektion der Kristallstruktur mit ihren Atomsäulen (hier oft engl. strings genannt) und Tunneln als Bild erscheinen läßt.
Fragt man nach dem Grund für die Inkohärenz der Streustrahlung unter großen Winkeln, scheidet die Beleuchtung aus: die von einer FEG auf der

Probe entworfene Elektronensonde erfüllt trotz ihrer Konvergenz das räumliche Kohärenzkriterium.
Pennycook und Jesson (Ultramicroscopy 37 (1991) 14) weisen darauf hin, daß die Großwinkel-Streuung von der *inkohärenten*, quasi-elastischen thermischen Streuung (thermal diffuse scattering TDS) dominiert wird. Die unkoordinierte Schwingung der Atome um ihre Ruhelage führt zu einer "Abzweigung" eines Teils der Streuintensität aus den Braggreflexen zugunsten eines diffusen Untergrundes zwischen denselben. Gl. (1.98) enthält diesen Untergrund als zweiten Summanden; entwickelt man den Ausdruck exp(-2M) mit Hilfe von Gl. (1.97) für (relativ) kleine Streuwinkel u, erhält man für die thermische Streuung Proportionalität zu $\{u^2 f^2(u)\}$ im Unterschied zur kohärenten elastischen Streuung, die mit $f^2(u)$ geht. Das hat ein Überwiegen der thermischen Streuung bei mittleren Winkeln zur Folge.

Eine rigorose Theorie der HAADF-STEM-Abbildung (einschließlich des Z-Kontrastes) fehlt noch. Vergleich von Simulationsrechnungen mit experimentellen Bildern haben die Anwendbarkeit der *Theorie der inkohärenten Abbildung* (engl. Incoherent Imaging Theory: I. I. T.) bestätigt (Loane, Xu und Silcox, Ultarmicroscopy 40 (1992) 121). Diese in der Lichtoptik geläufige Theorie angewandt auf die Raster-Mikroskopie behandelt die Wechselwirkung der Sonde mit dem Objekt als Multiplikation der lokalen Amplitude der Wellenfunktion ψ_p der Sonde beim Eintritt in das Objekt mit einer Objekt-Funktion $T(\underline{r})$:

$$\psi_t(\underline{r}) = \psi_p(\underline{r})\, T(\underline{r}) \tag{3.63}$$

($\underline{r}$ ist ein Punkt in der Objektebene). Die Objektfunktion kann zunächst als eine δ-artige Funktion (vgl. Anhang A1) von etwa 0,1 nm Durchmesser am Ort der Atomsäulen vorgestellt werden, deren Stärke der über die betr. Säule gemittelten Ordnungszahl Z entspricht. Im konkreten Fall kann sie Einflüsse von Beugung enthalten (Spence et al. Ultramicroscopy 31 (1989) 233), aber sie ist unabhängig von den Abbildungsbedingungen. Die Brisanz des Ansatzes (3.63) liegt darin, daß *die Sonde* im Inneren des Kristalls, wo die Streuung stattfindet, durch die Wellenfunktion *in der Eintrittsfläche in den Kristall* ersetzt wird. Die Berechtigung hierfür liefert der *Channelingeffekt.*
Unter *Gitterführung* (engl.: channeling) versteht man die Konzentration der Elektronen, die parallel zu einer Kristallachse (in einer Zonenachsen-Orientierung) auf einen Kristall fallen, in Bündel von Bahnen, die innerhalb der Potentialröhren parallel zu den Atomreihen (columns oder strings) verlaufen, ähnlich wie Licht in Lichtleitfasern. Channeling funktioniert auch für ein *konvergentes*, zu einer kleinen (0,2 - 0,3 nm) Sonde fokussiertes Elektronenbündel (Cowley und Huang, Ultramicroscopy 40 (1992) 171).
Während das Phänomen Channeling im Falle von schweren Partikeln (Protonen) als wiederholte Reflexion an Potentialwänden berechnet werden kann, ist es bei Elektronen als Wellenphänomen aufzufassen. Im Blochwel-

lenmodell beschreibt man stationäre Zustände von achsenparallel laufenden Elektronen als Produkt aus einem parallel zu den Atomreihen (der z-Achse) freien und einem in der (x,y)-Ebene senkrecht dazu gebundenen zweidimensionalen Zustand. Diese "quergebundenen" Zustände sind vom s- und p-Typ wie die Kristallelektronen. Sie haben je ihre eigene Streuwahrscheinlichkeit. Die 1s-Zustände haben eine beträchtliche Aufenthaltswahrscheinlichkeit an den Atomkernen, worauf die Abhängigkeit gerade der Streuung unter großen Winkeln von der chemischen Natur dieser Atome beruht. Wichtig für das Ausbleiben von Interferenzen vom Typ der Pendellösung ist nun, daß die Wellenfunktionen der quergebundenen Zustände zweier benachbarter Atomsäulen sehr wenig überlappen. Diese fadenförmigen Elektronenbündel erfahren allerdings eine von der Art der Atome (Z) und der Perfektion des Kristalls abhängige Schwächung durch *Streuung.* (Deshalb bezieht sich eine chemische Analyse aus dem Z-Kontrast nur bei leichten Elementen auf die ganze Dicke des Objekts, bei schweren Elementen darf die ungestörte Sonde nur für eine bestimmte Schicht nahe der Eingangsfläche angenommen werden).
Versucht man HAADF-Bilder unter der Annahme einer δ-Funktion für die Atomreihen als Objektfunktion zu berechnen, zeigt sich, daß die Berücksichtigung der *thermischen Schwingungen* wesentlich ist. Hier leistet das Modell der *eingefrorenen Phononen* (frozen phonon model) gute Dienste. Es beruht darauf, daß die Elektronen den Kristall in Zeiten passieren die kurz sind im Vergleich zur Schwingungsperiode der Atome. Die Elektronen reagieren nicht auf die Bewegung der Atome, sie begegnen dem Kristall aber in einer Vielzahl von "eingefrorenen" Bewegungszuständen.
Nach dem momentanen Erkenntnisstand beruht der HAADF-Kontrast von Kristall-Baufehlern und inneren Grenzflächen (der nicht Z-Kontrast sein kann) auf Störung des Channeling-Effektes, dem sog. dechanneling, infolge der Unterbrechung der Periodizität (Cowley und Huang a.a.O.). Dechanneling bedeutet Ausweitung des Winkelbereichs, in den Streuung erfolgt, und damit Erhöhung der Großwinkel-Streuung: diese Kontraste sind immer hell auf dunklem Grund.
HAADF-Abbildung ergibt für wesentlich dickere Kristalle gute Kontraste von Abweichungen des Kristallbaus von der Periodizität als die Hellfeld-Abbildung. Darüberhinaus sind die Kontrastbreiten geringer, das Auflösungsvermögen für Verzerrungsgebiete also besser.

Eine Folge der Inkohärenz der Abbildung über Großwinkelstreuung ist ein verbessertes *Punkt-Auflösungsvermögen*, verglichen mit dem der Phasenkontrastabbildung. Bildet man zwei punktförmige Objekte mit einem Winkelabstand δ inkohärent ab, überlagern sich in der Bildebene die *Intensitäten* der Beugungsfiguren der beiden Quellpunkte. Man definiert sie als noch getrennt wahrnehmbar, wenn das Rayleigh-Kriterium erfüllt ist, d h. wenn das Maximum der einen Beugungsfigur auf das erste Minimum der anderen fällt.

Wie am Ende von Abschnitt 1.4.4 dargelegt ergibt sich so als Auflösungsvermögen

(3.64) $d_{inkoh} = 0{,}61\ \lambda/\alpha$

mit der Linsenapertur α.
Setzt man die optimale Apertur für eine Elektronenlinse mit Öffnungsfehler C_s ein ($\alpha_{opt} = \sqrt{2}\ (\lambda/C_s)^{1/4}$, vgl. nach Gl. 3.26), erhält man

(3.65) $d_{inkoh} = 0{,}43\ \lambda^{3/4}\ C_s^{1/4}$

Das bedeutet eine Reduktion der Größe noch auflösbarer Details bei inkohärenter Abbildung auf zwei Drittel des Punktauflösungsvermögens bei Phasenkontrast und optimalem Fokus. Der Ausdruck (3.65) gibt übrigens zugleich den Durchmesser (genau: Halbwertsbreite, engl. full width at half maximum FWHM) der von der Objektivlinse des STEM auf dem Objekt entworfenen Leuchtflecks an, wenn der sog. Scherzerfokus $\Delta f = -\sqrt{(\lambda C_s)}$ gewählt wurde (vgl. Gl. (3.24)). Der Leuchtfleck stellt die Beugungsfigur der Objektivlinse unter Berücksichtigung der Phaseneffekte der Defokussierung und des Öffnungsfehlers dar. Genaue Analyse zeigt, daß mit dem Scherzerfokus der optimale Kompromiß zwischen Breite des Hauptmaximums und dem Auftreten von Nebenmaxima erreicht ist.
Man darf allerdings nicht unerwähnt lassen, daß *Hochauflösungs*-HAADF-Abbildungen wegen der relativ geringen Anzahl der unter großen Winkeln gestreuten Elektronen ein schlechteres Signal-zu-Rausch-Verhältnis haben als Hellfeld-(BF-)Abbildungen. Das sog. Bildrauschen stammt u. a. von Schwankungen der Quelle bzw. des Detektors während der Abtastzeit. Ist die in die Objektebene zurückprojizierte Pixel-Größe kleiner als das instrumentelle Auflösungsvermögen, entsteht ein hochfrequentes Rauschen, das durch sog. *Fourierfiltern* beseitigt werden kann. Man unterzieht das digitalisierte Bild einer (zweidimensionalen) Fourier-Transformation und blendet vor der Rücktransformation alle Ortsfrequenzen weg, die oberhalb der höchsten sinnvollen, dem Auflösungsvermögen entsprechenden Frequenz liegen. (Was hier rechnerisch bewerkstelligt wird, kann auch analog auf der optischen Bank geschehen). Abb. 24 demonstriert, daß eine Unterscheidung der chemisch verschieden besetzten (effektiven) Atomsäulen an der Grenze zwischen zwei Verbindungshalbleitern erst nach Fourierfiltreung der Ordnungszahlkontrast-Aufnahme möglich ist.

3.9.4 Die Aufnahmezeit

Abschließend wenden wir uns der Frage zu, welche Zeit unter gegebenen Umständen zur Aufnahme eines rasterelektronenmikroskopischen Bildes erforderlich ist. Wir gehen dabei davon aus, daß eine so schnelle elektronische Speichereinheit (z. B. ein schneller Analog-Digital-Wandler mit Speichereinheit) zur Verfügung steht, daß das Abspeichern der vom Detektor gemessenen Helligkeitswerte der n Bildpunkte (engl. pixel) keinen Engpaß bildet.

Meßgröße ist die Zahl N_i von Elektronen, die für den Bildpunkt i vom Detektor nachgewiesen werden. N_i ist gleich dem Produkt aus der Zahl N von Elektronen, die den zugehörigen Objektpunkt treffen, multipliziert mit der Durchlässigkeit T_i des Objekts in dem betr. Punkt. N ist Sondenstrom I_s mal der Zeit t_p, über welche der Strahl auf dem Punkt "steht".[20]

(3.66) $$N_i = (I_s/e)\, t_p\, T_i$$

Die Zahl der im Detektor nachgewiesenen Elektronen unterliegt statistischen Schwankungen mit einer mittleren Schwankungsbreite $\sqrt{N}$. Das aufgenommene Bild weist deshalb ein *Signal-zu-Rausch-Verhältnis S/R* von

(3.67) $$S/R = N_i/\sqrt{N_i} = \sqrt{N_i}$$ auf.

Das Objekt ist gekennzeichnet durch das (mittlere) Niveau seiner *Kontraste K*, d. h. für je zwei benachbarte Objektpunkte i,j gilt:

(3.68) $$(N_i - N_j)/\overline{N} = K$$

($\overline{N}$ ist der Mittelwert der N_i).
Man kann nun zuerst folgende vernünftige Festsetzung treffen: ein Kontrast soll im Bild dann gerade noch auswertbar sein, wenn er das Rauschen, bezogen auf das mittlere Signal, um den Faktor 3 übertrifft, also wenn $K = K_{min} = 3\,(S/R)^{-1}$. Das bedeutet: $K_{min} = 3\,(N)^{-1/2}$. Ein Beispiel diene der Verdeutlichung: Ein Bild von 1000 x 1000 Bildpunkten werde in 10 Sekunden mit einem Detektorstrom $I_D = 10^{-11}$A aufgenommen. N_i ist dann gleich 625 (Elektronen) und S/R = 25. Unter diesen Umständen stellt das Bild nur Kontraste ab 12% ($= 3/\sqrt{625}$) dar. Wie Gl. (3.66) zeigt, kann man diese Grenze durch Verlängern der Bildpunktzeit bzw. durch Erhöhen des Sondenstroms herunterdrücken.
Eine zweite Betrachtungsweise fragt nach der notwendigen Abbildungszeit $t_b = n\, t_p$, wenn das Bild aus n Bildpunkten besteht und ein Signal-zu-Rausch-Verhältnis S/R haben soll. Wir ersetzen in Gl. (3.66) N_i durch $(S/R)^2$ und erhalten:

(3.69) $$t_b = n\, t_p = n\, (S/R)^2\, e/(I_s\overline{T})\ .$$

Wir kehren unser Beispiel um und berechen nun für S/R = 25 die Bildzeit t_b. Der Detektorstrom war $I_D = I_s\overline{T} = 10^{-11}$A und $n = 10^6$; das ergibt, wie erwartet: t_b = 10 s. In praxi würde man den Sondenstrom I_s gern kleiner machen, um das Objekt zu schonen, und dafür mit einem kleineren S/R zufrieden sein.
Unter praktischen Gesichtspunkten ist es interesant, die Belichtungszeiten von TEM-Aufnahmen zu vergleichen, die unter sonst gleichen Bedingungen (Objekt, Vergrößerung, Beleuchtungsapertur an der Probe α, Signal-zu-

[20] Das Produkt (I_sT) ist der Detektorstrom I_D.

Rausch-Verhältnis S/R) mit dem konventionellen (paralleles Abbildungsprinzip) CTEM bzw. mit dem nach dem sequentiellen Prinzip arbeitenden STEM gemacht werden. Gleiches S/R bedeutet gleiche Zahl N der insgesamt vewendeten Elektronen. Das STEM-Bild bestehe aus n Bildpunkten ("Pixeln", n praktisch 10^5 - 10^6). Die Fläche des Bildes ist F = n f, wo f die Fläche eines Pixels ist. Man hat also bei dem CTEM: $N = j_c\ F\ T_c/e$ und bei dem STEM: $N = j_s\ f\ T_s/e$. (die Indizes c bzw. s erinnern an die beiden Abbildungsmethoden, j ist die Strahlstromdichte, T die Gesamtbelichtungszeit).
Gleichsetzen der Elektronenzahl ergibt: $j_c\ n\ T_c = j_s\ T_s$. Strebt man gleiche Belichtungszeiten an, muß also die Stromdichte beim Rasterverfahren n-mal größer sein als bei dem parallelen Verfahren, ein einleuchtendes Ergebnis. Die Stromdichte hängt (Anhang A4) von dem Produkt aus Helligkeit β (sowohl der Quelle wie an der Probe) und Quadrat des Aperturwinkels α der Beleuchtung ab. Der Vergleich der Helligkeiten von FEG (STEM) bzw. LaB_6-Kathode (CTEM) bringt einen Faktor von der Größenordnung 10^3 (Tab. 1.3). Zur Realisierung aller aufgestellten Forderungen fehlt also ein Faktor 100 bis 10^3; m. a. W.: die Belichtungszeit T muß bei Rastermikrokopie länger gewählt und, je nach konkretem Fall, ein stärker verrauschtes Bild und/oder eine Verringerung der Kohärenz der Beleuchtung in Kauf genommen werden.
Alles in allem leidet die STEM, auch mit FEG, an einem verbleibenden Intensitätsdefizit.

3.9.5 Der Sondenstrom

Ein wichtiger Parameter der Rasterelektronenmikroskopie ist der Gesamtstrom I_p, der durch das momentan beleuchtete Flächenelement des Objekts (die Sonde) fließt (der Index p steht für "probe"). Man wird anstreben, einen möglichst großen Strom durch eine Sonde möglichst kleiner Fläche zu senden, denn die Sondengröße begrenzt das Auflösungsvermögen, während mit der Zahl der zum Signal beitragenden Elektronen das Signal-zu Rausch-Verhältnis verbessert wird. Dies gilt sowohl für die abbildende wie für die analytische Mikroskopie.
Der Sondenstrom nimmt bei Verkleinerung des Sondendurchmessers d_p ab, wenn alle anderen Parameter ungeändert bleiben; aber diese Abnahme erfolgt je nach dem Typ der verwendeten Elektronenquelle verschieden schnell: bei der thermischen Quelle (also einer LaB_6-Kathode) wächst $I_p$stärker als mit d^2, während die Feldemissionsquelle einen noch nicht einmal linearen Zusammenhang erzeugt (Fig. 94). Daraus folgt notwendig, daß sich die $I_p(d_p)$-Kurven bei einem bestimmten Sondendurchmesser schneiden. Der Schnittpunkt liegt im praktisch wichtigen Bereich: zwischen d_p = 100 nm und 1 µm.. Das bedeutet: benötigt man eine Sonde mit größerem Durchmesser, ist die thermische Quelle *trotz ihrer kleineren Helligkeit β* (vgl. Abschnitt 1.3) überlegen. Selbstverständlich wächst der Sondenstrom mit zunehmendem Sondendurchmesser nicht weiter, wenn er

gleich dem maximalen Emissionsstrom der Quelle geworden ist (vgl. Tab. 1-3).

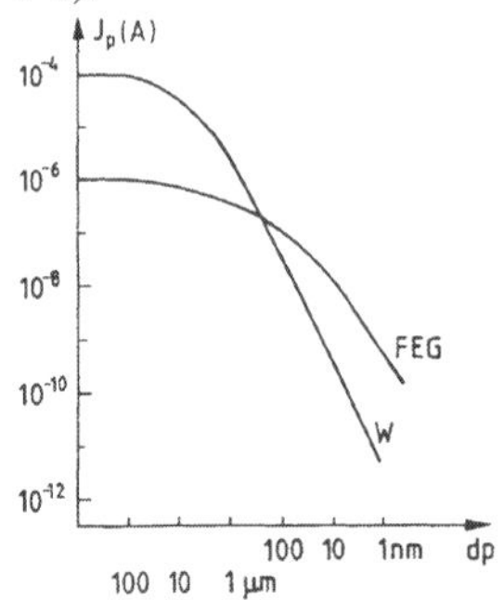

Fig. 94. Der Zusammenhang von Sondengröße und Strahlstrom bei einer thermischen Quelle (W) bzw. einer Feldemissionsquelle (FEG). (nach K.D. van der Mast und A.H. Redman)

Wir schätzen die Sondenströme der beiden Quellentypen ab. Zunächst die thermische Quelle (Index T)..

Die Strom*dichte* der Sonde j_p richtet sich nach der Helligkeit der Quelle β: $j_p = \beta \pi \alpha^2$. Der *Strom* I_p hängt auch von dem (geometrischen) Sondendurchmesser d_o ab:

(3.70) $$I_p^T = \beta \pi \alpha^2 \pi (d_o/2)^2$$

Wie ist der (halbe) Öffnungswinkel α der Sonde zu wählen, um den kleinstmöglichen Sondendurchmesser zu erzielen? Der totale Sondendurchmesser d_p wird größer sein als der durch die ideale (gaußsche) Abbildung der effektiven Quelle durch das Objektiv auf das Objekt entstehende Durchmesser d_o: erstens aufgrund von Beugung und zweitens aufgrund des Öffnungsfehlers des Objektivs.[21]. Physikalisch wird jeder Punkt des geometrisch-optischen Bildes der effektiven Quelle durch Beugung und Öffnungsfehler zu einem Scheibchen verschmiert; mathematisch handelt es sich um eine Faltung der radialen Intensitätsverteilung des geometrischen Bildes der Quelle (Breite d_o) mit den radialen Intensitätsverteilungen der Beugungsfigur (Breite $0{,}6\lambda/\alpha$) einer Punktquelle und der Strahlaufweitung infolge des Öffnungsfehlers (Breite in der Ebene des engsten Strahlquerschnitts $0{,}5\ C_s\ \alpha^3$). . Alle drei Verteilungen können durch Gaußverteilungen angenähert werden. Die Faltung mehrerer Gaußverteilungen ergibt wieder eine Gaußverteilung $\exp(-\ r^2/2\sigma^2)$, deren quadrierte Breite σ^2 gleich der Summe der quadrierten Breiten der Einzel-Gaußfunktionen ist. Daraus folgt für das Quadrat des Sondendurchmessers:

(3.71) $$d_p^2 = d_o^2 + \left(\frac{0{,}61\ \lambda}{\alpha}\right)^2 + (\ 0{,}5\ C_s\ \alpha^3)^2$$

21 Der chromatische Fehler wird hier vernachlässigt.

Eine experimentelle Bestimmung von d_P erfolgt so, daß man die Sonde über die Kante einer vollständig absorbierenden Blende fährt und die Stromstärke als Funktion der Stellung der Sondenmitte mißt. d_p muß einem wählbaren Prozentsatz des Gesamtstroms zugeordnet werden.

Der Satz von der Konstanz der Helligkeit im Strahlengang gilt für die *ideale* Abbildung, also d_o; daher gewinnen wir aus Gl. (3. 70) einen Ausdruck für d_o^2:

$$d_o^2 = \frac{4\, I_p^T}{\pi^2\, \beta}\, \alpha^{-2} = \left(\frac{C_o}{\alpha}\right)^2$$

Für die *thermische* Quelle ist der erste Term aus Gl. (3.71) viel größer als der zweite ($C_o \gg \lambda$), sodaß hier für die Bestimmung der optimalen Apertur α_{opt} der Beitrag der Beugung vernachlässigt werden kann. Differenzieren ergibt ein Minimum von d_p für:

$$\alpha_{opt} = (4/3)^{1/8}\, (C_o/C_s)^{1/4} = 0{,}93\, \left(\frac{I_p^T}{\beta\, C_s^2}\right)^{1/8}$$

(Zur praktischen Anschauung: Für $C_s = 3$ mm, $\beta^T = 5\; 10^6$ A/(cm^2 sr) und $I_p^T = 8\; 10^{-11}$ A ist $\alpha_{opt} = 10^{-2}$).

Durch Einsetzen von α_{opt} in Gl. (3.71) erhält man den kleinsten, unter den gegebenen Umständen erreichbaren Sondendurchmesser:

$$d_{p\,min}^T = (4/3)^{3/8}\, C_o^{3/4}\, C_s^{1/4} = 0{,}79\, (I_p^T/\beta)^{3/8}\, C_s^{1/4}. \tag{3.72}$$

Diese Beziehung wird anschaulicher, wenn man sie nach dem Sondenstrom als Funktion des (totalen) Sondendurchmessers auflöst:

$$I_p^T = 1{,}88\, \beta\, d_p^{8/3} / C_s^{2/3} \tag{3.73}$$

In Abschnitt 1.3..1 wurde die maximale Helligkeit einer thermischen Quelle mit der Temperatur T eingeführt: $\beta = e\, U_r/(\pi\, kT)$.. Damit wird aus Gl. (3.73):

$$I_p^T = 0{,}6\, \frac{(e\, U_r)}{k\, T}\, d_p^{8/3}/C_s^{2/3} \tag{3.73'}$$

Die wichtigste Aussage dieser Beziehung liegt in der sehr starken Abhängigkeit des Sondenstroms von der Sondengröße - solange man eine thermische Quelle benutzt.

Bei der Feldemissionsquelle (FEG, Index F) sind die Verhältnisse komplizierter, weil die Abbildung der Quelle auf das Objekt zweistufig durch eine in die Quelle intgrierte Linse (engl. gun lens) und das Objektiv erfolgt. (Vgl. Reimer: Transmisision Electron Microscopy p. 102). Wir begnügen uns hier mit einer Modellrechnung.

Bei der Sondenerzeugung mit der FEG ist die Apertur α so groß, daß in Gl. 3.71 von den α-abhängigen Gliedern nur das zweite ins Gewicht fällt, sodaß $\alpha_{opt}^2 = (2\, d_p/C_s)^{2/3}$.

Wir setzen den Strom durch die Sonde gleich dem Strom, den die Quelle in den Winkelraum mit der Öffnung 2α sendet (r ist der Radius der emittierenden Spitze):

$$I_p^F = j^F\, \pi\, \alpha^2\, r^2$$

(j^F ist die Emissions-Stromdichte). Der Aperturwinkel α_D der Quelle verhält sich zur Apertur der Sonde α wie M : 1, wo M die Vergrößerung der Abbildung der effektiven Quelle auf das Objekt ist, die übrigens etwa gleich eins gewählt wird. Also: $\alpha_D{}^2 = M^2 \alpha^2 = M^2 (2\, d_p/C_s)^{2/3}$ und

(3.74) $I_p^F = 5\, M^2\, j^F\, r^2\, (d_p/C_s)^{2/3}$, also proportional zu $d_P^{2/3}$.

Messungen (Fig. 95) stehen in qualitativer Übereinstimmung mit diesen vereinfachten Überlegungen: der Sondenstrom steigt bei thermischen Quellen etwa quadratisch mit dem Sondendurchmesser, während er bei Feldemissionsquellen etwa proportional zu d_P ist. Der Sondenstrom der FEG übersteigt den der thermischen Quelle, sobald die Sondengröße kleiner wird als etwa das Zehnfache des Radius r der Emitterspitze.

Selbstverständlich kann der Sondenstrom nicht über den von der jeweiligen Quelle emittierten Gesamtstrom steigen. Nach unten hin ist d_P durch Beugung und Öffnungsfehler begrenzt: $d_{P\ min} \approx 0{,}43\ \lambda^{3/4} C_s^{1/4}$.

4 Analytische Elektronenmikroskopie (AEM)

4.1 Überblick

Information über die lokale chemische Zusammensetzung des Objekts erhöht den Wert mikroskopischer Bilder in vielen Fällen ganz erheblich. Das gilt vor allem dann, wenn es gelingt, diese Charakterisierung bis in den Bereich kleinster Strukturen (auf dem Nanometerniveau) oder sogar bis zu atomarer Auflösung voranzutreiben. Im Arsenal der Elektronenmikroskopie gibt es zwei verschiedene Ansätze, mit denen in den letzten zwei Jahrzehnten große Fortschritte in dieser Richtung gemacht wurden:
Erstens die in Abschnitt 3.7 dargestellte *Chemische Elektronenmikroskopie*, bei der man die Bedingungen einer hochauflössenden Abbildung so einrichtet, daß Atome verschiedener Elemente verschieden hell erscheinen, und zweitens die *Analytische Elektronenmikroskopie* (AEM), die Gegenstand dieses vierten Hauptteils ist.
Unter der Bezeichnung AEM faßt man wieder zwei verschiedene Wege zur Information über die Existenz und Verteilung chemischer Elemente im Objekt zusammen:
1) Die *Elektronenmikroskopische Kristallographie* entwickelt sich z. Zt. zu einem mächtigen Werkzeug zur Bestimmung der Struktur auch kleinster kristalliner Bereiche des Objekts. Aus der Kristallstruktur können dann oft Schlüsse auf die chemische Zusammensetzung, aber auch die genaue Elektronenverteilung gezogen werden.
2) *Spektroskopische Methoden*, die die inelastische Streuung eines Teils der Strahlelektronen dazu benutzen, über die Spezies der streuenden Atome Aufschluß zu erhalten.
Zu dieser Klasse von Techniken gehört die Analyse der von der Probe ausgesandten *Sekundärstrahlungen* (Röntgenquanten, Auger-Elektronen, Lumineszenz*) und* die *Elektronen-Energieverlust-Spektroskopie* (engl. EELS: electron energy loss spectroscopy), bei der die inelastisch gestreuten Elektronen auf den Betrag ihrer Energieänderung ΔE hin untersucht werden.
Wir werden in Abschnitt 4.2 einen Eindruck von der Mikro-Kristallographie (Mikro-Beugung) vermitteln, während die dann folgenden Abschnitte die Röntgen-Mikroanalyse (XMA: X-ray microanalysis) und die EELS vorstellen..
Was die Ortsauflösung betrifft, muß man die spektroskopische Analyse der Sekundärstrahlungen und die EELS getrennt betrachten. Die erstgenannte Gruppe von Spektroskopien gewinnt Ortsauflösung - genau wie die Mikrobeugung - durch die gezielte Begrenzung des beleuchteten Bereichs auf dem Objekt. In dieser Hinsicht ist das Raster-Transmissions-Elektronenmikroskop (STEM) dem konventionellen Elektronenmikroskop (CTEM) weit überlegen und verdient auch den Vorzug vor dem CTEM mit Rasterzusatz ((S)TEM). Allerdings können Raster-Methoden nicht so schnell sein wie flächenhafte (Parallel-)Abbildung.

Die Elektronen-Energieverlust-Spektroskopie bedient sich eines Spektrometers, das Elektronen verschiedener Energie räumlich trennt. Auch hier kann man durch Auswahl des beleuchteten Bereichs das EEL-Spektrum einem bestimmten Probenbereich zuordnen; Kombination mit Rasterbetrieb liegt auf der Hand. Weil die heute meist verwendeten Spektrometertypen zugleich als Linse wirken, kann man aber auch ein *Bild* eines größeren Probenbereichs ausschließlich mit Elektronen entwerfen, die einen ganz bestimmten Energieverlust erlitten haben. Ein solches spektroskopisches Bild[1] gibt bei richtiger Interpretation die Verteilung eines bestimmten Elementes in dem Objekt wieder (engl. spectroscopic imaging).

4.2 Mikro-Beugung

4.2.1 Kristallstruktur und Elektronenbeugung

Die Struktur eines Kristalls wird beschrieben durch Angabe seines Gitters und der Orte der Atome in der Elementarzelle, selbstverständlich einschließlich ihrer chemischen Natur.

Wie in Abschnitt 1.1.2 und Anhang A1 gezeigt wird, stellt das bei der Beugung einer ebenen monochromatischen Welle an dem Kristall entstehende Beugungsmuster (oder Beugungsdiagramm) die Fouriertransformierte der Kristallstruktur dar (genauer gesagt: die Fouriertransformierte einer mit der Kristallstruktur eng gekoppelten physikalischen Größe, nämlich der Elektronenverteilung $\rho(\underline{r})$ bei Röntgenbeugung bzw. des elektrostatischen Potentials $V(\underline{r})$ bei Elektronenbeugung). Es bedarf also "nur" der Rücktransformation des Beugungsdiagramms aus dem Reziproken (Winkel-) Raum in den Ortsraum, um $\rho(\underline{r})$ bzw. $V(\underline{r})$ - und damit die Kristallstruktur - zu erhalten. Um diese Rücktransformation durchführen zu können, muß man allerdings nicht nur die Intensität möglichst vieler Beugungsmaxima (Braggreflexe) kennen sondern auch ihre jeweiligen Phasen (vgl. 1.1.2 und 1.4.4). Es gibt aber keinen Detektor, der für die Phasenlage einer Röntgen- oder Elektronenwelle empfindlich wäre.[2] Man registriert bzw. mißt immer nur die Intensität, d. h. das Betragsquadrat der Wellenamplitude. Das dadurch entstehende Informationsdefizit ist in der Kristallographie als *Phasenproblem* bekannt. Zu seiner Behebung wurden verschiedene Methoden entwickelt.

Die klassische Technik der Kristallstrukturbestimmung ist die Röntgenbeugung, seit 1948 für spezielle Fälle auch die Neutronenbeugung. Es liegt nahe zu fragen, ob nicht auch die Elektronenbeugung herangezogen werden

---

[1] Auch mit Hilfe der charakteristischen Röntgenstrahlung (XMA) läßt sich ein spektroskopisches *Bild* erzeugen. Man läßt das Detektorsignal eines mit Röntgenspektrometer ausgestatteten STEM die Helligkeit einer mit dem Rastertakt synchronisierten Kathodenstrahl-Röhre steuern. Dieses Bild ist in Auflösung und Signal-zu-Rausch-Verhältnis dem EELS-Bild unterlegen.

[2] Bei *holographischen Methoden* wird die Phasenlage durch Interferenz der gebeugten Wellen mit einer vom Objekt unbeeinflußt gebliebenen Vergleichswelle bestimmt.

kann. Bis vor kurzem war die Antwort auf diese Frage sehr zurückhaltend. Neben dem höheren theoretischen Aufwand bei der Auswertung (man muß mit Mehrfachstreuung, also dynamisch rechnen), waren drei Gesichtspunkte maßgebend: erstens können die Elektronen wegen ihrer stärkeren Wechselwirkung mit den Atomen des Objekts nur ganz dünne Schichten durchdringen und analysieren und zweitens verhinderte die Überlagerung der elastisch gestreuten Elektronen durch inelastisch gestreute eine präzise Auswertung der Beugungsdiagramme. Schließlich war die Bestimmung der Reflexintensitäten nur ungenau möglich, solange man bei Beugungsaufnahmen auf photographische Methoden angewiesen war. (Das geringe Eindringungsvermögen macht die Elektronenbeugung allerdings zur Methode der Wahl bei der Bestimmung von Oberflächenstrukturen).

Heute (1995) ist die Bestimmung von Kristallstrukturen im Transmissions-Elektronenmikroskop eines der expansivsten Gebiete der Elektronenmikroskopie. Dem liegen zunächst apparative Fortschritte zugrunde: es stehen nun helle, stabile Elektronenquellen zur Verfügung und die *energiegefilterten* (vgl. Abschnitt 4.4) Beugungsdiagramme können mit hoher Genauigkeit *digital* aufgenommen und in schnellen Computern weiterverarbeitet werden.. Noch entscheidender für den Durchbruch der Elektronen-Mikrokristallographie war der Ausbau der Methode der *Beugung im konvergenten Strahl* (engl: CBED convergent beam electron diffraction). Bei ihr wird der zu analysierende Kristall (das "Objekt") nicht mit einer ebenen Welle sondern mit einem konvergenten Strahlenbündel beleuchtet. Man erhält so simultan Beugungsdiagramme in einem ganzen Bereich von Projektionsrichtungen, d. h. man kann die dreidimensionale Kristallstruktur bestimmen, ohne den Kristall drehen zu müssen.

Nach einem Vorschlag von Spence und Zuo sollte man alle Methoden, die sich eines kleinen, konvergent beleuchteten Objekt-Bereiches bedienen, als *Mikrobeugung* (electron microdiffraction) zusammenfassen und bei inkohärenter Beleuchtung eines Bereichs von $\leq 1\mu m$ Durchmesser von CBED sprechen, während bei extrem kleinem Bereich ("spot") von $\leq 1nm$ Durchmesser und kohärenter Beleuchtung *Nanobeugung* (nanodiffraction) vorliegt.

Die apparativen Einrichtungen zur stabilen Produktion so kleiner beleuchteter Bereiche wurden im Zusammenhang mit der (Transmissions-) Rastermikroskopie und hier speziell der Analytischen Elektronenmikroskopie entwickelt. Die Mikrobeugung ist ideal angepaßt der Bestimmung der Struktur extrem kleiner Kriställchen, wie sie in vielen - gewollt oder unbeabsichtigt - mehrphasigen Materialien vorkommen. Erstens ist die Zuordnung des Beugungsmusters zu einem submikroskopischen Bereich durch die konvergente Beleuchtung eindeutig möglich (weit besser als bei der klassischen selected area diffraction). Zweitens ist diese Zuordnung durch Übergang in den abbildenden Strahlengang jederzeit zu kontrollieren. Drittens bildet die oben als handicap der Elektronenbeugung im Vergleich zu Röntgen- und Neutronenbeugung erwähnte starke Wechselwirkung der Elektronen mit der Materie die Voraussetzung dafür, intensitätsreiche Beugungsdiagramme von minimalen Stoffmengen zu erhalten.

4.2.2 Elektronenbeugung im konvergenten Strahl (CBED)

Es folgt eine einfache Erklärung des Zustandekommens eines Beugungsdiagramms bei konvergenter Beleuchtung (CBED). Wir gehen zunächst von paralleler Beleuchtung mit *symmetrischer Orientierung* des Strahls aus (Fig. 95). Der Strahl verläuft dann parallel zur Normalen auf einer Ebene des Reziproken Gitters (R. G.). Da eine solche Reziproke Ebene die Ebenen einer Zone im Kristallgitter repräsentiert, spricht man von *Zonen-Achsen-Orientierung.* Wie Fig. 95 verdeutlicht, ist dann keine Ebenenschar dieser Zone exakt in Braggorientierung, infolge der minimalen Krümmung der Ewaldkugel treten aber nicht nur die Reflexe ± g sondern auch sytematische Reflexe ± n g mit hinreichender Intensität auf. Läßt man auch größere Ablenkwinkel $2\vartheta_B$ (bis etwa 5°) zu, so erscheinen auf einem Kreisring die Reflexe der ersten (und eventl. auch noch höherer) Lauezone[3]. Man bestätigt leicht, daß der Radius r des Rings, in dem die Ewaldkugel die erste Lauezone schneidet, mit dem Abstand h zweier benachbarter Lauezonen gemäß folgender Beziehung zusammenhängt ($h \ll \lambda^{-1}$):

$$r = \sqrt{2h/\lambda} \tag{4.1}$$

h^{-1} muß nach Konstruktion des R. G. die Periodizitätsdistanz (Gitterkonstante) des Kristallgitters parallel zum Elektronenstrahl sein.

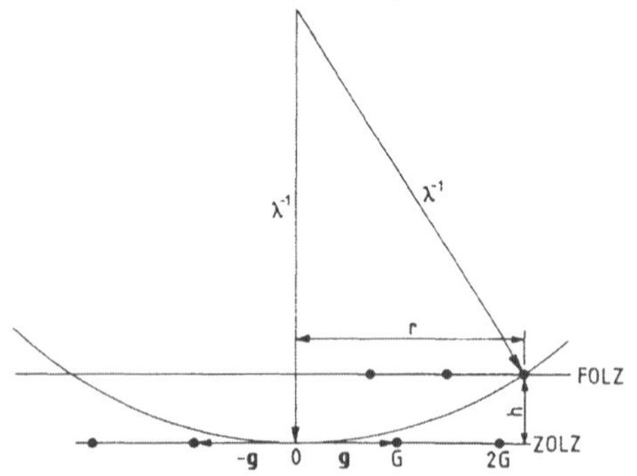

Fig. 95. Berechnung des Radius der ersten Lauezone (FOLZ) bei Zonenachsen-Orientierung des einfallenden Strahls. ZOLZ: nullte Lauezone.

Nun gehen wir zur konvergenten Beleuchtung über (Fig. 96). Für jede Einstrahlrichtung (also für jeden Punkt innerhalb der ausgedehnten Konden-

---

[3] Man bezeichnet die Ebene des R. G., die den Ursprung enthält und senkrecht auf dem einfallenden Strahl steht, als *nullte Lauezone (zero order Laue zone, ZOLZ),* die dazu parallelen Ebenen der Reihe nach als *erste, zweite usw. Lauezone (first, second, third. . . FOLZ, SOLZ. . .)* Die höheren Ordnungen außer der nullten faßt man als Lauezonen höherer Ordnung (HOLZ) zusammen.

sorblende) entsteht ein Beugungsdiagramm mit unabgelenktem Zentralstrahl und Beugungspunkten bei g, 2g etc.. Die Gesamtheit aller Zentralstrahlen bildet ein Kreisscheibchen, dessen Radius R in der hinteren Brennebene des Objektivs sich als Produkt des (halben) Konvergenzwinkels α_P der Beleuchtung mit der Brennweite des Objektivs ergibt: $R = \alpha_P f$. In der Film- oder Detektorebene wird daraus $R' = \alpha_P L$, wo L die gewählte Kameralänge des Mikroskops ist. (Diese kann aus dem Beugungsdiagramm einer bekannten Substanz bestimmt werden: ist der Abstand des Braggreflexes, der zu einem Ebenenabstand d gehört, vom Zentralstrahl gleich D, so ist $L \lambda = d D$)Man kann also den effektiven Konvergenzwinkel leicht berechnen: $\alpha_p = R'/L$.

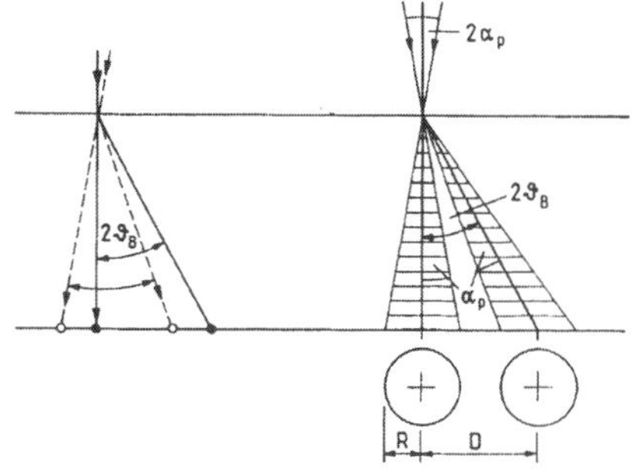

Fig. 96. Das Entstehen von Scheibchen im Beugungsdiagramm bei konvergenter Ein strahlung aus einem Kegel mit Öffnungswinkle $2\alpha_P$ (Links nur zwei Ein strahlrichtungen). R und D beziehen sich auf die Filmebene.

Fig. 96 macht deutlich, daß die Beugungsscheibchen zu überlappen beginnen, wenn der (halbe) Konvergenzwinkel α_P größer als der Braggwinkel ϑ_B wird. Während man für hochauflösende Hellfeld-Abbildung (Abschnitt 3.9.2) diesen Überlapp benutzt, muß er vermieden werden, soll ein einfach analysierbares Beugungsdiagramm entstehen. Das bedeutet, daß hier je nach Gitterkonstanten und Ebenentyp des untersuchten Kristalls α_P zwischen 0,2° und 0,6° (im Bogenmaß 3,5 10^{-3} bis 10^{-2}) gewählt werden wird. Ein CBED-Diagramm besteht also aus nebeneinandergelegten Punktdiagrammen für einen ganzen Bereich von Einstrahlrichtungen. Selbstverständlich kann die Intensitätsverteilung auf Zentralstrahl und Beugungsordnungen nicht für alle Einstrahlrichtungen gleich sein: die Kreisscheibchen werden nicht homogen hell sein. Genau wie bei der Erörterung der Kikuchi-Linien (vgl. 1.4.7) benutzt man hier die Erkenntnis, daß die Braggbedingung für alle Paare von einfallendem bzw. gebeugtem Strahl erfüllt ist, die auf einem gemeinsamen Kegelmantel mit dem (halben) Öffnungswinkel ($90° - \vartheta_B$) liegen. Wie dort entartet dieser (Doppel-)Kegelmantel wegen der Kleinheit der Braggwinkel zu einem Ebenenpaar: Das zentrale Kreisscheibchen wird von einer dunklen geraden Linie durchzogen sein, das Scheibchen zu dem Braggreflex g von einem hellen (Fig. 97). Beide gehören zu der Einstrahl-

richtung, für welche die Braggbedingung genau erfüllt ist (Abweichungsparameter s lokal gleich null). Anstelle von Linien handelt es sich um Bänder einer gewissen Breite, die von Nebenmaxima begleitet sind, den dynamischen Pendellösungsstreifen (Fig. 98) denn mit zunehmender Entfernung von der Hauptlinie in dem jeweiligen Scheibchen nimmt der Abweichungspaameter s zu. Der Winkelabstand zwischen den zusammengehörenden Hauptlinien ist $2\vartheta_B$.
Untersucht man den hier betrachteten Fall (Kristallorientierung fest, Einstrahlrichtung variabel) mit Hilfe der Ewaldkonstruktion, so findet man, daß angesichts der Einschränkung $\alpha_p \leq \vartheta_B$ gerade die Reflexe g und -g simultan in Braggorientierung gebracht werden können.

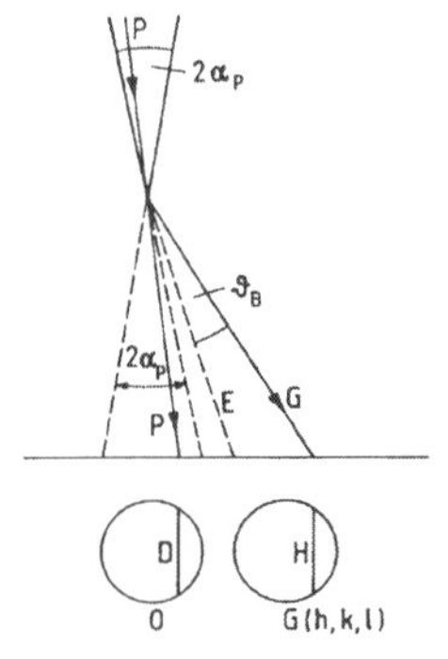

Fig. 97 Als Spur des Primärstrahls P bzw. des abgebeugten Strahls G entstehen in den zugehörigen Beugungsscheibchen eine dunkle bzw. helle Linie.. E reflektierende Netzebene, P: Primärstrahl, G: Reflex, D: dunkle Linie, H: helle Linie.

Neben den hellen bzw. dunklen breiten Linien parallel zu der Spur der reflektierenden Netzebenen findet man im Zentralscheibchen feine dunkle Linien parallel zu anderen Richtungen. Sie rühren von anderen Netzebenen her, deren R.G.-Punkte in einer höheren Lauezone von der Ewaldkugel geschnitten werden. Diese sog. HOLZ-Linien bilden eine wichtige Informationsquelle bei verschiedenen mit CBED bearbeitbaren Problemen.

Eine erste Anwendung findet die CBED bei der Bestimmung der *Probendicke t* in dem kleinen beleuchteten Bereich. In Gl.(2.34') hatte sich für die Intensität des gebeugten Strahls (die sog. Pendellösung) ergeben:

$$I_g(s,t) \sim \sin^2(\pi\, s_{eff}\, t) \quad \text{mit} \quad s_{eff}^2 = s^2 + \frac{1}{\xi_g^2}$$

Bei konstanter Dicke t und varablem Abweichungsparameter s ergibt sich daraus für die Minima der Helligkeitsoszillationen in dem Scheibchen zu dem Reflex g:

$$(4.2) \qquad s_n^2 = \left(\frac{n}{t}\right)^2 - \frac{1}{\xi_g^2} \qquad (n = 1, 2, 3....)$$

Gelingt es, der Aufnahme eine genügnede Anzahl von Werten s_n zu entnehmen, trägt man $(s_n/n)^2$ gegen n^{-2} auf und erhält aus Steigung bzw. Achsenabschnitt der entstehenden Geraden ξ_g *und* t (Fig. 98).

Die Größe s_n zu dem n. dunklen Streifen (Minimum von I_g) bestimmt man aus der Distanz x_n des Streifens von dem Hauptminimum n = 0.

Mit Hilfe einfacher Geometrie kann x_n in den zugehörigen Winkel α_n umgerechnet werden: $x_n/X = \alpha_n/(2\vartheta_B) = \alpha_n/(\lambda g)$

(X ist der Abstand des Reflexes zu g vom Zentralstrahl des Beugungsdiagramms)

Zwischen dem Kippwinkel α und dem Abweichungsparameter s besteht die im 2. Hauptteil häufig benutzte Beziehung $s = \alpha\, g$.

Also wird $s_n = (x_n/X)\, \lambda g^2$.

Bemerkenswerterweise benötigt man die Beugungslänge L des Mikroskops hier nicht.

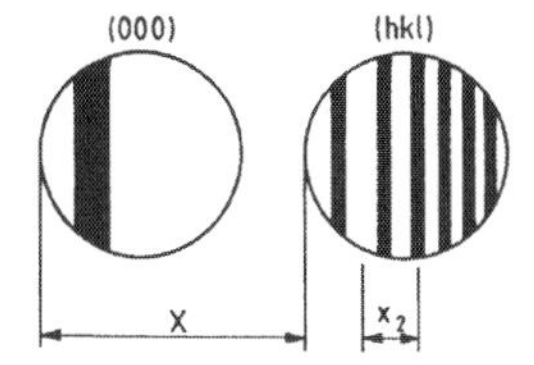

Fig. 98. Dynamische Nebenmaxima in dem Beugungsscheibchen zu dem Reflex G (= h,k,l). (Nebenmaxima im Primärstrahl sind nicht gezeichnet).

Eine gewisse Schwierigkeit macht die Wahl der Nummer n_1 des ersten Minimums, wenn die Dicke größer ist als die Extinktionsdistanz ξ_g; Gl (4.2) hat dann reelle Lösungen erst ab einem n-Wert, der von t/ξ_g abhängt. Diese Zahl muß man ermitteln, indem man die beste Geradenanpassung sucht.

Eine stärkere Vergrößerung der in Abb. 25 gezeigten CBED-Aufnahme ergibt eine lokale Foliendicke von 71 nm. Das rechte Teilbild signalisiert durch die engere Abfolge der Pendellösungsstreifen eine größere lokale Dicke (200 nm).

Als nächste nützliche Anwendung der CBED behandeln wir die *Konstruktion des Reziproken Gitters (R.G.) einer unbekannten Substanz mit Hilfe der Kikuchi-Linien.*

In Abschnitt 1.4.3.2 wurde die Bedeutung des R. G. erläutert. Besitzt die zugrundeliegende Kristallstruktur eine Basis, werden die zu den einzelnen Punkten g des R.G. gehörenden Braggreflexe (h,k,l) nicht die gleiche Intensität haben; oft fallen bestimmte Reflexe ganz aus, sie sind "verboten". Denkt man sich das R. G. durch Angabe der zu den einzelnen Punkten gehörenden Reflex-Intensitäten ergänzt (wodurch es den Charakter eines Gitters streng genommen verliert), entsteht das, was man manchmal tref-

fend als "Reziproke Struktur" (R.S.) bezeichnet. Ist man in ihrem Besitz, kann man in vielen Fällen die volle Kristallstruktur erraten.
Bei Beugung einer *ebenen* Welle entsteht ein ebener Schnitt durch die R. S. Man muß also die kristalline Probe mittels eines Goniometers verkippen und so mehrere Schnitte mit verschiedener Orientierung anfertigen und diese zusammen auswerten.
Einfacher ist die Bestimmung der dreidimensionlen (3 D) R. S. mit Hilfe der CBED. Fig. 99 verdeutlicht den allg. Fall eines Reflexes, dessen R.G.-Vektor g geneigt zur Ebene senkrecht auf der Achse des einfallenden Strahlenbündels (also zur ZOLZ) liegt. Mit der Angabe des Winkels Φ zwischen g und der ZOLZ-Ebene ist der Abstand zwischen der Spur der reflektierenden Netzebene und dem Zentrum der Beugungsfigur bestimmt

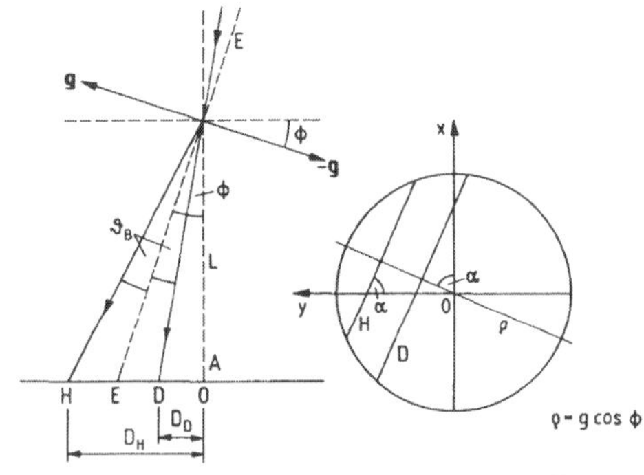

Fig. 99. Zur Bestimmung des Reziproken Gitters mit Hilfe der CBED. Gezeichnet ist die Braggreflexion an einer Ebene E (zugehöriger Rez. Gitter-Vektor g). A: Achse des Mikroskops, H: helle, D: dunkle Linie. L: Beugungslänge. Rechts:: Beugungsdiagramm in Richtung des Strahls gesehen.

und damit auch die Lage der beiden Kikuchilinien. Anders ausgedrückt: aus der Lage der Kikuchilinien läßt sich der Winkel Φ berechnen, wenn man die Beugungskamera-Länge L bestimmt hat: sind $D_H = L \tan(\Phi + \vartheta_B) \approx L (\Phi + \vartheta_B)$ bzw. $D_D = L \tan(\Phi - \vartheta_B) \approx L (\Phi - \vartheta_B)$ die (geg.falls vorzeichenbehafteten) Abstände der hellen bzw. dunklen K-Linie vom Zentrum, ergibt sich Φ als

$$\Phi = (D_H + D_D)/(2L).$$

Die Länge des g-Vektors und damit der Ebenenabstand d folgt aus dem Abstand zwischen den zusammengehörenden K-Linien:

$$\vartheta_B = (D_H - D_D)/(2L) = \lambda/(2d)$$

Die Komponente des g-Vektos parallel zum Strahl ist damit festgelegt:

$$g_z = g \sin\Phi.$$

Die Komponente von g parallel zur ZOLZ erhält man einfach aus dem Beugungsbild, indem man sich auf ein willkürlich eingezeichnetes Achsenkreuz (x,y) bezieht: $g_x = g \cos\Phi \cos\alpha$; $g_y = g \cos\Phi \sin \alpha$.

Hat man auf diese Weise eine genügende Zahl von Vektoren des R.G. in ein 3D Koordinatensystem eingezeichnet, beginnt die Suche nach der Elementarzelle des R. G. mit der höchsten Symmetrie. Dabei ist der Unterschied zwischen R. G. und R. S. im Auge zu behalten: man muß dazu i. a. nicht die genaue Intensität der aufgenommenen Reflexe ausmessen, sondern kann versuchen mit einer Einordnung der Reflexe in Größenklassen (stark, mittel, schwach) auszukommen.

Folgende praktische Gesichtspunkte sind wichtig:

1. Alle Anwendungen der CBED versprechen besseren Erfolg, wenn die inelastisch gestreuten Elektronen durch ein *Energiefilter* vom Beugungsdiagramm ausgeschlossen werden. Dafür gibt es kommerzielle Einrichtungen, sowohl für die (serielle) Punkt-für Punkt-Aufnahme des Diagramms, bei der das Beugungsbild über die Eintrittspupille eines Punkt-Detektors gerastert wird, wie auch für die simultane (parallele) Registrierung des Diagramms in einem abbildenden Energiefilter (vgl. 4.4). Die Strukturen des Beugungsdiagramms werden durch Energiefilterung viel deutlicher und schärfer (Abb. 4).
2. Die Kontamination der Probe nimmt unter der intensiven Bestrahlung im fokussierten Strahl schneller zu als bei paralleler Beleuchtung. Als Gegenmittel hat sich das sog. *flooding* bewährt: die Bestrahlung eines großen Probenbereichs für die Dauer einiger Minuten mit einem defokussierten Elektronenstrahl relativ hoher Intensität.
3. Für die Verwendung von Kikuchilinien muß die Probe eine genügende Dicke haben.
4. *Doppelbeugung.* Sehr oft handelt es sich um die Bestimmung der Kristallstruktur einer Ausscheidung in einem Matrixkristall (dessen Struktur i. a. bekannt ist). Die Ausscheidung ist in der Regel fein verteilt in Form von mehr oder weniger kugelförmigen Bereichen; das bedeutet, daß der Elektronenstrahl nacheinander Matrix- und Ausscheidungsbereiche durchläuft. Die Wirkung auf ein Punkt-Beugungsdiagramm bzw. auf ein Kikuchilinien-Muster ist ganz verschieden: treten die in dem zuerst durchlaufenen Bereich I (i.a. ein Matrixbereich) braggreflektierten ebenen Wellen in den Bereich II ein, so wirken sie dort als Primärwellen, deren jede gemäß der Struktur II eine Beugungsfigur mit geneigtem Zentralstrahl erzeugt: jeder Braggreflex der Struktur I ist von einem Beugungsmuster der Struktur II umgeben. Solche Diagramme sind nicht leicht auszuwerten. Dagegen werden Kikuchilinien nur dort gebildet, wo Elektronen unter dem Braggwinkel auf die entsprechende Gitterebene fallen. Es gibt keine Abhängigkeit des K-Linienmusters von der Einfallsrichtung des Strahls: entweder diese ist "richtig" oder nicht; im letzteren Fall entsteht keine Linie. Deshalb wird man bei Überlagerung mehrerer Kristallstrukturen die K-Linienmuster dieser Strukturen ohne gegenseitige Beeinflussung nebeneinander finden: die Überlagerung ist hier *additiv,* während Punktmuster sich *multiplikativ* überlagern. Nimmt man das K-Linienmuster der Matrix in einem ausscheidungsfreien Bereich auf, kann man es anschließend von der Überlagerung subtrahieren und hat das Muster der Ausscheidung isoliert.

4.2.3 Weitwinkel-CBED (Large Angle-CBED, LACBED), Tanaka pattern

Macht man den Aperturwinkel α_p der konvergenten Beleuchtung eines Kristalls größer als der Braggwinkel ϑ_B der reflektierenden Netzebenen ist, überlappen die entstehenden Scheibchen im Beugungsbild. Das würde die Auswertung der Intensitätsverteilung (z. B. der HOLZ-Linien) innerhalb der Scheibchen unmöglich machen[4]. Andererseits erhöht ein größerer Aperturwinkel die Genauigkeit der Information über die Kristallstruktur in der Dimension parallel zum Strahl. Tanaka hat 1980 einen Weg aus diesem Dilemma angegeben. Das Prinzip ist die Unterdrückung aller Beugungsscheibchen bis auf eines (meist das zentrale), das man dann zu großen Winkeln aufziehen kann.
Zur Auswahl des einzigen Beugungsscheibchens verwendet man die Selektor-Blende in der Ebene des ersten Zwischenbildes nach dem Objektiv. Daraus folgt, daß ein Beugungsbild in diese Ebene zu liegen kommen muß. Das erreicht man, indem man - bei Erhaltung der Fokussierung des Objektivs und der Beleuchtung! - das Objekt um die Distanz Δh anhebt (moderne Mikroskope sind für eine definierte Änderung der Probenhöhe eingerichtet). Wie Fig. 100a zeigt, entsteht nun in der ursprünglichen Objektebene, die wir Fokussierungsebene FE nennen, ein Beugungsmuster, dessen Beugungsmaxima jeweils Spitze eines Beleuchtungskegels mit Öffnung $2\alpha_p$ sind. Auf dieses Muster ist das Objektiv fokussiert, d. h. die Zwischenbild-Selektor-Ebene ZS ist konjugiert zu dieser Ebene. Der Abstand der Beugungsmaxima vom nullten in ZS ist:

$$X = M \, \Delta h \, \tan 2\vartheta_B$$

(M: Vergrößerung des Objektivs). Mit $(M \tan 2\vartheta_B) \approx 1$ genügen einige µm Objektanhebung, um mit einer Blende von 5 µm Durchmesser das zentrale Beugungsscheibchen von dem Rest des Beugungsmusters isolieren zu können. Ist dies erreicht, wird mit Hilfe der Brennweite der Zwischenlinse in den Beugungsmodus umgeschaltet, d.h. auf dem Detektor wird nun die Brennebene F des Objektivs abgebildet. Insofern entspricht das Verfahren genau dem der Feinbereichsbeugung (vgl. 1.2.3). Einer Erweiterung der Beleuchtungsapertur α_p über den Braggwinkel hinaus steht nun nichts mehr im Wege.
Man darf allerdings eine Besonderheit des beschriebenen Strahlengangs nicht übersehen. Je größer die Distanz Δh gewählt wird, umso größer wird der bestrahlte Bereich auf dem Objekt. Zu jeder Einfallsrichtung in dem beleuchtenden Strahlenbündel gehört genau ein Punkt P auf dem Objekt und ein Punkt P′ (Fig. 100b) im Beugungsscheibchen. Solange das Objekt homogen ist, bringt dies keine Komplikation mit sich, wohl aber bei jeder Inhomogenität: nun muß sich der Charakter der Intensitätsverteilung innerhalb des Scheibchens (also z. B. seine Symmetrie) von Punkt P_1' zu Punkt

[4] Es ist aber Voraussetzung für die Auflösung des Kristallgitters im STEM.

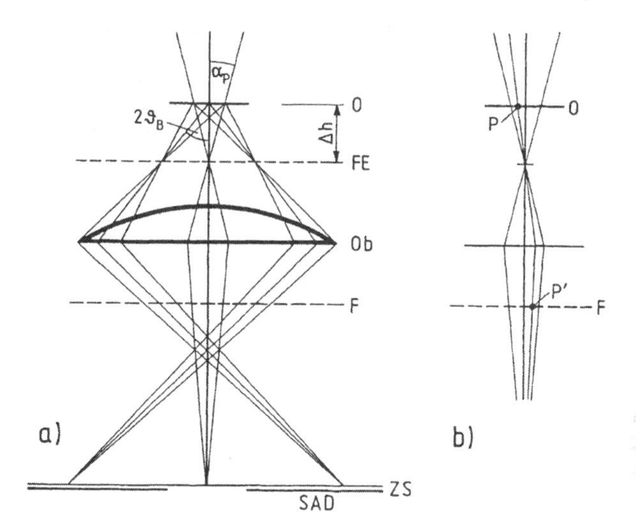

Fig. 100. Weitwinkel-CBED. FE: Ebene, auf die Beleuchtung und Objektiv fokussiert sind. O: Objekt. F: Brennebene des Objektivs. SAD: Blende in der Ebene ZS des ersten Zwischenbilds

P_2' ändern, wenn z. B. die kristalline Probe in den entsprechenden Punkten P_1 und P_2 verschieden verzerrt ist. Je nach Ziel der Untersuchung kann diese Vermischung von Orts- und Winkel-Information von Vor- oder Nachteil sein. So machen sich Versetzungen, dei den analysierten Probenbereich durchlaufen, durch charakteristische Unstetigkeiten in dem Muster der HOLZ-Linien bemerkbar (Abb. 26). Eine kompetente Einführung in das weite Feld der Mikrobeugung findet man in dem in der Einleitung empfohlenen Buch von Spence und Zuo.

4.3 Röntgen-Mikroanalyse (XMA: X-Ray Micro Analysis)

Ein Mechanismus, durch den die Strahl-Elektronen beim Durchgang durch das Objekt Energie verlieren, liegt in der Ionisation innerer Schalen der Atome vor. Die so angeregten Atome füllen die teilweise geleerten Orbitale mit Elektronen wieder auf und senden dabei die durch den Elektroneneinfang freiwerdende Energie als Quant elektromagnetischer Strahlung aus. Die Energie des Quants $E_x = h\nu$ hängt von der Ordnungszahl Z des betroffenen Atoms[5] und der Schale seiner Elektronenhülle, in der die

[5] Die Energien homologer Linien verschiedener Elemente sind proportional zu $(Z - \sigma)^2$ (Moseley 1913), wo σ die Abschirmkonstante der betr. Schale ist. σ hängt schwach von der Schale ab.

Lücke entstanden war, ab. Es entsteht ein Linienspektrum im Energiebereich der Röntgenstrahlung, das sog. *charakteristische Röntgenspektrum.* Auffüllen der innersten (K-)Elektronenschale eines Elementes erzeugt die Serie der energiereichsten (K-)Linien des Spektrums; in den weiter außen liegenden Schalen entstehen die L- und M-Linien etc.. Die Linien einer Serie werden mit Hilfe des griechischen Alphabets numeriert: K_α, K_β etc.. (α, β etc. bezeichnen die Schale, *aus* der das auffüllende Elektron kommt).

Für die elektronenmikroskopische Mikroanalyse mit Hilfe der charakteristischen Röntgenstrahlung (engl.: X-ray microanalysis) ist ein Röntgenspektrometer in das Elektronenmikroskop zu integrieren. Der Vorteil des Elektronenmikroskops vor der im übrigen auf dem gleichen Prinzip (Anregung der Röntgenstrahlung durch gebündelte schnelle Elektronen) beruhenden *Elektronenmikrosonde* liegt in der Möglichkeit, den analysierten Bereich stark vergrößert abzubilden und so eine genaue Zuordnung zu morphologischen Strukturen treffen zu können. In dieser Hinsicht ist das Raster-Elektronenmikroskop mit hoher Stromdichte in einem sehr kleinen bestrahlten Bereich dem konventionellen Elektronenmikroskop überlegen.
Hinsichtlich des *Röntgenspektrometers* hat man die Wahl zwischen der *wellenlängen-dispersiven* (WDS) und der *energiedispersiven Spektroskopie* (EDS).
Bei dem erstgenannten Typ (WDS, auch im engeren Sinn "microanalyzer" genannt) wird die von dem Objekt ausgehende Röntgenstrahlung mit Hilfe von Braggreflexion an einem *Analysatorkristall* in ihre monochromatischen Bestandteile (die Spekrallinien) zerlegt. Durch Drehen des Kristalls kann man einen begrenzten Wellenlängenbereich überstreichen, dann muß man zu einem Kristall mit einem anderen Abstand d der reflektierenden Netzebenen übergehen. Als Detektor fungiert ein Proportionalzählrohr, in dem die durch den Monochromator ausgewählten Röntgenquanten Strompulse erzeugen.[6]
Unter dem Gesichtspunkt der Intensität ist es wichtig, die vom Objekt ausgehende Röntgenstrahlung in einem möglichst großen Raumwinkel Ω zu erfassen. Man gestaltet deshalb den Analysatorkristall als *Johannson-Monnochromator* (Fig. 101). Diese Einrichtung ermöglicht es, aus einem Raumwinkel Ω divergent auf den Kristall auffallende Strahlung nach Braggreflexion in einen wenig ausgedehnten Eingangsspalt des Detektors zu bündeln. Sie beruht auf dem Satz über Peripheriewinkel: Bei einem Kreis sind alle Peripheriewinkel über einer Sehne gleich und halb so groß wie der zugehörige Zentriwinkel. Werden also zwei Strahlen, die von einem Kreispunkt S ausgehen, in zwei Kreispunkten A, B um den Peripheriewinkel α abgelenkt, dann treffen sie sich in einem Kreispunkt D. In unserem Fall wird α gleich dem zweifachen Braggwinkel $2\vartheta_B$ sein müssen.
Man wird also die Oberfläche des Analysatorkristalls zu einem Teil eines Kreises, des sog. *Rowlandkreises*, mit dem (zunächst beliebigen) Radius R machen. Nun muß er-

[6] Die Proportionalität der Pulshöhen zur Energie der jeweiligen Quanten ist hier nicht wichtig. Sie kann ausgenutzt werden, um die von Braggreflexen höherer Ordnung herrührenden Quanten auszusondern.

reicht werden, daß sich die reflektierenden Netzebenen des Analysators zwischen A und B um den Winkel δ drehen. Wir fassen jetzt ASB als Peripheriewinkel über der Sehne AB auf und konstatieren, daß der Zentriwinkel AMB gleich 2δ ist.

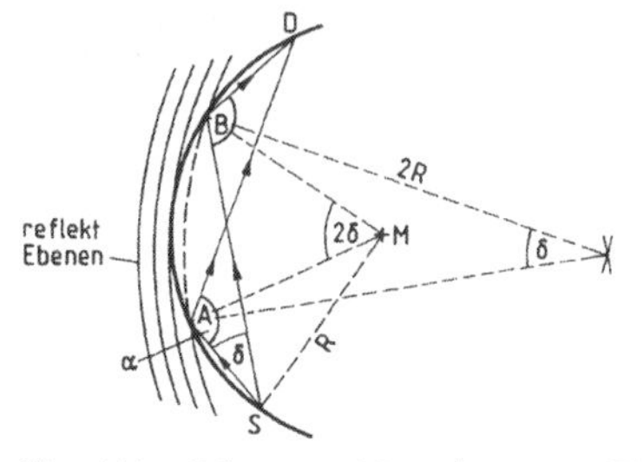

Fig. 101. Johannson-Monochromator. Die bei S in einen relativ großen Winkel δ emittierten Röntgenstrahlen werden in D fokussiert.

Da die Normalen auf den Netzebenen in A bzw. B den Winkel δ einschließen sollen, muß ihre Verbindungslinie ein Kreis mit dem Krümmungsradius (2R) sein.

Die praktische Herstellung des Johannson-Monochromators geschieht so, daß man den Kristall zuerst plastisch mit dem Krümmungsradius (2R) biegt und dann in seine Oberfläche eine Krümmung mit Radius R einschleift.

Aus konstruktiven Gründen kann man Braggwinkel zwischen 15° und 70° erfassen. Um innerhalb dieses Bereichs ϑ_B zu variieren, wird (automatisch koordiniert) der Analysatorkristall gedreht und der Mittelpunkt M des Rowlandkreises und der Detektor D bewegt.

Die Energie der zu analysierenden Röntgenquanten liegt zwischen 100eV und 50 keV; das ist gleichbedeutend mit Wellenlängen 12,4 nm $\geq \lambda_X \geq$ 0,025 nm. Nur für den Bereich großer Energien kommt man mit gängigen Analysatorkrisatllen (LiF, Si etc.) aus; für längere Wellenlängen werden Kristalle aus exotischeren Substanzen benutzt (Ammoniumdihydrogenphosphat $NH_4H_2PO_4$ mit Gitterparametern um 0,75 nm, Rubidium acid phtalate RAP, Blei-Stearate $Pb(O_2C_{18}H_{35})_2$ etc.).

Bei der EDS[7] wird das Gemisch von Rötgenquanten $h\nu_i$ verschiedener Energie mit Hilfe eines Proportionalzählers sortiert und gemessen. Man kann dazu ein klassiches Zählrohr benutzen, in dem die Quanten Argonatome innerhalb eines starken elektrischen Feldes ionisieren. Durch multiplikative Ionisation entsteht ein Strompuls, dessen Höhe proportional zur *Energie* des auslösenden Quants ist. Impulshöhendiskriminator und Vielkanalspeicher entwerfen dann ein Histogramm der vorkommenden Röntgenquanten. In neuerer Zeit ist der *Halbleiterzähler* aus Lithium-gedriftetem Silizium gebräuchlicher als das Proportional-Zählrohr, weil seine Energieauflösung besser ist.

Es handelt sich um eine pin-Diode, in deren besonders breit (3 - 5 mm) angelegter Verarmungszone die Röntgenquanten Siliziumatome ionisieren, wodurch bewegliche Elektron-Loch-Paare entstehen. Von außen wird eine Sperrspannung in der Größenord-

[7] Verschiedene andere Akronyme sind in Gebrauch: EDX (Energy Dispersive X-ray spectroscopy), EDAX (ein Handelsname: Energy Dispersive Analysis of X-rays).

nung 1000 V angelegt, die diese Ladungsträger-Paare trennt und im äußeren Stromkreis einen - zu hν proportionalen - Stromimpuls erzeugt. Weiterverarbeitung des Gemischs aus verschieden hohen Pulsen erfolgt wie beim Zählrohr. Die n-leitende Schicht in dem p-leitenden Grundmaterial wird durch Eindiffundieren von Lithium hergestellt. Ohne elektrisches Feld ist das Dotierprofil bei Raumtemperatur stabil, sobald aber die Sperrspannung angelegt wird, beginnt sich das Dotierporfil durch Diffusion zu nivellieren. Um das zu verhindern, muß der Halbleiterzähler im Betrieb auf die Temperatur des flüssigen Stickstoffs gekühlt werden; das hat zwei weitere positive Effekte: der Leckstrom der Diode wird um mehr als vier Größenordnungen reduziert und das Eigenrauschen des Detektors wird ebenfalls schwächer. Leider bedingt die Kühlung die Evakuierung des Raums um den Detektor und seine Trennung vom Mikroskop durch ein Beryllium-Fenster.. Dieses Fenster, das wir mit Ausnahme von Spezialkonstruktionen auch bei WDS finden, verhindert den Nachweis von Elementen mit $Z < 4$ und die Messung von Elementen, die leichter als Stickstoff sind.

Beide Spektroskopie-Typen haben Vor- und Nachteile. ein wesentlicher Unterschied liegt in der verschiedenen Größe des *Raumwinkels*, aus dem die jeweiligen Detektoren Strahlung empfangen (EDS: 0,1 sr, WDS etwa 10^{-2} sr). Er hat zur Folge, daß der Elektronenstrom der Sonde I_p bei WDS wesentlich größer sein muß als bei EDS. Das bedeutet ein Handicap für die WDS vor allem bei organischen Proben. Außerdem ist die Kombination der WDS mit der Feldemissionsquelle durch deren beschränkte Gesamtemission problematisch. Wegen der parallelen Aufnahme des ganzen Spektrums ist die EDS schneller; sie ist auch bei WDS-Anlagen meist für schnellen Überblick vorhanden. Die Proben-Justage und -Präparation ist bei WDS bedeutend anspruchsvoller als bei EDS.

Vorteile der WDS liegen in ihrer besseren Energieauflösung (10 gegen 160 eV), ihrer Anwendbarkeit bis $Z = 4$ (gegen $Z = 9$) und der besseren Eignung für quantitatives Arbeiten.

Die Berechnung der Konzentration c_A eines Elementes A aus der Zahl der vom Detektor registrierten Impulse N_A einer für A charakteristischen Spektrallinie bedarf eines gwissen Aufwandes. Zunächst müssen verschiedene Korrekturen berücksichtigt werden, die eine Proportionalität zwischen c und N stören; z. B. wird je nach Probendicke ein Teil der erzeugten Röntgenquanten in der Probe absorbiert. Andererseits kann die von einem Element B erzeugte Röntgenstrahlung via Fluoreszenz A-Quanten erzeugen etc.. Außerdem ist der unvermeidliche Untergrund experimentell zu bestimmen und von der Messung abzuziehen. Die für solche Effekte bereinigte Impulszahl hängt ab von Eigenschaften der A-Atome (Ionisierungsquerschnitt σ_A, Fluoreszenzausbeute ω_A), des Detektors (Öffnungs-Raumwinkel, Effizienz), der Elektronendosis $I_p\tau/e$ und der Zahl der A-Atome auf dem Weg eines Elektrons $(L/A)\rho c_A$. (τ: Meßzeit, A relative Atommasse, L Loschmidtzahl, ρ Dichte). Die EDX ist relativ zur EELS (vgl. Abschnitt 4.4) unempfindlich, weil die Fluoreszenzausbeute (von $\omega \approx 1$ bei den K-Linien schwerer Elemente) bei kleinen Quantenenergien (< 2 keV) auf unter 0,05 abfällt und die Detektorausbeute wegen des begrenzten

Öffnungswinkels von der Größenordnung 10^{-3} ist. EDX ist allerdings leichter routinemäßig einzusetzen als EELS.
Strebt man eine *quantitative Analyse* an, wird man in der Regel auf den Vergleich mit Messungen an Standards unter gleichen Meßbedingungen angewiesen sein, deren Gehalt an den zu spektroskopierenden Elementen bekannt ist.
Die erreichbare *analytische Empfindlichkeit*

$$\Delta c/c = (c_A - c_B)/c$$

kann mit Hilfe statistischer Betrachtungen abgeschätzt werden. Wir nehmen an, die beiden Elemente A, B erzeugen die über die Meßzeit aufsummierten Impulszahlen N_A bzw. N_B. Sie seien wenig verschieden: $N_A \approx N_B = N$ und groß im Vergleich zum Untergrund. Nehmen wir nun für die Zählrate Poissonstatistik an, dann gilt, daß der Mittelwert N zugleich das Quadrat der Standardabweichung (vom wahren Wert) σ^2 bezeichnet:

$$N = \sigma^2$$

Der wahre Wert N_w liegt mit einer Wahrscheinlichkeit von 95% innerhalb von $N \pm 2\sqrt{N}$.
Daraus folgt Unterscheidbarkeit der Konzentrationen von A und B mit 95% Zuverlässigkeit, *wenn* gilt:

$$N_A - N_B \geq 2\sqrt{\sigma_A^2 + \sigma_B^2} = 2\sqrt{(2N)} \approx 3\sqrt{N}$$

M. a. W.: die Impulszahlen der zwei zu unterscheidenden Elemente müssen sich um mindestens das dreifache ihres Wurzelwertes unterscheiden. Liegen also z. B. N_A und N_B in der Größenordnung 10^4, so sind Unterschiede zwischen ihnen signifikant, die größer als 300 sind. Das bedeutet, daß die analytische Empfindlichkeit in diesem Fall $\Delta c/c = 300/10^4 = 3\ \%$ ist.
Erhöhung der Impulszahl durch Verlängerung der *Meßzeit* ist aus einer ganzen Reihe von Gründen (Proben-Kontamination, Massenverlust bei organischen Proben, Stabilität der Justierung) auf Zeiten bis höchstens 10 Minuten beschränkt. Als eine für viele Zwecke optimale Meßzeit gilt $\tau = 100$ s. Dafür ergibt sich dann ein *Mindeststrom* $I_{p\ min}$, der für ein nahezu atomares (räumliches) Auflösungsvermögen mit $d_p = 0{,}2$ nm zu 1 nA angegeben wird.
Mit einer FEG ($\beta = 10^9$ A/cm^2 sr) erhält man einen Sondenstrom $I_p = 0{,}01$ nA, also um zwei Zehnerpotenzen zu wenig. Das Defizit wäre nur durch eine Verlängerung der Meßzeit um den Faktor 10^4 auszugleichen, was zu illusorischen Zeiten führen würde. Ergebnis: XMA hat z.Zt. atomares Auflösungsvermögen noch nicht erreicht. Trotzdem leistet die Methode wertvolle Dienste bei der Aufklärung von Ausscheidungsvorgängen bzw. Anreicherung eines Elements in der Nähe von Korngrenzen, sowie bei der Analyse von feinverteilten Katalysatoren auf Oberflächen.
Das *räumliche Auflösungsvermögen* der Röntgenspektralanalyse im STEM ist bei sehr dünnen Objekten gleich dem Sondendurchmesser d_p.

Mit zunehmender Probendicke wird es schlechter (10 - 50 nm), weil *Strahlverbreiterung* infolge Mehrfachstreuung der Elektronen dazu führt, daß Röntgenquanten auch in Bereichen außerhalb des Zylinders mit Durchmesser d_p entstehen.

4.4 Elektronen-Energieverlust-Spektroskopie (EELS) und Energiegefilterte Transmissions-Elektronenmikroskopie (EFTEM)

4.4.1 Prinzip und Apparatives

Für den Begriff Elektronen-Energieverlust-Spektroskopie werden wir im folgenden, dem allgemeinen Brauch folgend, das Akronym EELS setzen.
Im Rahmen der AEM wird EELS eingesetzt, um aus der Zahl der Elektronen mit bestimmten Energieverlusten ΔE auf die chemische Zusammensetzungdes Objekts zu schließen. In erster Linie geschieht dies über die für die Ionisation innerer Schalen der Atome charakteristischen Spektrallinien (engl. inner shell losses oder core losses vgl. Abschnitt 1.4.4.1), die ein Pendant zu der Information aus der Röntgenmikroanalyse (Abschnitt 4.3) liefern. Aber auch die Anregung von Plasmonen (vgl. 1.4.4.2) kann Aufschluß geben. Diese reine EELS kann mit einem Elektronenspektrometer (Energieanalysator oder Energie-*Filter*) geleistet werden, das unter dem Endbildschirm an das Elektronenmikroskop angeflanscht wird.
In 4.1 wurde darauf hingewiesen, daß die Stärke der AEM in der Ortsauflösung liegt, mit der die chemische Analyse geliefert wird. Diese sog. *Punkt-Analyse* geschieht am einfachsten in einem Raster-Transmissions-Elektronenmikroskop (STEM), indem man den Rastervorgang außer Betrieb setzt und die kleine Fläche der Sonde (im Extrem Bruchteile eines nm) ausnutzt. Das magnetische Spektrometer separiert dann die von dem beleuchteten Bereich des Objekts gestreuten Elektronen zu einem EELSpektrum.
Das Konventionelle Transmissions-Elektronenmikroskop (CTEM) ermöglicht ebenfalls Punkt-Analyse, wenn auch die Beschränkung des zu dem Spektrum beitragenden Probenbereichs durch eine Selektorblende (auf 1 μm) bzw. das Köhlersche Beleuchtungsprinzip (auf 0,2 μm) nicht so weit geht wie bei dem STEM.
Eine besonders anschauliche Darstellung der ortsaufgelösten chemischen Analyse stellt die *spektroskopische Abbildung* (engl. spectroscopic imaging oder elemental mapping) dar. Flächenhafte Aufzeichnung (durch verschiedene Helligkeit oder Farbcodierung) der Verteilung eines Elements in der Probe ist natürlich immer (auch mit einer Linie des charakteristischen Röntgenspektrums) möglich, indem man die Intensität einer Spektrallinie als Funktion des Ortes speichert und elekronisch zweidimensional darstellt. Echte elektronenmikroskopische Abbildung mit einem räunlichen Auflösungsvermögen bis in den nm-Bersich ist aber nur mit einem *abbildenden Energiefilter* (auch *Filter-Linse* genannt) möglich. Der Entwurf einer Filter-Linse ist wegen der notwendigen Korrektur ihrer Abbildungsfehler ein

kompliziertes Problem, das hier nicht behandelt werden kann. Der interessierte Leser findet eine moderne Darstellung in dem Band L. REIMER (Herausg.) Energy Filtering Transmisson Electron Microscopy, Springer Ser. in Opt. Sciences Bd. 71, 1995).

Ein besonders wichtiges Medium der spektroskopischen Abbildung bilden diejenigen Elektronen, die im Objekt *nur elastische* Streuprozesse erfahren haben. Mit diesen sog. *zero-loss-Elektronen* läßt sich ein elektronemikroskopisches Bild viel höherer Brillanz entwerfen als ohne Filterung, weil die inelastisch gestreuten Elektronen infolge des chromatischen Fehlers der Objektivlinse das Bild verschleiern. Dieser Gewinn ermöglicht vor allem bei biologisch-medizinischen Präparaten das Durchstrahlen viel dickerer Objekte.

Neuerdings kommt das Akronym EFTEM (energy filtering transmission electron microscopy) in Gebrauch als Oberbegriff für alle Methoden (analytische und abbildende), die ein Energiefilter verwenden. Man unterscheidet dann die eigentliche EELS von ESI (electron spectroscopic imaging) bzw. der nah verwandten ESD (electron spectroscopic diffraction). Beide Verfahren werden je in mehreren verschiedenen Betriebsarten (engl. modes) realisiert.

Elektronen-Spektrometer nutzen entweder elektrostatische oder magnetische Felder oder beide. Wir erinnern an die einfachsten Typen: 1) Ein elektrisches Gegenfeld, das von Elektronen nicht überwunden werden kann, die einen gewissen Energieverlust erlitten haben. 2) Das *Wienfilter*, bestehend aus gekreuzten elektrischen ($\underline{E}$) und magnetischen ($\underline{B}$) Feldern, die mit dem Impuls $\underline{p}$ der Elektronen ein Dreibein bilden. Dieses Filter kann nur von Elektronen passiert werden, deren Geschwindigkeit $v = E/B$, weil für sie die magnetische Ablenkung die elektrische gerade kompensiert. Durch Variieren von E oder B kann man Spektroskopie treiben.

3) Ein zur Richtung des Elektronenimpulses orthogonales magnetisches Feld $\underline{B}$, das einen 90°-Sektor erfüllt (*Sektorfeld-Filter* oder *magnetisches Prisma*) (Fig. 102).

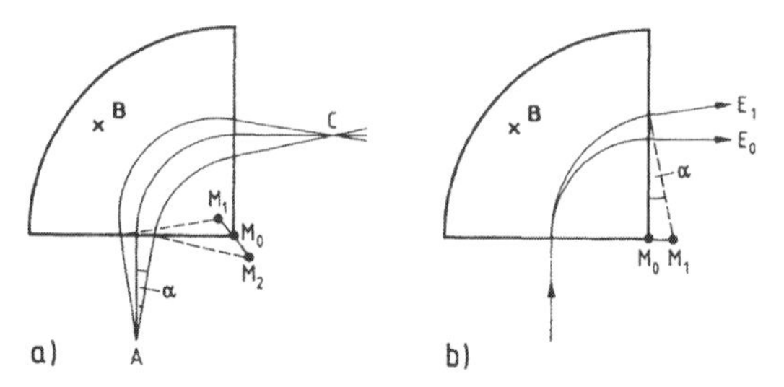

Fig. 102. Magnetisches 90°-Sektrfeld. a: fokussierende Wirkung: solange α klein ist, werden aus A kommende Elektronen gleicher Energie in C vereinigt.. b: Elektronen-Spektrometer.: Elektronen verschiedener Energie verlassen das Sektorfeld in verschiedener Richtung. Der Radius der Kreisbahn ist $R = p/(eB)$.

4) Das *Castaing-Henry-Filter* entsteht durch Hintereinanderschalten eines magnetischen Prismas, eines elektrostatischen Spiegels und eines zweiten Prismas (Fig. 103). Es hat Geradsichteigenschaften im Sinn des nächsten Abschnitts; das erste integrierte kommerzielle EFTEM (Zeiß-EM 902) ist mit einem Castaing-Henry-Filter ausgestattet.

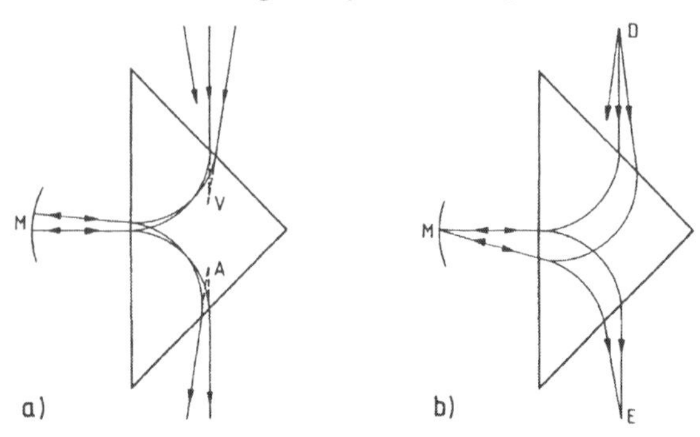

Fig. 103. Castaing-Henry-Filter. a: Ein virtuelles Bild des Objekts in V wird in der achromatischen Bildebene A abgebildet (V und A liegen innerhalb des Filters). b: zugleich wird das Beugungsmuster D in der Ebene der Energieselektion E (dispersive Ebene) als Reihe monochromatischer Muster auseinandergelegt. Nur szwei Strahlen gleicher Energie sind gezeichnet. M: elektrostatischer Spiegel.

Elektronen-Spektrometer, deren dispersive Eigenschaft auf einem oder mehreren magnetischen Sektorfeldern (Prismen) beruht, wirken fokussierend, d. h. von einem Punkt eines Zwischenbildes V am Eingang des Filters ausgehende Elektronen gehen *unabhängig von ihrer Energie* durch einen Punkt einer Bildebene am Ausgang des Filters, der sog. *achromatischen Bildebene* (Fig. 103). Je nach ihrer Energie passieren die Elektronen diesen achromatischen Bildpunkt unter verschiedenen Winkeln. Nach der achromatischen Bildebene folgt im Strahlengang die *dispersive Ebene*, wo sich nun alle Elektronen ein und derselben Energie in einem Punkt (einem Bild D der effektiven Elektronenquelle) vereinigen. Hier entsteht ein eindimensionales *Energiespektrum*, das EELS (electron energy loss spectrum). In dieser Ebene kann ein Spalt angebracht werden, der durch seine Lage den energetischen Schwerpunkt E_o der zum weiteren Strahlengang zugelassenen Elektronen festlegt und durch seine Breite das Energiefenster ($E_o - \delta E_w/2 \leq E \leq E_o + \delta E_w/2$). Man hat damit ein Element, das sowohl eine abbildende (meist im Maßstab 1 : 1) wie eine energiefilternde Funktion hat; man spricht deshalb von *(abbildenden) Filter-Linsen* oder kurz von *abbildenden Filtern.*

Es ist nützlich, die Filter-Linse unter einem etwas formaleren Gesichtspunkt mit der gewöhnlichen Linse zu vergleichen. Das Objekt einer Abbildung durch eine Linse moduliert den Strahlungsfluß sowohl räumlich (über die Objektfläche) wie im Winkelraum (nach verschiedenen Richtungen).

Die Linse vereinigt Strahlung gleicher Richtung in einem Punkt der Beugungsebene und Strahlung, die einen Objektpunkt passiert hat, in einem Punkt der Bildebene. Man beschreibt das kurz durch die Aussage: Quellenebene und Beugungsebene bilden ein Paar zueinander *konjugierter Ebenen*, ebenso Objekt- und Bildebene. Bei der Filter-Linse berücksichtigen wir zusätzlich, daß das Objekt den Strahlungsfluß (die Elektronen) auch auf der *Energieskala* verteilt. Entsprechend gibt es eine Ebene, in der sich alle Elektronen *gleicher Energie* treffen; sie wird energie-dispersive Ebene genannt. Diese Ebene muß konjugiert sein zur letzten Ebene, in der die Elektronen verschiedener Energie noch ungetrennt waren; das ist die Ebene des letzten Zwischenbildes der Quelle vor dem Energiefilter (des letzten cross over).

Die abbildenden Filter der Praxis unterscheiden sich durch die Art ihres Einbaus in das Mikroskosp. Entweder ist das Filter, wie das einfache Spektrometer, am Ende an die Mikroskop-Säule angeflanscht (post-column filter[8], Gatan-Prinzip) oder das Filter ist in den Strahlengang des Projektivs eingefügt, wo es dann Geradsicht-Eigenschaften haben muß, d. h. die Achse des Strahlengangs muß nach Durchlaufen des Filters parallel zur Richtung vor dem Filter sein.

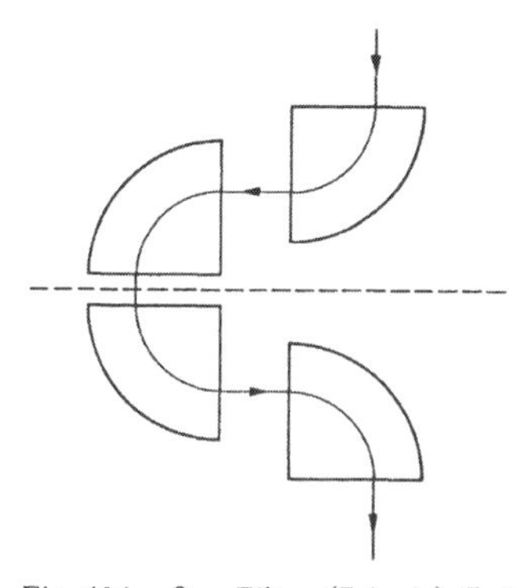

Fig. 104. Ω - Filter (Prinzip) Zwischen den Sektorfeldern sind korrigierende Multipol linsen zu denken.

---

8 Das vom Mikroskop erzeugte Endbild (bzw. das Beugungsmuster) fällt in die Eingangsbildebene des magnetischen 90°-Sektorfekdes des Spektrometers.. Das in der achromatischen Ebene des Filters entstehende Bild wird durch ein System von Multipollinsen vergrößeert und fällt auf den Leuchtschirm einer CCD-Kamera (ESI-Modus bzw. ESD-Modus).. Parallele Aufnahme des EELS ist ebenfalls möglich.

Das Raster-Transmissions-Elektronenmikroskop (STEM) ist immer mit einem post-column-Filter ausgerüstet. Das Prisma wirft die elastisch bzw. inelastisch gestreuten Elektronen aus dem von der Sonde beleuchteten Bereich auf separate Detektoren. Auswahl eines bestimmten Energieverlustes ΔE und Abbidung mit den zugehörigen Elektronen ist problemlos möglich.

Neben dem Castaing-Henry-Filter gehören zu dieser Klasse die rein magnetischen *Ω-Filter*, die ihren Namen von dem Verlauf der optischen Achse haben, der dem - quergestellten - griechischen Buchstabens Ω gleicht (Fig. 104).

Sie bestehen aus vier Ablenkmagneten und einer (Zeiß 912 Omega) oder mehreren Sextupol-Linsen (bei dem neuesten, in der Entwicklung befindlichen Typ) zur Korrektur von Abbildungsfehlern. Post-Column-Filter haben den Vorteil, daß jedes TEM nachträglich damit ausgerüstet werden kann. Integrierte Geradsicht-Filter können aus zwei gleichartigen Hälften zusammengesetzt werden, was die Kompensation von Bildfehlern und die Justierung sehr erleichtert und verbessert. Abbildende Filter können nun in verschiedenen *Betriebsmoden* benutzt werden. Wir schildern sie für ein zwischen ein erstes und ein zweites Projektiv-Linsen-System eines CTEM eingefügtes (integriertes) abbildendes Filter.

1) zunächst die eigentliche EELS.

Wie oben begründet, entsteht das Elektronen-Energie-Spektrum in der energie-dispersiven Ebene des Filters. Will man dieses Spektrum inspizieren, muß man also durch Wahl der Brennweite des *zweiten* Projektivsystems die energie-dispersive Ebene (ohne Spalt) in den Endbildschirm abbilden. So entsteht das sog. parallele EELSpektrum (PEELS). (Dabei ist es unerheblich, ob ein Bild des Objekts oder ein Beugungsmuster in der achromatischen Ebene liegt). Es kann mit den gleichen Mitteln - optimal mit einer Photo-Dioden-Anordnung (vgl. 1.2.3) - aufgennommen und gespeichert werden wie jedes TEM-Bild. Wegen der ökonomischeren Belastung der Probe und unvermeidlicher Driften während sequentieller Aufnahme ist der PEELS auf jeden Fall der Vorzug gegenüber sequentiellen Verfahren der Spektren-Aufnahme zu geben. Trotzdem sind diese *sequentiellen Verfahren* wegen ihrer größeren Einfachheit weithin in Gebrauch. Hier wird das Spektrum mit Ablenkspulen über den Spalt in der energie-dispersiven Ebene gezogen und der Elektronenstrom als Funktion des Energieverlustes ΔE (z. B. mit Hilfe einer Szintillator-Photomultiplier-Kombination oder eines Halbleiter-Detektors) gemessen. Zählraten bis zu 10^7 s^{-1} sind erreichbar. Das Spektrum wird zunächst in einem Vielkanal-Analysator gespeichert und dann verschiedenen Korrektur-Schritten unterworfen.

2a) ESI (electron spectroscopic imaging). Hier bildet man die achromatische Bildebene über das zweite Projektiv-System auf den Endbildschirm bzw. auf den Fluoreszenz-Schirm einer CCD-Kamera (vgl. 1.2.3) ab. Der Spektrometerspalt in der dispersiven Ebene entscheidet, welchem Energiebereich die verwendeten Elektronen angehören. Dabei ist für die Abbildungsgüte wichtig, daß dieser Spalt immer in der optischen Achse der Filter-Linse bleibt. Man vermeidet deshalb das Verschieben des Spalts über das Energie-Spektrum und ersetzt es entweder durch Verschieben des Spektrums mittels magnetischer Ablenkspulen zwischen Spektrometer und Spalt oder durch Verändern der Beschleunigungsspannung U des Mikroskops in Schritten von 0,2 eV (eU entspricht der Energie E_o). (Da man mit

Vorteil das Köhlersche Beleuchtungsprinzip anwendet (vgl. 1.2.3), bestimmt die Kondensor-Aperturblende den beleuchteten und abgebildeten Objektbereich). Abb. 27 reproduziert ESI-Bilder mittlerer Vergrößerung von einem Palladium-Blech; sie zeien, daß die im Hellfeldbild (a) hell erscheinenden Bereiche kein Pd enthalten (b) sondern aus einem Oxid (c) des Eisens (d) bestehen.

2b) ESD (electron spectroscopic diffraction). Durch Ändern der Brennweite des *ersten* Projektivsystems bildet man nun das Beugungsmuster aus der hinteren Brennebene des Objektivs in die achromatische Ebene des Filters und damit in den Endbildschirm ab[9]. Filter und Spalt sorgen dafür, daß zu dem Beugungsmuster nur "monoenergetische" (hier meist die elastisch gestreuten zero-loss electrons) Elektronen beitragen (Abb. 4).

ESD kann, wie hier geschildert, mit paralleler Beleuchtung des Objekts und Auswahl des beleuchteten Objektbereichs durch die Kondensor -Aperturblende erfolgen (SA ESD: selected area ESD) oder mit konvergenter Beleuchtug des Objekts (CB ESD: convergent beam ESD).

4.4.2 Praktische Spektroskopie

Ein EELSpektrum zeigt die Anzahl der mit einem bestimmten Energieverlust ΔE gestreuten Elektronen über der ΔE-Achse (Fig. 105). In einem Energiefenster der Breite δE_w um die Energie ΔE liegt nach einer Meßzeit τ eine gewisse Zahl N Streuereignisse. Dividiert man N durch τ, erhält man die Zählrate $\nu = N/\tau$. Sowohl N wie ν kann als *Intensität* des Spektrums aufgefaßt werden.

Das typische Spektrum (Fig. 105) zeigt auf einem kontinuierlichen Abfall (dem Untergrund, engl. background) Linien, die den Eintritt bestimmter inelastischer Streuprozesse bei Überschreiten einer Schwelle in ΔE anzeigen; man nennt sie deshalb *Kanten.* Es gibt i. w. drei Bereiche auf der ΔE-Skala: um $\Delta E = 0$ (< 1 eV) die zero-loss- oder no-loss-Elektronen; daran schließt sich (um $\Delta E = 10$ eV) der Bereich der Streuprozesse durch Interband-Anregungen und Plasmon-Anregungen (engl. low-loss region) und schließlich bei höheren Energieverlusten (über 100 eV) der Bereich der Ionisationskanten innerer Schalen der Elektronenhülle der Atome (inner shell losses). Intensitätsmäßig verhalten sich die drei Regionen grob wie 1: 10^{-1}: 10^{-4}. In praxi benutzt man Energieverluste bis $\Delta E = 2000$ eV, die Fensterbreite δE_w wird je nach Situation gewählt, jedoch hat es offenbar keinen Sinn, eine Energieauflösung zu erwarten, die besser ist als die Energiebreite der Elektronenquelle (vgl. 1.3). (Will man mehr, muß man hinter die Quelle einen Monochromator setzen).

Die inelastische Elektronen-Streuung durch Plasmon-Anregung spielt in der aktuellen Forschung eine bedeutende Rolle, vor allem bei der Aufklärung der sog. Elektronen-Struktur, d. h. der räumlichen Verteilung der Bindungs-Elektronen in Legierungen und intermetallischen Verbindungen. Der

---

[9] Dabei verlagert sich automatisch ein Zwischenbild des Objekts in den cross over vor der Filter-Linse.

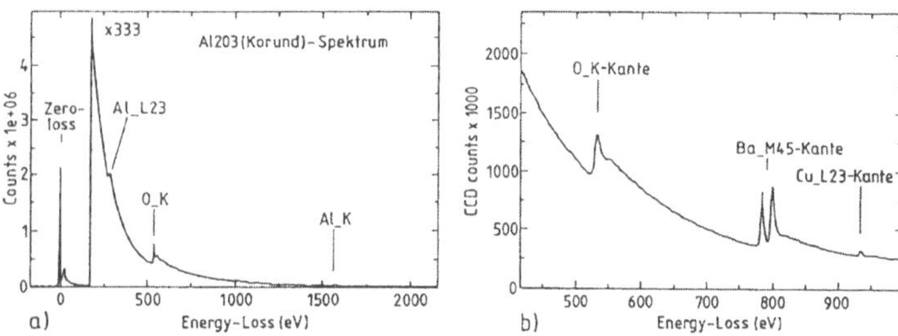

Fig. 105. EELSpektren zweier Proben. a: Aluminiumoxid Al_2O_3 (Korund). Links die no-loss und low-loss-Regionen. Dann stark vergrößert charakteristische Kan ten von Al und O. b: Ausschnitt mit den wichtigsten Kanten bei dem Hochtemperatur-Supraleiter $YBa_2Cu_3O_{7-\delta}$. Aus dem Atlas der core-loss-Linien der Firma Gatan.

theoretische Aufwand ist erheblich, weshalb wir hier auf Einzelheiten verzichten müssen. Für die ortsaufgelöste chemische Analyse wichtiger sind die Streuprozesse durch Ionisation innerer Elektronenschalen, die wir als nächstes besprechen.

Die Bindungsenergie eines Elektrons der n. Schale (n = 1 bezeichnet die innerste Schale, die sog. K-Schale) im Atom beträgt

$$E_n = - R \frac{(Z - \sigma_n)^2}{n^2} \tag{4.3}$$

R ist die Rydberg-Konstante (~ 13,6 eV), Z die Ordnungszahl (Kernladungszahl) und σ_n berücksichtigt die Abschirmung der Kernladung durch die übrigen Elektronen.
Die K-Schale (n = 1) mit der größten Bindunsgenergie enthält nur s-Elektronen mit der Bahnquantenzahl l = 0. Je nach Spinquantenzahl s = ± 1/2 gibt es höchstens zwei Elektronen in der K-Schale. Die L-Schale (n = 2) enthält (l = 0, 1) s- und p-Elektronen, im ganzen 2 x 8 Elektronen, die etwas verschiedene Bindungsenergien haben. Spin- und Bahn-Quantenzahlen führen dazu, daß alle Schalen außer der K-Schale in Unterschalen aufgespalten sind: L_1, L_2 usw..
Physikalisch formuliert besteht das EELSpektrum aus einer Auftragung des differentiellen Streuquerschnitts der Atome des Objekts $d^2\sigma/(d\Delta E\ d\Omega)$ für den Energie-Verlust ΔE und den Raumwinkel $d\Omega$. Soweit die Ionisation innerer Schale dazu beiträgt, ist das Spektrum gekennzeichnet durch sog. *Kanten*, d. h. bei einem bestimmten Energieverlust ΔE_K kann eine neue Schale (oder Unterschale) ionisiert werden, weshalb die Zahl der inelastisch gestreuten Elektronen hier plötzlich ansteigt. Kennt man die Quantenzahl n, kann man die Ordnungszahl des betroffenen Atoms bestimmen. Zu höheren Energien hin läuft die Streuwahrscheinlichkeit hinter der Kante etwa wie

(4.4) $$\frac{d^2\sigma}{d\Delta E\ d\Omega} = A\ (\Delta E)^{-s(\alpha)}$$

aus. s ist ein Exponent in der Nähe von 4, der auch von der Apertur α des Spektrometers abhängt. Die einer Kante zuzuordnende Intensität bestimmt sich also (neben der trivialen Berücksichtigung des Öffnungswinkels Ω des Spektrometers) durch Integration ihres Beitrags zum Spektrum von $\Delta E = E_K$ bis $\Delta E = \infty$.
Durch die Überlagerung der Ausläufer aller Streubeiträge für Energieverluste ΔE unterhalb des betrachteten (E_K) (vermehrt um Beiträge von Mehrfachstreuung und apparative Streubeiträge) entsteht ein *Untergrund* des Spektrums, der in einer gewissen Näherung ebenfalls durch einen Verlauf nach Gl. (4.4) beschrieben wird.
Da man praktisch auf den ΔE-Bereich bis 2 keV beschränkt ist, kann man die K-Kante nur für leichte Elemente (bis etwa Z = 14, Si) benutzen, für schwerere Elemente ist man auf die L- bzw. M-Kanten angewiesen. Kann man zwei Kanten (z. B. L_i und L_j) nicht trennen, bezeichnet man sie als L_{ij} .
Nach der experimentellen Erfassung eines EELSpektrums muß der Interpretation eine Reihe von Korrekturen vorausgehen. Zunächst ist der Untergrund abzuziehen. Dafür gibt es verschiedene Methoden; so kann man an Messungen unterhalb der behandelten Kante E_K eine Funktion der Form (4.4) anpassen. sofern dort keine Kanten liegen. Man kann aber auch mit dem gleichen Energiefenster (Breite δE_w) und der gleichen Spektrometer-Apertur α, mit der man die Kante aufnimmt, oberhalb und unterhalb der Kante den Wert des Untergrunds aufnehmen und interpolieren. Details sind in der Literatur ausgearbeitet.- Sodann sind Korrektur-Faktoren für die endliche Breite des Energiefensters δE_w und für die beschränkte Apertur α des Spektrometers zu bestimmen. δE_w wird berücksichtigt, indem man den Ausdruck (4.4) für die Kante bei E_K einmal von E_K bis $(E_K + \delta E_w)$ integriert und zweitens von E_K bis ∞ . Als Quotient dieser zwei Integrale ergibt sich (mit $\delta E_w \ll E_K$) :

$$\frac{d\sigma/d\Omega\ \text{(gemessen)}}{d\sigma/d\Omega\ \text{(total)}} = \eta_w \approx (s-1)\frac{\delta E_w}{E_K}$$

Die Apertur α bestimmt den erfaßten Raumwinkel der Streustrahlung ($\Omega = \pi\ \alpha^2$) . Mit Gl. (1.83) ergibt sich:

$$\frac{\sigma\ \text{(gemessen)}}{\sigma\ \text{(total)}} = \eta_\alpha \approx \frac{\ln\left[1 + (\alpha/\Theta_E)^2\right]}{\ln\ (2/\Theta_E)}$$

Damit können wir eine Beziehung zwischen der Intensität der Kante N_K (bzw. dem zugehörigen Streuquerschnitt σ) und den Eigenschaften des Objekts bzw. den Meßbedingungen aufstellen:

(4.5) $$N_K = n_A\ \Sigma_A\ \eta_w\ \eta_\alpha\ N_0.$$

N_K ist die Zahl der zur Kante K beitragenden inelastisch gestreuten Elektronen
N_0 ist die Gesamtzahl der in der Meßzeit τ auftreffenden Strahlelektronen ($= I\tau/e$)
n_A ist die (gesuchte) Zahl der A-Atome pro Flächeneinheit (wir arbeiten in Transmission).
Σ_A ist der Ionisationsquerschnitt der entsprechenden Schale der A-Atome.

N_0 kann man praktisch gleichsetzen mit der Zahl der Elektronen, die unter gleichen Bedingungen (δE_w und α) mit dem Fenster bei $\Delta E = 0$ gezählt werden; dort erfaßt man die ungestreuten, die elastisch und einen Teil der low-loss-Elektronen. Im Vergleich zu dieser Zahl sind die mit größeremE-nergieverlust gestreuten Elektronen zu vernachlässigen.
Σ_A entnimmt man Tabellen oder Eichsubstanzen. Man kann diese Größe natürlich auch berechnen mit Hilfe von Atomfunktionen (Wasserstoff- oder Hartree-Slater-Funktionen).
Bisher haben wir *Mehrfachstreuung* nicht berücksichtigt, die in verschiedener Reihenfolge elastische und inelastische Prozesse koppeln kann. Sie kompliziert eine quantitative Analyse beträchtlich. Man untersucht deshalb mit der Methode der Ionisation innerer Schalen nur Objekte, deren Dicke t kleiner ist als die kürzeste unter den freien Weglängen der konkurrierenden Streuprozesse (bei Elementen mit niedriger Ordnungszahl ist dies die Anregung von Plasmonen: $\Lambda_P \approx 100$ nm). Die freien Weglängen werden größer, wenn man zur Hochspannungs-Elektronenmikroskopie übergeht.

Die nächste Frage betrifft die *Leistungsfähigkeit* der EELS.
Zur örtlichen Auflösung wurde zu Beginn des Kapitels auf die Abhängigkeit von der verwendeten Begrenzung der Beleuchtung der Probe hingewiesen.
Die chemische Empfindlichkeit wird durch zwei Parameter charakterisiert: die kleinste nachweisbare Masse eines Elements m_{min} bzw. die kleinste nachweisbare (Atom)Konzentration c_{min}.
Für m_{min} wird angegeben: 10^{-22} bis 10^{-20} g. (10^{-22} g Eisen entspricht einem Atom!).
c_{min} wird zu 10^{-4} bis 10^{-5}, (also 10 - 100 ppma) geschätzt.

Fragt man nach den Stärken der EELS im Vergleich zur Röntgenmikroanalyse, so sollte man zunächst klarstellen, daß die EELS gerade für den Nachweis leichter Elemente geeignet ist, bei denen man wegen ihrer Weichheit mit der entsprechenden Röntgenstrahlung große Absorptionsprobleme hat.
Die Ausbeute ist bei EELS besser, weil *jedes* Ionisationsereignis einer inneren Schale ein inelastisch gestreutes Elektron ergibt, während die Quantenausbeute für Röntgenstrahlung in vielen Fällen um Größenordnungen kleiner ist. Hinzu kommt die viel günstigere Winkelverteilung der inelastisch gestreuten Elektronen (weitgehend nach vorwärts) im Vergleich zur charakteristischen Röntgenstrahlung (isotrop).

Anhang

A1. Fourier-Optik

A1.1 Beugung am Spalt (Breite s)

Der Spalt sei von einer kohärenten (monochromatischen, ebenen) Welle senkrecht beleuchtet. Wir betrachten die unter dem Winkel φ zur Normalen auslaufende Welle (Fig. A1.1). Von jedem Punkt y geht eine differentielle Teilwelle aus (Huygens'sches Prinzip). Die Wege vom Spalt bis zu der in Richtung φ laufenden Wellenfront unterscheiden sich um $(y \sin\varphi)$. Daraus ergibt sich ein relativer Phasenwinkel von $(2\pi/\lambda)(y \sin\varphi)$ bezogen auf die bei $y = 0$ auslaufende Teilwelle.

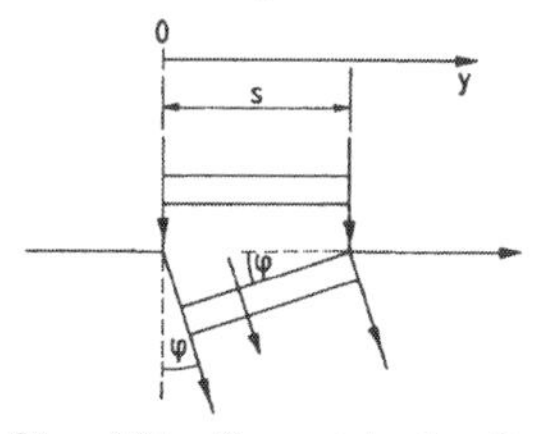

Fig.. A1.1 Geometrie der Beugung einer kohärenten Welle an einem Spalt..

Wir summieren die Amplituden aller Teilwellen phasengerecht zu einer Gesamtamplitude:

$$A(\varphi) = a \int_0^s \exp\left(i\, 2\pi\, y \frac{\sin\varphi}{\lambda}\right) dy \tag{A1. 1}$$

(a ist die Amplitude pro Längeneinheit in y-Richtung).
Das Ergebnis (vgl. Gl. (1.2) und Fig. 2b) ist bis auf einen hier nicht interessierenden Phasenfaktor:

$$A(\varphi) = a\, s \frac{\sin\beta}{\beta} \quad \text{mit} \quad \beta = \pi\, s \frac{\sin\varphi}{\lambda} \tag{A1.2}$$

A1.2 Beugung einer ebenen Welle an einem Gitter von N Spalten der Breite s

(Genauer wäre folgende Bezeichnung: Interferenz der an den Einzelspalten gebeugten Wellen, "Gitter-Interferenz").
Wir benutzen die Amplitude der von jedem Einzelspalt in Richtung φ ausgesandten Welle $A(\varphi)$ aus Gl (A1.2) und summieren die N Wellen phasengerecht:

(A1.3) $G(\varphi) = A(\varphi)\{1 + \exp i\chi + \exp(2i\chi) + \ldots + \exp[(N-1)i\chi]\}$

mit $\chi(\varphi) = (2\pi/\lambda)\, g \sin\varphi$

Diese geometrische Reihe hat die Summe (vgl. Fig. 2d):

(A1.4) $G(\varphi) = A(\varphi)\dfrac{1 - \exp(N\, i\chi)}{1 - \exp(i\chi)} = A(\varphi)\dfrac{\sin N\gamma}{\sin\gamma}$ mit $\gamma = \pi g \dfrac{\sin\varphi}{\lambda}$

A1.3 Fourier-Analyse

Jede periodische Funktion f(x) kann als eine unendliche Reihe von harmonischen (d. h. sinusförmigen) Funktionen dargestellt werden (J.B.J. de Fourier 1768 -1830). Ist die Periodenlänge (Wellenlänge) von f(x) gleich g, sind die Wellenlängen der harmonischen Komponenten Bruchteile von g mit ganzzahligem Nenner (g/2, g/3 ....).

(A1.5) $f(x) = A_0/2 + \sum_{m=1}^{\infty} A_m \cos(mKx) + \sum_{m=1}^{\infty} B_m \sin(mKx)$

$K = 2\pi/g$. Die Bestimmung der Fourier-Koeffizienten A_m bzw. B_m ist im Text beschrieben.
Wir wollen das in A1.2 betrachtete Gitter einer Fourier-Analyse unterziehen, wobei wir allerdings die Begrenzung auf eine endliche Spaltzahl (N) aufheben müssen, um eine periodische Funktion zu erhalten. Wir definieren die Durchlässigkeit des Gitters für Licht, die in den Spalten gleich eins und dazwischen gleich null sei, als f(x) und entwickeln diese Funktion in eine Fourier-Reihe. Indem wir den Ursprung der x-Achse in einen Symmetriepunkt (z. B. die Mitte eines Spaltes) legen, erreichen wir, daß f(x) eine gerade Funktion wird, d. h. f(x) = f(-x). Dann sind alle $B_m = 0$.
Das Ergebnis ist dann:

(A1.6) $f(x) = s/g + \sum_{m=1}^{\infty} \left(\frac{2}{m\pi}\right) \sin(mKs/2) \cos(mKx)$

Spezifizieren wir das Verhältnis von Gitterkonstante g zu Spaltbreite s zu g/s = 4, so werden die ersten Fourier-Koeffizienten:
$A_0 = 0{,}5$; $A_1 = 0{,}45$; $A_2 = 0.32$; $A_3 = 0{,}15$; $A_4 = 0$; $A_5 = -0{,}09$; $A_6 = -0{,}11$; $A_7 = -0{,}06$; $A_8 = 0$ .....
Die Gesamtheit der Fourier-Koeffizienten nennt man das *Fourier-Spektrum* der Funktion f(x). Stellt man die Funktion f(x) durch Aufsummieren ihrer Fourier-Komponenten dar, so wird diese Summe der Funktion f(x) unso ähnlicher, je mehr Komponenten man berücksichtigt.
Bei der Fourier-Analyse gerader Funktionen (bei denen f(-x) = f(x)) ist eine zu m = 0 symmetrische Darstellung des Spektrums üblich, d. h. man führt auch negative Raumfrequenzen ein (Fig. A1. 2) Diese Darstellung ist sehr praktisch für den Vergleich mit Beugungsdiagrammen, die ebenfalls symmetrisch sind zu dem unabgelenkten ("Null"-)

Strahl. Man halbiert A_m und teilt je eine Hälfte +m bzw. -m zu. Für das konstante Glied schreibt man nun $A_0/2$ an, d. h. den wirklichen Mittelwert von f(x) .

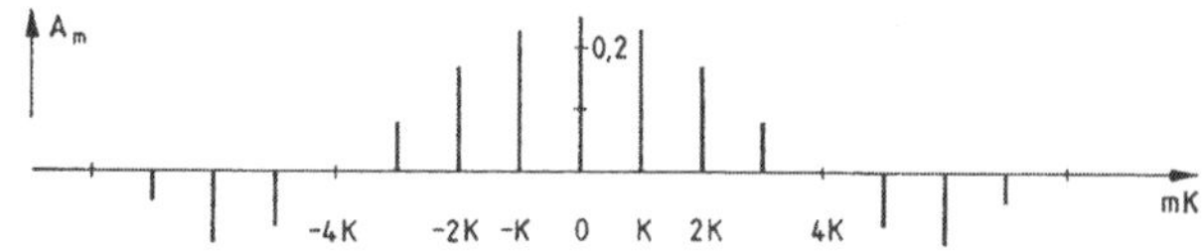

Fig. A1.2. Symmetrische Darstellung des Fourierspektrums eines unendlichen Gitters mit g/s = 4.

A1.4 Fourier-Transformation

Nun untersuchen wir, was sich ändert, wenn wir die Spaltbreite s beibehalten, die Gitterkonstante g aber verdoppeln. Offenbar werden die Raumfrequenzen mK der Fourier-Komponenten nun um den Faktor zwei enger zusammenrücken. Die Fourier-Koeffizienten A_m nehmen nun mit g/s = 8 folgende Werte an:
A_0 = 0,25; A_1 = 0,24; A_2 = 0,23; A_3 = 0,19; A_4 = 0,16;.... A_8 = 0; A_9 = - 0,03; ...
Die Spektrallinien liegen jetzt enger und ihre Amplitude nimmt langsamer ab. Dies macht einsichtig, daß der Übergang zu einer *nicht*-periodischen Funktion f(x), d. h. der Übergang zu einer unendlichen Periodenlänge g aus der Fourier-*Reihe* (A1.5) (einer Summe) ein Fourier-*Integral* werden läßt.

$$f(x) = \frac{1}{\pi} \left\{ \int_0^\infty A(K) \cos Kx \; dK + \int_0^\infty B(K) \sin Kx \; dK \right\} \tag{A1. 7}$$

mit $$A(K) = \int_{-\infty}^{\infty} f(x) \cos Kx \; dx ; \quad B(K) = \int_{-\infty}^{\infty} f(x) \sin Kx \; dx$$

Meist werden die Fourier-Cosinus und Fourier-Sinus-Transformierte in eine komplexe Form zusammengefaßt:

$$f(x) = \frac{1}{2\pi} \int_{-\infty}^{\infty} F(K) \exp(-iKx) \; dK \tag{A1.8}$$

mit $$F(K) = \int_{-\infty}^{\infty} f(x) \exp(iKx) \; dx$$

Damit ist nun an die Stelle des Fourier-Spektrums einer periodischen Funktion bei einer nicht-periodischen Funktion eine *transformierte Funktion F(K)* getreten, die sog. *Fourier-Transformierte* zu f(x): **F** f(x)

Wir wollen als Anwendungsbeispiel die Fourier-Transformierte der Rechteckfunktion bestimmen, welche die Lichtdurchlässigkeit eines Spaltes beschreibt (vgl. A1.1)

$$F(K) = \int_{-s/2}^{s/2} 1 \exp(iKx) \; dx = \frac{2i}{iK} \sin(Ks/2) = s \, \frac{\sin(Ks/2)}{Ks/2} \tag{A1.9}$$

Ein Vergleich des Ergebnisses (A1.9) mit (A1.2) gibt Aufschluß über die sachgerechte Wahl der Frequenz-Koordinate K, wenn es sich um Beugungsprobleme handelt. In (A1.2) war das Argument der *Spaltfunktion* : $(\pi\ s\ \sin\varphi)/\lambda$, wo φ der Beugungswinkel war. Wir haben also K zu ersetzen durch:

$$K = 2\pi\,\frac{\sin\varphi}{\lambda}$$

wenn die Fourier-Transformation die Beugungsfigur zu einer gegebenen räumlichen Verteilung f(x) der Lichtdurchlässigkeit ergeben soll. Man erhält dann als F(K) die Lichtverteilung im Winkelraum, dem sog. Reziproken Raum.

Man gibt der (auf die Wellenlänge λ der verwendeten Strahlung bezogenen) Winkelkoordinate $\sin\varphi/\lambda$ die neue Bezeichnung u

$$\text{(A1.10)} \qquad \frac{\sin\varphi}{\lambda} = u$$

und ersetzt K in (A1.8) durch $2\pi u$; so erhält man die in der Beugungsoptik gebräuchliche Form der Fourier-Transformation:

$$\text{(A1. 11)} \qquad f(x) = \int F(u)\ \exp\ (-i2\pi\ ux)\ du$$

$$F(u) = \int f(x)\ \exp\ (i2\pi\ ux)\ dx$$

Zur Illustration dieses mathematischen Exkurses wollen wir die Beugungsfigur des Gitters aus A1.2 mit N = 5 Spalten durch Fourier-Transformation bestimmen.

Wir ersetzen die Spalte bei x = 0, ± g und ± 2g wieder durch Kastenfunktionen mit f(x) = 1; dazwischen hat f(x) den Wert null.

Nach (A1.11) ist

$$F(u) = \int 1\ \exp\ (i\ 2\pi\ ux)\ dx \quad \text{in den Gebieten, wo } f(x) = 1.$$

$$= (i\ 2\pi\ u)^{-1} \exp\ (\ i\ 2\pi\ ux)\Big|_{-(2g+s/2)}^{-(2g-s/2)} + \Big|_{-(g+s/2)}^{-(g-s/2)} + \Big|_{-s/2}^{s/2} + \Big|_{(g-s/2)}^{(g+s/2)} + \Big|_{(2g-s/2)}^{(2g+s/2)}$$

$$= \left\{\frac{\exp(i\pi us) - \exp(-i\pi us)}{2i\pi u}\right\}\Big\{\exp(-i4\pi ug) + \exp(-i2\pi ug) + 1 + \exp(i2\pi ug) + \exp(i4\pi ug)\Big\}$$

$$\text{(A1.12)} \qquad = s\,\frac{\sin(\pi us)}{\pi us}\Big\{1 + 2\cos\ (2\pi gu) + 2\cos\ (4\pi gu)\Big\}$$

Das Ergebnis ist für N = 5 identisch mit Gl. (A1.4) bzw. (A1.2) und Fig. 2.

A1.5 Die Dirac'sche Delta-Funktion

Diese meist einfach Delta-Funktion genannte Funktion hat folgende Eigenschaften:
Sie ist null für alle Werte ihres Arguments außer für x = 0. Hier wird sie unendlich, aber derart, daß ihr Integral $\int\delta(x)dx$ endlich und zwar gleich eins wird. Symbolisch kann sie durch eine senkrechte Gerade (ein "spike") bei x = 0 dargestellt werden, der man bei gegen null gehender Breite eine Fläche vom Betrag 1 zuschreibt. Dieses unter den üblichen Funktionen exotisch wirkende Konzept hat sich als wertvolle Brücke zwischen der sog. Punktphysik und der Physik des Kontinuums erwiesen.
Aus der Definition folgt, daß $\delta(x - a)$ eine entsprechende isolierte Unendlichkeitsstelle bei x = a bezeichnet.
Die Fourier-Transformierte von $\delta(x - a)$ ist

(A1.13) $$F\ \delta(x - a) = \exp(2\pi iau).$$

Begründung: $F\ \delta(x - a) = \int[\delta(x - a)\exp(2\pi iux)]dx$.
Weil der Integrand überall null ist außer bei x = a, kann man die Exponentialfunktion als $\exp(2\pi iau)$ vor das Integral ziehen. Das verbleibende Integral über die Deltafunktion ist nach Def. gleich eins.
Damit ist (a -> 0) auch gezeigt:

$$F\ \delta x = 1.$$

Eine der möglichen mathematischen Definitionen der Deltafunktion geschieht über ihre Fourier-Transformierte: $\delta(x) = (2\pi)^{-1}\int_{\infty}^{\infty} 1\ \exp(iKx)\ dK = \int 1\ \exp(2\pi iux)\ du$.

Damit läßt sich nun die Beugungsfigur einer Anordnung von punkt- oder linienförmigen Lichtquellen leicht berechnen.
Z. B. kann man die Lichtdurchlässigkeit eines Gitters aus 5 sehr schmalen Spalten (s -> 0) darstellen als Summe aus 5 Deltafunktionen:

$$f(x) = \sum_{n=-2}^{n=2} \delta(x - ng)$$

Das Beugungsmuster ist (im Winkelraum):

$$F(u) = \sum_{-2}^{2} \exp(2\pi ingu) = 1 + 2\cos(2\pi gu) + 2\cos(4\pi gu)$$

(vgl. Gl (A1.12).

A1.6 Beugung und Abbildung

Wir haben nun die Werkzeuge entwickelt, um für einen ganz einfachen Fall quantitativ verfolgen zu können, wie die Ähnlichkeit von Bild und Gegenstand umso besser wird, je mehr Beugungsordnungen zu dem Bildaufbau hinzugezogen werden.
Wir wählen als abzubildenden Gegenstand ein Gitter von unbeschränkter Länge mit einer Gitterkonstanten g und einer Spaltbreite s.

Wie in A1.3 gezeigt, kann die Verteilung der Lichtdurchlässigkeit durch eine Fourier-Reihe dargestellt werden:

(A1.14) $$f(x) = A_o/2 + \Sigma A_m \cos(mKx) \quad \text{mit } K = \frac{2\pi}{g}$$

$$\text{und} \quad A_o/2 = s/g \quad \text{und} \quad A_m = \frac{2}{m\pi} \sin\frac{m\pi s}{g}$$

Durch Beugung entsteht in der hinteren Brennebene der Linse das *Beugungsmuster*, das sich mathematisch als Fourier-Transformierte von f(x) ergibt. Wir benötigen also

$$F \cos(mKx) = F\, 1/2 \left\{\exp(imKx) + \exp(-imKx)\right\}$$

Es gilt: $$F \exp(ibx) = \delta\,(u + \frac{b}{2\pi}),$$

also: $$F \cos(mKx) = 1/2 \left\{\delta\,(u + \frac{m}{g}) + \delta\,(u - \frac{m}{g})\right\}$$

Damit wird das Beugungsmuster:

(A1.15) $$F f(x) = F(u) = \frac{A_o}{2}\delta(u) + \sum_{-\infty}^{\infty} \frac{A_m}{2}\, \delta\,(u + \frac{m}{g})$$

Das Beugungsmuster besteht also aus scharfen Reflexen, die paarweise gleiche Amplitude $A_m/2$ haben und symmetrisch zum Zentralreflex in einem Winkelabstand $\sin\varphi/\lambda = \pm\, m/g$ liegen.

Nun kommt das eigentlich Interessante: Durch Rücktransformation von F(u) in den Ortsraum erhalten wir das von der Linse entworfene *Bild* (sofern die Linse fehlerfrei angenommen wird). Erstreckte sich die Rücktransformation auf alle Glieder von Gl. (A1.15), erschiene eine perfekte Reproduktion von f(x) als Bild. Wir wollen aber stattdessen, beim Zentrum der Beugungsfigur beginnend, eine zunehmende Zahl von Beugungsordnungen (m) zum Bildaufbau benutzen und den Rest durch eine Blende in der Brennebene der Linse wegfangen. Wir werden dann verfolgen können, wie die Ähnlichkeit zwischen Bild und Gegenstand (Gitter) mit zunehmendem m_{max} größer wird.

1. Bild: nur die zentrale Beugungsordnung (der "Nullstrahl") wird benutzt:

$f_1(x) = A_o/2.$ (die Bildebene ist gleichmäßig erhellt)

2.Bild: zentrale und beidseitig erste Beugungsordnung ($m = \pm 1$):

$$\begin{aligned} f_2(x) &= A_o/2 + F^{-1} A_1/2 \left\{\delta(u + 1/g) + \delta(u - 1/g)\right\} \\ &= A_o/2 + A_1/2 \left\{\exp(i2\pi x/g) + \exp(-i2\pi x/g)\right\} \\ &= A_o/2 + A_1 \cos\,(2\pi x/g) \end{aligned}$$

Dieses Bild zeigt zwar die Grundperiode ("Wellenlänge") des Objektes, läßtaber im übrigen keine weiteren Details (z. B. die Spaltbreite s) erkennen.
Man erkennt leicht, wie das Bild verbessert wird, wenn man höhere Beugungsordnungen hinzunimmt: die Glieder der Fourier-Reihe von Gl. (A1.14) kommen mit den richtigen Amplitudenfaktoren nacheinander hinzu. Fig. A1.3 veranschaulicht diesen Zusammenhang zwischen Fourier-Analyse und Bildaufbau.

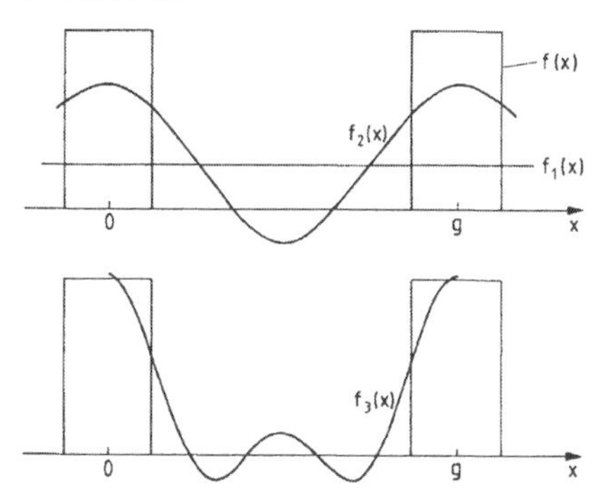

Fig. A1.3 Demonstration des sukzessiven Aufbaus eines dem Objekt (Gitter f(x) mit g/s = 4) immer ähnlicheren Bildes durch Hinzunahme von mehr und mehr Fourierkomponenten $f_i(x)$ (vgl. Text)..

A 2 Vereinfachende Abschätzung des Punkt-Auflösungsvermögens eines Elektronen-Mikroskops

Die Abschätzung beruht auf folgenden Annahmen:
1) Das Objekt wird kohärent beleuchtet und abgebildet. Die Beugung an den Objektdetails bestimmt die Beugungsfigur; die Objektivapertur α begrenzt den zur Abbildung benutzten Winkelbereich der Beugungsfigur. M. a. W.: Gl. (1.1) ist (in Kleinwinkelnäherung) anwendbar:

$$d_1 = \lambda/\alpha$$

2) Die Abbildungseigenschaften der Objektivlinse sind i. w. durch ihren Öffnungsfehler gekennzeichnet. Gl. (3.14) gibt den Radius des kleinsten identifizierbaren Objektbereichs an, soweit dieser Bildfehler in Frage kommt: $r_o = C_s\alpha^3$.
3) Beugung und Öffnungsfehler wirken additiv zusammen, d. h. die Summe aus d_1 und r_o bezeichent die kleinste Struktur des Objekts, die im Bild erscheint.
Durch Wahl des optimalen Aperturwinkels α bestimmt man den kleinsten erreichbaren Wert von

$$d = (d_1 + r_o).$$

Differentiation von d nach α ergibt. $\alpha_{opt} = 0{,}76\ (\lambda/C_s)^{1/4}$.

Berechnet man damit $d(\alpha_{opt})$, erhält man:

$$d_{min} = 1{,}75\ \lambda^{3/4}\ C_s^{1/4}$$

(Nimmt man inkohärente Beleuchtung an, d. h. benutzt Gl. (1.11), erscheint als Zahlenfaktor 1,2 statt 1,75).
Wesentlich ist, daß diese einfache Überlegung die richtige Abhängigkeit des Punktauflösungsvermögens von der Wellenlänge und der Konstante des Öffnungsfehlers ergibt, wie sich beim Vergleich mit Gl. (3.26) zeigt.

A3. Formale Behandlung der inkohärenten Abbildung im ringförmigen Dunkelfeld des Raster-Elektronenmikroskops (HAADF: high angle annular dark field)

a) Konvergente Beleuchtung
Eine fehlerfreie Objektivlinse fokussiere ein *kohärentes* Elektronenbündel auf (eigentlich: um) den Punkt $\underline{r}_p$ des Objekts (p für "probe" = Sonde). Innerhalb der Apertur des Bündels ($-\alpha_o$ .... α_o) sei die Amplitude der Wellenfunktion homogen (gleich 1).
Wir beschreiben den Winkelraum, wie üblich, mit der reziproken Koordinate $u = \alpha/\lambda$. Zur Erinnerung daran, daß auch der Winkelraum zweidimensional ist, wird u als Vektor $\underline{u}$ geschrieben.
Die Amplitudenverteilung auf der Objektoberfläche ergibt sich als Fourier-Transformierte der Amplitude ($\equiv 1$) im Winkelraum:

(A3.1) $$\psi_p(\underline{r}, \underline{r}_p) = \int_{-u_o}^{u_o} \exp\,(-\,2\pi\, i\, \underline{u}\, \underline{r})\, d\underline{u}$$

Das Ergebnis ist eine Verteilung vom Typ $\frac{\sin \alpha}{\alpha}$ mit $\alpha = 2\pi u_o(r - r_p)$.

Das zentrale Maximum der Sonde hat also eine Breite u_o^{-1} .
Der Einfuß des Öffnungsfehlers der Objektivlinse und eines zu wählenden Defokus Δf wirkt sich, genau wie bei der Abbildung durch eine Objketivlinse (vgl. 3.3.3), durch eine Kontrast-Transferfunktion $\exp(i\chi(u))$ aus, die mit der beleuchtenden Welle im Winkelraum zu multiplizieren ist. Damit wird

(A3.2) $$\psi_p(\underline{r}, \underline{r}_p) = A \int \exp\,(i\chi(u))\, \exp\,(-2\pi\, \underline{u}\, \underline{r})\, d\underline{u}$$

mit $\chi(u) = (2\pi/\lambda)\left\{(\Delta f/2)\,(\lambda u)^2 + (C_s/4)\,(\lambda u)^4\right\}$. A ist eine Normierungskonstante.
Wählt man den Scherzerfokus $\Delta f = -\sqrt{(\lambda C_s)}$, entsteht eine Beleuchtungsfigur vom Typ des Airy-Scheibchens mit einem Durchmesser

$$d_p = 0{,}44\ (\lambda^3 C_s)^{1/4}.$$

b) Inkohärente Abbildung
Die Theorie der Inkohärenten Abbildung nimmt an, daß die Wechselwirkung der Sonde mit dem Objekt zu beschreiben ist durch Multiplikation der Sonde (Gl. A3.2) mit einer Objektfunktion $T(\underline{r})$ (in Analogie zur Transmissionsfunktion von Abschnitt 3.2.2.1):

(A.3.3) $$\psi_t(\underline{r}, \underline{r}_p) = \psi_p(\underline{r}, \underline{r}_p)\, T(\underline{r})$$

Die Streuung an dem Objekt transformiert diese Funktion in den Winkelraum:

(A3.4) $$\psi_t(\underline{u}, \underline{r}_p) = \int \psi_t(\underline{r}, \underline{r}_p)\, \exp(2\pi\, i\, \underline{u}\, \underline{r})\, d\underline{r}$$

Bei der inkohärenten Abbildung wird die *Intensität* der Funktion $\psi_t(\underline{u}, \underline{r}_p)$ über den vom ringförmigen Detektor erfaßten Winkelraum $u_i < u < u_a$ integriert. Das Signal $S(\underline{r}_p)$ ist dann

(A3.5) $$S(\underline{r}_p) = \int |\psi_t(\underline{u}, \underline{r}_p)|^2\, D(u)\, d\underline{u}$$

Die Detektorfunktion D ist gleich eins innerhalb des Winkelraums zwischen innerem (u_i) und äußerem (u_a) Detektorrand, sonst null.

A 4. Konstanz der Helligkeit β im Strahlengang

a) Definition des *Raumwinkels Ω.*
Er ist gleich der Fläche, die der von einem Punkt ausgehende Strahlenkegel mit dem (halben) Öffnungswinkel α auf der Einheitskugel um diesen Punkt erfüllt (Fig. A4. 1)
Integration über φ von 0 bis 2π und über ϑ von 0 bis α ergibt:

$$\Omega = 2\pi \int_0^\alpha \sin\vartheta\, d\vartheta = 2\pi\,(1 - \cos\alpha)$$

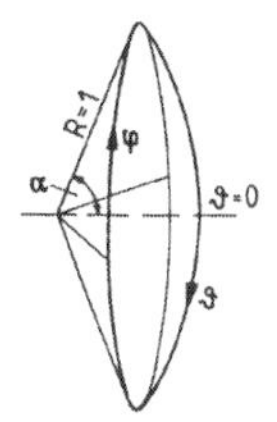

Fig. A4. 1. Definition des Raumwinkels auf der Einheitskugel.

Ist der Öffnungswinkel α des Strahlenbündels *klein*, ist $\cos\alpha \approx 1 - \alpha^2/2$ und

$$\Omega \approx \pi\,\alpha^2 \quad (\alpha \text{ im Bogenmaß})$$

Wie alle Winkel ist auch der Raumwinkel dimensionslos. Man nennt den Raumwinkel $\Omega = 1$ oft 1 sterad (Ster-Radiant). In dem vorliegenden Text wird der Raumwinkel als Zahl ohne Benennung behandelt.
Bei $\Omega = 1$ ist der (halbe) Öffnungswinkel des Strahlenkegels $\alpha = 32{,}77^\circ$.
$\Omega = 10^{-3}$ (1 millisterad) bedeutet einen Kegel mit (halbem) Öffnungswinkel $\alpha = 0{,}0178$ (Bogenmaß), gleichbedeutend mit $\alpha = 1{,}02^\circ$.

b) Leuchtdichte (Flächen-Helligkeit)
Als Leuchtdichte oder Flächen-Helligkeit β einer Fläche bezeichnet man die Strahlungsintensität pro Flächeneinheit und Raumwinkel-Einheit, die von dieser Fläche ausgeht bzw. sie durchdringt. (In der Elektronenmikroskopie kommen Abhängigkeiten vom Winkel zwischen Flächennormaler und Richtung des Strahlungsstroms kaum in Betracht).
In jedem geometrisch optischen Strahlengang, in dem von Verlusten (Reflexion, Streuung etc.) abgesehen werden kann, ist die *Leuchtdichte* oder *Flächen-Helligkeit* aller vom Strahlungsstrom durchdrungenen Flächen gleich. Dies gilt insbesondere für die strahlende Fläche (Quelle) und den Empfänger.

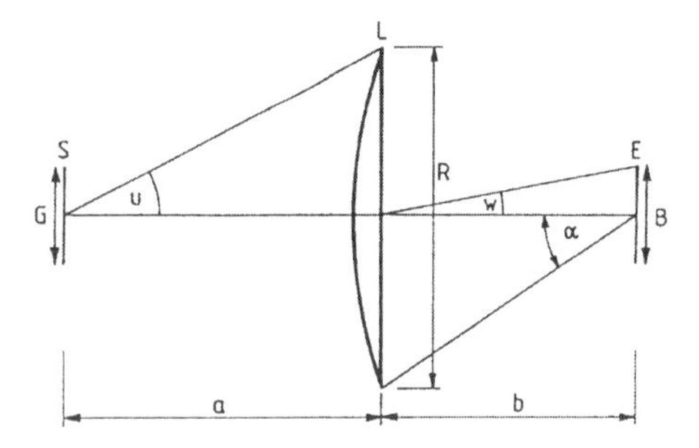

Fig. A4.2. Abbildung der strahlenden Fläche S auf die Fläche E. Erläuterung im Text.

Wir betrachten die Abbildung der Strahlungsquelle S (Fläche G^2) durch die Linse L (Fläche R^2) auf den Empfänger E (Fläche B^2) (Fig. A4. 2).
Der *Lichtstrom* Φ_1, der die Linsenfläche trifft, ist das Produkt aus Flächenhelligkeit β_1 der Quelle, Quellenfläche und durch die Linse erfaßtem Raumwinkel. Für den letzteren ist im Hinblick auf die Elektronenmikroskopie die Kleinwinkelnäherung eingesetzt. (In der Lichtoptik wird für die strahlende Fläche eine Richtcharakteristik entsprechend dem Lambertschen Gesetz vorausgesetzt, sodaß die Integration über den Öffnungswinkel u ergibt: $\pi \sin^2 u$, für kleine u also ebenfalls πu^2).

(A4.1) $$\Phi_1 = \beta_1 G^2 (\pi u^2)$$

Die Linse strahlt dem Empfänger Φ_2 zu:

(A4.2) $$\Phi_2 = \beta_2\, R^2\, (\pi\, w^2)$$

β_2 ist die zu bestimmende Flächenhelligkeit der Linsenfläche.
Für die Geometrie der Abbildung gilt:

$$w^2 \approx \tan^2 w = (B/2b)^2; \quad u^2 \approx \tan^2 u = (R/2a)^2; \quad a/b = G/B;$$

Nach Voraussetzung muß $\Phi_1 = \Phi_2$; daraus ergibt sich: $\beta_1 = \beta_2$.

In Worten ausgedrückt: wird im Verlauf eines Strahlengangs das Strahlungsbündel auf eine größere Fläche aufgeweitet, verkleinert sich sein Öffnungswinkel (Apertur) so, daß das *Produkt* aus Fläche und Apertur gleich bleibt. Damit ist die oben definierte Flächenhelligkeit eine Erhaltungsgröße des Strahlengangs von der Quelle bis zum Empfänger.
Bei einer *beleuchteten Fläche* (dem Objket) soll die Helligkeit als Funktion des *Konvergenzwinkels* α der Beleuchtung (Fig. A4.2) ausgedrückt werden.
Bei einer Abbildung mit weiten Bündeln muß die Helmholtzsche Sinus-Bedingung erfüllt sein. D. h.

$$(R \sin w)^2 = (B \sin\alpha)^2.$$

Damit wird aus (A4.2):

$$\beta_2 (R\, w)^2 = \beta_2 (B\, \alpha)^2$$

und (vgl. Gl. (A4.2):

$$\beta_2 \pi\, w^2 = \Phi/R^2 = \Phi/B^2\, (w/\alpha)^2$$

$$\beta_2\, \pi\, \alpha^2 = \Phi/B^2$$

oder:

(A4.3) $$\beta_2 = \frac{\Phi/B^2}{\pi\alpha^2} = \beta_1$$

d.h.: Die Helligkeit auf der (Objekt-)Ebene E, definiert mit dem Konvergenzwinkel α (die *Beleuchtungsdichte),* ist gleich der Helligkeit β *(der Leuchtdichte)* der Quelle.

c) Anwendung auf die Elektronenmikroskopie.
Die hier einfach *Helligkeit* genannte Größe β wird vertreten durch (Intensität pro Fläche) die Stromdichte j geteilt durch den erfaßten Raumwinkel ($\pi\alpha^2$).

(A4.4) $$\beta = \frac{j}{\pi\, \alpha^2}$$

Bezeichnen wir die auf die Quelle bezüglichen Größen mit dem Index s, die auf das Objekt bezüglichen mit o, gilt:

(A4.5) $$\beta_s = \frac{j_s}{\pi\alpha_s^2} = \beta_o = \frac{j_o}{\pi a_o^2}$$

und daher auch $j_o\, \alpha_s^2 = j_s\, \alpha_o^2$ bzw. $j_o = \beta_s \pi\, \alpha_o^2$

Abb. 1. Beugungsbild eines Siliziumkristalls. Strahl parallel zu <1 1 1>. Die Intensitätsunterschiede der {2 2 0}-Reflexe weisen auf eine kleine Abweichung von der exakten Orientierung hin. (Aufn. H. Gottschalk)

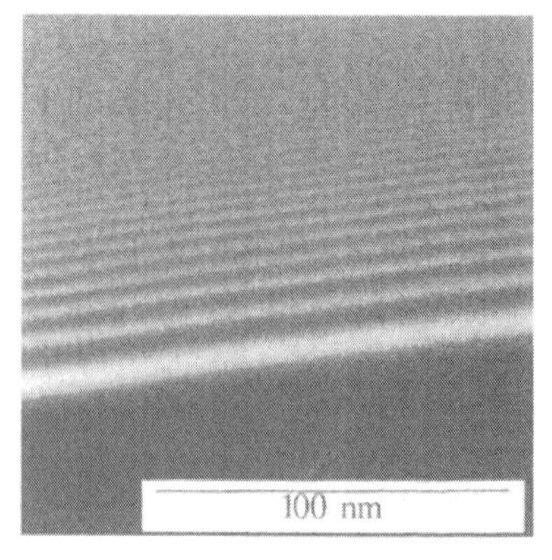

Abb. 2. Kikuchi-Linien auf einem Silizium-Kristall.
Um die Reproduzierbarkeit der dunklen Linien zu verbessern, ist leicht konvergent beleuchtet. Dadurch ist das Punktmuster verwaschen. Auswertung ergibt eine Abweichung der Kristallorientierung um 7 Bogenminuten von <111>. Aufn. H. Gottschalk

Abb. 3. Fresnel-Streifen vor der Bruchkante einer Silizium-Probe. Aufn. H. Gottschalk

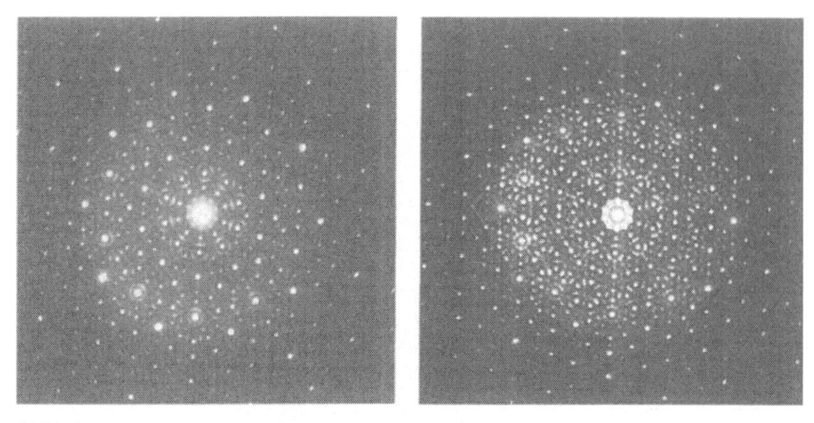

Abb. 4. Einfluß von Energiefilterung auf ein Beugungsmuster.
Links: U = 200 kV, keine Filterung. Rechts: U = 120 kV mit Filterung (EF-TEM), nur Elektronen ohne Energieänderung. (Zeiß EM 912 OMEGA). Aufn. MPI für Metallforschung, Stuttgart.

Abb. 5. Querschnitt durch einen Silizium-Kristall, in den Erbium- und Sauerstoff-Atome implantiert wurden. Oben ist der Rand der Probe zu sehen, von dem her implantiert wurde. Durch den Beschuß sind in einer wohldefinierten Tiefe Versetzungsringe entstanden. Aufn. C. Flink.

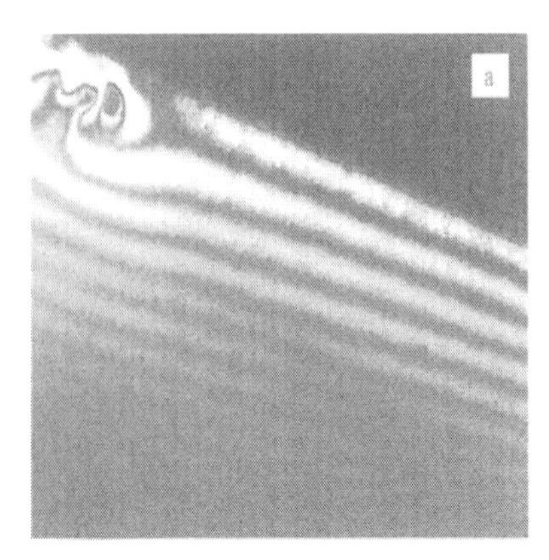

Abb. 6. Dickenkonturen am Rand einer Silizium-Folie. $\underline{g}$ = (220), ξ_{220} = 75,7 nm. a: s = - 2,2 10^{-2} nm^{-1}; b: s = 0. Dukelfeld. Aufn: H. Gottschalk.

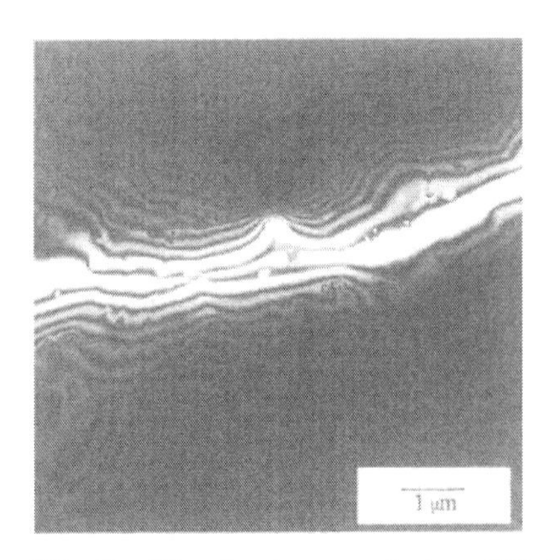

Abb. 7: Biegekonturen auf einer Silizium-Probe. $\underline{g}$ = (220). *Dunkelfeld,* d. h. in dem hellen Streifen in der Mitte ist I_o und damit das $\cos^2$-Glied aus Gl. (2.33) minimal. Zwischen je zwei parallelen hellen Streifen muß sich das Argument des $\cos^2$-Gliedes um π ändern; solange die Dicke t gleichbleibt, liegt dies an der Änderung von s durch die Biegung. Aufn. H. Gottschalk.

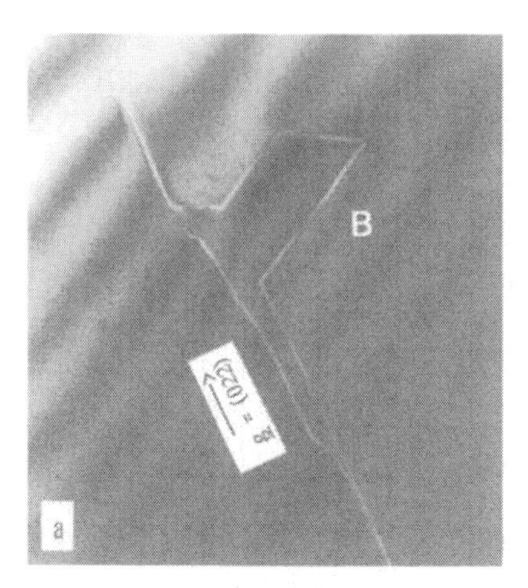

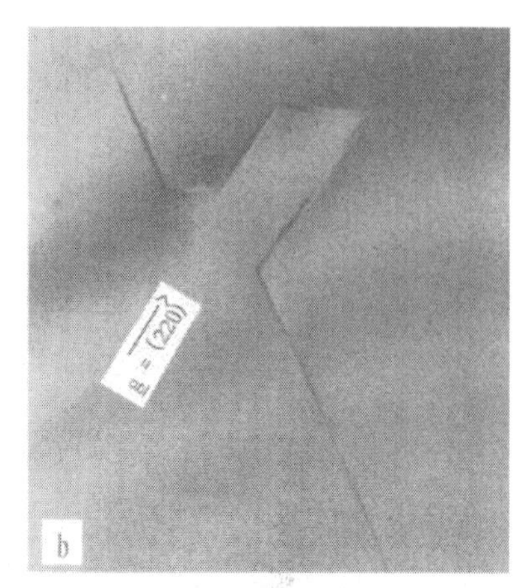

Abb. 8: Weit aufgespaltene Versetzung in Silizium. a: Dunkelfeldaufnahme g = (022), beide Partialversetzungen sichtbar, b: Hellfeldaufnahme g = (22̄0); hier ist die untere Partialversetzung nicht sichtbar ("außer Kontrast"). Daraus schließt man. daß ihr Burgersvektor orthogonal zu g sein muß.: b_P = 1/6 [-1, 1, 2]. Aufn. T. Henke

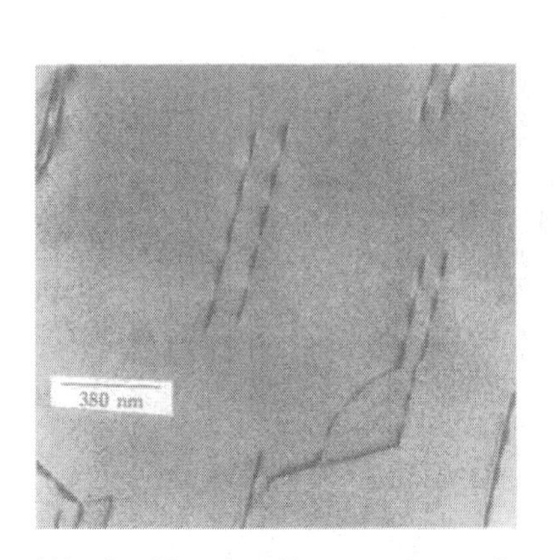

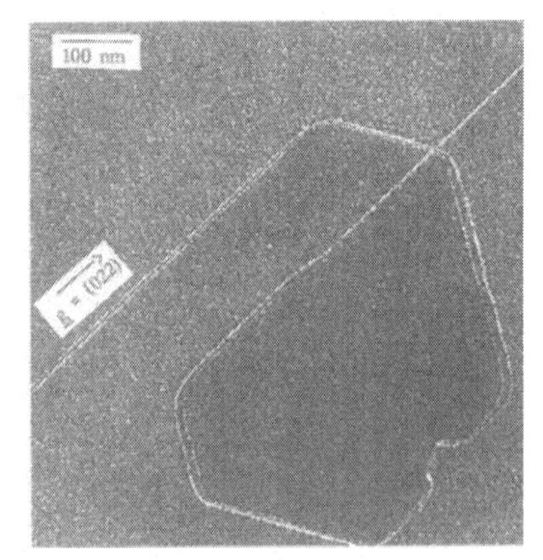

Abb. 9. Von der Ober-zur Unter-Seite der Folie laufende Versetzungen erzeugen einen oszillierenden Kontrast. Aufn. B. Roehl.

Abb. 10. Weak-beam-Aufnahme einer in Partialversetzungen aufgespaltenen Versetzungsschleife (Silizium). g = (022), parallel zum Burgersvektor der Gesamtversetzung. (Die Aufspaltungsweite hängt vom Charakter des Versetzungssegmentes ab). Aufn. K. Wessel.

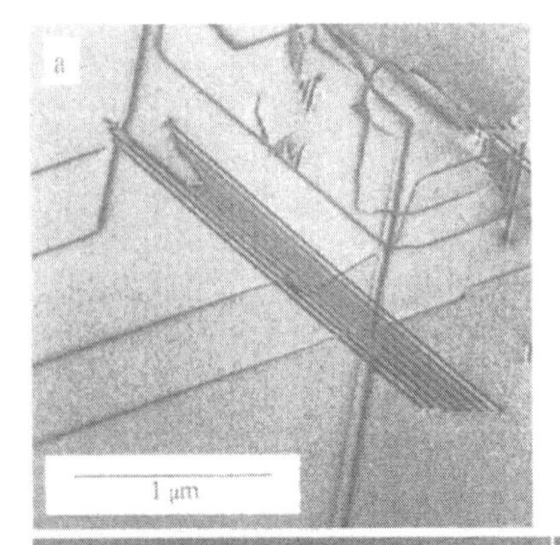

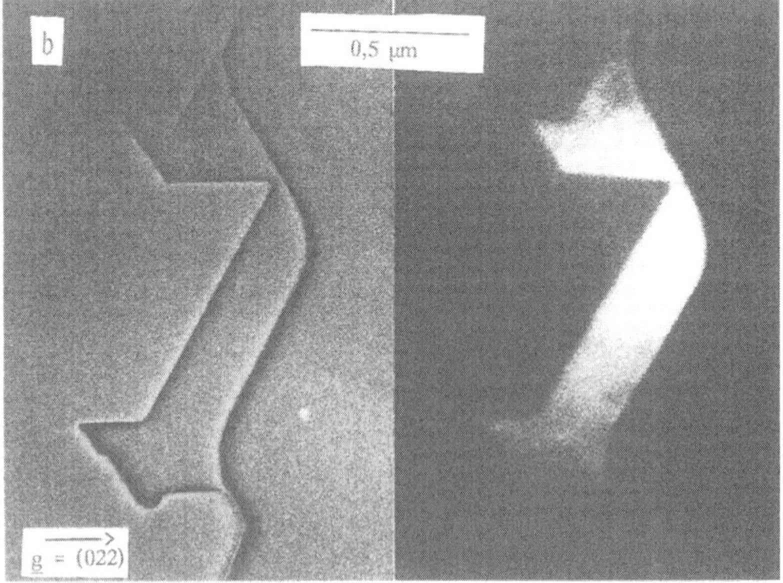

Abb. 11. Stapelfehlerkontrast in Si. a: Die Stapelfehlerebene ist geneigt zur Folienebene, der Stapelfehler (SF) erzeugt Streifen parallel zur Schnittlinie von SF-Ebene und Folie (vgl. Text). Am oberen Ende des SF ist die berandende Partialversetzung zu sehen. Aufn. H. Gottschalk.
b: Die Stapelfehlerebene ist parallel zur Folienebene (1,-1,1). Links: g ist parallel zum Burgersvektor der Gesamtversetzung, beide Partialversetzungen sind sichtbar, nicht hingegen der SF. Rechts: g = (111) geneigt zur Folie; nun erscheint der SF als gleichmäßig helles Band. Aufn. K. Wessel.

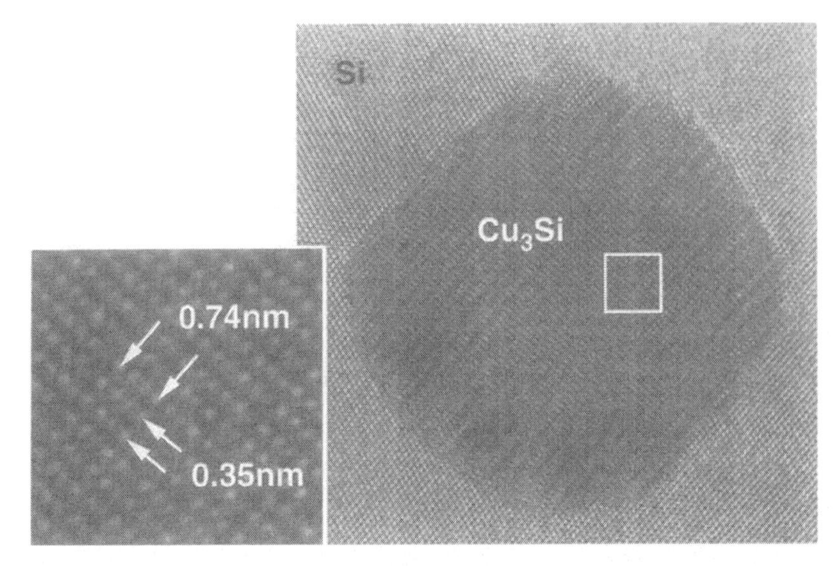

Abb. 12. Strukturbild einer Cu_3Si-Ausscheidung in einem Si-Kristall. Abbildung im Scherzer-Defokus, Punktauflösungsvermögen d_P = 0,19 nm. Die Silizium-Matrix erscheint in <1,1,0>-Projektion. Die Ausschnitt-Vergrößerung zeigt (Si,Cu)-Atomsäulen der Ausscheidung; Pfeile kennzeichnen die Ecken der hexagonalen Elementarzelle der Ausscheidung, innerhalb welcher noch 6 nicht sichtbare Atomsäulen aus Kupfer liegen. Man erkennt, daß die Gitterkonstante 0,74 nm jeweils 3 (001)-Ebenen enthält. Wahrscheinlich liegt eine periodische Folge von Stapelvarianten vor.
Aufn. M. Seibt mit einem Mikroskop Philips CM 200-FEG-UT (U = 200 kV, d_i = 0,1 nm)

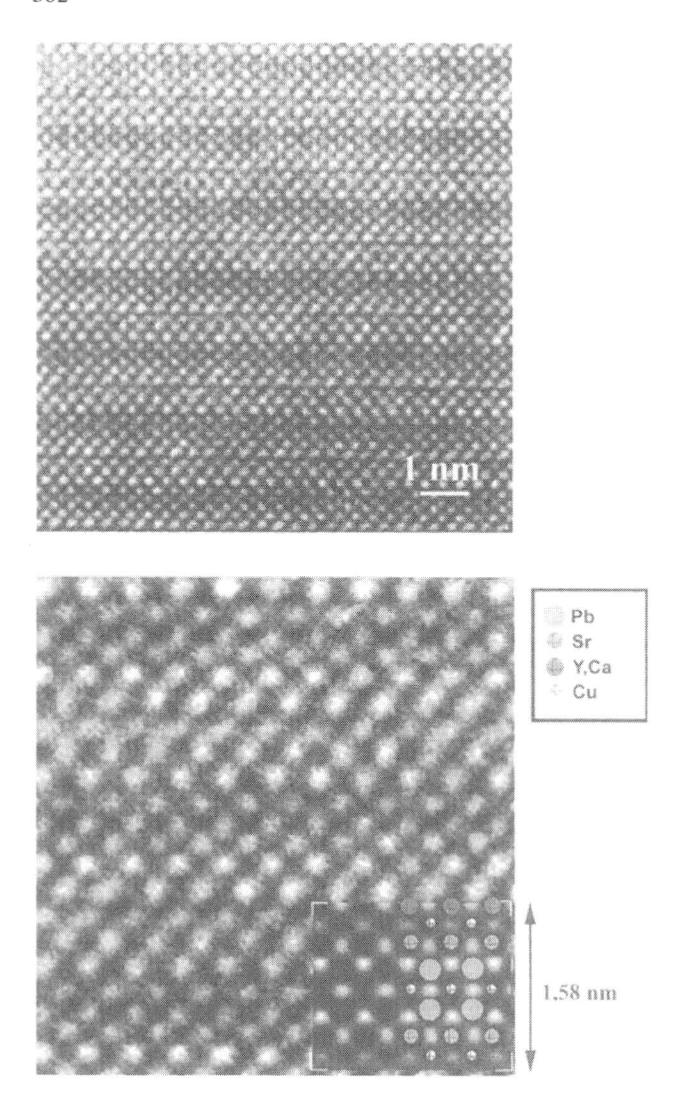

Abb.13. Strukturbild des Hochtemperatur-Supraleiters $Pb_2Sr_2(Ca,Y)Cu_3O_{8+\delta}$ in [1,1,0]-Projektion. Rechts unten Ergebnis der Bildsimulation und Lage der Kationen in der Elementarzelle. Scherzerfokus Δf = - 60 nm, Ionen erscheinen schwarz! Probendicke 30 nm. Aufn: B. Freitag mit dem Mikroskop Philips CM 30 (300 kV). Punktauflösungsvermögen d_p = 0,19 nm.

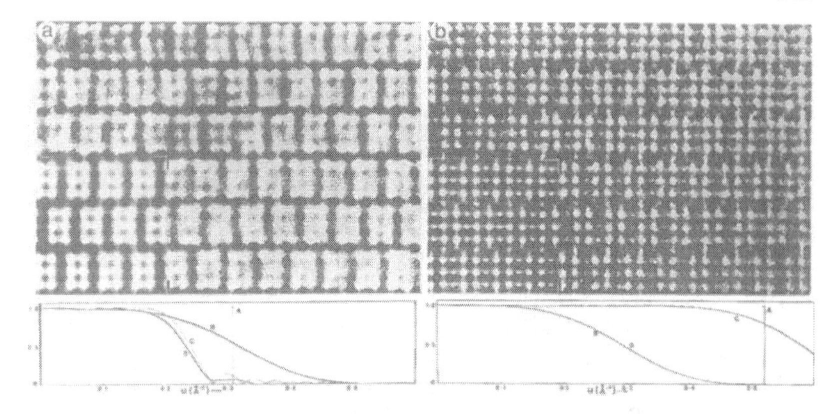

Abb. 14. Vergleich zweier hochauflösender TEM-Bilder von $Nb_{12}O_{29}$. Strahlspannung links: 100 kV (Aufn. S. Iijima), rechts 1 MV (Aufn. S. Horiuchi). Unten sind (Kurven D) die Einhüllenden der CTF gezeigt (vgl. Text), die folgende Informations-Übertragungsgrenzen zur Folge haben: links: d_i = 0,38 nm, rechts: d_i = 0,25 nm. Quelle: J. C. H. Spence, Experimetal Transmission Electron Microscopy.

zu S. 304 ↗

Abb. 15. Zwei TEM-Bilder von Silizium mit gleicher Vergrößerung und Orientierung (Primärstrahl parallel zu <1,1,0>).
In dem Schema C ist die <1,1,0>-Projektion der Diamant-Struktur gezeigt (im Vergleich zu A und B *um 90° gedreht !)*. Die schwarzen Punkte stellen die Atomsäulen dar (vgl. Fig. 32). Sie bilden Paare mit einem inneren Abstand a/4 (bei Si 0,136 nm). Werden diese Paare nicht getrennt (z. B. in Teilbild B), hat man von "effektiven Atomsäulen" auszugehen; sie sind in C durch leere Kreise bezeichnet. T kennzeichent die Tunnels zwischen diesen effektiven Atomsäulen (sie erscheinen im Scherzerfokus hell). a: kubische Gitterkonstante.
Teilbild B: aufgenommen mit einem JEOL 200CX-Mikroskop (U = 200 kV) und einem Punktauflösungsvermögen d_p = 0,26 nm.
Teilbild A: Aufnahme mit einem JEOL 4000X Mikroskop (U = 400 kV, *im Scherzerfokus* Δf = - 40 nm *wäre* d_p = 0,16 nm). Bild A ist mit wesentlich größerem Defokus (Δf = - 110 nm) und mit relativ großer Probendicke aufgenommen (im aberrationsfreien Defokus), sodaß die CTF bei allen wichtigen Reflexen (bis 400) positives Vorzeichen (Atome erscheinen weiß) hat. Die Atompaare werden nun getrennt abgebildet. Quelle der Aufn: J.C.H. Spence.

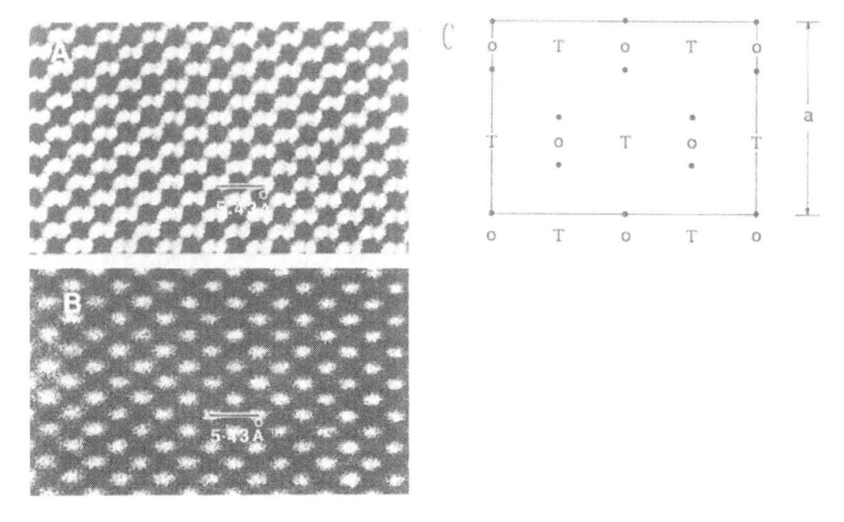

Abb. 15 (Text s. S. 303)

Abb. 16. Auflösung der (111)-Ebenen eines Silizium-Kristalls (Abstand 0,31 nm) mit einem Mikroskop (Philips EM 400 T, 120 kV), dessen Punktauflösungsvermögen d_p gleich 0,38 nm ist. Aufn. W. Weiß, symmetr. Beleuchtung, g= ± (111).

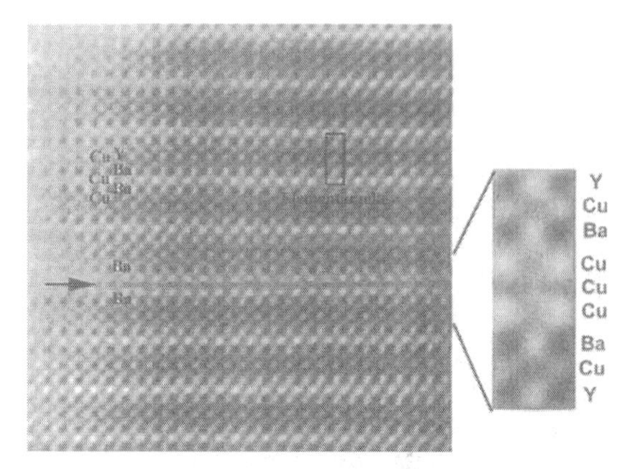

Abb. 17. Hochauflösendes und numerisch fouriergefiltertes Bild des Hochtemperatur-Supraleiters $YBa_2Cu_3O_{7-\delta}$ in [1,0,0]-Projektion. Man erkennt die Schichtstruktur, die an der durch Pfeil gekennzeichneten Stelle durch einen Stapelfehler (zwischen zwei Barium-Ebenen liegen drei Cu-Ebenen an Stelle einer einzigen) gestört ist. Rechts zur Verdeutlichung "leere" Nachvergrößerung.
Aufn. B. Freitag mit einem TEM Philips CM 30 (300 kV, d_p = ß,19 nm).

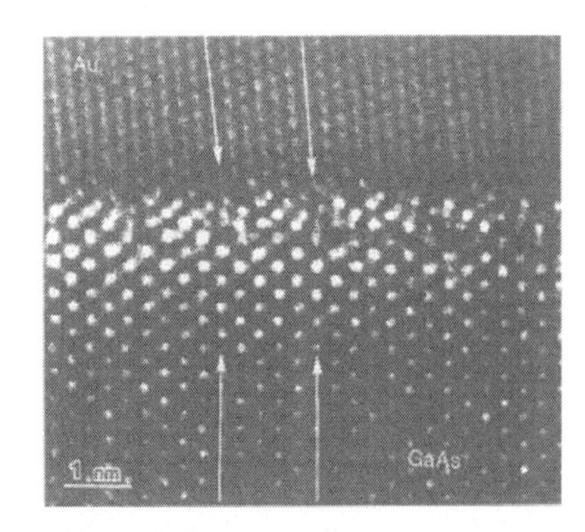

Abb. 18. Querschnitt-Präparat eines Gold-Kontaktes auf einer {110}-Spaltfläche von Gallium-Arsenid. Strahlrichtung: $[011]_{GaAs}$ (vgl. Abb. 15C). Die $\{111\}_{Au}$-Ebenen sind um 5° gegen die $(200)_{GaAs}$-Ebenen gekippt (Pfeile). Trotz der guten Gitterpassung (5 d (200, GaAs) = 6 d (111, Au)) enthält die ebene Grenzfläche Störungen. Aufnahme: Z. Liliental-Weber mit einem TEM JEOL-JEM 200 CX.

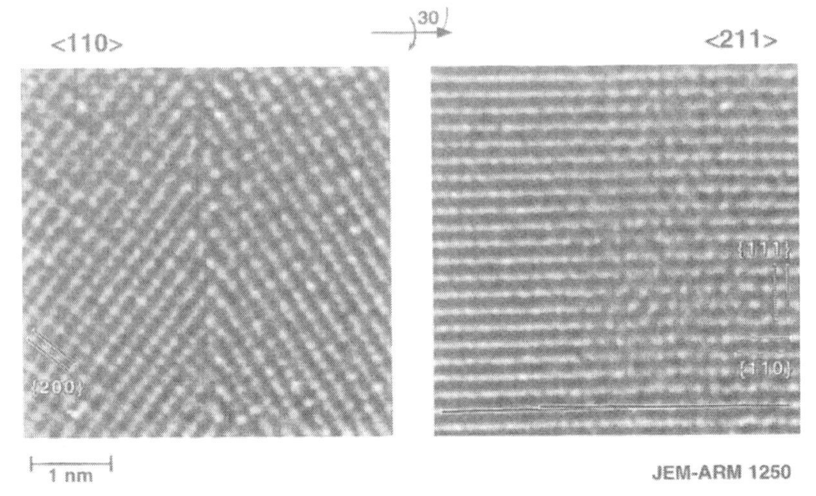

Abb. 19. Aufklärung der dreidimensionalen Struktur einer Korngrenze in NiAl durch hochauflösende Transmissions-Elektronenmikroskopie in zwei Projektionen (näheres s. Text). Aufnahme: K. Nadarzinski und F. Ernst mit dem Atomic Resolution Microscope JEM-ARM 1250 (JEOL) (U = 1,25 MV) in Stuttgart.

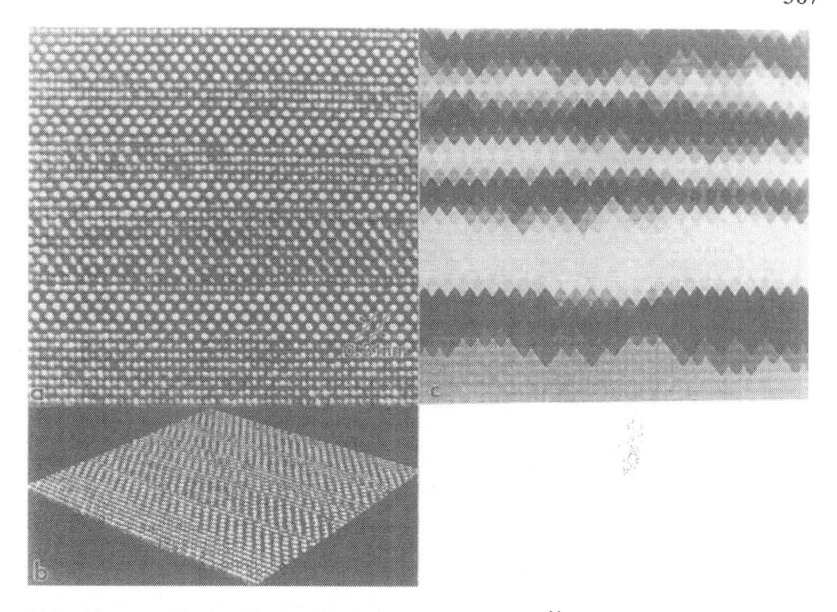

Abb. 20. a: Hochauflösendes Bild eines Si_9Ge_6-Übergitters. <110>-Projektion, Vertikale: [001]. Unten SiGe-Substrat. Augrund der Abbildungsparameter erscheinen bei Si die Tunnel hell, bei Ge die (effektiven) Atomsäulen, vgl. Abb. 15) Die Grenzflächen sind chemisch gemischt und strukturell nicht perfekt.

b: Elektronisch hergestellte Schrägprojektion von a, die Verschiebung des Kontrastes an den Grenzflächen hervorhebend.

c: Quantitaive Darstellung des lokalen Si-Gehaltes x in jeder Elementarzelle des Bildes (fünf Graustufen).

Aufn. und Auswertung: D. Stenkamp mit einem TEM JEOL 4000EX, U = 400 kV, d_p= 0,17 nm, d_i = 0,13 nm.

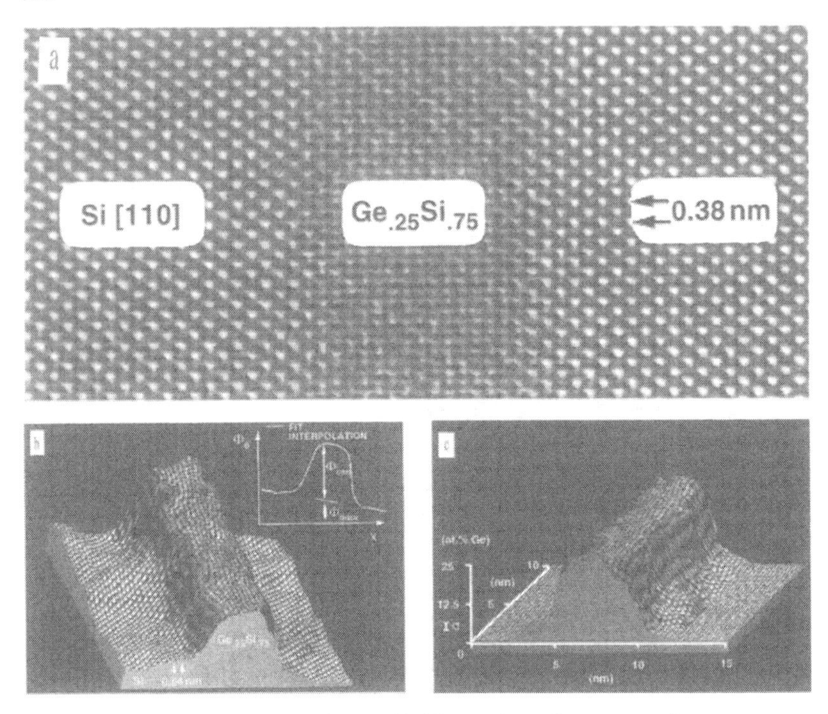

Abb. 21 (a): Hochauflösende Gitterabbildung eines Quantentopfs $Si/Ge_{0.25}Si_{0.75}/Si$ (b): Dreidimensionale Darstellung des lokalen Ellipsenphasenwinkels Φ_e. Im Si erkennt man den Einfluß von Dickeninhomogenitäten. Einsatz: Interpolation des Dickeneinflusses. (c): Lokale Ge-Konzentration bestimmt mit QUANTITEM. Aufn.: C. Kisielowski und P. Schwander.

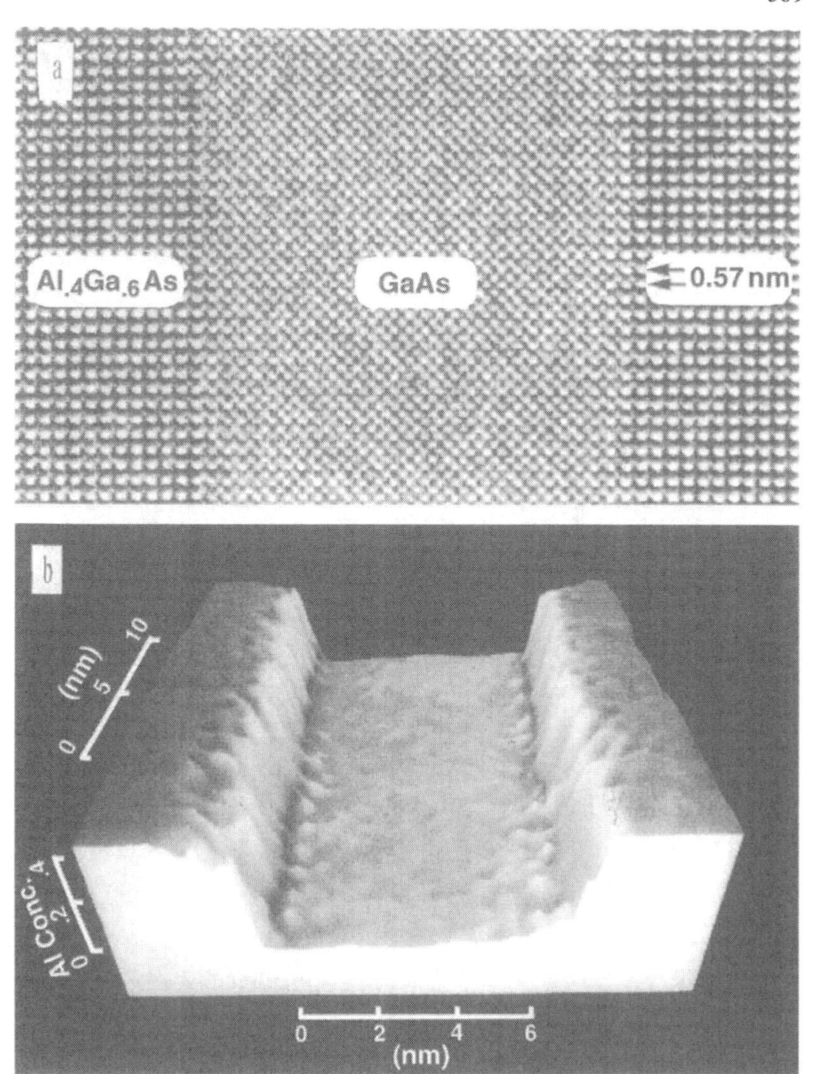

Abb. 22 Chemische Gitterabbildung eines Quantentopfs GaAs zwischen zwei $Al_{0,4}Ga_{0,6}As$-Lagen. (a): Infolge der verschiedenen Stärke des chemischen Reflexes (2,0,0,) ändert sich der Bildkontrast da, wo ein Teil des Ga durch Al ersetzt ist. (b): Mit pattern recognition-Algorithmus aus (a) bestimmte lokale Al-Konzentration. Aufn: A. Ourmazd.

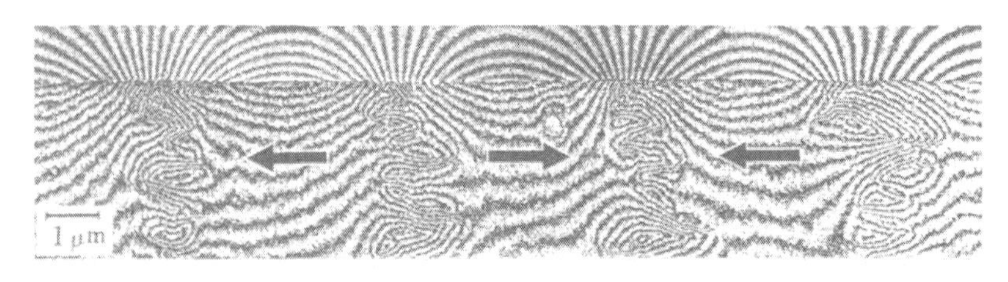

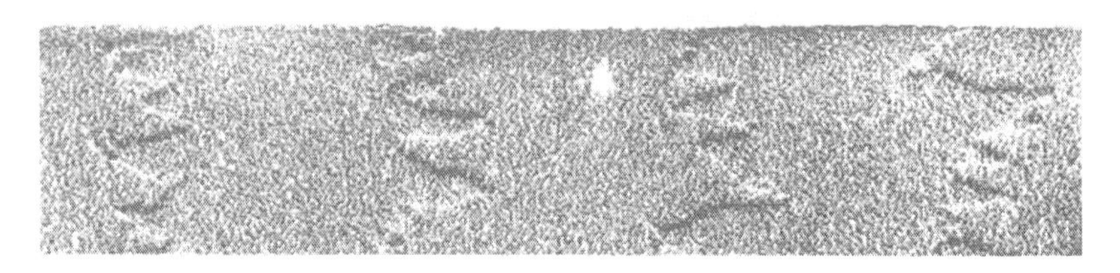

Abb. 23. Holographisches Interferogramm eines Kobaltfilms (Dicke 45 nm), in den eine Information in Form von positiv bzw. negativ (längs)magnetisierten Bereichen eingeschrieben wurde. Die Linien stellen die Verteilung der magnetischen Flußdichte $\underline{B}$ im Film und im Außenraum (Streufeld) dar. Zur Bestimmung der Verteilung der Magnetisierung $\underline{M}$ des Materials ist die Beziehung $\underline{B} = \mu_0 (\underline{H} + \underline{M})$ zu beachten: im Außenraum ($M = 0$) zeigen die $\underline{B}$-Linien die Magnetische Erregung $\underline{H}$, im Inneren wird $\underline{B}$ i. w. von $\underline{M}$ bestimmt. Im unteren Teilbild sind die zig-zag-förmigen Domänengrenzen mit Lorentz-Mikroskopie aufgenommen. (Auch dieser Kontrast beruht auf der Phasenänderung der Elektronenwellen im Magnetfeld, die hier aber nur als Verkippung der Wellenfronten und damit Ablenkung der "Strahlen" ausgewertet wird).
Aufn.: A. Tonomura und Mitarb. mit einem Elektronen-Mikroskop mit FEG.

Abb. 24. Hochauflösende Aufnahme (<110>-Projektion, Z-Kontrast) einer Grenzfläche zwischen zwei Verbindungshalbleitern vom Typ II/VI.
Die effektiven Atomsäulen (vgl. Abb. 15) bestehen hier aus Paaren von Atomen aus der II. bzw. VI. Spalte des Periodensystems.
Rechts: $ZnS_{0,4}Se_{0,6}$, links: ZnSe. Der Ersatz eines Teils des Selens durch Schwefel (mit kleinerer Ordnungszahl Z) läßt den ternären Bereich dunkler erscheinen. Die Grenzfläche ist nicht atomar scharf.
Das untere Teilbild ist die Originalaufnahme, das obere zeigt die entscheidende Verbesserung durch Fourierfilterung.
Aufn.: B. Bollig mit einem STEM VG HB 501 (100 kV, kalte FEG).

Abb. 25. CBED-Diagramm von Silizium: Primärstrahl (0,0,0) und (3,1,1)-Reflex. Foliendicke links: 71 nm, rechts: 200 nm. Die feinen Linien sind HOLZ-Linien. Aufn: R. Fietzke.

Abb. 26. LACBED oder Tanaka-Diagramm ($z < 0$) von Silizium. Zentrales Beugungsscheibchen, Primärstrahl parallel zu <1,1,1>. Verschiedene Probenbereiche (Durchmesser etwa 2 µm): links: ungestört, rechts: : Bereich mit Versetzung (markiert durch den Zeiger). Aufn.: R. Fietzke.

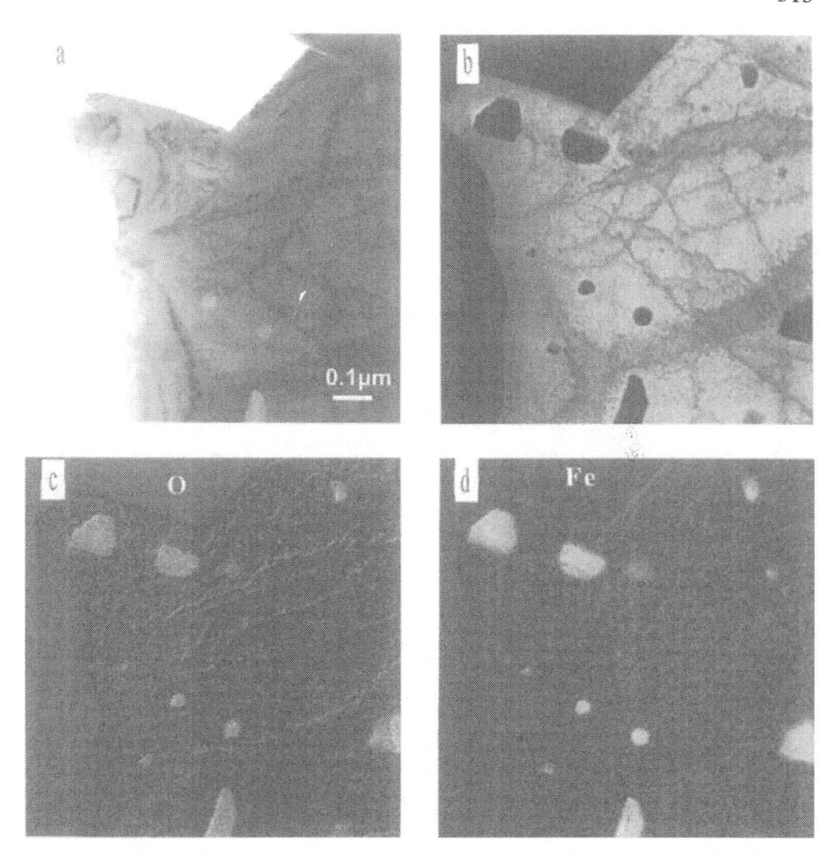

Abb. 27. ESI-Bilder von Eisenoxid-Ausscheidungen in einem Palladium-Blech. a: Hellfeldbild. b,c und d sind Aufnahmen im Licht charakteristischer Spektrallinien für: Pd(b), O(c) und Fe(d). Aufn.: B. Freitag und W. Mader mit einem TEM Philips CM30 und Gatan-Filter.

Sachverzeichnis

Akronyme

AEM	Analytical Electron Micr.
BF	Bright Field
CBED	Convergent Beam Electron Diffraction
CCD	Charge Coupled Device
CTEM	Conventional Transmission El. Microscope
DF	Dark Field
EDS	Energy Dsipersive Spectroscopy
EELS	Electron Energy Loss Spectroscopy
EFI	Energy Filtering Imaging
EDX	Energy Dispersive X-Ray Spectroscopy
EFTEM	Energy Filtering TEM
FEG	Field Emission Gun
FOLZ	First Order Laue Zone
HAADF	High Angle Angular Dark Field
HOLZ	Higher Order Laue Zones
HRTEM	High Resolution TEM
LACBED	Large Angle CBED
SEM	Scanning Electron Micr.
STEM	Scanning Transmission El. Microscope
TEM	Transmission Electron Micr.
WDS	Wave Length Dispersive Spectroscopy
WPA	Weak Phase Approximation
XMA	X Ray Microanalysis
ZOLZ	Zero Order Laue Zone

Abbildungsnachweis

Folgende Abbildungen wurden mit Erlaubnis von Verlag und Autoren aus Publikationen entnommen:

Abb. 10 und 11b: K. Wessel and H. Alexander: Phil. Mag. 37 (1977) 1523

Abb. 14: J.C.H. Spence : Experimental High Resolution Electron Micros copy, 2nd Ed. Oxford University Press, Oxford, New York 1988

Abb. 18: Z. Liliental-Weber, J. Washburn, N. Newman, W. E. Spicer, E. R. Weber: Appl. Phys. Lett. 49 (1986) 1514

Abb. 19: K. Nadarzinski and F. Ernst: Phil.Mag. A74 (1996) 641

Abb. 20: D. Stenkamp and W. Jäger: Appl. Phys. A57 (1993) 407

Abb. 21: P. Schwander, C. Kisielowski, M. Seibt, F.H. Baumann, Y. Kim, A. Ourmazd: Phys. Rev. Lett. 71 (1993) 4150

Abb. 22: A. Ourmazd, D. W. Taylor, J. Cunningham, C. W. Tu: Phys. Rev. Lett. 62 (1983) 933

Abb. 23: N. Osakabe, K. Yoshisda, Y. Horiuchi, T. Matsuda, H. Tanabe, T. Okuwaki, J. Endo, H. Fujiwara and A. Tonomura: Appl. Phys. Lett. 42 (1983) 746

Weitere Autoren, denen ich für Abbildungen zu danken habe:

Abb. 12: M. Seibt, Institut für Metallphysik, Universität Göttingen
Abb. 13 und 17: B. Freitag, Institut für Anorgan. Chemie, Universität Bonn
Abb. 15: J. C. H. Spence, Center for Solid State Science, Arizona State University, Tempe
Abb. 24: B. Bollig, Fachgebiet Werkstoffe der Elektrotechnik, Universität GH Duisburg
Abb. 27: B. Freitag und W. Mader, Institut für Anorgan. Chemie, Univ. Bonn

Abb. 4 wurde mir freundlicherweise von der Firma C. Zeiß überlassen.

Abb. 10 und 11, sowie alle hier nicht nachgewiesenen Abbildungen wurden in der Abteilung für Metallphysik im II. Phys. Institut der Universitöt Köln aufgenommen.

Printed in Germany
by Amazon Distribution
GmbH, Leipzig